油菜杂种优势利用的生物学基础

Biological Bases of Heterosis Utilization in *Brassica napus*

涂金星 等 编著

科 学 出 版 社

北 京

内 容 简 介

本书针对傅廷栋院士主编的《杂交油菜的育种与利用》一书涉及的一些生物学基础问题,总结了近 20 年来的研究进展,系统阐述了该领域的相关问题。在基础部分,介绍了芸薹属物种染色体组成和基因组信息、遗传标记和 SNP 芯片开发与利用,以及植物花器发育;在油菜杂种优势利用的授粉系统部分,介绍了油菜细胞核雄性不育、细胞质雄性不育的生物学基础,油菜自交不亲和性的遗传和分子机制,以及油菜化学杀雄的生物学机制;在杂种优势形成基础和利用方面,对杂种优势遗传基础、表观修饰和基因的差异表达进行了多个层次的论述,介绍了利用近缘种多样性拓展甘蓝型油菜遗传差异的具体方法及材料的利用。

本书可供相关院校和科研单位的科研人员、教师、本科生和研究生参考阅读。

图书在版编目(CIP)数据

油菜杂种优势利用的生物学基础/涂金星等编著. —北京:科学出版社,2018.9
ISBN 978-7-03-058545-5

Ⅰ.①油… Ⅱ.①涂… Ⅲ. ①油菜–杂种优势–生物学–研究 Ⅳ.①S634.3

中国版本图书馆 CIP 数据核字(2018)第 190032 号

责任编辑:李秀伟 刘 晶 / 责任校对:郑金红
责任印制:肖 兴 / 封面设计:铭轩堂

科 学 出 版 社 出版
北京东黄城根北街 16 号
邮政编码:100717
http://www.sciencep.com

中国科学院印刷厂 印刷
科学出版社发行 各地新华书店经销

*

2018 年 9 月第 一 版   开本:787×1092 1/16
2018 年 9 月第一次印刷   印张:19
字数:450 000
定价:268.00 元
(如有印装质量问题,我社负责调换)

序　一

作物杂种优势利用是大幅度提高作物产量的有效途径，杂种优势的机制也是重大的科学问题。因此，研究作物杂种优势，既有重要的实践意义，也有重大的理论意义。

一百多年前，玉米是人们率先利用杂种优势的大田作物，此后在高粱、甜菜、向日葵、水稻、油菜等作物上取得突破，杂交种在生产上大面积应用。大田作物杂种优势利用研究正在向其他作物，如谷子、棉花、小麦等扩展。蔬菜作物利用杂种优势已达50%～90%。如果说水稻、小麦高秆变矮秆是第一次绿色革命，以高粱、水稻、油菜等雌雄同花作物为代表的杂种优势利用是第二次绿色革命，那么以分子生物学、生物技术进行作物改良就是第三次绿色革命。目前，作物遗传改良工作已把三次绿色革命的成果融合在一起，必将产生更大的效益。

油菜是杂种优势利用发展最快、也是杂种优势与品质改良紧密结合的大田作物。1972年华中农业大学发现了国际上"第一个有实用价值油菜波里马细胞质雄性不育（Pol cms）"，1985年李殿荣育成世界第一个油菜三系杂交种'秦油2号'，仅30～40年，全世界油菜杂交种从无到有，目前全世界杂交种种植面积已占油菜总面积的60%，优质的双低（低芥酸、低硫苷）杂交种占95%以上。油菜杂交种具有增产效果好、繁殖系数高、制种产量高、与优质紧密结合等特点，是油菜杂交种迅速推广、普及的重要原因。

我主编的《杂交油菜的育种与利用》（湖北科学技术出版社，第一版1995年，第二版2000年）主要偏重于育种应用，涂金星教授主编的《油菜杂种优势利用的生物学基础》着重于理论研究。该书的编写人员是从事本领域研究的专家，结合自己的研究成果，综合国内外研究进展，反映当前的研究水平，是该书的重要特色。该书可供专业人员、教师、大学生、研究生阅读和参考。

傅廷栋

2018年7月30日于武汉

序　二

涂金星教授等在编著的《油菜杂种优势利用的生物学基础》即将付梓之际，邀我写几句话。本人感谢他们提供这个机会来为油菜的同行们点赞。

1980 年，在我"预备出国进修"的彷徨之中，刘后利老师要我报考研究生，学习数量遗传学，安排我到武汉大学学习数学一年作为研究生的课程。1981 年秋天，就在我们作物遗传改良国家重点实验室大楼现址的底下，我种了一块油菜实验田。虽然因随后 1982 年 2 月出国留学而未能将实验做完，但由此却与油菜结下了不解之缘。三十多年来，我目睹了一代代的油菜人为发展油菜遗传改良事业所付出的艰辛和努力，见证了由他们的智慧和汗水所创造的成就与辉煌。

1972 年，也就是在距我们国家重点实验室几十米处，傅廷栋教授在油菜试验地种植的甘蓝型油菜品种'波里马'（Polima）中发现了 19 个天然雄性不育单株（Pol cms）。此发现开油菜杂种优势利用之先河，后来被国际上认定为第一个具有实用价值的细胞质雄性不育，用其做种质所育出的杂交种长期在我国油菜生产中占主导地位。

1985 年，李殿荣研究员培育出'秦油 2 号'，成为我国第一个大面积种植的杂交油菜品种。在"六五"（1981～1985 年）油菜育种攻关期间，刘后利教授提出将杂种优势利用与优质育种相结合，实现我国油菜品种的高产与双低化（低芥酸、低硫苷）的目标。从 20 世纪 90 年代开始，以'华杂 4 号'、'中油杂 2 号'、'华油杂 6 号'为代表的一大批甘蓝型双低油菜杂交种培育成功，在大幅度提升油菜籽产量的同时，改良了品质，杂交油菜种植迅速扩展，在很短的时间内，占据了油菜播种面积的 70%。其速之快，在世界作物育种史上堪称奇观。油菜的双低化育种将菜籽油提升为最健康的食用油之一，极大地改善了我国消费者食用油的结构。其结果，不仅保障了我国食用油的供给，而且有效解决了动物饲料蛋白源短缺的问题，还为农民增收做出了重大贡献。

与水稻等作物不同的是，我国油菜杂种优势利用的途径和方法多种多样。在以基于'波里马'、'陕 2A'等传统的细胞质雄性不育体系培育出来的三系杂交油菜为主体的同时，也有基于显性核不育、隐性核不育等突变基因利用培育出的两系杂交油菜应用于生产。自交不亲和性、化学杀雄等在油菜杂种优势的利用中也发挥了重要作用。这些丰富多彩的杂种优势利用途径，体现了我国油菜育种工作者求真务实的首创精神。

近年来油菜基因组研究快速进展，获得芸薹属二倍体、四倍体的基因组序列，极大地推动了功能基因组研究的进展。我国科学家克隆了多个调控油菜雄性不育、育性恢复及产量性状的基因，明确了调控这些性状的生物学过程。在解析油菜杂种优势的遗传学基础方面也开展了有益的探索。针对甘蓝型油菜遗传资源狭窄的问题，创造性地提出利用芸薹属近缘种拓展遗传变异范围，即利用亚基因组间的杂种优势，培育强优势杂交组合，取得了重要进展。大量的研究成果发表在国际主流学术刊物，充分显示出我国油菜遗传改良的整体水平位居世界前列。我深为我国油菜科学家们的成就感到骄傲和自豪，并借此机会向他们表示由衷的敬意。

还应提及，在今年华中农业大学建校 120 年之际，时逢傅廷栋教授八十华诞，本人提议将实验室西边通往该实验田的南北向道路命名为"波里马路"，获学校同意。本人认为，用这种方式固化和弘扬对这个重大发现的认同是很有意义的。

《油菜杂种优势利用的生物学基础》一书较全面地总结了相关方面的生物学研究的进展，各章作者在各自的领域都颇有建树。通过研读书稿，本人对油菜研究的进展进一步加深了了解。可以期待，正在蓬勃展开的功能基因组和遗传改良研究的成果必将进一步提高油菜杂种优势利用的水平。祝油菜杂种优势利用再上新台阶，铸就新辉煌。

张启发

2018 年 8 月 31 日于武汉

前　言

　　人类的理智从来不满足于"知其然"，总要弄明白"其所以然"，故任何科学理论不可能停留在对经验事实的描述，必须对事实何以如此发生给予合理的解释。人类最初从自然的馈赠中，对身边的物种进行选择和利用，并在此过程中观察到杂种优势现象。过去的 20 多年中，基因组学、转录组学、蛋白质组学、代谢组学和表型组学的发展，以及各组学的联合解析大大提高了对作物遗传改良中很多问题的认识和理解。特别是近年来，随着测序成本的大幅度降低，科学家从全基因组上对作物的野生种、地方种和现代品种进行分析，清晰地认知了许多性状在人类选择过程中的演变。虽然对杂种优势的"所以然"还没有诠释，但至少在利用上，人类已经获得一些规律性的知识，并形成了一些理论知识。

　　利用杂种优势最为成功的大田作物应该是玉米和水稻，油菜也紧随其后。我国在油菜杂种优势利用方面进行了全方位的研究。第一，傅廷栋教授等于 1972 年发现了 Polima 细胞质雄性不育材料，被认为是国际上第一个有实用价值的油菜雄性不育类型，至今已被广泛应用于杂交种选育。第二，我国在油菜核不育杂种、化学杀雄杂种、自交不亲和系杂种等方面进行了多种利用途径的探索，先后发现了几种核不育类型（四川宜宾地区农业科学研究所的'宜 3A'、四川大学潘涛教授发现的'S45A'、贵州省农业科学院油菜研究所侯国佐研究员发现的'117A'、安徽省农业科学院陈凤祥研究员发现的'9012A'等）；近年来，在化学杀雄剂方面也取得一些进展，相继选育了一批杂交组合；华中农业大学育成甘蓝型油菜自交不亲和系及其杂种；等等。第三，我国育成了国际上第一个油菜雄性不育三系杂种'秦油 2 号'，并在生产上大面积推广。第四，针对甘蓝型油菜资源狭窄、芸薹属植物多样性丰富的特性，在利用甘蓝型油菜近缘种基因组多样性拓宽遗传资源方面进行了有益的尝试，为油菜杂交种选育奠定了材料基础。傅廷栋院士主编的《杂交油菜的育种与利用》一书总结了我国在油菜杂种优势利用方面的育种实践和经验，最近 20 多年来，该书中涉及的一些生物学基础问题的研究有了长足的进展，所以，笔者将这些进展直接汇编成册，以期能够指导我国油菜杂种优势利用的进一步发展。

　　参加本书编著的作者均在相关领域工作多年。我们根据每位作者的特长，分工编写了各章，在编写过程中力求把理论与自己的工作实践结合起来，以阐述该领域的有关问题。本书结构上大体可以分为三个部分。第一部分是基础部分，包括第一章和第二章。第一章是基础内容，介绍了芸薹属物种、油菜染色体组成及基因组信息、遗传标记及SNP 芯片开发与利用；第二章以模式植物拟南芥为主要对象，介绍了植物花期发育与雄性不育发生发育的研究进展，同时也横向比较了不同物种小孢子发生发育的共线性。第二部分介绍油菜杂种优势利用的授粉系统，包括第三章至第六章。第三章介绍了几种杂交种生产中利用油菜细胞核雄性不育遗传，恢复基因克隆及不育发生的生物学基础，提出进一步利用杂种优势的途径和方法；第四章介绍了油菜细胞质雄性不育的主要类型及其细胞学特征，恢复基因的克隆和恢复机制；第五章介绍了植物自交不亲和类型，以及芸薹属植物与甘蓝型油菜自交不亲和的遗传和分子机制；第六章介绍了植物化学杀雄剂的类型、油菜化学杀雄的生物学机制，以及化学杀雄的制种技术。第三部分介绍杂种优势机制及亲本选配，包括第七章和第八章。第七章介绍了植物杂种优势研究的概况，就杂种优势遗传基础、表观修饰和基因的差异表达进行了多个层次的论述；第八章介绍了利用芸薹属近缘种多样性拓展甘蓝型油菜遗传差异的具体方法，以及这个过程中遗传变异的发生及材料的利用。

从内容上看，本书介绍的是近年来取得的进展，但实际上是几代研究者沉淀的结果，没有前人在材料上的积累，没有这个时代赋予的信息爆炸式增长，在油菜杂种优势利用生物学基础研究方面，不可能取得如此快速的进展。在此深表谢意！20多年来，我国的杂交油菜相关的生物学研究得到国家科技部、农业部、国家自然科学基金委员会，以及有关省的科技厅、农业厅等部门的大力支持和资助，借本书出版的机会，向上述单位表示衷心的感谢。

本书适于农业和生物专业的大、中专学生，以及研究生、教师、农业研究和推广人员阅读与参考。在本书编写过程中，得到傅廷栋教授和张启发教授的支持、指导及审阅。本书出版之际，正值傅廷栋教授八十大寿，特向他表示感谢和祝贺！

由于时间所限，加上水平限制，本书难免有不足和错误之处，恳请读者指正。

涂金星

2018 年 2 月 6 日于武汉

目　　录

Contents

第一章 芸薹属基因组研究

张园园 童超波 刘胜毅 中国农业科学院油料作物研究所

第一节 芸薹属物种的分类及在科学研究和农业中的重要性

一、芸薹属物种分类

芸薹属（*Brassica*）植物是芸薹科（Brassicaceae）的骨干大属，也是芸薹科中最重要的属，芸薹科也因此而得名。芸薹科植物的典型形态特征是花瓣呈十字形排列，故过去称为十字花科（Cruciferae）。芸薹科由 25 个族 338 个属共 3709 个物种组成，而芸薹属包括了其中的 37 个种（Al-Shehbaz et al.，2014；Warwick et al.，2006），大多数为一年生的草本植物，也有多年生草本植物和小灌木。约 22 种芸薹属野生种集中在地中海和中东地区，故该地区是公认的其近代分布和分化的中心。据《中国植物志》记载，现已知中国芸薹属植物有 15 种 11 变种。

芸薹属植物的花结构非常保守和规整，呈两边对称，4 个萼片排列为两层；4 个花瓣呈分离状，有的基因型没有花瓣；6 个雄蕊，长的 2 个在外面，短的 4 个在里面，且彼此分离；子房由两个心皮组成。芸薹属植物的果实呈两节，子叶在种子内呈现独特的对折状（Warwick and Sauder，2005）。与芸薹科的其他植物一样，芸薹属植物含丰富的硫代葡萄糖苷（glucosinolate）。在遗传学和形态学上，芸薹属植物都表现出丰富的多样性，植物的根、茎、叶、花蕾和种子都可食用，一些类型被用作饲料、油料、染料和药材，甚至观赏植物。除南极洲以外，芸薹属植物全世界都有分布。日本学者盛永俊太郎在 20 世纪二三十年代通过细胞学研究推测白菜（*B. rapa*，$2n = 20$）、黑芥（*B. nigra*，$2n = 16$）和甘蓝（*B. oleracea*，$2n = 18$）这三个二倍体为芸薹属的基本种，基本种之间相互杂交和自然加倍形成了芥菜型油菜（*B. juncea*，AABB，$2n = 34$）、甘蓝型油菜（*B. napus*，AACC，$2n = 38$）和埃塞俄比亚芥（*B. carinata*，BBCC，$2n = 36$）这三个异源四倍体复合种，提出用 A、B、C 来分别表示白菜、黑芥和甘蓝的基因组，用 AB、AC 和 BC 分别表示芥菜、甘蓝型油菜和埃塞俄比亚芥的基因组（Tomonori，1929，1934）。随后，韩国学者禹长春通过种间杂交证实了这种推测，并于 1935 年提出用三角形两两杂交来表示这种基因组间的亲缘关系，即著名的禹氏三角（U'striangle，图 1-1）（Nagaharu，1935）。后来通过染色体配对、双二倍体的人工合成、细胞核 DNA 含量测量、基因组特异性分子标记及基因组序列分析等涉及形态学、遗传学、细胞学、解剖学、生理生化及分子生物学等不同方面的研究都证实了这种关系。芸薹属物种禹氏三角的建立，使人们更加明确了芸薹属众多物种及其变种间的亲缘关系，科学地指导了芸薹属作物的远缘杂交和种质创新，促进了基本种与复合种间的基因交流，极大地推动了芸薹属作物的遗传改良（刘后利，2000），也使得芸薹属植物成为多倍体基因组遗传研究的理想体系。白菜、黑芥和甘蓝这三个物种都有数量众多的亚种、植物学变种及栽培品种群，三个物种在历史上的分化路线相似，都平行演化出很多蔬菜类型（Cheng et al.，2016；Prakash and Hinata，1980）。

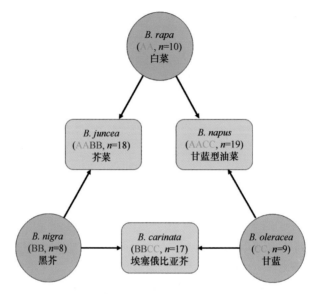

图 1-1　芸薹属 6 个栽培种遗传关系的禹氏三角（Nagaharu，1935）

　　对芸薹属异源四倍体作物的单倍体及异源四倍体与二倍体种间杂种的减数分裂过程的研究发现，3 个二倍体基本种染色体间均存在部分同源性，表明 A、B 和 C 三个基因组可能有共同的起源；但 A/C 基因组染色体之间的配对情况好于 B/C 和 A/B 基因组之间，说明 A、C 基因组染色体的亲缘关系更近（Attia and Röbbelen，1986）。在 3 个二倍体种衍生的单倍体中，其花粉母细胞在减数分裂时除了形成单价体外，还有少量的二价体和三价体出现，由此推测芸薹属 3 个二倍体基本种起源于同一个具有更低染色体数目的物种（Armstrong and Keller，1981）。

（一）白菜类作物

　　白菜类作物（B. rapa，AA，2n = 20）是多态性非常丰富的物种（图 1-2），许多品种长期在欧洲和亚洲被驯化，也是禹氏三角 6 个物种中最先被驯化的。关于白菜类植物的起源目前了解得比较少，推测是从 Sylvestris 栽培植物逃逸而来，基因组已测序完成（Wang et al.，2011）。

　　白菜类作物包括结球白菜（如大白菜）、不结球白菜（如小白菜）和油用白菜（白菜型油菜）。在我国云贵高原，以及西藏、青海和新疆地区有丰富的野生近缘种。严格来讲，油用白菜也属于不结球白菜，因其用途不同才被单独列出。形态学、地理分布、同工酶、细胞核 RFLP 和 AFLP 标记都显示白菜分为两大类群，可能是来自两个独立起源中心（Song et al.，1990；Warwick et al.，2008）。第一个中心在亚洲，尤其是中国，还包括许多亚洲白菜类的蔬菜。第二个中心在欧洲，包括芜菁和白菜型油菜，亚洲的沙逊油菜和托

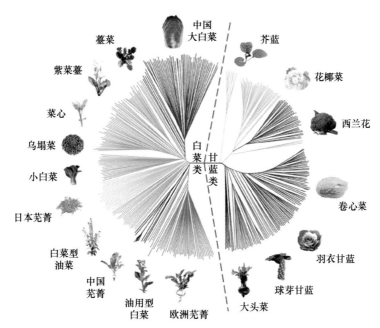

图 1-2　白菜和甘蓝的亲缘关系图

Cheng 等（2016）根据 199 份白菜类作物和 119 份甘蓝类作物中共线性区域内的 6707 个 SNP 标记做进化树，不同种类的白菜和甘蓝分别用不同的颜色表示

利亚油菜是它们的衍生类型。具体来说，油用型白菜和芜菁发源于欧洲，主要包括蔬菜芜菁（spp. *rapa*）、饲料芜菁（spp. *rapa*）、白菜型油菜（spp. *oleifera*），其中白菜型油菜在中国、加拿大、印度及北欧广泛种植，是第三大芸薹属油料作物；在东亚和西亚，包括中国，不但有油用型，还选育出许多蔬菜型白菜，例如，中国大白菜（spp. *pekinensis*）、青菜（subsp. *chinensis*）、中国塌菜（spp. *narinosa*）、小花菜（spp. *soleifera*），以及常见的 4 种亚洲不结球多分蘖叶用蔬菜［日本水菜（mizuma）、壬生菜（mibuna）、小松菜（komatsuna）、叶用芜菁］，在东亚特别是在中国、朝鲜、韩国、日本广泛分布，这就说明东亚是白菜遗传多样性的次生中心。其中，中国大白菜在亚洲属于十分重要的蔬菜，为人类健康提供维生素、矿物质及食用纤维素等，在韩国和朝鲜被称为国菜，作为泡菜食用。印度也是种植白菜类作物的重要地区，主要有褐籽沙逊及黄籽沙逊油菜（spp. *trilocularis*）、托利亚油菜（spp. *dichotoma*）等。这些作物很多都被描述为独立的物种，但它们很容易相互杂交，因此属于 AA（*n*=10）基因组的白菜（*B. rapa*）同类群（Schmidt and Bancroft，2011）。

白菜型油菜（*B. rapa/campestris*，AA，2*n* = 20）

　　油菜并不是一个基于种属的定义，而是农业生产上将用于榨油的芸薹属作物统称为油菜，包括一年生或越年生的草本。目前油菜主要栽培种有：甘蓝型油菜（*B. napus* L.）、白菜型油菜（*B. rapa/campestris* L.）、芥菜型油菜（*B. juncea* L.）等。

　　白菜型油菜又称小油菜或白油菜。其植株一般相对矮小，幼苗生长较快，主根较发达或不发达，侧根中等发达或较发达；基叶呈椭圆形、卵圆形或长卵形，叶上举，有多刺毛或少刺毛，苞茎而生；分枝比较少或中等数量，花呈淡黄色至深黄色，花瓣呈圆形、较大，开花时花瓣侧叠或呈覆瓦状；花药外向开裂。白菜型油菜有比较强的自交不亲和性，自然异交率在 75%～95%，甚至以上，属典型异花授粉作物。其花的嫩茎及叶也可以当作蔬菜食用。种子有褐色、黄色或五花子色等，大小不一，千粒重 3g 左右，无辛辣味；含油量中等，一般在 35%～40%，高的能达到 50% 以上。白菜型油菜地方种质资源具有各种优良特性，如耐瘠薄、耐干旱、抗寒性强，有的生育期比较短，在一些地区具有甘蓝型油菜不可替代的作用，同时为甘蓝型油菜品种改良提供了丰富的遗传改良资源。其缺点是抗病毒病、霜霉病能力较弱，产量不稳定（刘后利，2000）。白菜型油菜按照种性的不同可以划分为春性、半冬性和冬性三种类型，代表品种有青油（杂）系列、白杂系列、皖油系列、雅油系列等。

（二）黑芥

黑芥（B. nigra，BB，2n = 16）曾经被广泛种植，是生产调味品的作物，现已基本上被芥菜取代，在亚洲它仍然为主要调味品作物。有关黑芥的种植历史记载信息比较少，在欧洲地中海和埃塞俄比亚高原发现有黑芥种植地，推测黑芥可能起源于欧洲中部和南部（Schmidt and Bancroft，2011）。黑芥近期才进入印度。黑芥与芸薹属的其他两个二倍体物种白菜和甘蓝是独立进化的，细胞学、同工酶、细胞核和叶绿体 DNA 的酶切位点及基因组序列数据表明，在亲缘关系上，黑芥与白芥属（Sinapis）物种，尤其杂草野芥（S. arvensis，n = 9）关系更近，相比之下，与芸薹属白菜（B. rapa）和甘蓝（B. oleracea）关系更远些。截至目前，黑芥的基因组序列信息尚未发表。

（三）甘蓝类作物

甘蓝类作物（B. oleracea，CC，2n = 18）是世界上最重要的一类蔬菜。甘蓝类 CC 基因组种群在形态外观上变异非常大（图 1-2）。结球甘蓝基因组已测序完成（Liu et al.，2014）。CC 基因组种群有丰富的野生近缘种，包括可相互杂交的地中海物种，如克里特甘蓝（B. cretica）、希拉里甘蓝（B. hilarionis）、英卡纳甘蓝（B. incana）、撒丁岛甘蓝（B. insularis）、大果甘蓝（B. macrocarpa）、山甘蓝（B. montana）、岩甘蓝（B. rupestris）、草毛甘蓝（B. villosa），西欧沿海地区的野生甘蓝（wild B. oleracea），以及加那利群岛的波尔基甘蓝（B. bourgeaui）。

重要的甘蓝类作物有：主茎粗壮、茎叶可食的羽衣甘蓝（变种有 var. viridis，var. costata，var. medullosa，var. sabellica）；以前种植较多、主要食用莲叶的分枝性灌木甘蓝（var. ramosa）；叶片紧包成球状的结球甘蓝（var. capitata，var. sabauda）；腋芽能形成可食用小叶球的抱子甘蓝（var. gemmifera）；主要食用地上部肉质球茎的茎蓝（var. gongyloides）；作为重要的富含抗癌物质的蔬菜、可食用膨大花序的菜花（var. botrytis）和西兰花（var. italica）；在中国栽培的一种开白花的甘蓝类作物芥蓝（var. alboglabra），这种芥蓝一般认为是古代从地中海地区引进的，但通常被归类成一个单独的物种 Brassica alboglabra。上述甘蓝类作物中，卷心菜（结球甘蓝）、花椰菜（菜花）和西兰花是种植最广的三种蔬菜。

针对甘蓝不同栽培类型的起源，学者们提出了各种假说：单一起源说，认为所有类型都起源于西欧的野生甘蓝；三重甚至多重起源说，认为不同类型的甘蓝起源于 CC 基因组种群的多个相关野生物种。公元前 2000 年，希腊和罗马当地的土著居民就已经驯化了野生甘蓝，这些野生甘蓝可能是羽衣甘蓝和结球甘蓝的原始种，且目前被认为是甘蓝最早的栽培种（Sauer，1993）。后来，凯尔特人开始长期种植这些甘蓝并将其命名为"Bresic"，这可能就是芸薹属植物命名的由来。结球甘蓝和其他多叶型甘蓝可能都起源于原始羽衣甘蓝和不结球甘蓝（Herve，2003）。

（四）甘蓝型油菜

1. 甘蓝型油菜的起源

甘蓝型油菜（*B. napus*，AACC，$2n = 38$）的出现比较晚，至今还没有发现野生种群。甘蓝型油菜的 A 和 C 亚基因组分别来自二倍体白菜（AA）和甘蓝（CC）。白菜和甘蓝在地中海盆地及中东地区都有公认的起源中心（Song et al.，1988），从公元前 5000 年到公元 500 年期间，它们从土耳其东部迁移到欧洲和远东地区，这些迁移不仅使白菜和甘蓝成为当地的食物、药材、饲料和观赏植物，而且白菜、甘蓝或野甘蓝有机会发生种间杂交产生异源四倍体甘蓝型油菜。因此，甘蓝型油菜的地理起源中心也很可能位于地中海盆地、北欧或西欧、中东及东亚地区。

在欧洲，规模化种植油菜可追溯至 13 世纪，在工业革命时期菜籽油被作为优质润滑油使用，开始发挥重要作用。Gupta 和 Pratap（2007）详细总结了甘蓝型油菜从古到今油用变种和饲料用变种的历史背景及驯化记载，以及从早期的药用和饲料用到今天先进的农业育种。

分子数据提供的证据显示，甘蓝型油菜是多起源的，包括白菜与甘蓝杂交，以及白菜与 CC 基因组亲缘种山甘蓝（*B. montana*）杂交（Song and Osborn，1992），目前已公布了三个甘蓝型油菜品种的基因组序列（Bayer et al.，2017；Chalhoub et al.，2014；Sun et al.，2017）。一般认为，甘蓝型油菜有两个亚种，两年生蔬菜芜菁甘蓝（rutabaga）或瑞典芜菁（swede）属于 *rapifera* 亚种，一年生油料或饲料作物属于 *napus* 亚种（有的也称作 *oleifera*）。

2. 甘蓝型油菜的形态特征

形态上，甘蓝型油菜植株中等或高大，根系比较发达，茎叶呈椭圆形，不具琴状缺刻，伸长茎叶有明显缺刻且缺刻程度多种多样，薹茎叶半抱茎着生。叶色似甘蓝，呈蓝绿色，多被蜡粉。一般的花瓣数有 4 片，花瓣比较大，黄色，开花时重叠，也有无花瓣的甘蓝型油菜（Buzza，1983）。角果较长，多与果轴垂直着生。种子黑色或黑褐色，粒大饱满，千粒重 3～4g，高的可达 5g 以上。种皮表面网纹浅，含油量较高，一般在 41% 左右，高的达 50% 以上。抗霜霉病力强，耐寒、耐湿、耐肥，产量高而稳定，增产潜力较大（刘后利，2000）。按照是否需要春化作用及春化作用（低温）时间长短可将甘蓝型油菜分为春性品种、半冬性品种和冬性品种。春性品种主要分布在北美、中国西北和东北、澳大利亚和东欧；冬性品种主要分布在欧洲；半冬性品种主要分布在中国长江流域，代表品种有华油杂/华双系列、中油杂/中双系列、秦油杂系列、圣光系列、油研系列等。

（五）芥菜类作物

芥菜类作物（*B. juncea*，AABB，2*n*=36）主要包括菜用和油用芥菜两大类群，前者主要分布在中国和东欧地区，后者主要分布在中东和印度等南亚国家和地区。芥菜基因组也已测序完成（Yang et al.，2016）。印度芥菜（也称褐芥）在北美和欧洲被用作调味品，而在印度次大陆被用于菜籽榨油，在远东地区被用作蔬菜种植。由于生态地理变异和人类育种的选择，芥菜形成了多个不同形态的变种，包括油用、半油用、根用、茎用、叶菜用、种茎用和种子用芥菜等类型。芥菜的起源中心还不能完全确定，根据亲本种黑芥和白菜共同生长的地理位置，芥菜最有可能起源于中东或西亚地区，在这些地区，还能见到野生的芥菜。也有假说认为，芥菜起源于亚洲，多样性中心主要在中国。与甘蓝型油菜一样，芥菜可能也来自一次以上的亲本种杂交和起源。最近的分子生物学研究认为 3 个变种（vars. *multiseps*，*rapifera*，*tsa-tsai*）都不止一次起源。

芥菜型油菜

芥菜型油菜（*B. juncea*，AABB，2*n*=36）又称高油菜、苦油菜、辣油菜或大油菜，植株高大，株型松散，分枝纤细，分枝部位高且分枝较多，主根极发达或中等发达，侧根不发达或发达。幼苗基部叶片小而狭窄，披针形，有明显的叶柄。叶面皱缩，且具刺毛和蜡粉，叶缘一般呈琴状，并有明显的锯齿。薹茎叶具短叶柄，叶面稍有皱缩。花瓣较小，不重叠，四瓣分离，花序中间花蕾位置高于开放花朵，花药内向开裂或半内向开裂。自交结实率高达 70%~80%，自然异交率一般在 24%~30%，属常异交作物。角果细而短，种子有辣味，呈黄色、红色、褐色或黑色，千粒重 2g 左右。含油量低，一般在 30%~35%，高的达 50%以上，且油分品质较差，蛋白质含量高，色素和纤维素含量较低，不耐藏，生育期较长，产量低，但抗旱、抗寒、抗倒力强，耐瘠性较强，抗（耐）病虫力强，抗裂果性强（刘后利，2000）。国内主要集中分布在西部干旱地区，以西南地区占比重较大，代表品种有'牛尾梢'、'涟水小油菜'、'新油 1 号'等。

（六）埃塞俄比亚芥

埃塞俄比亚芥（*B. carinata*，BBCC，2*n* = 36）既是油料作物也是蔬菜作物，很少分化成其他作物类型。目前还没有找到埃塞俄比亚芥的野生型，它被认为起源于非洲东北部的埃塞俄比亚高原——在野生黑芥和栽培羽衣甘蓝重叠生长的地区。埃塞俄比亚芥的基因组测序和组装目前尚未完成。

二、甘蓝型油菜在植物遗传学研究和农业生产中的重要性

甘蓝型油菜既是重要的遗传育种和多倍体植物进化研究的模式作物，也是农业生产的主要油料作物之一。

甘蓝型油菜的普通遗传、细胞遗传和分子遗传及育种均有较深入的研究，其染色体较易观察和分辨，组织、体细胞、花粉和受精胚均易离体培养和植株再生，转基因实验系统较为成熟，转化率较高，已构建高密度的遗传图谱，已有多个基因型被测序和组装成参考基因组，在遗传学研究中有着诸多优势。油菜是常异交作物，是研究育种方法的理想作物之一，而且较早实现了三系/两系配套，并且是大面积利用杂种优势的少数几个作物之一，其杂种优势明显，是研究杂种优势成因的模式物种之一。尤其突出的是，油菜是新（neo-）多倍体，由甘蓝和白菜杂交而形成，其两个亚基因组各包含着易于检测的中期（meso-）和古（paleo-）多倍体事件，即全基因组加倍事件，祖先种中每次基因组加倍都有对应的、可清楚检测出加倍事件的代表物种（图 1-3），而且甘蓝型油菜的直接祖先种白菜和甘蓝及其野生种都存在，这样清楚、完整的世系关系在植物界不多，尤其在有较深研究的、具有丰富遗传学信息的作物植物中很独特，因此，该系统在研究植物进化、物种和生物多样性形成、多倍体优势和杂种优势中具有独特的价值。

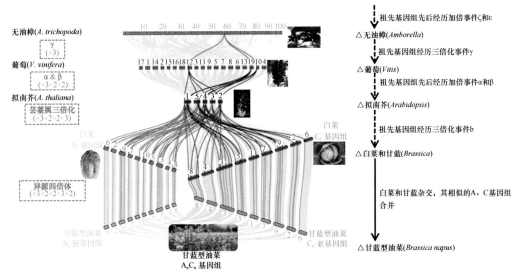

图 1-3　进化上甘蓝型油菜的祖先种基因组加倍事件及其代表物种（改编自 Chalhoub et al.，2014）
图中右侧箭头线长度不代表进化时间长短，虚线表示形成该物种之前可能经历了若干物种的演变，空心三角形后为基因组加倍后的代表性物种；基因组加倍或三倍后经历快速的基因组重排和基因组片段丢失，因此后继物种的基因组大小并不是祖先的理论倍数；图中左侧虚线方框内橙色边缘字体为具体的基因组加倍事件，括号内数字表示历史基因组加倍信息

自 20 世纪 70 年代提出了油菜"双低"育种（油中芥酸低于 5%且饼粕中硫代葡萄糖苷低于 30 μmol/g）以来，加拿大育种学家于 1974 年率先培育出世界上第一个双低甘蓝型油菜品种'Tower'，1977 年又育成了第一个双低白菜型油菜品种'Candle'；中国在 1975 年引进了低芥酸品种'Oro'，1980 年前后又引进了'Tower'，从此拉开了双低油菜育种的序幕，双低油菜品种的育成并推广使油菜籽一跃成为食用植物油的优质原料（刘后利，2000）。美国食品药品监督管理局（Food and Drug Administration, FDA）于 1985 年确认双低菜籽油适合人类和动物食用（注：油菜在美国种植很晚）。双低菜籽脂肪酸组成非常均衡（低饱和脂肪酸和高不饱和脂肪酸，富含 ω-3 脂肪酸），深受世界营养学家的推崇（Stringam et al.，2003）。油菜在过去的 30 年内迅速发展成为第三大油料作物（大豆、油棕榈、油菜），在世界范围内广泛种植，它不仅为人类提供优质食用植物油，为动物提供青饲料（李晓锋等，2017），而且还可以作为动物的蛋白饲料（饼粕）及生物能源的原材料（傅廷栋，2000）。油菜也是我国最主要的油料作

物之一，是我国国产食用植物油的主要来源。美国农业部（United States Department of Agriculture，USDA）的数据显示，2016 年世界油菜籽和饼粕总产量分别为 7035 万吨和 3964 万吨，均仅次于大豆；成品油供给量 2812 万吨，排在棕榈油和大豆油之后。2016 年中国油菜籽总产量 1350 万吨，仅次于欧盟（2054 万吨）和加拿大（1960 万吨）。而且，20 世纪后期，随着"双低"油菜的推广，国际市场对油菜籽需求量增加，油菜籽、饼粕和菜籽油的市场价格大幅攀升，2016 年成品菜籽油的国际价格达到了每吨 1621 美元，油菜籽平均每吨 432 美元，饼粕每吨 225 美元（USDA，2017）。

从全世界范围看，油菜种植的竞争力在于：①与谷物轮作可以获得高产，尤其在亚洲，可用于冬季种植的作物少，油菜是冬季轮作的主要作物；②"双低"菜籽油品质优良，饼粕的经济价值比较高；③生产机械化，很大程度上可直接使用谷物生产现用的设备；④影响油菜价格的商业变量不同于粮食作物生产，经济价值比较高。

第二节　油菜分子细胞学研究进展

细胞遗传学是遗传学与细胞学相结合的一个遗传学分支学科，着重研究细胞水平的遗传、变异，尤其是细胞有丝分裂和减数分裂过程中染色体结构和行为，如染色体的数目、形态、结构与运动，以及它们的变异对遗传传递、重组、表达与调控的作用和影响。细胞遗传学的方法也被广泛用于分类学及相关的遗传多样性研究、种间杂交基因组片段的渐渗检测，也应用于遗传育种。传统的细胞遗传学吸收和发展了分子技术，形成了分子细胞遗传学分支，进一步加强了细胞遗传学的重要地位和该学科自身的发展，尤其是荧光标记的原位杂交（fluorescence *in situ* hybridization，FISH）技术和基因组原位杂交（genomic *in situ* hybridization，GISH）技术极大地推动了细胞遗传学的发展；而细菌人工染色体（bacterial artificial chromosome，BAC）技术不仅加深了人们对染色体和基因组的认识，还有力地促进了基因组测序和基因组学的发展。近年来，人们对遗传、变异的研究已进入到三维或更高维空间结构时代，分子细胞遗传学在解析染色体和基因组的空间结构、表观修饰及其对基因表达、调控的影响中正发挥越来越大的作用。

一、芸薹属祖先种

芸薹族（Brassiceae tribe）是十字花科（Brassicaceae family）下属 49 个分支之一（Al-Shehbaz et al.，2014），包含了 46 属近 220 个种，其中以芸薹属物种最为丰富（37 个种）。早期的细胞遗传学分析显示，芸薹族物种染色体数目从 7～75 不等，这提示这些物种可能具有不同的染色体倍性，部分物种可能为多倍体起源。通过分子细胞遗传学分析发现，十字花科基因组可能起源于一个包含 7 个连锁群的共同祖先，并推测了祖先物种的核型构成（the proto-calepineae karyotype，PCK），以及一个更古老的、含 8 条染色体的祖先核型（the older ancestral crucifer karyotype，ACK）。这两个祖先核型之间通过一次易位和染色体融合事件形成了染色体从 8 到 7 的变化；另外，PCK 祖先核型进一步通过整个染色体臂端的转位形成 tPCK 祖先染色体结构。通过对芸薹属内二倍体物种（染色体数目为 7～12）减数分裂中期花粉母细胞中染色体配对情况进行考察和核型分析，发现不同物种的染色体片段具有共同的起源关系,且存在多倍化的加倍染色体区域,最终提出芸薹族物种起源于一个染色体数目为 6 或者 7 的共同祖先,随后染色体数目和核型在各个物种内由于多倍化和染色体重排进一步发生变化(Lysak et al.,2016)(图 1-4)。

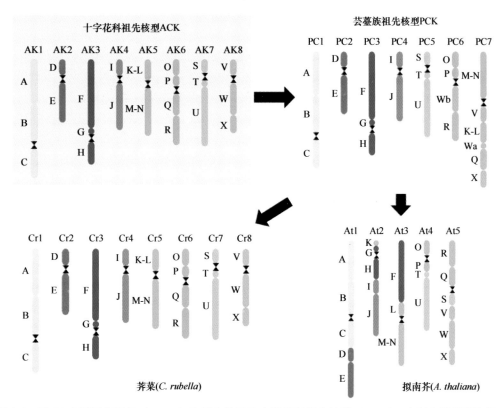

图 1-4　以 24 个基因组区块(A～X)为基本单元的十字花科祖先核型(ACK)、十字花科芸薹族祖先核型(PCK),以及荠菜(*Capsella rubella*)、拟南芥(*Arabidopsis thaliana*)中的核型分布图(改编自 Lysak et al.,2016)

二、芸薹属染色体起源与演化

早期的研究者通过传统细胞遗传学手段分析芸薹属物种染色体核型和进化,发现了芸薹属基因组内存在相似的重复片段,推测芸薹属物种基因组很可能是多倍化后进化的产物。后来,基于拟南芥-甘蓝型油菜 RFLP 遗传图谱的比较和细胞遗传学比较分析(Lysak et al.,2005,2007;Ziolkowski et al.,2006),最终确立了芸薹属物种祖先的六倍体特征。研究者创立了一种染色体比较作图技术(comparative chromosome painting,CCP)(Lysak et al.,2006),可利用染色体特异 BAC 序列在减数分裂粗线期检测染色体核型。利用该技术,Howell 等发现一个拟南芥 1 号染色体尾部 5Mb 片段对应甘蓝 C6 染色体上的两个同源区段(Howell et al.,2005)。Lysak 等使用拟南芥 4 号和 3 号染色体序列探针分析了十字花科 21 个物种,在 13 个物种中发现了 3 个同源区域的存在,在芸薹属多倍体中检测到了 6 个同源区域,这些同源片段在各自物种中发生倒位和易位形成不同的染色体核型(Lysak et al.,2005)。同样,在甘蓝物种也发现了三份同源染色体区段对应拟南芥 1、2、3 号染色体区域，如拟南芥 3 号染色体上一个 5.4Mb 片段分别对应三个甘蓝染色体 C4、C6 和 C8 上的片段（Ziolkowski et al.，2006）。Parkin 等将 1000 对拟南芥遗传图谱 RFLP 标记映射到甘蓝型油菜遗传图谱上，一共定义了 21 个保守的区块，每个保守的拟南芥片段在甘蓝型油菜中存在 4～7 份拷贝（Parkin et al.，2005）。另外，在拟南芥-芸薹属分歧之后，二倍体芸薹属祖先种发生了染色体重排事件，其中一些重排发生在白菜和甘蓝分歧之前，为 A 和 C 基因组所共有，因此三倍化后的基因组经历了许多染色体重排事件，如插入、缺失和易位等，形成了现在芸薹属基因组的染色体核型（Parkin et al.，2005）。这些研究都表明一个拟南芥染色体片段在芸薹族和芸薹属物种中通常存在 3～6 个同源区域，这些现象可以通过一个共同起源的六倍体祖先得到合理解释，因此提出了芸薹族祖先全基因组三倍化的假说。近年来，通过白菜、甘蓝、甘蓝型油菜和黑芥全基因组及转录组分析，进一步清楚地揭示了芸薹属三倍化的基因组特征，并重构了一个六倍体祖先的染色体核型（Chalhoub，2014；Liu et al.，2014；Paritosh et al.，2014；Parkin et al.，2014；Wang et al.，2011）（图 1-5）。

白菜基因组三份亚基因组上均含有 PCK 和 tPCK 祖先核型的连续区块：V/K/L/Wa/Q/X 和 O/P/W/R（Cheng et al.，2013）。因此，芸薹属祖先三倍化应该是通过三个染色体核型非常相似的二倍体杂交加倍形成的。虽然三倍化后发生大量的染色体重排事件，但是仍然有一些连续的保守区块保存在三份亚基因组上。关于芸薹属祖先如何实现基因组的三倍化加倍，推测其过程可能和六倍体小麦的形成相似（Marcussen et al.，2014），即通过两步完成：首先形成四倍体，然后再通过四倍体和另外一个二倍体进行杂交加倍（Tang et al.，2012；Wang et al.，2011；Ziolkowski et al.，2006）。基因组内三倍化起源的三份不同亚基因组具有不同的基因丢失频率也强烈支持两步法实现芸薹属祖先三倍化加倍（Cheng et al.，2013，2014；Tang et al.，2012；Wang et al.，2011）。

三、芸薹属物种间杂交的染色体判别与鉴定技术

核型分析清晰地定义了芸薹属 3 个多倍体物种分别由 3 个二倍体物种两两杂交而形成，这 6 个物种构成了"禹式三角"关系（Nagaharu，1935），即甘蓝型油菜（*B. napus*，AACC，2n=38）、芥菜型油菜（*B. juncea*，AABB，2n=36）和埃塞俄比亚芥（*B. carinata*，BBCC，2n=34）这 3 个四倍体物种分别由 3 个二倍体物种白菜（*B. rapa*，AA，2n=20）、甘蓝（*B. oleracea*，CC，2n=18）和黑芥（*B. nigra*，BB，2n=16）相互杂交加倍形成。但是，对单个染色体和结构变异的识别及精细鉴定，传统细胞遗传学方法包括核型分析是难以做到的，需要运用分子探针技术。早期的分子细胞遗传学基于核糖体 DNA（rDNA）位点鉴别芸薹属染色体，但是基于测序序列的鉴定就很难，原因在于 rDNA 序列在染色体上存在太多的重复拷贝，拷贝量通常为 500～40 000 个，且成串集中分布在一些染色体区域（Rogers and Bendich，1987）。使用 5S 和 45S rDNA 探针，通过 FISH 技术可以更好且更稳定地识别芸薹属二倍体和四倍体物种中的不同染色体（Fukui et al.，1998；Maluszynska and Heslop-Harrison，1993）。其中，45S rDNA 探针在 A3 染色体上的信号最强，且大量成串存在于 A3 染色体的一端形成核仁组织区（Hasterok and

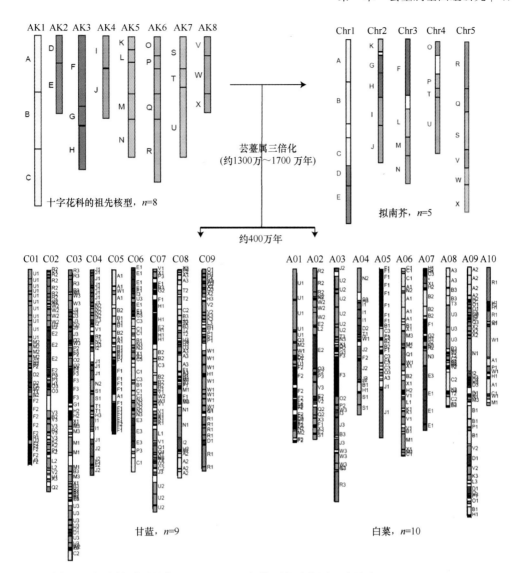

图 1-5　祖先核型到芸薹属 A 和 C 基因组核型的演化图（改编自 Liu et al.，2014）

24 个遗传区块分别用字母 A～X 和不同的颜色表示，其中白菜和甘蓝三个亚基因组 LF、MF1 和 MF2 对应的区块分别在区块字母后面加上数字 1、2、3。不同物种区块之间的共线性关系分析通过 Mcscan 软件（http: //chibba.agtec.uga.edu/duplication/mcscan）鉴定

Maluszynska，2000）。另外一个 45S rDNA 富集在 A1 染色体靠近着丝粒的区域，在 A5、A6 和 A9 上也有零星分布（Hasterok et al.，2006）。而 5S 探针通常分布在 A10、A1 和靠近 A3 核仁组织区。对甘蓝 C 基因组，C7 和 C8 染色体包含有 45S 序列，其中 C8 上的 45S 处于激活状态（Howell et al.，2002），5S 探针在 C4 有较强信号（图 1-6）。在甘蓝型油菜中，45S rDNA 在 C 和 A 染色体上分别存在 4 个和 8 个信号，而 5S rDNA 有 1 个和 3 个信号。在细胞遗传学对芸薹属物种每个染色体进行辨别和鉴定后，研究者进一步将遗传图谱 RFLP 标记对应到特定的染色体 BAC 序列，从而将细胞遗传学定义的染色体编号和连锁群编号统一起来（Howell et al.，2002）。

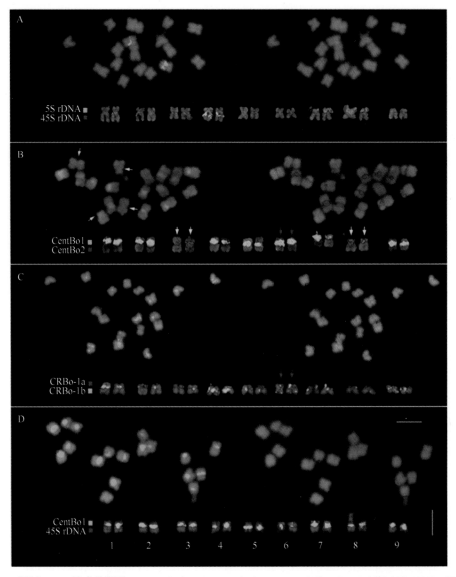

图 1-6　通过 FISH 技术检测的 rDNA（A）、CentBo（B）、CRBo（C）、CentBo 和 45S rDNA（D）在甘蓝染色体上的分布（改编自 Liu et al.，2014）

　　通过 GISH 标记的 DNA 序列，可以分辨芸薹属杂交个体或多倍体中不同基因组的染色体，如将 B 基因组染色体和 A/C 染色体区分开来，但由于 A 和 C 基因组染色体更为相似，GISH 技术仍然较难区分。通过增加 rDNA 特异探针和甘蓝特异 BAC 序列探针的方式进一步区分 A 和 C 染色体（Howell et al.，2008；Nicolas et al.，2007；Leflon et al.，2006）。之后，一种新的分子细胞遗传学技术 BAC-FISH 在甘蓝型油菜中被应用，这种技术允许对同一样品进行多次杂交，可同时使用多种探针如 45S、5S、CentBr1、CentBr2 和许多染色体特异 BAC 序列等（Xiong and Pires，2011）。使用该技术，已成功在许多人工合成的甘蓝型油菜中检测到了染色体的重排、复制和删除等结构变异（Xiong et al.，2011）（图 1-7）。

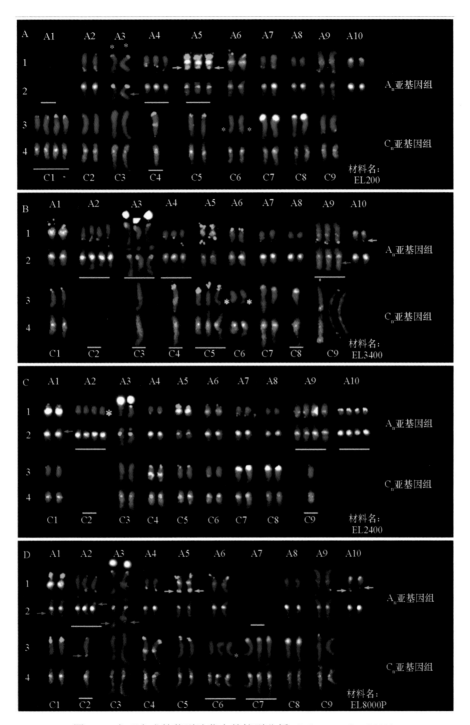

图 1-7 人工合成甘蓝型油菜中的核型分析（Xiong et al.，2011）

A～D 分别对应在 4 个不同的人工合成材料中的检测结果（材料的代号在图片的右下角）。A～D 中的 1、2、3、4 分别对应
A 基因组（1 和 2）和 C 基因组（3 和 4）的探针杂交结果。A～D 中 1 和 3 版块对应的 GISH 结果所使用的探针信号颜色
为：45S 信号（白色），5S 信号（黄色），BAC 克隆 KBrB072L17（绿色），BAC 克隆 KBrH092N24（红色）。A～D 图中 2
和 4 版块对应的 GISH 结果所使用的探针信号颜色为：CentBr1（红色），CentBr2（绿色），BAC BNIH 123L05（红色）。染
色体重排导致的基因组结构变异等通过红色或者绿色的箭头标识

四、芸薹属减数分裂过程中染色体配对行为

减数分裂过程中的染色体行为是细胞学和细胞遗传学的主要研究内容，减数分裂通过两轮细胞分裂实现染色体数目的减半和配子的形成。在大多数物种中，同源染色体在第一轮细胞分裂过程中进行联会重组，通常通过对等交换的方式交换染色体间的遗传物质。目前以拟南芥及其突变体作为材料，对减数分裂中染色体重组进行了大量研究，这些研究为在芸薹属物种中开展相关研究奠定了基础（Mercier et al.，2015），如拟南芥所使用的抗体等可能同样适用于甘蓝型油菜及芸薹属其他物种。通过使用拟南芥多克隆抗体同样可以在甘蓝型油菜 AACC 和 AAC 个体中检测减数分裂相关蛋白 ASY1（控制染色体轴向）和 ZYP1（控制联会丝复合体形成）（Leflon et al.，2006）中的突触信号。通过拟南芥 *MHL1* 基因抗体的检测，AAC 个体中染色体联会重组数量是二倍体的 1.7 倍（Chelysheva et al.，2010；Leflon et al.，2010）。在甘蓝型油菜 AACC 和单倍体 AC 个体中，通过细胞遗传学方法系统地调查了减数分裂过程中的关键蛋白印记，完整地记录了姐妹染色单体聚合、染色体极性、联会复合体和重组的过程（Cifuentes et al.，2010；Grandont et al.，2014）。

一般情况下，禹氏三角中的 3 个四倍体作物表现出与二倍体一样的同源染色体配对行为，在减数分裂中期形成规则的二价体联会。但是，在许多甘蓝型油菜材料中，不同亚基因组间的染色体配对会形成多价体联会，并发生重组交换。通过对芸薹属物种进行遗传图谱和偏分离分析，鉴定出许多发生在芸薹属多倍体中不同亚基因组间染色体的对等和不对等交换（Osborn et al.，2003；Parkin，2011；Piquemal et al.，2005；Udall et al.，2005）。通过甘蓝型油菜与白菜、甘蓝之间全基因组序列的比较，也发现四倍体甘蓝型油菜 A 和 C 亚基因组间发生了许多染色体小片段的交换和易位（Chalhoub et al.，2014；Liu et al.，2014；Parkin et al.，2014；Wang et al.，2011）。通过对甘蓝型油菜的细胞学分析，还检测到了亚基因组之间的染色体不对等交换事件（homeologous exchange，HE），发现这些交换具有个体的特异性（Grandont et al.，2014），通过基因组测序的序列比对可以直观地看到这些 HE 事件（Chalhoub，2014）。越来越多的研究表明，这些染色体重组导致的基因组结构变异如转座、删除、复制和倒位等，在基因组结构、进化、基因表达调控和创造新的作物表型等方面发挥重要作用（Chester et al.，2012；Edwards et al.，2013；Schiessl et al.，2014；Wang et al.，2012；Zou et al.，2011）。

种间部分同源染色体联会的程度取决于配对区域的同源程度，同时也受特定的基因遗传位点控制。研究者对甘蓝型油菜配子中控制染色体配对行为的遗传位点进行了解析（Cifuentes et al.，2010；Jenczewski et al.，2003；Liu et al.，2006），他们首先调查了 AC 单倍体中 A 和 C 亚基因组间染色体配对情况，进一步选择极端材料构建 F$_1$ 代分离群体，通过 QTL 方法定位了一个控制亚基因组间染色体配对重组的主效 QTL（*PrBn*）和一些微效 QTL，以及部分上位性效应，进一步研究表明这些遗传位点主要通过影响亚基因组间染色体配对和交换从而影响重组交换（Nicolas et al.，2009，2012）。

五、芸薹属物种部分同源染色体配对、交换和基因组结构变异

减数分裂染色体配对和重组受遗传位点的控制（Jenczewski and Alix，2004），但更多的取决于基因组序列间的相似性（Bozza and Pawlowski，2008）。来源于共同祖先的白菜和甘蓝基因组 A 和 C 在多倍体甘蓝型油菜仍保持非常高的同源性与共线性（Chalhoub et al.，2014；Parkin et al.，1995，2003），在其他芸薹属多倍体中也相似。这些相同基因组同源区域或不同基因组同源区域的染色体配对可通过 FISH 和 GISH 技术进行检测。单倍体 AC 植株非常适合用于观察 A-A、C-C、A-C 间的重组配对和交换，研究发现其中 20%的二价体是来自于 A-A、C-C 的基因组内旁系同源区域配对而非 A-C 之间（Nicolas et al.，2007，2009）。使用基因组序列作为探针，通过 FISH 和 GISH 技术在 AABC、BBAC 和 CCAB 基因组检测到了 A-B、B-C 和 A-C 之间的异源联会（Mason et al.，2010）。使用 BAC 特异染色体序列作为探针，检测到了甘蓝型油菜 A 和 C 基因组中在 A1/C1、A3/C3、A10/C9 和 A7/C6 之间的交换最为频繁，因为这些亚基因组染色体间具有更好的共线性（Grandont et al.，2014）。在人工合成甘蓝型油菜中，通过 GISH 和 rDNA 标记同样检测到了高频率的亚基因组间的重组交换，尤其在 AACC 的 S_0 代中交换频率最高（Ksiazczyk et al.，2011；Szadkowski et al.，2010）。另外，在一个基因组为二倍体、另外一个为单倍体染色体组的 AAC 杂种中，A 和 C 之间的重组交换发生的频率很低（Leflon et al.，2006），然而，当一个基因组为二倍体染色体组结合两个单倍体染色体组时，如 AABC、BBAC 和 CCBA 杂种，则 A 和 C 亚基因组间的重组交换频率则显著提高（Mason et al.，2010）。

综上所述，分子遗传学和技术极大地增加了我们对部分同源染色体配对行为的认识，为不同种基因组或多倍体亚基因组间的重组、基因组渐渗和性状转移提供了重要指导及技术支撑。

在多倍体物种中，不同亚基因组间的部分同源染色体配对可产生不同类型的结构变异。变异的检测有多种方法，如分子细胞遗传学技术、遗传连锁图谱分析和基因组测序等。通过 FISH 和 GISH 方法，使用黑芥 DNA 和甘蓝 BAC 特异性探针序列在芸薹属多倍体基因组中检测到了许多结构变异（Howell et al.，2002）。而不对等交换导致的染色体易位（translocation）和反转（inversion）则可以采用在该区域设计一系列的探针，通过 GISH 和 BAC-FISH 技术进行检测（Howell et al.，2002）。在人工合成六倍体中，也检测到了许多 A-C、A-B 和 B-C 之间的染色体重组事件（Mason et al.，2014）。通过遗传图谱的标记偏分离分析可检测结构变异，但要求获得连锁图谱群体中每一个个体的基因型。通过该方法在甘蓝型油菜中检测到了一些易位（Osborn et al.，2003；Piquemal et al.，2005）。基因组测序是最直接的方法，但目前只能检测取代或缺失类型的变异，而那些易位和反转等机制导致的对等交换则很难检测到，因为发生结构变异个体的测序短序列都比对到参考基因组上，不能识别比对的基因组位置或异常。部分同源染色体片段之间的取代或不对等交换通常会导致取代者产生两份拷贝，而被取代者丢失，因而测序的序列比对到参考基因组（未发生此结构变异）上时，因取代者有两份而观察到序列覆

盖深度是基因组平均深度的两倍，而参考基因组上对应被取代的基因组区域的序列覆盖深度为 0，表现为丢失（图 1-8）。当然，这种检测需要对样品进行高深度的测序，以排除背景噪声，保障鉴定准确（Alkan et al.，2011）。在不久的将来，一些新产生的技术如光学图谱技术等或许能够更有效地用于检测不对等交换产生的基因组结构变异。目前，分子细胞学手段仍然是检测染色体重组交换和基因组结构变异最好且最有效的手段。

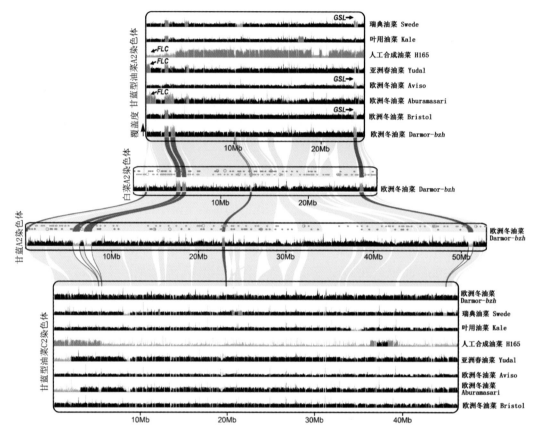

图 1-8　甘蓝型油菜 A 和 C 亚基因组间的重组交换示意图（改编自 Chalhoub et al.，2014）
本图展示了甘蓝型油菜 A2 和 C2 染色体对应的重组交换区域。在 7 个甘蓝型油菜的品种中展示了序列比对深度，其中高深度的区域用红色标识，低深度的区域用蓝色标识。红色和蓝色组成的共线性区域即为重组交换的区域，均为取代型交换，因此各品种基因组中被取代区域的序列在参考基因组上覆盖深度为 0（蓝色），而对应的部分同源区域的序列覆盖深度为平均数的两倍（红色）

六、染色体附加系和基因组片段的种间渐渗

染色体附加系是作物遗传改良的宝贵资源。来自于近缘种的单条或多条染色体的附加常常导致附加系产生新的表型性状，如将籽粒颜色性状由黑色变为黄色（Heneen et al.，2012）。通过白菜和甘蓝杂交人工合成甘蓝型油菜，再与白菜回交可产生 $2n = AAC$ 的染色体附加系。在这个过程中，A 和 C 基因组之间的非同源重组可能发生，利用 BAC 特异序列探针，通过 FISH 和 GISH 技术可进行鉴定与检测（Chevre et al.，2007；Heneen et al.，2012；Mason et al.，2014；Suay et al.，2014）。

通过种间或远缘属间杂交后代的基因组片段渐渗可将近缘种的优异农艺性状导入到作物中，从而实现作物或性状的遗传改良。芸薹属物种种间杂交可在不同的二倍体之间、四倍体和二倍体亲本之间进行。不同二倍体物种之间杂交产生的杂种通常是不育的（仅有少量没有发生染色体减数的配子产生），进一步通过秋水仙素处理可以创造出人工合成的多倍体。而四倍体和二倍体亲本种之间杂交产生的个体通常包含一个二倍体染色体组和一个单倍体染色体组，如四倍体甘蓝型油菜和二倍体白菜杂交将产生 AAC 杂种，即包含 10 对 A 染色体和 9 条 C 染色体（Leflon et al.，2006），而这些杂种植株通常是可育的，并可在 A 基因组上检测到大量同源重组的发生（Leflon et al.，2010）。具有不同基因组的芸薹属四倍体和二倍体物种之间杂交转育性状也是可行的，即首先产生 ABC 杂种，再通过不断回交和选择，以实现优异性状的转育；也可以将 ABC 杂种通过秋水仙素加倍处理产生新的异缘六倍体，再与二倍体或四倍体物种进行杂交和遗传改良（Chen et al.，2011）。异缘六倍体是一个很好的实现不同芸薹属物种性状转移的桥梁，因为它和其他物种杂交后代基本是可育的。芸薹属不同四倍体物种之间的杂交可产生包含一个二倍体染色体组和另外两个单倍体染色体组的杂种（如 AABC、BBAC 和 CCAB 等类型），这些杂种在减数分裂中将产生比两个单倍体（如 AC、BC 和 AB）更多的多价体联会，增加不同亚基因组间同源重组的机会，从而更高效地进行作物遗传改良（Mason et al.，2010b；Nagpal et al.，1996）。

分子细胞遗传学技术极大地促进了遗传学和基因组学等相关领域的发展。通过分子细胞遗传学可解析古多倍体和新多倍体物种的基因组结构，并推演这些基因组结构变异和调控的进化过程。分子细胞遗传学同样可用于检测不同杂交个体和附加系中不同亚基因组间的染色体交换及片段渐渗。通过比较细胞遗传学，可分析物种之间的系统发育关系，结合基因组测序方法，可揭示基因组序列如 rDNA 位点的进化历史。分子细胞遗传学是研究减数分裂非常有效的分子生物学技术，通过分子细胞学技术研究种间杂交，可以深入分析同源和非同源染色体配对的发生及调控过程，研究染色体重组所产生的基因组结构变异如片段重复、丢失和反转等。总之，分子细胞遗传学技术和方法对于芸薹属物种遗传学和基因组学的发展具有重要的贡献。

第三节　油菜遗传图谱

遗传图谱（genetic map），又称连锁图谱（linkage map），是遗传学研究中的重要信息和环节，是从分子水平深入认识和解析复杂农艺性状的基础，也是性状控制基因图位克隆的重要手段。遗传图谱显示所知的基因和/或遗传标记的相对位置，并非基因、遗传标记在染色体上的物理位置，这个相对位置是根据基因或遗传标记的连锁、重组交换值推算出来的。遗传图的图距单位为 cM（厘摩）。

一、分子标记技术

分子标记是建立在碱基序列多态性基础上的遗传标记，直接反映了生物体基因组/

转录组水平的遗传多态性。DNA 分子标记具有不受环境条件和生长阶段影响，且使用快速、准确等优点，可用于遗传图谱构建、连锁分析、基因定位、克隆及比较基因组等方面的研究，是作物遗传改良中辅助选择的重要方法。相对于水稻、玉米等作物，分子标记在油菜研究中的应用起步较晚，但近年来，随着分子标记技术及测序技术的快速发展，特别是甘蓝型油菜及其亲本种白菜和甘蓝的全基因组被测序后，油菜分子标记研究进展迅速，基因图位克隆也开始有报道。

目前，已开发了 20 多种分子标记（表 1-1），按检测方法可分为三类：第一类是基于分子杂交技术的分子标记，包括限制性片段长度多态性标记（RFLP）、DNA 指纹技术（DNA fingerprinting）等；第二类是建立在 PCR 基础上的分子标记技术，包括随机扩增多态性 DNA（RAPD）、扩增片段长度多态性（AFLP）、简单序列重复（SSR）、单核苷酸多态性（SNP）、表达序列（EST）、简单重复序列区间（ISSR）、相关序列扩增多态性（SRAP）、目标区域扩增多态性（TRAP）、序列特征化扩增区域（SCAR）、插入/缺失（InDel）、目标起始密码子多态性（SCoT）、内显子片段长度多态性（IFLP）等标记（Agarwal et al.，2008；Takeda and Matsuoka，2008）；第三类是一些基于基因测序的新型分子标记，如基因拷贝数变异（CNV）、结构变异（SV）、大片段缺失变异（DeV）以及基于重测序的高精度单倍型（haplotype）等（DePristo et al.，2011）。

表 1-1 植物中应用的分子标记简介（李翔等，2016）

简称	全称	首次使用年代
RFLP	限制性片段长度多态性 Restriction fragment length polymorphism	1980
VNYR	重复数目可变串联重复标记 Variable number tandem repeat	1987
STS	序列标签位点 Sequence tagged site	1989
RAPD	随机扩增多态性 DNA Random amplified polymorphism DNA	1990
AP-PCR	随机引物 PCR Arbitrarily-primed PCR	1990
SAP	专一扩增多态性 Specific amplified polymorphism	1990
EST	表达序列标签 Expressed sequence tag	1991
DAF	DNA 扩增指纹图谱 DNA amplification fingerprinting	1991
SSCP	单链构象多态性 Single strand conformation polymorphism	1992
SSR	简单序列重复 Simple sequence repeat（microsatellite DNA）	1992

续表

简称	全称	首次使用年代
CAPS	酶切扩增多态性序列 Cleaved amplified polymorphic sequence	1993
SCAR	特殊序列扩增区 Sequence characterized amplified region	1993
ISSR	内部简单重复序列 Inter simple sequence repeat	1994
RAMP	随机扩增微卫星多态标记 Random amplified microsatellite polymorphism	1994
AFLP	扩增片段长度多态性 Amplified fragment length polymorphism	1995
ALP	扩增长度多态性 Amplification length polymorphism	1995
RGA	抗基因类似物 Resistance gene analogs	1996
SNP	单核苷酸多态性 Single nucleotide polymorphism	1998
ACGM	扩增共有序列遗传标记 Amplified consensus genetic marker	1999
SRAP	相关序列扩增多态性 Sequence-related amplified polymorphism	2001
TRAP	靶位区域扩增多态性 Target region amplified polymorphism	2003
DArT	多样性微阵列技术 Diversity array technology	2004
RAD	限制性位点关联 DNA 标记 Restriction-site associated DNA	2008

其中，SNP 标记是目前使用最为广泛的标记之一，由 Lander 于 1996 年第一次正式提出（Lander，1996）。与其他的分子标记相比较，SNP 具有以下特点：①数量多、分布广：目前已公布的人类和动植物的 SNP 标记数量及密度远超其他类型的标记（Edwards et al.，2007）；②高遗传稳定性：SNP 突变率低，与微卫星等重复序列多态性标记相比较，具有很高的遗传稳定性，尤其是处于编码区的 SNP 稳定性更高；③二态性：从理论上讲，SNP 既可能是二等位多态性，也可能是多等位多态性（3 或 4 个），但在自然进化过程中，碱基突变并不是完全随机的，因此，只有二等位多态性较为常见，多等位出现的概率极低，一定条件下可以忽略（Mullikin et al.，2000）；④等位性：据此特点在任何种群中其等位基因频率都可估计出来，进而通过分析目标基因的 SNP 座位等位基因频率的变化特征及其相互关系，揭示其在功能水平上的多样性；⑤富有代表性：部分位于基因内部编码区的 SNP 可能是生物体发生变异或者病变的直接原因，因此有可能为个体性状遗传机理研究提供一定的参考依据。总之，SNP 本身的特点使

其具备其他分子标记无法比拟的优越性,既可以通过芯片或基因组测序大批量鉴定获得,又可以通过 PCR 直接用于辅助育种选择,有效克服传统遗传标记的研究瓶颈,被广泛应用于农学、医学及生物技术等众多领域,成为目前主流的定位遗传性状的分子标记(Durstewitz et al.,2010)。

以上提到的每种分子标记,无论作用原理如何,都有一个共同点,即它们完全依靠被检测个体 DNA/RNA 的序列差异,因此,最好的分子标记是作物基因组 DNA/转录组 RNA 的序列变异位点。

二、作图群体

遗传连锁图谱的构建及数量性状位点(quantitative trait locus,QTL)的定位都必须在特定的重组交换群体中进行,这样的群体以其抗干扰性概括起来可以分为两大类:第一类是初级定位遗传群体,其特点是在构建方面比较简单,速度快,不足之处是容易受遗传背景的干扰,一些效应小的 QTL 很难检测出来,包括 F_2 群体、永久 F_2 群体、双单倍体 DH 群体(double haploid)、回交 BC 群体(backcross)、重组自交系 RIL 群体(recombine inbreed line)等,初定位群体定位的 QTL 数目是偏低估计的,而主效 QTL 的表型效应却偏高估计,这种趋势随着群体缩小变得更加明显;第二类是精细定位遗传群体,它的 QTL 定位和分析是在相似的遗传背景上进行的,能够消除大部分遗传背景的干扰,主要包括近等基因系 NIL 群体(near-isogenic lines)、渐渗系 IL 群体(introgression line)、染色体片段替换系 CSSL 群体(chromosome segment substitution line)、单片段替换系 SSSL(single segment substitution line)等。精细定位群体中片段的渗入(替换)主要是通过遗传重组来实现的,通过回交即可选育出来自供体亲本目标基因区域的近等基因渗入系。在回交过程中所采用的选择方式可以是多种多样的,选择的最终目标是出现供体亲本单一的纯合染色体片段而遗传背景完全是受体亲本的。

作图群体按照遗传稳定性化分作图群体又可以分为两类:一是暂时性或非固定性群体(F_2、F_3、F_4、BC 群体等),暂时性群体很容易在短期内构建出具有足够大的作图群体,所以常于早期 QTL 研究中使用;二是永久性或固定性的作图群体,一般指的是 DH 群体或者 RIL 群体,虽然构建耗时长,但克服了暂时性群体的不足之处,群体内每个个体的后代都十分稳定并不会发生分离。有关构图群体的准确性方面,一般来说,随着群体规模的增大,相邻标记的距离显著降低,定位准确性相应得到提高。简单来说,群体中的单株越多,图谱越准确。

三、作图方法(软件)

随着计算机技术、智能模型算法和生物信息技术的发展,已开发出多个植物遗传作图软件,如 Linkage、Map Maker、Map Draw、G-Mendel、Join Map、Man-ager QTX、Manager QTX、Map Chart、Cartha Gene 等。这些软件中除 Join Map 为商业软件外,其他的均为免费开放使用的软件。这些软件在其使用的方便性、数据准备的难易程度、图像的可视化和一些特色功能等方面有很大的不同。其中,MapMaker、G-Mendel 是非图形化的界面，使用命令进行操作；而 Join Map、Man-ager QTX 和 Cartha Gene 是图形化的界面，对一般的使用者来说相对简单一些；而 Map Maker 和 Cartha Gene 的源代码是公开的，这就使得人们可以根据自身的习惯和实验的需要在原本软件的基础上扩展新的功能。在这些软件中，以 Map Maker 和 Join Map 使用最为广泛。

（一）研究进展

遗传图谱的构建是基因定位与克隆的基础，是分子育种的重要依据。性状的多样性研究与应用是现代分子技术在甘蓝型油菜遗传育种研究中的重要组成，为改良油菜的农艺性状和提高产品品质提供重要的理论依据。芸薹属的遗传作图始于 20 世纪 90 年代初。1990 年，一些学者在美国威斯康星大学和康奈尔大学率先发表了甘蓝的 RFLP 遗传图谱，从此揭开了构建油菜及其芸薹属有关物种遗传图谱的序幕。1991 年，Landry 等利用苗期特异表达的 cDNA 克隆为探针构建了甘蓝型油菜的第一张分子标记遗传连锁图谱，一共有 103 个 RFLP 标记，使用的是栽培品种'Westar'与'Topas'杂交产生的 F_2 群体，图谱覆盖了全部的 19 个连锁群，长度为 1413cM（Landry et al.，1991）。随后的几年里，学者们利用 RFLP 分子标记构建了除埃塞俄比亚芥以外的属内 5 个栽培种的遗传连锁图谱，如甘蓝（Slocum et al.，1990）、白菜（Song et al.，1991）、黑芥（Truco and Quiros，1994）、甘蓝型油菜（Landry et al.，1991）和芥菜型油菜（Cheung et al.，1997）。通过这些遗传图谱内的比较，发现 35%～40%的探针在同一个基因组内的多个座位上被检测到，肯定了细胞学观察的结果，即现在的二倍体种实际上是古多倍体。

2001 年，Lombard 和 Delourme 对当时的 3 张甘蓝型油菜图谱进行了整合（Lombard and Delourme，2001），构建了覆盖全部 19 个连锁群（总长 2429cM）包含 540 个标记（其中 253 个在两个或两个以上不同 DH 群体中均有发现）的整合图谱。该研究在 DH 群体中使用了 4 种标记，包括同工酶标记和 3 种 DNA 分子标记（AFLP、RFLP、RAPD），这是一次具有里程碑意义的、比较经典的整合图谱构建，也是当时包含位点数最多的甘蓝型油菜图谱。但受制于当时的技术条件，如标记密度普遍较低且分布不均匀、Gap 较多，以及标记依据不同的群体建立因而难以整合等因素，很难构建出高密度的甘蓝型油菜遗传图谱。

近年来在遗传标记开发和检测技术手段方面的飞速发展及生物信息学的迅猛发展强力地推动了甘蓝型油菜精细图谱的构建。2011 年，Bancroft 等利用转录组重测序方法基于 Tapidor/Ningyou 的 DH 群体构建了一张含有 23 037 个 SNP 标记甘蓝型油菜高密度 SNP 遗传图谱（Bancroft et al.，2011）。2013 年，Delourme 等利用高通量 SNP 芯片技术对 4 个油菜分离群体进行分型，整合构建了一张长度为 2250cM、含有 5764 个 SNP 和 1603 个 PCR 标记的遗传连锁图谱（Delourme et al.，2013）。同年，Raman 等也整合了一张甘蓝型油菜的一致性图谱（consensus map），其用 DarT（Diversity Arrays Technology）芯片标记技术确定数量性状相关位点，并用生物信息学方法与白菜型油菜遗传图谱的信息进行共同分析，进一步增加了甘蓝型油菜遗传图谱的密度（Raman et al.，2013）。2013 年年末，Liu 等第一次在甘蓝型油菜遗传图谱的构建中使用了全基因组高密度的 60K Infinium 芯片技术，覆盖了甘蓝型油菜全基因组，长 1832.9cM 的图谱中包含了多达 9164 个 SNP 标记,其中用于 QTL 定位的 2795 个 SNP 标记的平均标记间距只有 0.66cM (Liu et al., 2013)。这些高密度遗传图谱的出现为后来甘蓝型油菜重要农艺性状 QTL 定位、关联分析、基因组拼接组装和功能基因注释,以及分子标记辅助育种打下了坚实基础。

(二)单体型图谱

单体型(haplotype),又称单倍体型或单元型,是指位于一条染色体特定区域的一组相互关联,并在特定群体中以整体遗传给后代的单核苷酸多态性组合。例如,三对双等位基因的单体型理论上可以有 8 种。由单体型构成的遗传图谱称单体图(hapmap),这也是一种遗传图谱,但与上述遗传连锁图谱的不同之处是该图谱的标记有具体的物理位置,单体型或标记间的具体物理距离也明确,对基于全基因组测序获得的单体图,其图谱更详细或精细地反映了连锁遗传单位和性状控制位点。

第四节 油菜基因组研究和信息资源

随着高通量全基因组测序技术、基因组组装和注释方法的进步,许多植物全基因组序列草图和精细图已经被完成并发布,四倍体甘蓝型油菜及其二倍体亲本种白菜和甘蓝的全基因组序列也均已测序完成并发表。这些基因组测序、组装、注释的完成,有力地促进了芸薹属多倍体基因组演化规律的研究,极大地推动了甘蓝型油菜遗传研究,尤其是性状分子标记和基因克隆效率得到了极大提高,性状控制位点的标记数量呈级数增加。本节主要叙述四倍体甘蓝型油菜及其二倍体亲本种白菜和甘蓝的全基因组测序、组装、注释,以及由这些基因组比较分析所获得的在进化、遗传和育种方面的认知与知识。这些知识对研究多倍体优势、杂种优势和其他方面遗传改良研究具有重要意义,如来自共同祖先的多份近缘基因组间的基因共线性关系(从而有助于推断它们的功能关系)和同源区段对选择反应的差异,基因组加倍后快速向二倍化进化(新物种和生物多样性形成)过程中的多拷贝重复基因的丢失、保留基因的编码区和调节区的序列分化、表观修饰的改变、重复基因向不同的方向突变等,转座成分(transposable element,TE)在亚基因组间的不对称扩增及其对基因组进化、基因表达和育种选择产生的深刻影响。

一、甘蓝型油菜及其二倍体亲本种全基因组测序、组装和注释

在模式植物拟南芥基因组测序接近完成的时候,国际有关专家开始讨论和测序芸薹属基因组,为此成立了"多国的芸薹属基因组计划项目"和指导委员会,其主要任务是协调、促进芸薹属基因组测序和遗传资源整合与共享,并于 2002 年召开了两次测序讨论会和论证会,2003 年发布了简要的测序计划。该计划将经济上最为重要的四倍体甘蓝型油菜($B.\ napus$,$A_nA_nC_nC_n$,n=19)作为主要目标,但考虑到芸薹属基因组的复杂性,尤其是四倍体基因组,因此先从四倍体甘蓝型油菜的亲本种白菜($B.\ rapa$,A_rA_r,n=10)开始。除了白菜基因组比四倍体合成种小、复杂性低外,那时的研究已

表明白菜的 A 基因组和甘蓝型油菜的 A 亚基因组有很好的共线性关系，因此完成白菜基因组测序不仅有助于甘蓝型油菜基因组的测序和组装，而且白菜的基因组序列也将是甘蓝型油菜遗传和育种等研究中宝贵的有用资源。白菜基因组测序项目原计划于 2007 年年底完成整个基因组测序、组装和注释。计划采取的测序和组装策略是：按国家分配染色体，分头采用 Sanger 法测序；根据 BAC（bacterial artificial chromosome）构建的物理图谱（finger printing map），结合染色体特异探针，调取 BAC 克隆，进行测序；根据测序片段两端重叠关系进行拼接，形成 Scaffold，结合其他信息或方法（如遗传连锁图谱），组装成单个染色体的基因组。但由于该测序方法费用高、劳动强度大，到 2007 年年底，只完成了整个基因组约 1/3 的序列。在这种情况下，2008 年我国科学家考虑到二代测序技术已发展到可用于测序整个基因组序列，因此我国率先设计和启动了以二代测序为主的测序、组装策略。采用该策略的基因组测序、组装进展很快，于 2010 年即完成了全基因组测序、组装和注释工作，分析结果于 2011 年发表在杂志 *Nature Genetics*（Wang et al.，2011）。相应地，前一版本的白菜基因组测序计划自动终止。在 2009 年我国采用二代测序对白菜基因组测序初显成功之际，我国科学家不失时机地启动了甘蓝型油菜的另一亲本甘蓝（*B. oleracea*，C_oC_o，*n*=9）的基因组测序。紧接着在 2010 年，在论证了四倍体油菜也可采用二代测序技术进行测序和组装之后，又启动了甘蓝型油菜的基因组测序，并选择我国的优良品种'中双 11'作为对象。随后，加拿大和法国也启动了春油菜及冬油菜代表品种的基因组测序工作。随着二代测序序列组装技术的改进，我国又启动了禹氏三角中的四倍体合成种芥菜（*B. juncea*，$A_jA_jB_jB_j$，*n*=18）基因组密码破解项目。除上述的 2011 年完成和发表的白菜基因组外，至 2017 年，已完成了结球甘蓝和非结球甘蓝（Liu et al.，2014；Parkin et al.，2014），以及半冬性（Sun et al.，2017）、冬性（Chalhoub et al.，2014）和春性（尚未发表）三个类型的甘蓝型油菜及四倍体芥菜基因组（Yang et al.，2016）的破译。

甘蓝型油菜及其亲本种基因组的组装和注释基本信息见表 1-2。甘蓝型油菜的理论基因组大小为 1.2G，白菜和甘蓝分别为 560Mb 和 630Mb。两个甘蓝型油菜分别组装了理论基因组大小的 78%（'Darmor-*bzh*'）和 86%（'中双 11 号'），白菜组装了理论基因组大小的 50%，两个甘蓝组装了理论基因组大小的 84.9%（'02-12'）和 77.5%（'TO1000'）。基因组组装的质量和完整性取决于基因组的复杂性（如重复序列和杂合度）、测序和组装策略等多方面的因素。尤其四倍体甘蓝型油菜，其形成时间不到一万年，亚基因组 A 和 C 序列高度同源带来了短序列分辨、拼接困难。所以，需要开发适当的测序方法、组装逻辑和对应的组装软件的组合。甘蓝型油菜及其亲本种基因组均以 Illumina 测序平台为基础，构建不同大小的基因组 DNA 插入片段文库（如从 100bp 或 150bp 到 20kb），高深度测通 100bp 或 150bp 基因组片段，其他片段文库采用两端测序；结合 454 测序平台的长片段测序或 BAC 单克隆测序；采用 SOAP 等软件进行组装。四倍体或二倍体中 A 基因组被组装的序列占总基因组长度比例低于 C 基因组（如油菜中 A 基因组组装出 314.2Mb，C 基因组组装出 525.8Mb），这可能是由于 A 基因组长片段的转座元件重复序列（如 *Copia* 和 *Gypsy* 家族成员）以更加集中的方式分布在基因组中，导致这些区域较难被成功组装。

表 1-2　甘蓝型油菜（AACC）及白菜（AA）、甘蓝（CC）参考基因组序列的组装和注释

组分/物种	甘蓝型油菜		白菜（'Chiifu-401'）	甘蓝（'capitata 0212'）	甘蓝（'TO1000'）
	冬性品种 'Darmor-*bzh*'	半冬性品种 '中双 11'			
组装基因组大小/理论基因组大小/（Mb/Mb）	892/1130	976/1130	283/560	535/630	488/630
Contig/Scaffold 对应的 N50/（bp/bp）	38 893 /763 688	39 570 /60 222	27 294 /1 971 137	26 828 /1 457 055	— /850 003
测序和组装策略	Illumina 测不同长度文库+454+Sanger+SOAP	Illumina 测不同长度文库和 BAC+SOAP	Illumina 测不同长度文库+SOAP	Illumina 测不同长度文库+SOAP	Illumina 测不同长度文库+SOAP
注释蛋白编码基因个数	101 040	101 942	41 174	45 758	54 475
重复序列比例/%	34.8	49.8	39.5	38.8	37.2
发表杂志	Science, 2014, 345: 950-953	The Plant Journal, 2017, 92: 452-468	Nature Genetics, 2011, 43: 1035-1039	Nature Communications, 2014, 5: 3930	Genome Biology, 2014, 15: R77

注：Contig N50 是指组装的无间隔序列片段按大小排序并依次相加，直到相加之和为所有 Contig 总长度的一半时的那个 Contig 长度。Scaffold N50 类似，只是相加的为 Contig。其中，甘蓝型油菜 'Darmor-*bzh*' 测序品种的 Sanger 序列为对一个平均长度 139kb 的 BAC 文库进行末端测序，共测序产生 141 076 条读长，测序平均读长为 650bp。454 数据为采用 GS FLX Titanium 454 测序平台，建库长度为 8kb 和 20kb 两个文库，平均读长为 450bp，共测序 68 405 795 条读长

由于基因组注释所使用的软件、参数和各物种表达基因数据量存在差异，不同基因组的注释基因数目会存在一定差异。但大体上，甘蓝型油菜基因组包含 10 万左右的蛋白质编码基因，A 基因组和 C 基因组的基因数目为 4 万～5 万。通过油菜与白菜和甘蓝的比较基因组学分析，排除掉基因拼接不完整、注释不完整或错误等因素，目前可检测到的油菜 A 和 C 相对于白菜和甘蓝丢失了 119 个和 83 个基因，大部分是以 2～4 个基因的基因组小片段方式丢失（Chalhoub et al.，2014）。通过 RNA-seq 数据分析，甘蓝型油菜中 48% 的蛋白质编码基因产生可变剪切，其中内含子保留的可变剪切方式比例最高（62%），外显子跳跃的比例最低（3%）。基因组组分中为转座元件等重复序列所占比例最大，约为总基因组大小的 35%，且在 A 和 C 基因组间呈现不对称分布。A 基因组中这些重复序列占 26%，与 C 基因组相比，更集中地分布在着丝粒和异染色质区域，而 C 基因组中这些重复序列占基因组的 40%，但是更为散在地分布于基因间区（Chalhoub et al.，2014；Liu et al.，2014）。通过基因区的共线性分析发现，同源区域块的大小是 C 基因组为 A 基因组的 1.7 倍，主要是由于 C 基因组有更多的转座元件扩张。比较基因组分析也鉴定出甘蓝型油菜中上述重复序列绝大部分继承了亲本种的，其中 An 基因组继承了白菜的 88%，C 基因组继承了甘蓝的 95%。A 和 C 基因组转座元件的不对称扩张主要发生在白菜和甘蓝分歧后平行进化的 400 万年间。

甘蓝型油菜和白菜、甘蓝基因组序列、基因组和基因注释、基因内和上下游的转座元件、芸薹属物种间及与拟南芥等物种的基因共线性关系或直系与旁系基因关系等信息可通过 Oil Crops Genomics Database System（http://ocri-genomics.org/）、*Brassica* database（BRAD，http://brassicadb.org/brad/）、genoscope（http://www.genoscope.cns.fr/brassicanapus/）、Brassica.info 等网站进行查询、比较和下载。同时，这些网站还提供在线 BLAST、基因家族、Genome Browse 展示等功能。

二、芸薹属基因组中的多倍化事件和共线性区域

绝大多数开花植物基因组经历了一次或多次多倍化事件，即近缘种杂交后，染色体加倍或同种染色体加倍。而共线性区域是指多倍体亚基因组中来自共同祖先的同源片段，即一个同源片段内的基因及其相对位置顺序相同（注：并不意味着每对同源基因的序列完全相同而无变异）。目前的研究认为，植物基因组加倍是植物适应环境的进化机制，基因组加倍后会快速二倍化，即两个近缘种相似的基因组合并后同源基因会快速分化，包括基因丢失、保留基因的编码区和调节区序列发生分化、表观修饰的改变、同源基因向不同的方向突变等，甚至亚基因组发生重组的分化，由此导致亚基因组同源区段对选择反应的不同。所以，明确共线性区段对基因功能研究和育种有很大帮助，了解基因组多倍化事件和多倍体亚基因组的共线性区段对多倍体优势、杂种优势和遗传改良研究具有重要意义。

芸薹属物种也不例外，其在多个不同进化时间点发生了多次多倍化事件：①芸薹属、拟南芥属等为十字花科，均含有双子叶植物的古多倍化事件 γ，大约 2.2 亿年前，双子叶植物祖先种全基因组三倍化加倍；②β 和 α，为芸薹科祖先种发生的全基因组二倍化事件，时间分别在约 5 亿年前和大约 3500 万年前（Beilstein et al.，2010；Blanc et al.，2003；Bowers et al.，2003；Jiao et al.，2011；Kagale et al.，2014；Simillion et al.，2002；Vision et al.，2000）；③芸薹属祖先在与拟南芥分歧后（约 2000 万年前），发生了一次全基因组三倍化（triplication）加倍（约 1500 万年前），形成六倍体芸薹属祖先；④芸薹属存在著名的"禹氏三角"（Nagaharu，1935），即芸薹属三个"二倍体"物种白菜（*B. rapa*，AA，*n*=10）、甘蓝（*B. oleracea*，CC，*n*=9）和黑芥（*B. nigra*，BB，*n*=8），通过相互杂交和染色体加倍形成三个异源"四倍体"物种，即甘蓝型油菜（*B. napus*，AACC，*n*=19）、芥菜型油菜（*B. juncea*，AABB，*n*=18）和埃塞俄比亚芥（*B. carinata*，BBCC，*n*=17）。其中，甘蓝型油菜在约 5000～10 000 年前由白菜（genotype：turnip rape）和甘蓝（genotype：cabbage 或 kale）自发杂交、染色体加倍形成（Prakash and Hinata，1980）。因此，甘蓝型油菜基因组包含了多次易于检测的全基因组加倍事件，是多倍体进化研究的理想模型（Ainouche and Jenczewski，2010；Schmidt and Bancroft，2011）。

在全基因组测序完成之前，研究者通过分子标记（Lukens et al.，2003；Panjabi et al.，2008；Parkin et al.，2005）、核型分析（Lysak et al.，2005）、BAC 序列分析（Mun et al.，2009；Rana et al.，2004；Town et al.，2006；Yang et al.，2006）、染色体序列分析（Mun et al.，2010）等手段鉴定并分析了芸薹属物种中多倍化起源的共线性基因组区域和片段，提出了芸薹属祖先全基因组三倍化的假说。通过芸薹族和芸薹属 23 个物种的核型和区块分析，最终推演出芸薹属祖先 8 条染色体 ACK（the older ancestral crucifer karyotype）核型，祖先 7 条染色体 PCK 核型。根据核型分析，21 个最小的遗传单元区块被定义，GISH 和 FISH 技术显示拟南芥上一个区块可以在白菜和甘蓝基因组上找到三个同源的

区块，对应着全基因组三倍化起源的三份亚基因组区块（Lysak et al.，2016）。芸薹属物种基因组测序完成后，通过比较基因组学和共线性分析，在白菜和甘蓝基因组中完整地鉴定了所有拟南芥24个（A~X）对应的三倍化区块，即一个拟南芥区域对应三个白菜或甘蓝的同源区域，清楚地呈现了共线性区域的同源基因对应关系（图1-9），在甘蓝型油菜中就对应6个同源区块，理论上对应6个直系同源基因（Chalhoub et al.，2014；Liu et al.，2014；Wang et al.，2011）。然而，白菜、甘蓝和甘蓝型油菜A、C基因组中三倍化对应的3份亚基因组（命名为LF、MF1和MF2），基因保留和丢失频率不一样，LF亚基因组具有最多的基因保留，因此有的拟南芥的直系同源基因在白菜、甘蓝中少于3个，在甘蓝型油菜中少于6个。通过白菜和甘蓝基因组序列比较分析推定，在白菜和甘蓝平行进化的400万年间，至少发生了16次较大的染色体重排事件，形成了白菜10条和甘蓝9条染色体，除A01-C01、A02-C02、A03-C03之间保留较好的完整染色体对染色体的共线性外，其他染色体均表现为一条染色体对应到另一物种多条染色体对应同源的共线性关系。

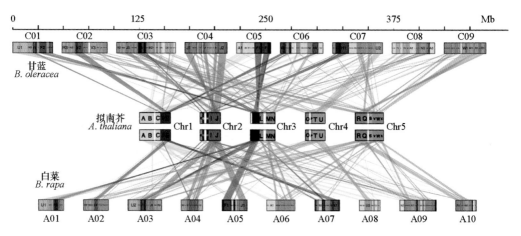

图1-9　拟南芥（*A. thaliana*）—白菜（*B. rapa*，A基因组）—甘蓝
（*B. oleracea*，C基因组）基因组共线性区域比较（改编自Liu et al.，2014）

拟南芥的5条染色体由A~X共24个区块组成，每个区块用不同的颜色表示，每个拟南芥区块都能对应到白菜、甘蓝染色体的多个区域（清楚显示了三个主要区域），这些区域散落在现在的白菜和甘蓝染色体上，是芸薹属基因组三倍化（约15百万年前）后三份染色体不断地断裂—重排所致；白菜的染色体为10条，甘蓝的染色体为9条

三、芸薹属基因组转座成分的不对称扩张

转座成分（transposable element，TE），过去习惯称为转座子（transposon），在真核生物中普遍存在，在基因组中它们可以进行自我复制和扩张，是不同物种基因组大小差异的主要因素之一（Feschotte et al.，2002；SanMiguel et al. 1998）。甘蓝型油菜的亚基因组A和C虽来自同一祖先，但它们的TE含量差异很大，这个差异主要遗传自亲本种白菜、甘蓝，即白菜、甘蓝在平行进化中发生了不对称的TE扩增。这种TE含量的差异对合并后两个基因组（亚基因组）产生了深刻的影响，如TE产生的大量的siRNA影响两个基因组的基因表达，可能因为TE含量的不同导致两个基因组的重组率不同，从

而影响了性状改良。所以，了解 A、C 两个亚基因组的 TE 及其特性有助于性状分子标记、基因功能和杂种优势形成机制的研究，对认识多倍体油菜的进化、遗传改良及其方法改进具有重要意义。

转座子按转座方式分为两类：反转座子（retro-transposon，又称反转座元）和 DNA 转座子（DNA transposon）。反转座子类型包括两类：LTR（long-terminal repeat），主要为 Copia 和 Gypsy 两个大家族；非 LTR 转座子，主要为 LINE（long interspersed nuclear element）和 SINE（short interspersed nuclear element）。DNA 转座子主要包括 Tc1-Mariner、hAT、Mutator、Pong、PIF-Harbinger、CACTA 和 MITE 等。甘蓝型油菜的 A、C 基因组与对应亲本种白菜 A 和甘蓝 C 基因组间，转座子数量和种类没有明显差异。在组装的油菜基因组注释中，实际利用了白菜、甘蓝的转座子数据库。通过生物信息学方法，在 A 和 C 基因组中鉴定了不同类型转座子。总的来说，在已组装的基因组中，转座子含量占 A 基因组序列总量的 23%左右，占 C 基因组的 38%左右（图 1-10）。不管是 DNA 类型（A：12.04%，C：16.67%）还是反转座类型转座子（A：9.43%，C：22.13%），C 参考基因组上的含量都要高于 A 基因组，反转座类型的重复序列含量差异更大。但当使用测序的短 reads 对重复序列进行鉴定时发现，转座子占 A 基因组的 39%左右，占 C 基因组的 43%左右。不管是基于从已组装的参考基因组序列还是基于短的测序 reads 进行鉴定的转座子含量差异来看，A 基因组中有较多的重复序列没有被成功组装出来。因为转座子等重复序列高度集中的区域，如着丝点区域，其序列难于被成功组装，因此推断转座子重复序列尤其 LTR 类型的重复序列在 A 基因组中集中分布在着丝粒等区域。这个问题有望通过采用新的基因组测序、组装策略而解决和证实。通过比较 1362 个 A 和 C 共线性区域，发现共线性区域对应 C 基因组片段大小是 A 基因组的 1.7 倍（259 Mb vs. 155Mb），这种差异主要是由转座子等重复序列差异引起。进一步对 LTR 序列进行系统发育进化树分析（图 1-10），发现 C 基因组中产生了更多的 LTR 特异家族和拷贝。转座子年龄分析也显示，近 400 万年中甘蓝基因组的 LTR 持续复制扩张，而白菜基因组中扩张较少，仅在最近 20 万年有较多拷贝复制产生。综上所述，转座子在 C 和 A 基因组发生着不对称的扩张，是白菜 A 和甘蓝、甘蓝型油菜 A 和 C 基因组大小差异的主要原因。同时，A、C 间转座子重复序列的差异对基因组结构变异和基因表达调控产生了深远的影响。

四、芸薹属基因组中多倍化起源的多拷贝基因进化

1. 多拷贝基因的保留和丢失

植物多倍化后 2 份或 3 份相似/近缘的基因组即快速朝着二倍化方向发生一系列的分化事件，其中基因丢失为主要事件之一。通过共线性分析发现，发生在 1500 万年前的三倍化对应的 3 份亚基因组上都发生了大量的基因丢失，其中，53%和 36%的基因组位置发生基因丢失，分别成为 1 个拷贝和 2 个拷贝，只有 11%的仍然保留完整的 3 个拷贝。3 份亚基因组上的基因保留和丢失频率不一致，出现亚基因组间的不对称丢失，其中 1 份亚基因组的基因保留频率高，约 70%的基因继续保留，命名为 LF（least-fractionated subgenome）；另外 2 份亚基因组的基因丢失程度高，基因保留率分别为 47%和 38%，分

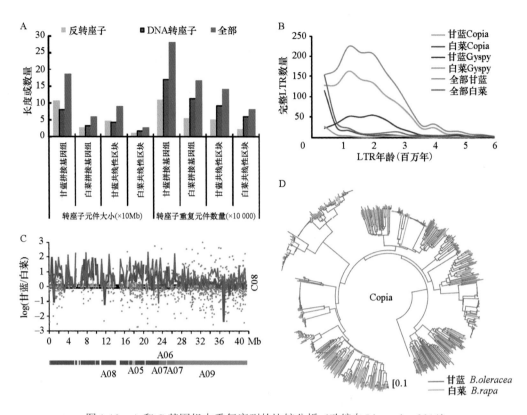

图 1-10 A 和 C 基因组中重复序列的比较分析（改编自 Liu et al.，2014）

A. 基因组 A 和 C 共线性区块中重复序列拷贝数和总长度比较；B. LTR（Copia 和 Gypsy）在 A 和 C 基因组中扩增动态；C. 以一个共线性区域为例展示基因组 A 和 C 共线性区域重复序列的差异，统计每 200kb 窗口重复序列在甘蓝和白菜中的比值，不同的比较用不同的颜色表示，包括共线性区域大小比较（蓝色线）、LTR 长度（紫色线）、基因长度（黄色点）、外显子长度（红色点）和内含子长度（绿色点）；D. 使用邻接法构建的 A 和 C 基因组中 LTR 类 Copia 家族转座子的进化树

别命名为 MF1（medium-fractionated subgenome）和 MF2（most-fractionated subgenome）。基因保留并是非随机的，而是倾向于在特定的代谢途径和基因家族中选择性高保留：加倍后约 35% 的基因保留，而与多倍体杂合/杂种优势相关的代谢通路和特定功能加倍基因则以高频率（超过 60%）保存/保留。通过 GO 富集分析发现（图 1-11），与调控和信号转导类（遗传物质加倍需要更为复杂的调控系统）、细胞大小相关（多倍体细胞变大）、组织器官形态发育（芸薹属物种丰富的形态变异）、大分子合成和代谢（遗传物质加倍的需求）、应对各类生物和非生物胁迫（多倍体适应性优势）等相关的 GO 中大量富集；在 KEGG 上富集的有氧化磷酸化产能、光合作用、碳固定、节律调控等代谢途径中多拷贝基因选择性高频率保留。同时，我们发现在特定的基因家族，如生长激素类（AUX、IAA、GH3、PIN、SAUR、TAA、TIR、TPL 和 YUCCA）、形态变异控制（TCP）和开花时间控制（FLC、CO、VRN1、LFY、API 和 GI）等基因家族中多拷贝基因选择性高频率保留，这些与芸薹属物种丰度的形态变异亚种和开花时间性状变异相关。与三倍化加倍后的基因大规模丢失相比，四倍体甘蓝型油菜由于形成时间短（小于 1 万年），A 和 C 融合后的亚基因组的基因丢失较少，分别仅有 119 个和 83 个基因丢失。

图 1-11　芸薹属三倍化后优先保留的多拷贝基因与多倍体（杂种）优势相关（改编自 Liu et al., 2014）

与多倍体优势相关的 GO 类型主要为调控和信号转导、细胞大小相关、组织器官形态发育、大分子合成和代谢、应对各类生物和非生物胁迫类等

2. 多拷贝基因的序列分化

基因组加倍后多拷贝基因的序列分化是多倍体二倍化的机制之一。随着时间的推移，保留下来的多拷贝重复基因在序列上会发生分歧（图 1-12）。三倍化的重复基因和 A-C 间重复基因的序列相似性平均值分别为 92% 和 97%。其中，A 基因组中 36%（4089/11 448 对）和 C 基因组中 38%（4302/11 493 对）的三倍化（三拷贝）重复基因对发生了基因结构变异。内含子和外显子发生了变异，包括内含子外显子化或外显子内含子化；6571 对 A-C 重复基因对间发生了基因结构变异，占总重复基因对的 27.6%；在没有发生外显子/内含子结构变异的基因对中，49% 的含有 InDel 变异。另外，不同类别的重复基因间的序列分歧进化快慢不一，调控类、转录因子、信号转导、核糖体蛋白基因等重复基因间表现出相对慢的进化分歧，而免疫和防御反应相关的重复基因间的分歧度则出现较大的分化，可见同一时间点产生的不同功能类别的重复基因间表现出不同的进化模式。

3. 多拷贝基因的表达分化

基因组加倍后多拷贝基因的表达分化是多倍体二倍化的另一重要机制。早期通过探针芯片检测，油菜约 25% 的转录本出现相对于亲本基因组的非叠加表达（nonadditive expression：1+1>2 或 1+1<1，假定每个亲本多拷贝重复基因的表达量为 1 或中亲值为 1）

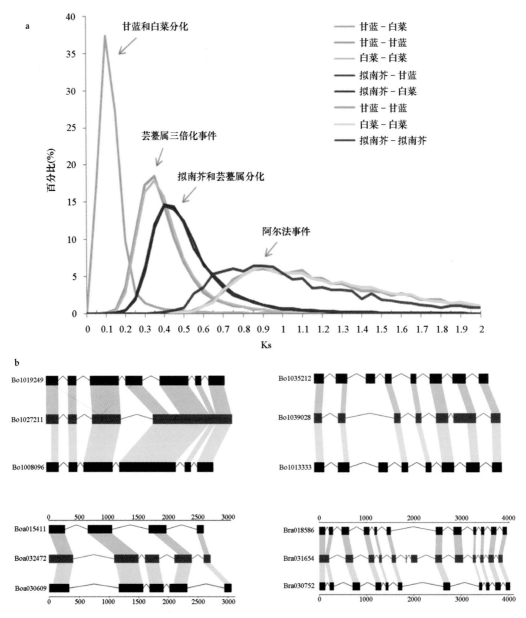

图 1-12 芸薹属基因组三倍化起源的多拷贝重复基因序列分化和基因结构变异
（改编自 Liu et al.，2014）

（Albertin et al.，2007）。通过对根、茎和叶的转录组测序（RNA-seq）研究，发现甘蓝型油菜中 A 和 C 同源基因的 25% 左右发生了表达分化，差异表达的重复基因主要集中在光合作用相关和糖类代谢相关的途径（图 1-13）。而三倍化对应的重复基因中超过 40% 基因对在根、茎、叶、花、角果和种子不同发育时期组织中出现表达分化，约 30% 的多拷贝重复基因间发生可变剪切形式的组织表达分化。分析发现，基因保留频率高的亚基因组上（LF）的表达量整体要高于其他两份亚基因组（MF1 和 MF2），这种趋势在所有组织中都一致。另外，通过考察发生分化和未发生分化的基因对的基因类别发现：倾向于多倍化后高频率保留的基因，如转录因子（共 57 个家族）和核糖体编码基因，在表达上倾向于增加剂量-效应的共表达（未分化表达）；而倾向于加倍后丢失的基因，如防御反应相关、DNA 修复、膜转运蛋白、类黄酮、催化活性等倾向于发生丢失和表达上分化的基因，这些基因在保留后也会发生表达上的分化，说明基因剂量对其有严格限制。

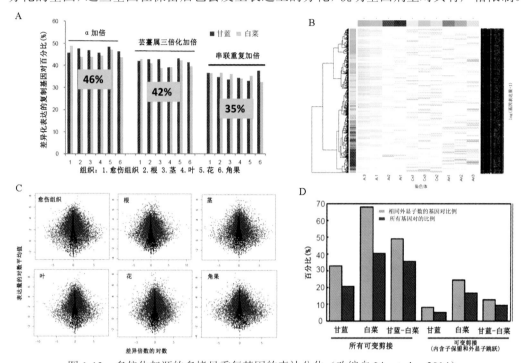

图 1-13　多倍化起源的多拷贝重复基因的表达分化（改编自 Liu et al.，2014）

A. alpha 加倍、全基因组三倍化加倍、串联重复加倍对应的重复基因在 6 个不同组织中的表达分化比例；B 和 C、基因组 A 和 C 的重复基因在甘蓝型油菜 6 个不同组织中的分化；D. 三倍化加倍后基因组 A 和 C 中多拷贝重复基因的可变剪切分化

五、多倍体甘蓝型油菜基因组变异

通过甘蓝型油菜和白菜、甘蓝二倍体全基因组参考序列的比较，甘蓝型油菜基因组与二倍体祖先亲本有高度的共线性关系，基因序列分化很小，没有大规模的基因组结构变异或基因丢失发生。但甘蓝型油菜种质资源材料间存在大量的 SNP 和结构变异，且 A 和 C 亚基因组存在着不对称进化（图 1-14）。A^n 和 C^n 基因组在 LD 连锁距离上差异显著，对应的 A^n 和 C^n 基因组的单倍型片段大小也差异显著。通过计算重组率在 A^n 和 C^n 染色体上的分布，发现 A^n 亚基因组的重组率显著高于 C^n 亚基因组。全基因组关联分析结果表明，油菜的 A^n 和 C^n 亚基因组对油菜表型的贡献存在不对称性，A^n 基因组上 GWAS 关联位点数显著多于 C^n；统计已发表的 QTL 数目表明，A^n 的数目显著多于 C^n 的。这些说明，甘蓝型油菜品种与二倍体祖先种差异不大，但群体的总变异很大，表明作为一个物种，甘蓝型油菜正在朝着二倍体方向分化。

研究表明，目前的栽培种可能起源于一个基因组与祖先种基因组差异很小的四倍体油菜群体，而人工合成多倍体甘蓝型油菜中染色体重组和基因组结构变异发生频率较高（Schmutzer et al.，2015；Xiong et al.，2011）。Song 等（1995）利用 89 个核探针检测人

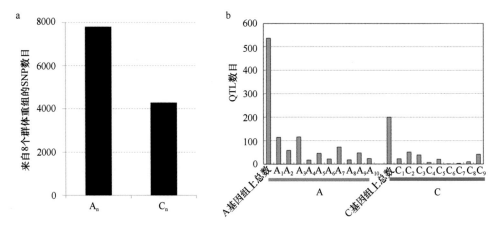

图 1-14　甘蓝型油菜 A 和 C 亚基因组在重组 SNP 和 QTL 数目的不对称

工合成异源四倍体油菜和亲本多态性，结果表明：F_2～F_5 各世代基因组均发生变化，其中包括亲本片段消失、出现亲本不存在的新片段。Gaeta 等（2007）利用 368 个 RFLP 和 65 个 SSR 标记，发现第 1 代遗传组成变化较少，但在随后的 F_1～F_5 代变化增多。对 53 个油菜品系的高通量重测序分析表明，其中人工合成甘蓝型油菜检测到了大规模的结构变异、大片段的丢失，很多甚至缺失一至多条染色体或几百万碱基缺失（Schmutzer et al.，2015；Xiong et al.，2011）。这些结果表明，多倍体甘蓝型油菜在形成之初非常不稳定，发生大量的基因组变异，这些变异会引起性状的变异。而目前的栽培种，其基因组共线性关系在整体上与亲本对应关系较好，基因组变异很少。在基因组结构变异中，部分同源交换或非同源交换是变异的主要来源之一。将人工合成的和自然的多倍体基因组重测序序列与参考基因组比较，发现甘蓝型油菜参考基因组上有 17 处交换，其中 14 处为 C 的同源区域替换了对应的 A 区段，3 处为 A 的部分同源区段被对应的 C 替换了，且发现这些区段与开花时间变异和硫苷性状的形成直接相关（Chalhoub et al.，2014；Schmutzer et al.，2015）。

综上所述，虽然甘蓝型油菜形成时间较短，但基因组 A 和 C 融合后在多个层次发生了不对称进化；人工合成油菜的基因组结构变异远高于栽培品种；甘蓝型油菜品种间变异小，且与二倍体祖先种差异也不大，但群体的总变异很大；油菜 A 和 C 亚基因组间存在广泛的部分同源交换。这些表明甘蓝型油菜正在朝着多倍化二倍体方向分化。

甘蓝型油菜及其二倍体亲本种白菜和甘蓝全基因组测序、组装、注释的完成有力促进了芸薹属多倍体基因组演化规律的研究，极大地推动了甘蓝型油菜遗传研究，尤其是性状分子标记和基因克隆得到了极大的发展，得到标记的性状控制位点呈级数增加。然而，目前的参考基因组还有很大一部分没有组装成功，而且分散在资源材料中的基因组变异尚未检测，更没有整合到参考基因组上，这些影响了包括杂种优势研究在内的进化、遗传和育种的更高效研究。采用更先进的测序技术和平台如 Pac-bio、Nanopore、Nrgene、Bionano、Hi-C 等测序和组装技术，组装出更高质量的、接近完整的芸薹属参考基因组和变异组，是将来结构基因组和基因组变异的研究重点。

第五节　油菜 SNP 芯片开发及应用

随着测序技术的发展，DNA 芯片技术在作物遗传学和基因组学的研究中应用越来越多，SNP 标记自身的特性决定了它比其他遗传标记更适合于对复杂性状的遗传解析，以及基于群体基因识别等方面的研究，因此，高通量的 SNP 芯片应运而生，它可以将以前利用传统方法构建遗传图谱的时间从一年至几年缩短到目前的一至几个月，不仅极大地节约了时间和人力，而且构建的遗传图谱的质量和密度均是传统方法不可比拟的（Ganal et al.，2012）。

一、基因芯片的原理和分类

基因芯片是基于核酸互补结合原理研制的，即通过与一组已知序列的核酸探针杂交进行核酸序列检测，在一块固相支持介质表面固定序列已知的核苷酸探针，将荧光等标记分子通过体外转录或扩增等技术掺入到样品 DNA/RNA/cDNA 中，或在探针上连接可检测的物质，当样品核酸或脱氧核酸序列与基因芯片上对应位置的核酸探针互补匹配时产生光信号，通过对光信号捕捉进行检测分析，获得序列互补的探针序列，再用计算机软件比较和综合分析数据后，即可获得样品中分子数量和基因表达的信息（Schaffer et al.，2000）。

芯片的形式非常多，以基质材料分，有尼龙膜、玻璃片、塑料、硅胶晶片、微型磁珠等；以所检测的生物信号种类分，有核酸、蛋白质、生物组织碎片甚至完整的活细胞；按工作原理分，有杂交型、合成型、连接型、亲和识别型等。

近年来随着对动植物复杂性状研究的深入，以及可利用的基因组数据的增加，基于各种检测手段的 SNP 芯片被开发出来，以适应不同目的、规模和条件的基因分型。具体包括：①基于核酸杂交反应原理的 SNP 芯片（Ji et al.，2004）；②基于单碱基延伸反应原理的 SNP 芯片（Di Giusto and King，2003）；③基于等位基因特异性引物延伸反应原理的 SNP 芯片（Lareu et al.，2003）；④基于"一步法"反应原理的 SNP 芯片（Huber et al.，2001）；⑤基于引物连接反应原理的 SNP 芯片（Cao，2004）；⑥基于限制性内切核酸酶反应原理的 SNP 芯片（Yoshino et al.，2003）；⑦基于蛋白质-DNA 结合反应原理的 SNP 芯片（Behrensdorf et al.，2002）；⑧基于荧光分子-DNA 结合反应原理的 SNP 芯片（Goto et al.，2002）。

二、油菜 SNP 芯片的开发

大规模、高通量的 SNP 芯片检测 SNP 变异最先在人类群体遗传学研究中得到广泛应用，针对油菜遗传育种研究开发基因芯片的起步相对较晚，目前已开发出基因组 DNA 芯片和基因表达谱的 cDNA 芯片，主要由 Illumina、Affymetrix、Agilent 等公司发售。

（一）Illumina GoldenGate 芯片

GoldenGate 技术是 Illumina 公司较早开发的一种 SNP 芯片分型技术，该技术原理是根据 SNP 两侧已知 DNA 序列设计上、下游引物，但在检测每个 SNP 时共需要三条寡核苷酸引物：两条上游引物（P1′和 P2′）覆盖同一位点，分别代表二态 SNP 中的一种等位基因型；另一条为下游引物 P3′。这三条寡核苷酸均包含与基因组 DNA 互补的区域，以及与通用 PCR 引物配对的序列，除此以外，下游探针还包含一段特异性"标志"序列，其与 BeadArray 中特定类型珠子上的探针互补结合。当三条寡核苷酸引物与少量基因组 DNA 样品杂交时，上游引物 P1′和 P2′的 3′端碱基与 SNP 位置上碱基互补配对后，即在 DNA 聚合酶的作用下有效地延伸至与下游引物 P3′的 5′磷酸基团毗邻，然后通过连接反应与之连接起来，这样产生的拷贝即成为下一步 PCR 循环扩增的模板。在随后的 PCR 扩增中，含荧光标记（Cy3 和 Cy5）的通用上游引物 P1 和 P2 与含生物素标记的通用下游引物 P3，PCR 扩增之后，产物中由 P3 延伸的链被携带有抗生物素蛋白的磁珠所吸附，进而被除去，而带有荧光标记的单链被保留，然后带有荧光标记的单链与微阵列杂交，通过特异性"标志"序列与 BeadArray 中特定类型珠子上的探针互补结合，每张芯片可进行 12、16 或 32 个样本的检测，一个样品可以同时进行 96、384、768、1536 或 3072 个 SNP 位点的研究，比较适合中等通量基因分型研究（Hayward et al.，2012）。

在甘蓝型油菜中，Durstewitz 等用 GoldenGate 芯片技术鉴定了 360 个品系的 SNP 基因型，大约 84% 的 SNP 能够明确地区分基因型，46% 的标记在 90 个冬性品种间有多态性（Durstewitz et al.，2010）。Huang 等利用 GoldenGate 芯片去验证其开发的油菜 SNP 标记，在这些 SNP 标记中随机挑选 96 个，用 2 个作图群体的 50 个和 80 个家系进行验证，发现只有 2 个 SNP 标记没有多态性（Huang et al.，2013）。

（二）Illumina Infinium 芯片

Infinium SNP 分型技术是在 GoldenGate 技术平台的基础上开发的一款新的高通量 SNP 芯片分型技术，主要区别是在化学反应上用全基因组扩增、等位特异性杂交和一个碱基的延伸代替了 GoldenGate 芯片的 PCR 和延伸、连接等步骤，此外还大大增加了 SNP 位点的数量，其不受内切酶的位点限制，在单管反应中即可获得高得率、高准确度的实验数据（Gunderson et al.，2006）。其基本工作原理如图 1-15 所示。①变性的 DNA 片段与芯片磁珠上位点特异的 50 个碱基长度的探针退火复性。②经过夜杂交后，洗去芯片上未杂交的或非特异结合的 DNA，以捕获到的 DNA 为模板，加入特殊标记的核苷酸进行碱基延伸反应，根据其引物延伸方式的不同分为两种类型检测方法：Infinium I 型和 Infinium II 型检测。其中，Infinium II 型是双色荧光单碱基延伸检测，针对每一个 SNP 设计一种探针，两种颜色的荧光标记（Cy3 和 Cy5）即 A/T 为红色标记、C/G 为绿色标记。设计的探针长度停留在 SNP 位点的前一个碱基，通过一个碱基的延伸后，伴随着 SNP 颜色的改变，从红色变绿色或从绿色变红色，即可以将 A/C、A/G 以及 T/C、T/G 区别开来，但 A/T 或 C/G 间变异却不能识别出来。Infinium I（等位特异性引物延伸）检测原理是：针对每个 SNP 位点，设计两个探针，每个探针最末一位是 SNP 位点，延伸反应即是延伸 SNP 之后的一个碱基，所以我们对 Infinium Ⅰ 型检测只观察是否有荧光信号，如果有荧光信号，则表明有 A/T 或 C/G 突变发生。③延伸反应之后，再通过标记物与荧光基团的免疫结合，利用双色共聚焦激光扫描仪对芯片进行成像，利用 Illumina BeadScan 软件对成像的文件进行自动记录、提取，总结不同类型磁珠的信号强度。④最后利用 Illumina GenomeStudio 软件包将其信号数据转化成基因型数据。

　　2011 年 6 月在捷克召开的第十三届国际油菜大会上，世界各国的研究人员在专题讨论会上就油菜全基因组 SNP 芯片的开发和利用进行了深入讨论和规划。2012 年，由 Illumina 公司联合世界 16 家科研单位开发的油菜全基因组 SNP 芯片释放（Snowdon and Iniguez Luy，2012），该芯片名称为 *Brassica* 60K Illumina Infinium™ SNP genotyping array，包含 52 156 个 SNP，分布在 A、C 基因组上，每张芯片可分析 24 个样品（Clarke et al.，2016；Mason et al.，2017）。

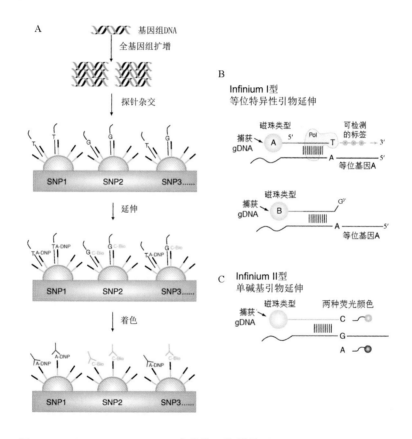

图 1-15　Illumina Infinium SNP 芯片的工作原理（Gunderson et al.，2006）
A. 全基因组 DNA 片段化和退火；B. Infinium Ⅰ 等位特异性引物延伸；C. Infinium Ⅱ 单碱基引物延伸

（三）Affymetrix GeneChip 芯片

　　Affymetrix 公司制作生产多种基因芯片，其中包含 RNA 表达量分析（表达谱芯片）、SNP 检测（基因分型）、拷贝数变异（copy number variation，CNV）、small RNA、甲基化等。因该公司仅生产了油菜表达谱芯片或 cDNA 芯片，所以下面仅介绍该类芯片。

用于转录组 SNP 鉴定的 cDNA 芯片,与 DNA 芯片实验技术不同的是,cDNA 芯片需要从生物样本中提取 mRNA,将 mRNA 逆转录成 cDNA 再与芯片上的探针进行杂交。目前 cDNA 芯片使用比较广泛的是 Affymetrix 公司的寡聚核苷酸基因芯片,其使用原位合成的方法(PM-MM 探针方案):每一个基因在芯片上对应一个或几个探针组;每个探针组又由十几对 25mer 的探针对组成;每探针对包括两个探针,其中一个是完全匹配(perfect-match,PM)的探针,另一个是序列中间有一个碱基错配(mis-match,MM)的探针(Lockhart et al.,1996)。杂交后 PM 和 MM 探针的荧光灰度值代表所对应基因的表达水平。根据杂交原理,探针理论上只与样本中碱基互补的 RNA 单链进行杂交,这种绑定称为特异性杂交(specific hybridization)。但是,实际实验中与探针序列不完全匹配的 mRNA 样本序列也可能与该探针杂交绑定,称为非特异性杂交(non-specific hybridization)。芯片探针组中 MM 探针就是为了检测对应 PM 探针的非特异性杂交信号。

针对芸薹属植物开发的 Affymetrix GeneChip 芯片为 Affymetrix *Brassica* Exon 1.0 St Array,其中含 2 416 447 个探针、对应 135 201 个基因的 135K 外显子芯片,已被用于转录组分析和遗传作图,并进行十字花科作物的基因组进化和适应性分析(Love et al.,2010)。

三、油菜 SNP 芯片的应用

甘蓝型油菜是异源四倍体,其基因组复杂,并且由于遗传资源狭窄标记的多态性低,用分子标记进行基因分型的效率相对较低,但种质资源中基因组 SNP 标记的量大,因此,该标记部分克服了其他类型分子标记的不足,是目前应用于甘蓝型油菜遗传育种研究的理想分子遗传标记。在甘蓝型油菜基因组序列释放之前,SNP 芯片是最优越的高通量检测基因组/转录组技术的手段,集高通量、高集成、微型化和自动化等优点为一体,同时使用成本和难度也比基因组测序要小很多,一经推出很快被广泛应用到遗传、育种研究中,不但具有以往传统分子标记的功能,可用于构建高密度遗传连锁图、基因的初定位和精细定位、分子标记辅助选择、遗传多样性分析和比较基因组研究,还在全基因组关联分析和连锁不平衡分析方面具有独特的优势。

(一)构建遗传图谱、基因定位及分子标记辅助选择

在 QTL 连锁遗传分析中,遗传图谱的精密程度决定了目标性状定位的效果和精确度,尤其是在精细定位时,更精密的标记和重组才能将目标区段缩小到理想的范围。高密度的 SNP 芯片为遗传连锁分析提供了丰富的遗传信息。Delourme 等利用 Illumina GoldenGate SNP 芯片分型技术,基于 4 个甘蓝型油菜 DH 群体构建了长度为 2250cM 的精密连锁图谱,该图谱包括 5764 个 SNP 芯片标记和 1603 个 PCR 标记,平均 1cM 就有 2.56 个 SNP 标记,而且作者还利用该 SNP 连锁图谱分析了春性和冬性油菜,以及不同品质类型种子(高硫苷/高芥酸、高硫苷/低芥酸、低硫苷/低芥酸)的遗传多态性和连锁不平衡程度(Delourme et al.,2013)。

Raman 等利用 PTY Ltd 公司的 *B. napus* version 1.0 DArT microarray 分型技术,对 6

个甘蓝型油菜 DH 群体进行 DArT 分型（以 Tapidor/Ningyou7 为主要参照），整合了一张 1987.2cM 的遗传图谱，共使用了 2457 个标记，每个标记之间平均 1.46cM，并用生物信息学方法与白菜型油菜遗传图谱的信息进行共同分析，将大量形态、物候期、发芽率、含油量、硼利用效率、蔗糖运输、雄性不育和抗黑胫病等质量与数量性状位点信息整合到一张遗传图谱中，进一步增加了甘蓝型油菜遗传图谱的信息（Raman et al.，2013）。

Liu 等利用 Illumina 的 *Brassica* 60 K Infinium BeadChip SNP Array 分型技术，利用来自半冬性亲本的甘蓝型油菜重组自交系 F_9 群体（172 个株系），构建了一张长 1832.9cM 的精密图谱，该图谱总共含有 9164 个 SNP 标记，组成了 1232 个单体型（Bin），并利用其中的 2795 个 SNP 标记为基础进行基因定位，在 4 个不同环境中定位到 11 个控制种皮颜色和纤维素含量的 QTL，在油菜黄籽品种和黑/棕籽品种间鉴定出与黄籽基因有关的 24 个 SNP，这些标记可用于黄籽性状的辅助选择（Liu et al.，2013）。

此外，基于 *Brassica* 60 K Illumina Infinium SNP 芯片构建精密连锁图谱并用于 QTL 分析研究的还有针对油菜的根形态、开花时间、耐旱性（Fletcher et al.，2015）、种子硫苷含量（Qu et al.，2015）、耐渍性（Zhang et al.，2015）等性状，可以看出，SNP 芯片作为极具应用价值的共享平台，对早期甘蓝型油菜 QTL/基因的定位和分子育种研究均具有巨大的贡献。

（二）连锁不平衡和全基因组关联分析

在植物群体演变、进化过程中，由于突变、重组、选择及连锁等因素，等位基因间存在广泛的非随机关联，称为"连锁不平衡状态"（linkage disequilibrium，LD）。高通量全基因组 SNP 芯片的开发，为人类深入了解物种的群体遗传结构、自然和人类选择的作用提供了高通量、高精度的技术。Wei 等利用 *Brassica* 60K SNP Array 分型技术对 327 份甘蓝型油菜自然群体鉴定后分析发现，705 个（78.2%）弱 LD 分布在 A 基因组，同时，445 个（72.6%）强 LD 分布在 C 基因组。对春性、冬性、半冬性品种的分化分析共检测到 198 个受选择区域（*Fst*），共计 5.91%的基因组（37.9M）与环境适应性和产量等性状相关，对 12 个开花时间显著关联的 SNP 分析发现其与受选择区域相重叠，这些结果阐述了甘蓝型油菜分化成不同的生态型（春性、冬性、半冬性）过程中，基因组上受选择的区域与育种过程密切相关，且 A 基因组和 C 基因组的选择区域及作用并不相同（Wei et al.，2017）。目前基于 60K 芯片对油菜自然群体的 LD 衰减研究发现，甘蓝型油菜中 C 基因组的 LD 衰减远大于 A 基因组的 LD 衰减，具体为：A/C：0.10～0.15 Mb/1.15～1.20 Mb（最大值的一半）（Liu et al.，2016）、0.25～0.4 Mb/3.5～4 Mb（最大值的一半）（Wei et al.，2017）、0.49 Mb/3.39 Mb（$r^2 = 0.2$）（Schiessl et al.，2015）等。

基于连锁不平衡原理而开发的性状控制基因（或控制位点）的检测方法称为关联分析。该方法具有诸多优点，如其分析群体的构建（野生近缘种、地方品种、种质资源、现代育成品种等，称为自然群体）比重组群体要简单、快速，可同时对多个性状进行分析，而且定位精度高、可检测多个等位基因等（Huang and Han，2014；Ingvarsson and Street，2011；Rafalski，2010）。高通量全基因组 SNP 芯片的开发，为人类更高效地定位性状控制位点和克隆基因、开发分子育种标记开辟了新途径。利用 *Brassica* 60 K

Illumina Infinium SNP Array，对油菜自然群体进行性状控制基因标记、定位的研究发展迅速。2014 年 Li 等首次利用 *Brassica* 60K SNP Array 分型技术对甘蓝型油菜自然群体（472 株系）进行 SNP 鉴定，获得了 26 841 个高质量的全基因组 SNP，并对群体的种子芥酸含量、硫苷含量、含油量及粒重进行了全基因组关联分析，检测到 A8 和 C3 的两个 *BnaA.FAE1* 和 *BnaC.FAE1* 基因与种子芥酸含量显著相关，A9、C2、C7 和 C9 上的 *BnaHAG1* 与种子硫苷含量显著相关，A7 和 A9 上的两个粒重相关位点与前人报道的 QTL 区间一致（Li et al.，2014）。2016 年，Li 等再次对此群体的株高和主花序荚果数进行了全基因组关联分析，共获得 8 个与株高相关联的位点和 5 个与主花序荚果数相关联的位点，其中，A05 的株高关联位点和 C07 的主花序荚果数关联位点为新发现的 QTL，并在候选区间鉴定到与开花、植物激素合成、信号转导和代谢合成相关的 11 个候选基因（Li et al.，2016a）。Schiessl 等（2015）同样利用油菜 60K 芯片对 158 份欧洲冬性甘蓝型油菜群体进行基因分型，鉴定到 28 698 个 SNP 标记，并对开花和产量性状进行了全基因组关联分析，获得 101 个花期相关联位点、69 个株高相关联位点、36 个产量相关联位点，通过多性状比较分析（multi-trait comparative analysis，COMP）共鉴定到 68 个共关联位点，筛选到 739 个候选基因，其中节律调控开花基因（circadian clock associated 1，*BnaCCA1*）、光周期调控开花基因（flowering locus T，*BnaFT*）及 MADS-box 家族基因（fruitful，*BnaFUL*）就位于这些区域中。利用油菜 60K 芯片对甘蓝型油菜其他自然群体进行 SNP 分型和全基因组分析的性状包括种子品质、产量、含油量、菌核病抗性、根肿病抗性等。表 1-3 汇总了这些研究和结果。

表 1-3　近年来油菜 SNP 芯片的应用

序号	目的（性状）	群体描述	芯片类型（及有效 SNP 个数）	主要结果	参考文献
1	整合油菜高密度遗传图谱	4 甘蓝型油菜 DH 群体	Nimblegen 2.1 M microarray（7322 SNP 用于基因分型）	整合出一张 2250cM 精密连锁图谱，包括 5764 个 SNP 芯片标记和 1603 个 PCR 标记，分析了春性和冬性油菜，以及不同质量类型种子的遗传多态性和连锁不平衡程度	（Delourme et al.，2013）
2	整合油菜高密度遗传图谱	6 个甘蓝型油菜 DH 群体	PTY Ltd *B. napus* version 1.0 DArT microarray（3072 个 SNP 用于基因分型）	整合了一张 1987.2cM 的遗传图谱，包含 2457 个 SNP 标记，并将之前定位到的油菜性状 QTL 信息整合进图谱中	（Raman et al.，2013）
3	种子纤维含量定位	RIL 群体（GH06×P174），172 个株系	*Brassica* 60 K Illumina Infinium SNP Array（9164 个 SNP 用于基因分型）	构建了一张包含 1232 个单体型的 Bin Map，其中 2795 个 SNP 组成 1832.9cM 精密图谱，定位到 11 个控制种皮颜色及纤维素含量的 QTL	（Liu et al.，2013）
4	种子产量和品质性状	自然群体，472 个品系	*Brassica* 60 K Illumina Infinium SNP Array（26 841 个 SNP 用于基因型分）	检测到种子芥酸含量（2 个）、硫苷含量（4 个）、含油量（1 个）、种子粒重（2 个）相关的 SNP 位点	（Li et al.，2014）
5	矿物离子吸收	自然群体，509 个品系	*Brassica napus* 6K Illumina Infinium cDNA SNP Array（3910 个 SNP 用于基因型分型）	检测到 9 个与 Ca（3 个）、 Cu（4 个）、Mg（2 个）、Mn（2 个）、Na（8 个）、S（2 个）、Zn（8 个）离子吸收相关的位点，发现基因 *SOS1* 为最有可能的候选基因	（Bus et al.，2014）
6	幼苗形态建成	自然群体，509 个品系	*Brassica napus* 6K Illumina Infinium cDNA SNP Array（3910 个 SNP 用于基因型分）	检测到 63 个 SNP 与 20 种幼苗形态建成表型相关，筛选到 31 个候选基因，包括 *GER1*、*AILP1*、*PECT* 和 *FBP*	（Körber et al.，2015）

续表

序号	目的 （性状）	群体描述	芯片类型（及有效 SNP 个数）	主要结果	参考文献
7	开花	自然群体，158 个品系	*Brassica* 60 K Illumina Infinium SNP Array（28 698 个 SNP 用于基因分型）	获得与开花（101 个）、株高（69 个）、产量（36 个）显著关联位点，筛选到 739 个候选基因，包括 *BnaCCA1*、*BnaFT* 及 *BnaFUL*	（Schiessl et al.，2015）
8	种子木质素含量	自然群体，520 个品系	*Brassica* 60 K Illumina Infinium SNP Array（31 839 个 SNP 用于基因分型）	检测到 3 个与木质素含量相关的位点，鉴定 3 个候选基因 *BnaPAL4*、*BnaCAD2/BnaCAD3*、*BnaCCR1*	（Wang et al.，2015）
9	种子活力	自然群体，248 个品系	*Brassica* 60 K Illumina Infinium SNP Array（22 169 个 SNP 用于基因分型）	鉴定到种子活力相关的 5 种表型与 18 个 SNP 显著关联，涉及种子绝对萌发率、萌发速度、幼根生长和千粒重的候选基因主要包括 *SOC1*、*AARR4*、*ATE1* 等	（Hatzig et al.，2015）
10	收获指数	自然群体，155 个品系	*Brassica* 60 K Illumina Infinium SNP Array（35 791 个 SNP 用于基因分型）	鉴定到与收获指数（9 个）、株高（2 个）、分枝数（11 个）、生物量（1 个）相关联的 SNP，其中 5 个 SNP 与单株产量和收获指数同时显著相关	（Luo et al.，2015）
11	菌核病抗性	自然群体，347 个品系	*Brassica* 60 K Illumina Infinium SNP Array（30 932 个 SNP 用于基因分型）	鉴定到 3 个位点（17 个 SNP）与菌核病抗性显著相关,结合转录组分析发现菌核病抗主要激活了植物的免疫系统、硫代谢（尤其是谷胱甘肽和硫苷代谢），候选基因主要在茉莉酸和木质素合成途径、防御应答、信号转导和编码转录因子途径上	（Wei et al.，2016）
12	开花	自然群体，182 个品系	PTY Ltd *B. napus* version 1.0 DArT microarray（3072 个 SNP 用于基因分型）Agilent microarray 4 × 44 K 用于表达分析	鉴定到 69 个与开花显著相关的位点，包含 *BnaFT*、*BnaFRU*、*BnaFLC*、*BnaCO*、*BnaFRI*、*BnaPhyB*，并对 *BnaFLC* 的表达进行了深入分析	（Raman et al.，2016）
13	开花	自然群体，448 个品系	*Brassica* 60 K Illumina Infinium SNP Array（20 342 个 SNP 用于基因分型）	鉴定到 40 个与开花相关联的位点，对比 117 个花期选择位点，发现有 20 个关联位点与 24 个选择位点相重叠	（Wang et al.，2016）
14	株高和主花序荚果数	自然群体，472 个品系	*Brassica* 60 K Illumina Infinium SNP Array（26 841 个 SNP 用于基因分型）	检测到 8 个与株高相关联的位点和 5 个与主花序荚果数相关联的位点，并筛选到与开花、植物激素合成、信号转导和代谢合成相关的 11 个候选基因	（Li et al.，2016a）
15	开花	自然群体，523 个品系	*Brassica* 60 K Illumina Infinium SNP Array（26 024 个 SNP 用于基因分型）	鉴定到 41 个与开花相关联的 SNP，筛选到 25 个候选基因，进一步将 GWAS 分为环境敏感型和温度敏感型后定位到候选基因 *BnaC09g41990D*（CONSTANS，CO）	（Xu et al.，2016）
16	种子含油量	自然群体，521 个品系	*Brassica* 60 K Illumina Infinium SNP Array（31 904 个 SNP 用于基因分型）	在 3 种关联模型下共获得 50 个与种子含油量显著关联位点，共解释 80% 的表型变异，其中 A5 上的位点可以提高 1.5%～1.7% 的含油量	（Liu et al.，2016）
17	菌核病抗性	自然群体，448 个品系	*Brassica* 60 K Illumina Infinium SNP Array（25 573 个 SNP 用于基因分型）	鉴定到 26 个 SNP 位于 3 个位点与茎秆的菌核病抗性显著关联，其中，两个是新的抗性位点，结合转录组数据共筛选到 39 个候选基因	（Wu et al.，2016）
18	根肿病抗性	自然群体，472 个品系	*Brassica* 60 K Illumina Infinium SNP Array（26 841 个 SNP 用于基因分型）	鉴定到 9 个位点与根肿病抗性显著关联，并显示出加性效应，进一步发现 TIR-NBS 基因家族在根肿病抗性中发挥着重要作用	（Li et al.，2016b）
19	演化进化、遗传变异	130 个人工合成油菜（白菜、埃塞俄比亚芥、油菜杂交）	*Brassica* 60 K Illumina Infinium SNP Array（37 473 个 SNP 用于基因分型）	人工合成油菜中富含新的基因组变异、重建新的连锁不平衡、高频率的非随机的缺失和复制，育种中受选择的区域与许多重要的性状相关	（Zou et al.，2017）

序号	目的（性状）	群体描述	芯片类型（及有效 SNP 个数）	主要结果	参考文献
20	生态型分化	自然群体，327个品系	*Brassica* 60 K Illumina Infinium SNP Array（33 186个 SNP 用于基因分型）	对油菜自然群体分析检测到78.2%的弱LD 在 A 基因组、72.6%的强 LD 在 C 基因组，对春性、冬性、半冬性品种的分化分析共检测到 198 个受选择区域，对开花时间 GWAS 分析发现显著关联区域与受选择区域相吻合，与环境适应性和产量相关	（Wei et al., 2017）
21	分枝角度	DH 群体（Y689×Westar），208 个株系	*Brassica* 60 K Illumina Infinium SNP Array（21 978个 SNP 用于基因分型）	构建了一张包含 1232 个单体型的 Bin Map，其中 3073 个 SNP 组成 2242.14cM 精密图谱，定位到 17 个和 10 个在单一环境和多环境下控制油菜分枝角度的 QTL，根据基因注释信息推定出 27 个候选基因	（Shen et al., 2018）

（三）遗传多样性和物种进化研究

与甘蓝型油菜有着密切亲缘关系的禹氏三角中其他 5 个具有重要经济价值、高度变异的物种（白菜、甘蓝、黑芥、芥菜、埃塞俄比亚芥），它们都存在着大量的变种、生态型和野生种，尤其是二倍体白菜、甘蓝和黑芥，因此，可以通过与这些物种的广泛杂交来提高油菜的遗传多样性。SNP 标记遗传稳定、多态性高，是芸薹属物种遗传多样性研究和基因组进化研究的理想标记。尤其是处于非编码区的基因间的 SNP，其保守程度较基因编码区的 SNP 要低，在群体中的丰度大部分是随机的遗传漂变结果（Edwards et al.，2007），因此有利于对遗传多样性进行全面评估，更好地探索多倍体油菜的演化规律和进化机制。为了探索芸薹属物种间的基因组渐渗现象和规律，阐明其对群体分化、基因组重组及其在性状改良中的作用，Zou 等（2017）将 74 个埃塞俄比亚芥（*B. carinata*）和 122 个白菜（*B. rapa*）株系作为亲本进行杂交，共获得 436 个六倍体，然后再与甘蓝型油菜双低品系 HS3 杂交选育出人工合成油菜 130 多个株系，利用 *Brassica* 60K SNP Array 分型技术对这些株系及亲本进行基因型鉴定，发现人工合成油菜中包含非常丰富的遗传多样性，包括新的基因组变异、重建新的连锁不平衡、高频率的非随机缺失（deletion）和复制（duplication）。通过鉴定人工驯化和选择区域发现，这些区域与许多重要的性状相关联，而且与杂交后恢复基因组的稳定性和育性相关，这些结果对于油菜育种有着重要的参考价值。

参 考 文 献

傅廷栋. 2000. 杂交油菜的育种与应用. 武汉: 湖北科学技术出版社.

李翔, 范成明, 卢龙斗, 等. 2016. 甘蓝型油菜遗传图谱构建及重要性状遗传解析的研究进展. 分子植物育种, 14(1): 98-116.

李晓锋, 索效军, 杨前平, 等. 2017. 青贮饲用油菜对山羊肉用性能的影响研究. 中国饲料, 15: 12-14.

刘后利. 2000. 油菜遗传育种学. 北京: 中国农业大学出版社.

Agarwal M, Shrivastava N, Padh H. 2008. Advances in molecular marker techniques and their applications in plant sciences. Plant Cell Rep, 27(4): 617-631.

Ainouche M L, Jenczewski E. 2010. Focus on polyploidy. New Phytol, 186(1): 1-4.

Albertin W, Alix K, Balliau T, et al. 2007. Differential regulation of gene products in newly synthesized *Brassica napus* allotetraploids is not related to protein function nor subcellular localization. BMC Genomics, 8: 56.

Alkan C, Coe B P, Eichler E E. 2011. Genome structural variation discovery and genotyping. Nature Reviews Genetics, 12(5): 363-375

Al-Shehbaz I A, German D A, Mummenhoff K, et al. 2014. Systematics, tribal placements, and synopses of the *Malcolmia* S.L. segregates (Brassicaceae). Harvard Papers in Botany, 19(1): 53-71.

Armstrong K C, Keller W A. 1981. Chromosome pairing in haploids of *Brassica campestris*. Theoretical and Applied Genetics, 59(1): 49-52.

Attia T, Röbbelen G. 1986. Cytogenetic relationship within cultivated *Brassica* analyzed in amphihaploids from the three diploid ancestors. Canadian Journal of Genetics and Cytology, 28(3): 323-329.

Bancroft I, Morgan C, Fraser F, et al. 2011. Dissecting the genome of the polyploid crop oilseed rape by transcriptome sequencing. Nat Biotechnol, 29(8): 762-766.

Bayer P E, Hurgobin B, Golicz A A, et al. 2017. Assembly and comparison of two closely related *Brassica napus* genomes. Plant Biotechnology Journal, 15(12): 1602-1610.

Behrensdorf H A, Pignot M, Windhab N, et al. 2002. Rapid parallel mutation scanning of gene fragments using a microelectronic protein–DNA chip format. Nucleic Acids Research, 30(14): e64.

Beilstein M A, Nagalingum N S, Clements M D, et al. 2010. Dated molecular phylogenies indicate a Miocene origin for *Arabidopsis thaliana*. Proc Natl Acad Sci USA, 107(43): 18724-18728.

Blanc G, Hokamp K, Wolfe K H. 2003. A recent polyploidy superimposed on older large-scale duplications in the *Arabidopsis genome*. Genome Res, 13(2): 137-144.

Bowers J E, Chapman B A, Rong J, et al. 2003. Unravelling angiosperm genome evolution by phylogenetic analysis of chromosomal duplication events. Nature, 422(6930): 433-438.

Bozza C G, Pawlowski W P. 2008. The cytogenetics of homologous chromosome pairing in meiosis in plants. Cytogenet Genome Res, 120(3-4): 313-319.

Bus A, Körber N, Parkin I A P, et al. 2014. Species- and genome-wide dissection of the shoot ionome in *Brassica napus* and its relationship to seedling development. Frontiers in Plant Science, 5: 485.

Buzza G. 1983. The inheritance of an apetalous flower character in canola(*Brassica napus*). Cruciferae Newsletter, 8: 11-12.

Cao W. 2004. Recent developments in ligase-mediated amplification and detection. Trends in Biotechnology, 22(1): 38-44.

Chalhoub B, Denoeud F, Liu S Y, et al. 2014. Early allopolyploid evolution in the post-Neolithic *Brassica napus* oilseed genome. Science, 345(6199): 950-953.

Chelysheva L, Grandont L, Vrielynck N, et al. 2010. An easy protocol for studying chromatin and recombination protein dynamics during *Arabidopsis thaliana* meiosis: immunodetection of cohesins, histones and MLH1. Cytogenetic and Genome Research, 129(1-3): 143-153.

Chen S, Nelson M N, Chèvre A M, et al. 2011. Trigenomic bridges for *Brassica* improvement. Critical Reviews in Plant Sciences, 30(6): 524-547.

Cheng F, Mandakova T, Wu J, et al. 2013. Deciphering the diploid ancestral genome of the Mesohexaploid *Brassica rapa*. The Plant Cell, 25(5): 1541-1554.

Cheng F, Sun R F, Hou X L, et al. 2016. Subgenome parallel selection is associated with morphotype diversification and convergent crop domestication in *Brassica rapa* and *Brassica oleracea*. Nature Genetics, 48(10): 1218-1224.

Cheng F, Wu J, Wang X. 2014. Genome triplication drove the diversification of *Brassica* plants. Horticulture Research, 1: 14024.

Chester M, Gallagher J P, Symonds V V, et al. 2012. Extensive chromosomal variation in a recently formed natural allopolyploid species, *Tragopogon miscellus*(Asteraceae). Proceedings of the National Academy of Sciences of the United States of America, 109(4): 1176-1181.

Cheung W Y, Friesen L, Rakow G F W, et al. 1997. A RFLP-based linkage map of mustard [*Brassica juncea*(L.)Czern. and Coss.]. Theoretical and Applied Genetics, 94(6): 841-851.

Chevre A M, Adamczyk K, Eber F, et al. 2007. Modelling gene flow between oilseed rape and wild radish. I. Evolution of chromosome structure. TAG Theoretical and Applied Genetics Theoretische und Angewandte Genetik, 114(2): 209-221.

Cifuentes M, Eber F, Lucas M O, et al. 2010. Repeated polyploidy drove different levels of crossover suppression between homoeologous chromosomes in *Brassica napus* allohaploids. The Plant Cell, 22(7): 2265-2276.

Clarke W E, Higgins E E, Plieske J, et al. 2016. A high-density SNP genotyping array for *Brassica napus* and its ancestral diploid species based on optimised selection of single-locus markers in the allotetraploid genome. Theoretical and Applied Genetics, 129(10): 1887-1899.

Delourme R, Falentin C, Fomeju B, et al. 2013. High-density SNP-based genetic map development and linkage disequilibrium assessment in *Brassica napus* L. BMC Genomics, 14: 120.

DePristo M A, Banks E, Poplin R, et al. 2011. A framework for variation discovery and genotyping using next-generation DNA sequencing data. Nature Genetics, 43(5): 491-498.

Di Giusto D, King G C. 2003. Single base extension (SBE) with proofreading polymerases and phosphorothioate primers: improved fidelity in single-substrate assays. Nucleic Acids Research, 31(3): e7.

Durstewitz G, Polley A, Plieske J, et al. 2010. SNP discovery by amplicon sequencing and multiplex SNP genotyping in the allopolyploid species *Brassica napus*. Genome, 53(11): 948-956.

Edwards D, Batley J, Snowdon R J. 2013. Accessing complex crop genomes with next-generation sequencing. Theoretical and Applied Genetics, 126(1): 1-11.

Edwards D, Forster J W, Chagné D, et al. 2007. What Are SNPs? association mapping in plants. New York: Springer.

Feschotte C, Jiang N, Wessler S R. 2002. Plant transposable elements: where genomics meets genomics. Nature Reviews Genetics, 3(5): 329-341.

Fletcher R S, Mullen J L, Heiliger A, et al. 2015. QTL analysis of root morphology, flowering time, and yield reveals trade-offs in response to drought in *Brassica napus*. J Exp Bot, 66(1): 245-256.

Fukui K, Nakayama S, Ohmido N, et al. 1998. Quantitative karyotyping of three diploid *Brassica* species by imaging methods and localization of 45s rDNA loci on the identified chromosomes. TAG Theoretical and Applied Genetics Theoretische und Angewandte Genetik, 96(3-4): 325-330.

Gaeta R T, Pires J C, Iniguez-Luy F, et al. 2007. Genomic changes in resynthesized *Brassica napus* and their effect on gene expression and phenotype. Plant Cell, 19(11): 3403-3417.

Ganal M W, Polley A, Graner E M, et al. 2012. Large SNP arrays for genotyping in crop plants. Journal of Biosciences, 37(5): 821-828.

Goto S, Takahashi A, Kamisango K, et al. 2002. Single-nucleotide polymorphism analysis by hybridization protection assay on solid support. Analytical Biochemistry, 307(1): 25-32.

Grandont L, Cunado N, Coriton O, et al. 2014. Homoeologous chromosome sorting and progression of meiotic recombination in *Brassica napus*: ploidy does matter! The Plant Cell, 26(4): 1448-1463.

Gunderson K L, Kuhn K M, Steemers F J, et al. 2006. Whole-genome genotyping of haplotype tag single nucleotide polymorphisms. Pharmacogenomics, 7(4): 641-648.

Gupta S K, Pratap A. 2007. History, origin, and evolution. Advances in Botanical Research, 45: 1-20.

Hasterok R, Maluszynska J. 2000. Nucleolar dominance does not occur in root tip cells of allotetraploid *Brassica* species. Genome, 43(3): 574-579.

Hasterok R, Wolny E, Hosiawa M, et al. 2006. Comparative analysis of rDNA distribution in chromosomes of various species of Brassicaceae. Annals of Botany, 97(2): 205-216.

Hatzig S V, Frisch M, Breuer F, et al. 2015. Genome-wide association mapping unravels the genetic control of seed germination and vigor in *Brassica napus*. Frontiers in Plant Science, 6: 221.

Hayward A, Mason A S, Dalton-Morgan J, et al. 2012. SNP discovery and applications in *Brassica napus*. Journal of Plant Biotechnology, 39(1): 49-61.

Heneen W K, Geleta M, Brismar K, et al. 2012. Seed colour loci, homoeology and linkage groups of the C genome chromosomes revealed in *Brassica* rapa-B. oleracea monosomic alien addition lines. Annals of Botany, 109(7): 1227-1242.

Herve Y. 2003. Choux. In: Pitrat M, Foury C. History de legumes, des origins a l'oree du XXI siecle. Paris: INRA.

Howell E C, Armstrong S J, Barker G C, et al. 2005. Physical organization of the major duplication on *Brassica oleracea* chromosome O6 revealed through fluorescence in situ hybridization with *Arabidopsis* and *Brassica* BAC probes. Genome, 48(6): 1093-1103.

Howell E C, Barker G C, Jones G H, et al. 2002. Integration of the cytogenetic and genetic linkage maps of *Brassica oleracea*. Genetics, 161(3): 1225-1234.

Howell E C, Kearsey M J, Jones G H, et al. 2008. A and C genome distinction and chromosome identification in *Brassica napus* by sequential fluorescence in situ hybridization and genomic in situ hybridization. Genetics, 180(4): 1849-1857.

Huang S, Deng L, Guan M, et al. 2013. Identification of genome-wide single nucleotide polymorphisms in allopolyploid crop *Brassica napus*. BMC Genomics, 14(1): 717.

Huang X, Han B. 2014. Natural variations and genome-wide association studies in crop plants. Annu Rev Plant Biol, 65: 531-551.

Huber M, Losert D, Hiller R, et al. 2001. Detection of single base alterations in genomic DNA by solid phase polymerase chain reaction on oligonucleotide microarrays. Analytical Biochemistry, 299(1): 24-30.

Ingvarsson P K, Street N R. 2011. Association genetics of complex traits in plants. New Phytol, 189(4): 909-922.

Jenczewski E, Alix K. 2004. From diploids to allopolyploids: the emergence of efficient pairing control genes in plants. Critical Reviews in Plant Science, 23(1): 21-45.

Jenczewski E, Eber F, Grimaud A, et al. 2003. PrBn, a major gene controlling homeologous pairing in oilseed rape(*Brassica napus*)haploids. Genetics, 164(2): 645-653.

Ji M, Hou P, Li S, et al. 2004. Microarray-based method for genotyping of functional single nucleotide polymorphisms using dual-color fluorescence hybridization. Mutation Research/Fundamental and Molecular Mechanisms of Mutagenesis, 548(1): 97-105.

Jiao Y, Wickett N J, Ayyampalayam S, et al. 2011. Ancestral polyploidy in seed plants and angiosperms. Nature, 473(7345): 97-100.

Kagale S, Robinson S J, Nixon J, et al. 2014. Polyploid evolution of the Brassicaceae during the Cenozoic era. The Plant Cell, 26(7): 2777-2791.

Körber N, Bus A, Li J, et al. 2015. Seedling development traits in *Brassica napus* examined by gene expression analysis and association mapping. BMC Plant Biology, 15(1): 136.

Ksiazczyk T, Kovarik A, Eber F, et al. 2011. Immediate unidirectional epigenetic reprogramming of NORs occurs independently of rDNA rearrangements in synthetic and natural forms of a polyploid species *Brassica napus*. Chromosoma, 120(6): 557-571.

Lander E S. 1996. The new genomics: global views of biology. Science, 274(5287): 536-539.

Landry B S, Hubert N, Etoh T, et al. 1991. A genetic map for *Brassica napus* based on restriction fragment length polymorphisms detected with expressed DNA sequences. Genome, 34(4): 543-552.

Lareu M, Sobrino B, Phillips C, et al. 2003. Typing Y-chromosome single nucleotide polymorphisms with DNA microarray technology. International Congress Series, 1239: 21-25.

Leflon M, Eber F, Letanneur J C, et al. 2006. Pairing and recombination at meiosis of *Brassica rapa*(AA)× *Brassica napus*(AACC)hybrids. TAG Theoretical and Applied Genetics Theoretische und Angewandte Genetik, 113(8): 1467-1480.

Leflon M, Grandont L, Eber F, et al. 2010. Crossovers get a boost in *Brassica* allotriploid and allotetraploid hybrids. The Plant Cell, 22(7): 2253-2264.

Li F, Chen B, Xu K, et al. 2014. Genome-wide association study dissects the genetic architecture of seed weight and seed quality in rapeseed(*Brassica napus* L.). DNA Research, 21(4): 355-367.

Li F, Chen B, Xu K, et al. 2016a. A genome-wide association study of plant height and primary branch number in rapeseed(*Brassica napus*). Plant Science, 242: 169-177.

Li L, Luo Y, Chen B, et al. 2016b. A genome-wide association study reveals new loci for resistance to clubroot disease in *Brassica napus*. Front Plant Sci, 7: 1483.

Liu L, Qu C, Wittkop B, et al. 2013. A high-density SNP map for accurate mapping of seed fibre QTL in *Brassica napus* L. PloS One, 8(12): e83052.

Liu S, Fan C, Li J, et al. 2016. A genome-wide association study reveals novel elite allelic variations in seed oil content of *Brassica napus*. Theor Appl Genet, 129(6): 1203-1215.

Liu S, Liu Y, Yang X, et al. 2014. The *Brassica oleracea* genome reveals the asymmetrical evolution of polyploid genomes. Nature Communications, 5: 3930.

Liu Z, Adamczyk K, Manzanares-Dauleux M, et al. 2006. Mapping PrBn and other quantitative trait loci responsible for the control of homeologous chromosome pairing in oilseed rape(*Brassica napus* L.)haploids. Genetics, 174(3): 1583-1596.

Lockhart D J, Dong H, Byrne M C, et al. 1996. Expression monitoring by hybridization to high-density oligonucleotide arrays. Nat Biotech, 14(13): 1675-1680.

Lombard V, Delourme R. 2001. A consensus linkage map for rapeseed(*Brassica napus* L.): construction and integration of three individual maps from DH populations. Theoretical and Applied Genetics, 103(4): 491-507.

Love C G, Graham N S, Ó Lochlainn S, et al. 2010. A *Brassica* exon array for whole-transcript gene expression profiling. PLoS One, 5(9): e12812.

Lukens L, Zou F, Lydiate D, et al. 2003. Comparison of a Brassica oleracea genetic map with the genome of *Arabidopsis thaliana*. Genetics, 164(1): 359-372.

Luo X, Ma C, Yue Y, et al. 2015. Unravelling the complex trait of harvest index in rapeseed(*Brassica napus* L.)with association mapping. BMC Genomics, 16(1): 379.

Lysak M A, Berr A, Pecinka A, et al. 2006. Mechanisms of chromosome number reduction in *Arabidopsis thaliana* and related Brassicaceae species. Proceedings of the National Academy of Sciences of the United States of America, 103(13): 5224-5229.

Lysak M A, Cheung K, Kitschke M, et al. 2007. Ancestral chromosomal blocks are triplicated in Brassiceae species with varying chromosome number and genome size. Plant Physiology, 145(2): 402-410.

Lysak M A, Koch M A, Pecinka A, et al. 2005. Chromosome triplication found across the tribe Brassiceae. Genome Res, 15(4): 516-525.

Lysak M A, Mandakova T, Schranz M E. 2016. Comparative paleogenomics of crucifers: ancestral genomic blocks revisited. Current Opinion in Plant Biology, 30: 108-115.

Maluszynska J, Heslop-Harrison J S. 1993. Physical mapping of rDNA loci in *Brassica* species. Genome, 36(4): 774-781.

Marcussen T, Sandve S R, Heier L, et al. 2014. Ancient hybridizations among the ancestral genomes of bread wheat. Science, 345(6194): 1250092.

Mason A S, Higgins E E, Snowdon R J, et al. 2017. A user guide to the Brassica 60K illumina infinium™ SNP genotyping array. Theoretical and Applied Genetics, 130(4): 621-633.

Mason A S, Huteau V, Eber F, et al. 2010. Genome structure affects the rate of autosyndesis and allosyndesis in AABC, BBAC and CCAB *Brassica* interspecific hybrids. Chromosome Research, 18(6): 655-666.

Mason A S, Nelson M N, Takahira J, et al. 2014. The fate of chromosomes and alleles in an allohexaploid *Brassica* population. Genetics, 197(1): 273-283.

Mercier R, Mezard C, Jenczewski E, et al. 2015. The molecular biology of meiosis in plants. Annual Review of Plant Biology, 66: 297-327.

Mullikin J C, Hunt S E, Cole C G, et al. 2000. An SNP map of human chromosome 22. Nature, 407: 516-520.

Mun J H, Kwon S J, Seol Y J, et al. 2010. Sequence and structure of *Brassica rapa* chromosome A3. Genome Biology, 11(9): R94.

Mun J H, Kwon S J, Yang T J, et al. 2009. Genome-wide comparative analysis of the *Brassica rapa* gene space reveals genome shrinkage and differential loss of duplicated genes after whole genome triplication. Genome Biology, 10(10): R111.

Nagaharu U. 1935. Genome analysis in *Brassica* with special reference to the experimental formation of *B. napus* and peculiar mode of fertilization. Japanese Journal of Botany, 7: 389-452.

Nagpal R, Raina S N, Sodhi Y S, et al. 1996. Transfer of *Brassica tournefartii*(TT)genes to allotetraploid oilseed *Brassica* species(*B. juncea* AABB, *B. napus* AACC, *B. carinata* BBCC): homoeologous pairing is more pronounced in the three-genome hybrids(TACC, TBAA, TCAA, TCBB)as compared to allodiploids(TA, TB, TC). Theoretical and Applied Genetics, 92(5): 566-571.

Nicolas S D, Le Mignon G, Eber F, et al. 2007. Homeologous recombination plays a major role in chromosome rearrangements that occur during meiosis of *Brassica napus* haploids. Genetics, 175(2): 487-503.

Nicolas S D, Leflon M, Monod H, et al. 2009. Genetic regulation of meiotic cross-overs between related genomes in *Brassica napus* haploids and hybrids. The Plant Cell, 21(2): 373-385.

Nicolas S D, Monod H, Eber F, et al. 2012. Non-random distribution of extensive chromosome rearrangements in *Brassica napus* depends on genome organization. The Plant Journal: For Cell and Molecular Biology, 70(4): 691-703.

Osborn T C, Butrulle D V, Sharpe A G, et al. 2003. Detection and effects of a homeologous reciprocal transposition in *Brassica napus*. Genetics, 165(3): 1569-1577.

Panjabi P, Jagannath A, Bisht N C, et al. 2008. Comparative mapping of *Brassica juncea* and *Arabidopsis thaliana* using intron polymorphism(IP)markers: homoeologous relationships, diversification and evolution of the A, B and C *Brassica* genomes. BMC Genomics, 9: 113.

Paritosh K, Gupta V, Yadava S K, et al. 2014. RNA-seq based SNPs for mapping in *Brassica juncea*(AABB): synteny analysis between the two constituent genomes A(from *B. rapa*)and B(from *B. nigra*)shows highly divergent gene block arrangement and unique block fragmentation patterns. BMC Genomics, 15: 396.

Parkin I. 2011. Chasing Ghosts: Comparative mapping in the Brassicaceae. *In*: Schmidt R, Bancroft I. Genetics and Genomics of the Brassicaceae. New York: Springer New York: 153-170.

Parkin I A, Gulden S M, Sharpe A G, et al. 2005. Segmental structure of the *Brassica napus* genome based on comparative analysis with *Arabidopsis thaliana*. Genetics, 171(2): 765-781.

Parkin I A, Koh C, Tang H, et al. 2014. Transcriptome and methylome profiling reveals relics of genome dominance in the mesopolyploid *Brassica oleracea*. Genome Biol, 15(6): R77.

Parkin I A P, Sharpe A G, Keith D J, et al. 1995. Identification of the A and C genomes of amphidiploid *Brassica napus*(oilseed rape). Genome, 38: 1122-1131.

Parkin I A P, Sharpe A G, Lydiate D J. 2003. Patterns of genome duplication within the *Brassica napus* genome. Genome, 46(2): 291-303.

Piquemal J, Cinquin E, Couton F, et al. 2005. Construction of an oilseed rape(*Brassica napus* L.)genetic map with SSR markers. TAG Theoretical and Applied Genetics Theoretische und Angewandte Genetik, 111(8): 1514-1523.

Prakash S, Hinata K. 1980. Taxonomy, cytogenetics and origin of crop *Brassica*. Opera Bot, 55: 1-57.

Qu C M, Li S M, Duan X J, et al. 2015. Identification of candidate genes for seed glucosinolate content using association mapping in *Brassica napus* L. Genes, 6(4): 1215-1229.

Rafalski J A. 2010. Association genetics in crop improvement. Curr Opin Plant Biol, 13(2): 174-180.

Raman H, Raman R, Coombes N, et al. 2016. Genome-wide association analyses reveal complex genetic architecture underlying natural variation for flowering time in canola. Plant Cell Environ, 39(6): 1228-1239.

Raman H, Raman R, Kilian A, et al. 2013. A consensus map of rapeseed(*Brassica napus* L.)based on diversity array technology markers: applications in genetic dissection of qualitative and quantitative traits. BMC Genomics, 14: 277.

Rana D, van den Boogaart T, O'Neill C M, et al. 2004. Conservation of the microstructure of genome segments in *Brassica napus* and its diploid relatives. The Plant Journal: For Cell and Molecular Biology, 40(5): 725-733.

Rogers S O, Bendich A J. 1987. Ribosomal RNA genes in plants: variability in copy number and in the intergenic spacer. Plant Molecular Biology, 9(5): 509-520.

SanMiguel P, Gaut B S, Tikhonov A, et al. 1998. The paleontology of intergene retrotransposons of maize. Nature genetics, 20(1): 43-45.

Sauer J D. 1993. Historical geography of crop plants: a selective roster. Florida/London: CRC Press.

Schaffer R, Landgraf J, Pérez-Amador M, et al. 2000. Monitoring genome-wide expression in plants. Current Opinion in Biotechnology, 11(2): 162-167.

Schiessl S, Iniguez-Luy F, Qian W, et al. 2015. Diverse regulatory factors associate with flowering time and yield responses in winter-type *Brassica napus*. BMC Genomics, 16: 737.

Schiessl S, Samans B, Huttel B, et al. 2014. Capturing sequence variation among flowering-time regulatory gene homologs in the allopolyploid crop species *Brassica napus*. Frontiers in Plant Science, 5: 404.

Schmidt R, Bancroft I. 2011. Genetics and genomics of the Brassicaceae. Plant Genetics and Genomics: Crops and Models. 9. New York: Springer.

Schmutzer T, Samans B, Dyrszka E, et al. 2015. Species-wide genome sequence and nucleotide polymorphisms from the model allopolyploid plant *Brassica napus*. Scientific Data, 2: 150072.

Shen Y, Yang Y, Xu E, et al. 2018. Novel and major QTL for branch angle detected by using DH population from an exotic introgression in rapeseed(*Brassica napus* L.). Theoretical and Applied Genetics, 131(1): 67-78.

Simillion C, Vandepoele K, Van Montagu M C, et al. 2002. The hidden duplication past of *Arabidopsis thaliana*. Proc Natl Acad Sci USA, 99(21): 13627-13632.

Slocum M K, Figdore S S, Kennard W C, et al. 1990. Linkage arrangement of restriction fragment length polymorphism loci in *Brassica oleracea*. Theoretical and Applied Genetics, 80(1): 57-64.

Snowdon R J, Iniguez Luy F L. 2012. Potential to improve oilseed rape and canola breeding in the genomics era. Plant Breeding, 131(3): 351-360.

Song K, Lu P, Tang K, et al. 1995. Rapid genome change in synthetic polyploids of *Brassica* and its implications for polyploid evolution. Proc Natl Acad Sci USA, 92(17): 7719-7723.

Song K, Osborn T C, Williams P. 1990. *Brassica* taxonomy based on nuclear restriction fragment length polymorphisms(RFLPs). Theor Appl Genet, 79: 497-506.

Song K, Osborn T C. 1992. Polyphyletic origins of *Brassica napus*: new evidence based on organelle and nuclear RFLP analyses. Genome, 35(6): 992-1001.

Song K M, Osborn T C, Williams P H. 1988. *Brassica* taxonomy based on nuclear restriction fragment length polymorphisms(RFLPs). Theoretical and Applied Genetics, 76(4): 593-600.

Song K M, Suzuki J Y, Slocum M K, et al. 1991. A linkage map of *Brassica rapa*(syn.campestris)based on restriction fragment length polymorphism loci. Theoretical and Applied Genetics, 82(3): 296-304.

Stringam G R, Ripley V L, Love H K, et al. 2003. Transgenic herbicide tolerant canola—the Canadian experience. Crop Science, 43(5): 1590-1593.

Suay L, Zhang D, Eber F, et al. 2014. Crossover rate between homologous chromosomes and interference are regulated by the addition of specific unpaired chromosomes in *Brassica*. The New Phytologist, 201(2): 645-656.

Sun F, Fan G, Hu Q, et al. 2017. The high-quality genome of *Brassica napus* cultivar 'ZS11' reveals the introgression history in semi-winter morphotype. The Plant Journal, 92(3): 452-468.

Szadkowski E, Eber F, Huteau V, et al. 2010. The first meiosis of resynthesized *Brassica napus*, a genome blender. New Phytol, 186(1): 102-112.

Takeda S, Matsuoka M. 2008. Genetic approaches to crop improvement: responding to environmental and population changes. Nat Rev Genet, 9(6): 444-457.

Tang H, Woodhouse M R, Cheng F, et al. 2012. Altered patterns of fractionation and exon deletions in *Brassica rapa* support a two-step model of paleohexaploidy. Genetics, 190(4): 1563-1574.

Tomonori M. 1929. Interspecific hybridization in *Brassica* I. The cytology of F1 hybrids of *B. napella* and various species with 10 chromosomes. Cytoiogia, 1: 16-27.

Tomonori M. 1934. Interspecific hybridization in Brassica: VI. The cytology of F1 hybrids of *B. juncea* and *B. nigra*. Cytoiogia, 6: 62-67.

Town C D, Cheung F, Maiti R, et al. 2006. Comparative genomics of *Brassica oleracea* and *Arabidopsis thaliana* reveal gene loss, fragmentation, and dispersal after polyploidy. Plant Cell, 18(6): 1348-1359.

Truco M J, Quiros C F. 1994. Structure and organization of the B genome based on a linkage map in *Brassica nigra*. Theoretical and Applied Genetics, 89(5): 590-598.

Udall J A, Quijada P A, Osborn T C. 2005. Detection of chromosomal rearrangements derived from homologous recombination in four mapping populations of *Brassica napus* L. Genetics, 169(2): 967-979.

USDA. 2017. Foreign agricultural service oil seeds: world marker sand trade monthly circular. http://usda.mannlib.cornell.edu/usda/fas/oilseed-trade//2010s/2016/oilseed-trade-12-09-2016.pdf. 2016-12-09.

Vision T J, Brown D G, Tanksley S D. 2000. The origins of genomic duplications in *Arabidopsis*. Science, 290(5499): 2114-2117.

Wang J, Jian H, Wei L, et al. 2015. Genome-wide analysis of seed acid detergent lignin(ADL)and hull content in rapeseed (*Brassica napus* L.). PLoS One, 10(12): e0145045.

Wang N, Chen B, Xu K, et al. 2016. Association mapping of flowering time QTLs and insight into their contributions to rapeseed growth habits. Front Plant Sci, 7: 338.

Wang X, Wang H, Wang J, et al. 2011. The genome of the mesopolyploid crop species *Brassica rapa*. Nature Genetics, 43(10): 1035-1039.

Wang Y, Wang X, Paterson A H. 2012. Genome and gene duplications and gene expression divergence: a view from plants. Annals of the New York Academy of Sciences, 1256: 1-14.

Warwick S I, Francis A, Al-Shehbaz I A. 2006. Brassicaceae: species checklist and database on CD-Rom. Plant Systematics and Evolution, 259(2): 249-258.

Warwick S I, James T, Falk K C. 2008. AFLP-based molecular characterization of *Brassica rapa* and diversity in Canadian spring turnip rape cultivars. Plant Genet Resour Charact Util, 6(1): 11-21.

Warwick S I, Sauder C A. 2005. Phylogeny of tribe Brassiceae(Brassicaceae)based on chloroplast restriction site polymorphisms and nuclear ribosomal internal transcribed spacer and chloroplast trnL intron sequences. Canadian Journal of Botany, 83(5): 467-483.

Wei D, Cui Y, He Y, et al. 2017. A genome-wide survey with different rapeseed ecotypes uncovers footprints of domestication and breeding. Journal of Experimental Botany, 68(17): 4791-4801.

Wei L, Jian H, Lu K, et al. 2016. Genome-wide association analysis and differential expression analysis of resistance to *Sclerotinia* stem rot in *Brassica napus*. Plant Biotechnology Journal, 14(6): 1368-1380.

Wu J, Zhao Q, Liu S, et al. 2016. Genome-wide association study identifies new loci for resistance to Sclerotinia stem rot in *Brassica napus*. Front Plant Sci, 7: 1418.

Xiong Z, Pires J C. 2011. Karyotype and identification of all homoeologous chromosomes of allopolyploid *Brassica napus* and its diploid progenitors. Genetics, 187: 37-49.

Xiong Z Y, Gaeta R T, Pires J C. 2011. Homoeologous shuffling and chromosome compensation maintain genome balance in resynthesized allopolyploid *Brassica napus*. Proceedings of the National Academy of Sciences of the United States of America, 108(19): 7908-7913.

Xu L, Hu K, Zhang Z, et al. 2016. Genome-wide association study reveals the genetic architecture of flowering time in rapeseed(*Brassica napus* L.). DNA Research, 23(1): 43-52.

Yang J, Liu D, Wang X, et al. 2016. The genome sequence of allopolyploid *Brassica juncea* and analysis of differential homoeolog gene expression influencing selection. Nature Genetics, 48(10): 1225-1232.

Yang T J, Kim J S, Kwon S J, et al. 2006. Sequence-level analysis of the diploidization process in the triplicated FLOWERING LOCUS C region of *Brassica rapa*. Plant Cell, 18(6): 1339-1347.

Yoshino T, Tanaka T, Takeyama H, et al. 2003. Single nucleotide polymorphism genotyping of aldehyde dehydrogenase 2 gene using a single bacterial magnetic particle. Biosensors and Bioelectronics, 18(5):

661-666.

Zhang J, Mason A S, Wu J, et al. 2015. Identification of putative candidate genes for water stress tolerance in canola(*Brassica napus*). Frontiers in Plant Science, 6: 1058.

Ziolkowski P A, Kaczmarek M, Babula D, et al. 2006. Genome evolution in *Arabidopsis/Brassica*: conservation and divergence of ancient rearranged segments and their breakpoints. The Plant Journal: For Cell and Molecular Biology, 47(1): 63-74.

Zou J, Fu D, Gong H, et al. 2011. De novo genetic variation associated with retrotransposon activation, genomic rearrangements and trait variation in a recombinant inbred line population of *Brassica napus* derived from interspecific hybridization with *Brassica rapa*. Plant J, 68(2): 212-224.

Zou J, Hu D, Mason A S, et al. 2017. Genetic changes in a novel breeding population of Brassica napus synthesized from hundreds of crosses between *B. rapa* and *B. carinata*. Plant Biotechnology Journal, doi: 10.1111/pbi.12791.

第二章 植物花器发育的生物学基础

夏胜前　涂金星　华中农业大学

第一节 植物花器官的分化

一、被子植物花的起源

（一）概述

植物的演化历程最开始由原始单细胞藻类在原始海洋演化为多细胞藻类。地壳的剧烈运动促使水域变成陆地，部分绿藻演化成为蕨类植物，以便适应陆地环境。干燥的陆地气候促使一部分原始的蕨类植物演化成为原始的裸子植物，以便利用种子繁衍后代。原始的裸子植物和被子植物，它们的后代繁殖完全摆脱了水的限制，更加适应陆地生活。再经过漫长演化，利用花进行繁殖后代的被子植物成为今天植物界的主角，植物演化经历了由水生到陆生、由简单到复杂的过程。

被子植物门（Angiospermae）是植物界演化出的最大的一类。开花植物属于被子植物门，故又称为被子植物。被子植物适应于广泛的、各式各样的生存条件；在生理功能上具有比裸子植物和蕨类植物大得多的光能利用效率。被子植物和裸子植物合称为种子植物，但被子植物有真正意义上的花。典型的被子植物的花由花萼、花冠、雄蕊群、雌蕊群四部分组成。被子植物花的各部分在数量和形态上有极其多样的变化，这些变化是在演化过程中适应于虫媒、风媒、鸟媒或水媒传粉的条件，被自然界选择并保留下来。根据古老化石记录，被子植物与任何其他类群没有特别直接的联系，被子植物由少数细胞构成的胚囊和双受精现象被视为演化上与其他植物类群相区别的依据，花器官是其区别于其他植物的一个显著特征，因此，被子植物的"起源之谜"很大程度上取决于对被子植物花器官起源的研究。

（二）被子植物起源

达尔文（Darwin）视被子植物的起源和早期演化问题为"令人憎恶之谜"，它一直以来都是植物学家探讨的热点问题。对被子植物花器官的详尽研究已经在形态、解剖、古植物、形态发生、分子等方面积累了大量的证据，植物学家基于这些证据为被子植物花器官的起源提出了各种各样的解释和学说，这些学说代表着研究者在不同的时代采用当时的技术手段得出的理论。杨永等（2004）将被子植物花器官起源研究划分为 5 个非绝对（时间上可以重叠）的阶段：

第一阶段是 Darwin 学说之前，没有系统发育概念的变态形态学阶段。该阶段学者甚至持有物种不变论，没有系统发育的概念，对花器官形态学本质的研究仅限于变态形态学证据。

第二阶段从 Darwin 时期至 Bessey 时期，植物学家利用了系统发育同源的理论，通过比较形态学、形态发生学和古植物学上的手段获取证据（Bessey，1915），主要代表学说有假花学说和真花学说。假花学说认为花是不同级别的枝经过压缩和简化而来的，被子植物和尼藤类关系密切，被子植物中茉黄花序类是最为原始的；真花学说则认为花是由一个枝及其侧生的叶性器官共同组成的，被子植物和本内苏铁关系密切，被子植物中木兰类是最为原始的。Arber 和 Parkin（1907）发表的关于本内苏铁生殖器官化石的论文，提出了原始被子植物花的结构，证实了真花学说，为后来研究者对被子植物起源与演化研究提供了良好的基础。

第三阶段从 Bessey 时期至 Crane 时期，切片技术与电镜技术的革新使得这个阶段积累了大量维管束解剖、古植物学、个体发育和比较形态等方面的证据，形成了以生殖叶学说、顶枝学说、生殖茎节学说等为代表的花起源的假说（Crane，1985）。

第四阶段从 Crane 时期至 Qiu 等（1999）时期，这个阶段主要以分支分类方法对各种性状的综合分析为特点，同时积累了大量关于古植物、形态、形态发生、孢粉、解剖、分子等方面的证据，形成了生花植物学说、古草本学说、新假花学说和 ANITA 等学说。

第五阶段始于 Coen 和 Meyerowitz 时期，他们基于拟南芥突变体表现型提出花器官发育的 ABC 模型，将分子遗传学和分支分类学结合起来揭示被子植物花器官的本质和起源，属于演化发育生物学阶段，并可能成为未来一段时间内被子植物起源和演化研究的主要方向。

真花学说、假花学说、生花植物学说、新假花学说等都认为被子植物和买麻藤类之间有着密切的关系。然而，Winter 等（1999）对被子植物的一些 MADS-box 基因及其在裸子植物中的同源基因进行了系统发育分析，结果清楚地表明，买麻藤类和现存松杉类之间的关系比较密切，而与被子植物没有直接的联系，这一发现也得到了其他研究者的证实。利用控制被子植物花发育的同源异型基因进行系统发育分析或许可以得到更为精确的结论。再如，Chanderbali 等（2010）利用极具系统演化代表性的分类物种进行花器官组织的转录组分析发现，雄性裸子植物的视锥细胞和花被、雄蕊有共同的遗传特征，暗示花被很可能是种子植物雄性器官的演化结果。利用原位杂交、基因组定位及高通量测序技术对代表着被子植物祖先的无油樟物种的全基因组测序拼接发现，其相对于其他被子植物无转座子插入特征，且其线粒体基因组的水平转移现象大约为苔藓和藻类植物线粒体基因组的 4 倍（Rice et al.，2013）。Magallon 等（2015）利用代表 87% 的被子植物物种的质体和核序列标记信息，通过系统发育的分子钟模型对被子植物早期的演化和多样性进行分析，发现被子植物木兰亚纲、单子叶植物纲和真双子叶植物纲分化的时间集合同时都在 135～130MYA；蔷薇亚纲在 123～115MYA（million years ago），早于菊亚纲（在 119～110MYA）。科的血统年龄则连续分布在 140～20MYA。这些结果无疑提供了被子植物起源和早期演化的新依据。

关于被子植物起源和演化的研究，另一个方面的数据则来源于古化石。主流的欧美古植物学家曾认为，被子植物的演化历史不会早于白垩纪。但来自中国辽西地区的植物花化石则显示，被子植物至少在侏罗纪就已经出现了。Wang 和 Liu（2015）描述了3个重要的被子植物化石。①施氏果。它是目前唯一的跨洲出现的侏罗纪被子植物化石，出现于中侏罗世的中国和早侏罗世的德国，包括中华施氏果（*Schmeissneria sinensis*）和小穗施氏果（*Schmeissneria microstachys*）。早侏罗世年代暗示着被子植物的演化历史很可能延伸到三叠纪甚至二叠纪。②中华星学花（*Xingxueanthus sinensis*）。产出于中国辽西葫芦岛市的中侏罗世地层，该化石是一个以炭化形式保存的类似荑荑花序的雌性生殖器官。其最大特征就是它的胚珠着生方式类似现代植物中的特立中央胎座，而特立中央胎座按照传统的理论是近期演化的特征，不应该也不可能在被子植物的早期历史中出现，因此暗示被子植物的演化历史很可能在三叠纪或者更早。③潘氏真花（*Euanthus panii*）。该化石是2015年新发现的中国辽西同一位置的中侏罗世化石，它具有花萼、花瓣、雄蕊和雌蕊，以及雄蕊中的原位花粉、子房中的胚珠和底部中空的花柱道，属于植物学真正意义上的花。因此，潘氏真花的发现在某种程度上对被子植物的起源研究具有里程碑式的历史意义，暗示被子植物在中侏罗世的辽西地区已经达到了一定的丰度和多样性。其他重要的时间稍晚的化石有：中国早白垩世的梁氏朝阳序、辽宁古果、中华古果、始花古果、十字中华果、迪拉丽花等。

化石证据支持了被子植物起源与演化时间的底线是三叠纪，也有可能更早。目前也有其他证据支持这一推论：Hochuli 和 Feist-Burkhardt 报道了三叠纪与被子植物无法区分的花粉（Hochuli and Feist-Burkhardt，2013），分子钟的估算和系统分析都表明，被子植物的起源时间很可能在三叠纪甚至更早（Meeuse，1992）。最新的研究显示，通过对古老的 MADS-domain 蛋白的重新构建，沿着被子植物花冠的干细胞系追溯到四轮花器官身份的起源发现，当前四轮花器官中的雄性器官由四种类型的亚基组成，这四种类型的亚基是通过基因重复和 SEPALLATA 蛋白的整合从两种类型亚基的古老复合体演化而来的，而这一过程明显发生在开花植物之前，这个研究表明基于复合体成分转移的蛋白质互作的改变的结果是一个渐进的和可逆的演化轨迹。这种复合体成分的改变促进了双性花的演化（Ruelens et al.，2017）。由此可见，目前人类对植物的研究进入新的时期，提出了被子植物花发育的分子模型，控制花器官的分子遗传基础已经清楚，而且裸子植物中也出现了与这些基因同源的序列，加上高通量测序技术在 21 世纪初的飞速发展，结合人类不断发现的化石数据，对被子植物的起源研究定会达到一个新的高度。

二、拟南芥花分化时期与特征

高等植物的花发育分为三个重要的阶段：植物从营养生长到生殖生长的转变；花分生组织的形成；花器官的发育。第一个阶段又称为开花或成花诱导，是一个响应内源信号和外界环境的精细化控制过程，涉及几个主要的遗传途径：光周期途径（photoperiod pathway）、春化途径（vernalization pathway）、自发途径（autonomous pathway）、赤霉素途径（gibberellin pathway，GA pathway）和年龄途径（age pathway）等。在第一个阶段，虽然植物的茎顶端分生组织（shoot apical meristem，SAM）在形态上没有发生变化，但是以 FT（flowering locus T）和 SOC1（suppressor of overexpression of CO1）为中心的系列开花基因正在发生有条不紊的作用，形成一个复杂的调控网络，以实现植物从营养生长向生殖生长的不可逆转变。

第二个阶段主要由花分生组织特性基因控制，这类基因在成花转变中被激活，又控制着下游花器官特性基因和级联（cadastral）基因的表达，该类基因主要有 *LFY* 和 *AP1*，*LFY* 强突变体基部花完全转变为叶芽，组成型表达 *LFY* 或 *AP1* 则能提早花期。该阶段植物从形态上看，能促使花原基的出现（表 2-1 和图 2-1，0～3 期）。形态学变化最大的阶段出现在第三个阶段，花器官从无到有，每个时期都有特定的标志性事件出现（表 2-1，4～12 期）。还有一个阶段，即开花阶段，虽不属于花发育的阶段，但却是植物生殖生长的关键阶段，直接关系到植物的后代繁衍（表 2-1，13～20 期）。

表 2-1 拟南芥花发育的时期特征（Smyth et al.，1990）

时期	时期开始时的标志性事件	持续时间/h	时期结束时花的年龄/d
1	花支撑形成	24	1
2	花原基形成	30	2.25
3	花瓣覆盖在花原基上	18	3
4	花瓣原基和雄蕊原基出现	18	3.75
5	子房室出现	6	4
6	花萼围住花蕾	30	5.25
7	长雄蕊在基部长出花丝	24	6.25
8	子房室与长雄蕊齐长	24	7.25
9	花瓣原基在基部着生	60	9.75
10	花瓣和端雄蕊齐长	12	10.25
11	柱头乳突出现	30	11.25
12	花瓣和长雄蕊齐长	42	13.25
13	花蕾打开，花瓣外露，开花	6	0.5
14	长雄蕊超过柱头	18	1
15	柱头超过长雄蕊	24	2
16	花萼和花瓣枯萎	12	2.5
17	花器官从绿色角果上脱落	192	10.5
18	角果变黄	36	12
19	角果皮开裂	24	13
20	种子落地		

花形成的开始表现为花序分生组织长出一些凸起的细胞。凸起细胞刚开始为完全未分化的细胞，被称为花原基或者花分生组织。到第 3 期，伴随着萼片原基在花原基两侧的形成，花器官的分化才开始进行（图 2-1）。随后在花的第二、第三轮处形成花瓣原基和雄蕊原基，以及在大概第 6 期花原基的分化中心位置形成第四轮的心皮原基（图 2-1）。在花器官起始形成后的大约第 14 天，即 13 期，花开始成熟并且开始露出花瓣。第 14～20 期主要是受精后果实的形成，大约一个成熟的角果含有 50 粒种子，同时其他的花器官最终枯萎脱落。显然，这只是一个非常大概的花发育过程，具体到每一个器官的形成，会有不同的形态学事件特征，例如，Sanders 等（1999）将花药的形成按照形态学上的

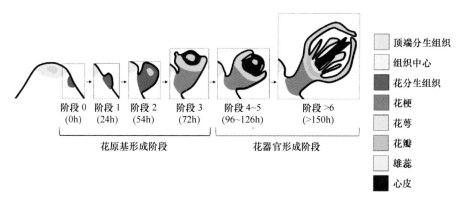

图 2-1　拟南芥花发育示意图（Denay et al.，2016）

植物的花芽出现在顶端分生组织的侧翼。分生组织中心建立在第 2 阶段，同时花芽在第 1～3 阶段自然形成。在这些早期阶段，花特异器官的前体已形成，从第 3 阶段形成花萼开始暗示花器官的初步形成。一旦所有植物的器官开始形成，花梗开始扩大时，分生组织中心将在第 6 阶段消失。小时数显示在一个给定的时期花的大约年龄

标志性事件划分为 14 个时期，以及 Kay Schneitz 和 Robert（1999）将胚珠的发育分成个 4 个时期，每个时期下又划分为若干个小的时期。此处列出拟南芥花发育的 20 个时期特征。

三、花器官发育的分子模型及基因家族

花是被子植物繁殖后代的重要器官，其产生的果实和种子也是人类赖以生存的物质基础，花发育研究是植物发育过程中最引人注目的研究。人类利用和改良植物有几千年的历史，但是直到最近才开始对植物花发育的遗传及控制基因展开全面的研究。20 世纪 80 年代以来，利用分子遗传学手段并借助现代生物技术，开始对模式植物拟南芥和金鱼草的花发育突变体进行研究并获得了较大的进展，成为发育生物学研究中最引人瞩目的领域。花发育按照时间先后分为开花决定（flowering determination，又称诱导成花，是植物生殖生长启动的第一个阶段，决定着开花时间）、花的发端（flower evocation，指茎端分生组织向花分生组织的转变）和花器官发育（floral organ development，由器官特性基因即同源异型基因决定的一系列花器官的发育）三个阶段。对花器官的分子遗传学研究最为深入，已形成较为成熟的发育模型，即 ABC 模型，又称为花器官发育的同源异型基因作用模型。在此基础上，从矮牵牛中发现了控制胚珠发育的 D 类基因，进一步完善为 ABCD 模型；对拟南芥、金鱼草和矮牵牛等花突变体的研究表明，还存在 E 类基因，它们可以联合其他基因控制花器官形成，成为 ABCE 模型。另外，植物花器官发育中涉及的一些重要保守基因家族的调控和新的发现，本节将一同介绍。

（一）ABC 模型及相关基因

花发育的 ABC 模型又称为花器官发育的同源异型基因作用模型，由 Coen 和 Meyerowitz（1991）通过对拟南芥（*Arabidopsis thaliana*）和金鱼草（*Antirrhinum majus*）花的一系列同源异型基因突变体（landsberg ecotype）的研究提出。拟南芥属于十字花科（后更名为芸薹科），而金鱼草属于玄参科，不同科的物种都具有这样共同的同源异型基

因作用特征，因此该模型得到广泛认可，并且已引申到单子叶植物中。利用该模型理论，可以通过改变 A 类、B 类或 C 类基因的表达模式来控制花的不同器官的发育。该模型的建立，为研究被子植物的起源和演化提供了重要的研究基础。

经典 ABC 模型认为，拟南芥的花由内外共 4 轮围绕同心的花器官组成，由外向内分别为：4 枚花萼（sepal）、4 枚花瓣（petal）、6 个雄蕊（stamen）和 1 个心皮（carpel）。控制这些花器官发育的基因分成 A、B、C 三类：A 类突变体的花从最外轮到最内轮依次是心皮、雄蕊、雄蕊和心皮；B 类突变体的花是萼片、萼片、心皮和心皮；C 类突变体的花是萼片、花瓣、花瓣和萼片。由此推测，第 1 轮花萼的发育由 A 类基因单独控制，第 2 轮花瓣由 A 和 B 类共同控制，第 3 轮雄蕊由 B 和 C 类共同控制，第 4 轮心皮由 C 类基因单独控制（图 2-2），并且 A、C 两类基因相互拮抗，即当 A 类基因突变不表达时，C 类基因会增加在 A 类基因位置的表达；反之，当 C 类基因突变不表达时，A 类基因会增加在第 3、4 轮的表达，并且重新表现出各自控制的花器官（图 2-3）。为了便于理解该模型，如图 2-3 所示为各种突变类型所表现出来的花器官发育特征。

（1）三类基因都突变时，不能形成花，只能形成叶片。

（2）A 类和 B 类同时都不表达，只有 C 类表达时，体现出单独 C 类控制的四层心皮结构。

（3）B 类和 C 类同时都不表达，只有 A 类表达时，体现出单独 A 类控制的四层萼片结构。

（4）A 类不表达、B 类和 C 类表达时，由于 C 类基因不被 A 类抑制，则可在整个位置表达，因此从外到内的表型为：心皮（C 类基因单独表达形成），雄蕊（B 类和 C 类同时表达形成），雄蕊（B 类和 C 类同时表达形成），心皮（C 类基因单独表达形成）。

（5）C 类不表达、A 类和 B 类表达时，由于 A 类基因可以在整个位置表达，因此从外到内的表型为：萼片（A 类基因单独表达形成），花瓣（A 类和 B 类同时表达形成），花瓣（A 类和 B 类同时表达形成），萼片（A 类基因单独表达形成）。

（6）B 类不表达、A 类和 C 类表达时，A 类和 C 类各自在原来位置表达，因此从外到内的表型为：萼片（A 类基因单独表达形成），萼片（A 类基因单独表达形成），心皮（C 类基因单独表达形成），心皮（C 类基因单独表达形成）。

（7）三个基因都正常表达，此时为野生型状态，表现为：萼片（A 类基因单独表达形成），花瓣（A 类和 B 类同时表达形成），雄蕊（B 类和 C 类同时表达形成），心皮（C 类基因单独表达形成）；也可以归纳为：萼片（A），花瓣（A+B），雄蕊（B+C），心皮（C）。

另一种模式植物金鱼草也具有相似的 4 轮花器官和 3 类突变体（A 类：*ovutala*；B 类：*deficiens，globosa，sepaloidea*；C 类：*plena*）（Coen and Meyerowitz，1991；Schwarz-Sommer et al.，1990）。ABC 模型在双子叶植物拟南芥和金鱼草，以及后来经人们验证的单子叶植物水稻和玉米中均具有保守特性，被人们广泛接受。

拟南芥花发育的 ABC 模型中，A 类基因包括 *APETALA1*（*AP1，AT1G69120*）和 *APETALA2*（*AP2，AT4G36920*）；B 类功能基因包括 *APETALA3*（*AP3，AT3G54340*）和 *PISTILLATA*（*PI，AT5G20240*）；C 类功能基因包括 *AGAMOUS*（*AG，AT4G18960*）。除了 *AP2* 是 *AP2/EREBP* 转录因子家族，其他基因都为 MADS-box 基因家族。MADS-box

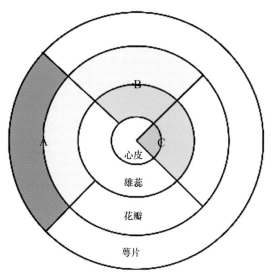

图 2-2　经典 ABC 模型（Coen and Meyerowitz，1991）

拟南芥花由外向内分为 4 轮结构，即萼片、花瓣、雄蕊和心皮；花器官发育控制为：萼片（A），花瓣（A+B），雄蕊（B+C），心皮（C）

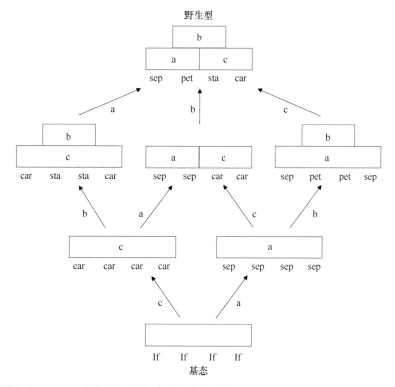

图 2-3　A、B、C 类基因的几种突变体表现型（Coen and Meyerowitz，1991）

基态代表 ABC 类三突的表型，往上依次为双突和单突表型，最顶端为野生型的表型。lf，叶；car，心皮；sep，萼片；pet，花瓣；sta，雄蕊

基因家族是在人类和酵母中发现的 MCM1 和 SRF，以及 AG 和 DEF 的首字母缩写，植物 MADS-box 结构域包含了这些基因的部分 DNA 结构域和一些其他的 MADS-box 结构

蛋白。拟南芥 *AP1* 基因由 8 个外显子和 7 个内含子组成，它是植物特有的 MIKCC-Type MADS-box 基因。*AP1* 基因编码 1 个转录激活因子，该转录因子除含有 MADS 区外，还有 K-box（与角蛋白同源）、I 区、C 端结构。*AP1* 基因不仅是花萼和花瓣发育所必需的（Mandel et al.，1992），而且可以引起花分生组织向花序分生组织的转变（Mandel and Yanofsky，1995），另外还能影响植物开花时间（Weigel and Nilsson，1995）。*AP1* 和其他类别的基因相互作用，形成广泛的调控网络来控制花发育的三个重要阶段。*AP2* 基因属于 *AP2/EREBP* 基因家族一员，编码两个 68 个氨基酸的重复序列，为具备形成二聚体和结合 DNA 功能的转录因子。*AP2* 可在茎和叶中表达，也是种子发育所必需的（Jofuku et al.，1994）。它也在花原基中表达，由 miRNA 调控而影响开花时间。*AP2* 也在 4 个花器官中表达，与 *AP1* 一起影响花萼的形成。有意思的是，*AP2* 突变体有两种不同的表现：*AP2* knock-down 突变导致萼片转化形成叶、花瓣转化形成雄蕊的结构，*AP2* knock-out 突变表现出萼片和花瓣的减少，残余的萼片形成心皮化结构。

AP3 和 *PI* 都编码 MADS-box 基因家族类转录因子（MIKC^C-type），共同控制拟南芥花瓣和雄蕊的发育。*AP3* 和 *PI* 都含有 8 个外显子和 7 个内含子，包含有 N 端的 DNA 结合、核定位及二聚功能的 MADS 结构域、I 结构域、K-box 和 C 端的转录激活区。AP3 和 PI 蛋白形成异二聚体，是许多植物花瓣和雄蕊发育的关键蛋白复合体。*ap3-1* 属于温度敏感性隐性突变，当其生长在 25℃ 时，在花器官第二轮处为花萼，第三轮处为雄蕊或者心皮化的雄蕊（Bowman et al.，1989）。*ap3-3* 突变体为稳定型突变，表现为外面两层花萼、里面两层心皮结构（Jack et al.，1992），同时异源表达 *PI* 和 *AP3* 能完全弥补 *ap3-3* 的缺陷，且能使外面两层变为花瓣，里面两层变为雄蕊结构。例如，基因型为 *p35S-PI p35S-AP3 ap3-3* 和 *p35S-PI p35S-AP3* 的植株，表现上无差异，花器官均表现为外面两层花瓣、里面两层雄蕊结构，同时还表现出早花和卷叶，以及额外一轮雄蕊在花中心出现，暗示 *PI* 和 *AP3* 除了控制花瓣和雄蕊的发育外，还可引起花分生组织的扩散（Krizek and Meyerowitz，1996）。

AG 基因是最早克隆的花发育调控基因，编码转录因子，结构与 B 类基因类似，从 N 端到 C 端依次为：N 端保守 MADS-box 区、I 区（intervening region）、K-box 和 C 端。它是唯一的具 C 类基因功能的同源异形基因，调控雄蕊和心皮原基的发育。*AG* 基因突变后花器官由外向内表现为花萼、花瓣、花瓣和花萼，并且数目增多（Jack et al.，1992）。对 *AG* 基因进行干涉有三类表型：①与 *AG* 突变体表型相似；②第三轮花器官具有花瓣与雄蕊两种表皮细胞，第四轮花器官具有萼片特征的长细胞，顶端出现子房的乳突细胞；③花器官发育正常，但雄蕊中长出额外一朵由雄蕊和心皮组成的次级花（Bowman et al.，1991）。这些结果表明 *AG* 基因在花发育中也具有多重功能，而不仅是控制雄蕊和心皮的发育。

（二）ABCD 模型

控制矮牵牛（*Petunia* hybrida）胚珠发育的基因命名为 D 类基因，从演化角度看，胚珠是心皮内部器官，可看成是花器官的第 5 轮器官。矮牵牛的 D 类基因包括 *fbp7*（floral binding protein 7）和 *fbp11*（floral binding protein 11）。*fbp7* 和 *fbp11* 在早期胚珠原基和发育后期的胚珠上特异表达，对 *fbp7* 和 *fbp11* 进行同时干涉，发现有畸形的胚珠出现（意大利面条状），其他花器官和营养组织正常。这两个基因在矮牵牛中异位表达，在萼片和花瓣上可以长出胚珠。*fbp7* 和 *fbp11* 虽然与拟南芥的 *AG* 基因同源（*fbp11* 和拟南芥的 *AGL11* 序列相似性较高），但其属于胚珠特异表达的 MADS-box 转录因子，研究者根据这些结果总结出相对完善的 ABCD 模型（Theissen，2001）（图 2-4）。

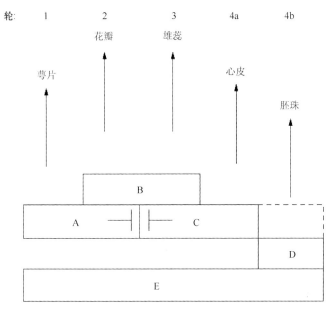

图 2-4　ABCD 模型和 ABCE 模型（Theissen，2001）
A 类和 C 类基因相互拮抗，虚线示意和 D 类基因一起单独控制胚珠发育的基因未知

（三）四聚体模型和 ABCE 模型

尽管 B 类和 C 类基因在异位表达或者突变后能导致花器官的发育异常，但是对它们的调控不足以将叶片转变成花器官，对 E 类基因的发现和研究则可达到这样的目的。一些其他的与 *AG* 基因序列同源且功能冗余的 MADS-box 基因 *AGL2*（AG-Like2）、*AGL4*（AG-Like4）、*AGL9*（AG-Like9）和 *AGL3*（AG-Like3）被鉴定后，对 *AGL2*、*AGL4* 和 *AGL9* 同时进行敲除发现花器官发育成花萼而取代了花瓣、雄蕊和心皮的形成，因此将 *AGL2*、*AGL4*、*AGL9*、*AGL3* 分别改名为 *SEP1*（*SEPALLATA1*）、*SEP2*（*SEPALLATA2*）、*SEP3*（*SEPALLATA3*）和 *SEP4*（*SEPALLATA4*）（Pelaz et al.，2000）。同时，将 *SEP1*、*SEP2*、*SEP3*、*SEP4* 都突变掉，则所有的花器官转变为植物的叶片。另外有研究表明，在拟南芥中，异源表达 *SEP3* 和 B 类基因，或者 *SEP3* 和 B 类、C 类基因可以引起叶片原基分别转化为花瓣原基和雄蕊原基，这个结果充分说明了 *SEP3* 在花器官建成起始中的关键作用。结合这些基因的表达数据，研究者提出 *SEP* 基因可归为花发育的 E 类同源异型基因，与 B 类和 C 类基因一起决定着花器官的分化：花瓣（A+B+E），雄蕊（B+C+E），心皮（C+E）（图 2-4）。这些基因组合到一起是如何行使功能的呢？研究者发现 AG 和 AGL2 结合形成二聚体后能结合到 DNA 上，酵母双杂交的结果也证实 AG

可以和 AGL2、AGL4 和 AGL9 一起互作，AGL9 可以与 AP1、PI、AP3 一起互作，这些结果暗示 AGL 蛋白可能参与了依赖 AG 的、和发育相关的生物学过程，并且是通过形成四聚体的形式来实现。因此，研究者提出了揭示花器官特异分化分子基础的四聚体模型（图 2-5）（Theissen，2001；Theissen and Saedler，2001），认为涉及花发育的四类基因必须形成四聚体的形式才能实现叶片原基到花原基的转变，这四类基因是 A、B、C、E 类基因，它们形成不同的四聚体来控制四类花器官的发育。Smaczniak（2012）利用蛋白质免疫、LC-MS/MS、CHIP 和 BIFC 等技术，不仅证实在 DNA 上可以形成四聚体，还发现四聚体可以与核小体重塑因子（CHR4、CHR11、CHR17 和 REF6 等）、其他转录因子（LUH、SEU 和 SPL8 等）、REF6、组蛋白 H3K27 去甲基化酶存在潜在的互作。

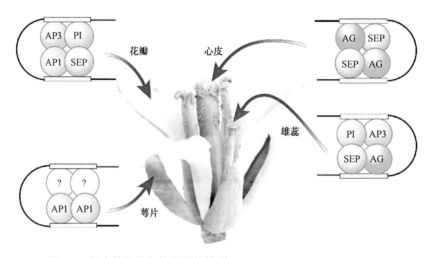

图 2-5　拟南芥花发育的四聚体模型（Theissen and Saedler，2001）

拟南芥四种花器官发育分别由四种不同的 MADS-box 类基因组合来决定。每一种组合包含有四个 MADS-box 转录因子蛋白，每个四聚体中的两个二聚体各自识别 CArG-box 类 DNA 相同链的结合位点形成弯曲结构结合到目标基因的启动子区域，通过激活或者抑制来控制不同花器官的形成。AG，AGAMOUS；AP1，APETALA1；AP3，APETALA3；PI，PISTILLATA；SEP，SEPALLATA

四、花器官发育基因的调控网络

随着 21 世纪各生物分支学科的飞速发展，研究者们并没有满足于已有的经典理论，他们对这些同源异型基因背后的科学问题进行了广泛和深入的研究。这些研究主要集中在以下几个领域：相关同源异型基因的作用分子机制及其调控网络的进一步整合发展，复合体结构的证实及功能研究，利用组学技术或其他新方法对新的花器官发育基因的挖掘及其功能与调控网络整合研究，另外还有一些关于重要基因的蛋白晶体结构的报道。本节着重讲述植物花发育的重要因子及其调控网络，同时也对上述各方面的最新研究进展进行总结。

（一）植物花发育重要阶段的调控网络

花发育的三个重要阶段实际上是通过形成一个整体的基因调控网络来完成最终植物的生殖生长（图 2-6）。它们之间相互衔接、相互作用来帮助植物适时开花和完成花器

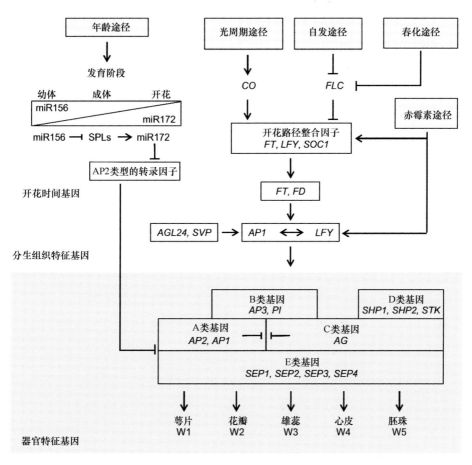

图 2-6　控制花形成的基因调控网络（Pajoro et al.，2014a）

箭头表示激活，阻断线表示抑制，左右箭头表示正向反馈回路。*AGL24, AGAMOUS LIKE 24；AP1，APETALA1；CO，CONS-TANS；FD，FLOWERING LOCUS D；FT，FLOWERING LOCUS T；LFY，LEAFY；STK，SEEDSTICK；SEP，SEPALLATA；SHP，SHATTERPROOF；SOC1，SUPPRESSOR OF OVEREXPRESSION OF CONSTANS 1；SVP，SHORT VEGETATIVE PHASE；SPL，SQUAMOSA PROMOTER BINDING PROTEIN-LIKE；W1，轮 1；W2，轮 2；W3，轮 3；W4，轮 4*

官正常发育，为完成最后的果实和种子的形成提供重要前提条件。内源的和外界环境信号可以起始开花反应。光周期、自主途径、春化作用和赤霉素途径集中作用于一些关键的开花抑制因子上，包括 *CO*（*CONSTANS*）（Samach et al.，2000）和 *FLC*（*FLOWERING LOCUS C*）。*FLC* 作为一个开花抑制因子可以调控春化作用路径和自主路径，而 *CO* 则是一个开花激活因子来调节光周期路径（图 2-6）。这两个基因共同调控下游开花基因的表达：*FT*（*FLOWERING LOCUS T*），*SOC1*（*SUPPRESSOR OF OVEREXPRESSION OF CONSTANS 1*），*LFY*（*LEAFY*）（Blazquez and Weigel，2000；Simpson and Dean，2002）。赤霉素路径通过启动 *SOC1* 和 *LFY* 影响了 SAM 的成花转化（Moon et al.，2003），并且在叶片中 *FT* 的上游起作用（图 2-6），因此该方式提供了光周期和赤霉素路径的交互作用的证据（Porri et al.，2012）。FT 蛋白刺激开花是通过从感光的叶片中移动到即将形成花序分生组织和花分生组织的茎顶端分生组织处（图 2-6）。遗传和分子研究表明，FT 蛋白是诱导信号成花素的组成部分，成花素可以通过响应光周期来启动开花（Corbesier et al., 2007）。在茎顶端分生组织处，FT 可以和 bZIP 类转录因子 *FD*（*FLOWERING LOCUS D*）互作来激活花原基形成基因 *AP1*（*APETALA1*）和 *SOC1* 的表达，*AP1* 和 *SOC1* 的表达又可以反过来激活 *LFY*，启动花原基的形成（Wu and Gallagher，2012）。除了 *LFY* 以外，其他的基因如 *AGL24*（*AGAMOUS LIKE 24*）也可以起到上调 *AP1* 的作用（图 2-6）（Grandi et al.，2012）。表 2-2 总结了拟南芥花发育中功能已知转录因子的功能情况及对应的参考文献。

miR156 和 miR172 被鉴定出是重要的花发育时期转变的调控因子（图 2-6）。*SPL*（*SQUAMOSA PROMOTER BINDING PROTEIN LIKE*）转录因子家族可以被 miR156 结合，而 miR172 则结合到 AP2-like 转录因子上（Wu et al.，2009）。miR156 在幼嫩的营养生长时期表达量很高，随着成熟营养时期的开始而逐渐下降，并产生一些 SPL 蛋白（SPL9，SPL10）。这些 SPL 蛋白诱导 miR172 的表达，导致其在成熟营养时期内表达量连续增加（Wu et al.，2009）。miR172 水平的增加反过来导致了 AP2-like 类基因的下调（图 2-6），促使植物能够开花（Wu et al.，2009）。

花原基发育被激活后，*AP1* 和 *LFY* 进一步激活花器官形成基因。控制花器官的 A、B、C、D、E 五大类的基因在不同时空表达，并且相互合作（形成四聚体）或拮抗（AC 类之间）来精确控制花器官的形成（图 2-6）。转录因子作为发育过程的整合者，同样也像枢纽一样连接着其他的发育过程。转录因子的目标基因分析揭示了没有预料的发育过程关联，甚至之前还认为这些过程不相干且不可能用经典遗传的方法去证实。例如，对 *SEP3* 基因的目标基因的分析发现其与生长素信号相关（Kaufmann et al.，2009）。另一个例子则来自 *LFY* 基因，除了发现其与生殖发育转化相关外，还发现其与病原菌响应相关（Winter et al.，2011）。最近，研究发现了 miR156 在拟南芥中靶向调节 SPL 蛋白间接影响关键蛋白 JAZ 的降解从而控制茉莉素信号输出，而茉莉素的释放能够激发植物的抗虫反应从而促进和保护植物成熟不受昆虫的干扰，这项研究揭示了 miR156 在植物精细的抗虫调节机制中的作用（Mao et al.，2017）。另外也有研究发现 SPL9 通过直接结合 *TCL1* 和 *TRY* 的启动子来激活这两个负调控因子，抑制表皮毛生长，说明受 miR156 调控的 *SPL* 基因家族是连接植物发育进程和表皮毛发育的桥梁（Yu et al.，2010）。

营养生长转变为生殖生长由内源因素和环境因素所诱发。这些信号聚集在开花的核心调控因子 FLC 和 CO 后再来负调控茎顶端分生组织的花发育起始因子。花发育起始因子激活原基特异基因 *AP1* 和 *LFY*，紧接着激活 A、B、C、D、E 类基因，促使特异花器官的形成。内源的年龄途径涉及 miRNA，在发育早期，miR156 表达水平很高，维持着植株幼小时期的生长。随着植物年龄增加，miR156 逐渐降低，导致 SPL 蛋白体形成。这些 SPL 蛋白诱导 miR172 基因的表达（miR172 在幼小时期表达量低而在成熟时期表达量稳定增加）。miR172 表达水平的增加导致 *AP2* 类的转录因子下调，最终抑制开花。

（二）花发育调控网络新进展

通过全基因组范围筛查技术，尤其是结合转录分析，很容易发现有些转录因子不仅

表2-2 拟南芥花发育中功能已知转录因子（Wils and Kaufmann，2017）

转录因子家族	基因缩写	基因编号	功能	参考文献
AP2/ERF	DRNL	AT1G24590	雄蕊发育，器官起始细胞	Chandler et al.，2011
	AP2	AT4G36920	花分生组织建立与花形态形成	Krogan et al.，2012
	ANT，AIL5，AIL6	AT4G37750，AT5G57390，AT5G10510	器官形态与生长，花分生组织萌生，胚珠发育，花原基萌生	Horstman et al.，2014
	SHN1，SHN2	AT1G15360，AT5G25390	器官形态	Shi et al.，2011b
	TOE3	AT5G67180	决定性	Jung et al.，2014
B3 ARF	ARF5/MP	AT1G19850	花原基形成，胚珠发育	Yamaguchi et al.，2016
	ARF6，ARF8	AT1G30330，AT5G37020	器官成熟，心皮发育	Varaud et al.，2011
	ARF3/ETT，ARF4	AT2G33860，AT5G60450	雌蕊群发育，决定性，器官极性	Liu and Fan，2013
	ARF2	AT5G62000	器官大小	Richter et al.，2013
B3 RAV	NGA1，NGA2，NGA3，NGA4	AT2G46870，AT3G61970，AT1G01030，AT4G01500	形态发育	Trigueros et al.，2009
bHLH	MYC2，MYC3，MYC4，MYC5	AT1G32640，AT5G46760，AT4G17880，AT5G46830	雄蕊发育	Qi et al.，2015
	BPE	AT1G59640	花瓣生长	Varaud et al.，2011
	bHLH010，bHLH089，bHLH091	AT2G31220，AT1G06170，AT2G31210	花药发育	Zhu et al.，2015
	DYT1，AMS	AT4G21330，AT2G16910	花药发育	Zhu et al.，2015
	SPT，ALC	AT4G36930，AT5G67110	雌蕊群发育	Seymour et al.，2013
	HEC1，HEC2，HEC3	AT5G67060，AT3G50330，AT5G09750	雌蕊群发育	Schuster et al.，2015
BPC	BPC1，BPC2，BPC3，BPC4，BPC6	AT2G01930，AT1G14685，AT1G68120，AT2G21240，AT5G42520	器官数量，形态，分生组织大小	Simonini et al.，2012
bZIP	TGA9，TGA10	AT1G08320，AT5G06839	雄蕊发育	Murmu et al.，2010
bZIP	PAN	AT1G68640	器官数量，决定性	Wynn et al.，2014
C2C2-GATA	GATA15，HAN，HANL2，GNC，GNL	AT3G06740，AT3G50870，AT4G36620，AT5G56860，AT4G26150	雌蕊生长，器官数量，边界形成	Ranftl et al.，2016

续表

转录因子家族	基因缩写	基因编号	功能	参考文献
C2C2-YABBY	INO	AT1G23420	胚珠发育	Cucinotta et al.，2014
	CRC	AT1G69180	雌蕊群发育，决定性	Cucinotta et al.，2014
	FIL	AT2G45190	器官数量、大小、形态、边界形成，花分生组织特性	Sablowski，2015
C2H2	JAG, NUB	AT1G68480, AT1G13400	器官生长与模式	Schiessl et al.，2014
	SUP	AT3G23130	边界形成、花形态形成、决定性，胚珠发育、花瓣与雄蕊发育	Sakai et al.，1995
	RBE	AT5G06070	花瓣发育、边界形成	Lampugnani et al.，2013
	KNU	AT5G14010	雌蕊群发育，决定性	Sun et al.，2014
GARP	UIF1	AT4G37180	器官数量，器官分界	Moreau et al.，2016
	KAN1, KAN2, KAN4/ATS	AT5G16560, AT1G32240, AT5G42630	雌蕊群发育，器官极性	Pires et al.，2014
	STM	AT1G62360	茎内分生组织活动，心皮发育	Scofield et al.，2013
	KNAT2	AT1G70510	心皮发育	Hay and Tsiantis，2010
	PFS2/WOX6	AT2G01500	胚珠发育，花瓣发育	Costanzo et al.，2014
	WUS	AT2G17950	基础茎内分生组织活动	Costanzo et al.，2014
	PHB、PHV、REV、CNA	AT2G34710, AT1G30490, AT5G60690, AT1G52150	胚珠发育，分生组织活动与决定性，器官数量	Prigge et al.，2005
	WOX1, PRS/WOX3	AT3G18010, AT2G28610	花萼与花瓣发育	Costanzo et al.，2014
	HDG1、HDG2、HDG5、HDG12、PDF2	AT3G61150, AT1G05230, AT2G46680, AT1G17920, AT4G04890	花瓣与雄蕊发育	Kamata et al.，2013
	JAB	AT4G17460	决定性，雌蕊群发育	Zuniga-Mayo et al.，2012
	BLR/PNY、PNF	AT5G02030, AT2G27990	器官数量与花瓣、雄蕊和心皮的严密规则，花序结构	Khan et al.，2015
	BEL1	AT5G41410	胚珠发育	Brambilla et al.，2007
LFY	LFY	AT5G61850	花分生组织特征，花形态形成	Winter et al.，2011

续表

转录因子家族	基因缩写	基因编号	功能	参考文献
MADS	CAL	AT1G26310	花分生组织萌生	Kempin et al., 1995
	AP1	AT1G69120	A类基因，器官特征，分生组织特征	Han et al., 2014
	AP3, PI	AT3G54340, AT5G20240	B类基因，花瓣与雄蕊特征	Wuest et al., 2012
	SHP1, SHP2, STK	AT3G58780, AT2G42830, AT4G09960	心皮发育，胚珠发育	Smaczniak et al., 2012
	AG	AT4G18960	花同源异形C类基因，决定性	Ó' Maoiléidigh et al., 2013
	AGL24, SVP	AT4G24540, AT2G22540	花转变，花分生组织特征	
	SEP1, SEP2, SEP3, SEP4	AT5G15800, AT3G02310, AT1G24260, AT2G03710	花同源异形E类基因，器官特征，分生组织特征	Kaufmann et al., 2009
	FUL	AT5G60910	花转变，心皮发育	Melzer et al., 2008
MYB	MYB65, MYB33	AT3G11440, AT5G06100	花成熟，花药发育	Millar and Gubler, 2005
	MYB21, MYB24, MYB57	AT3G27810, AT5G40350, AT3G01530	花成熟，雄蕊发育	Chen et al., 2016
	PWR	AT3G52250	决定性，心皮发育，花瓣发育	Yumul et al., 2013
	LMI2	AT3G61250	分生组织特征	Pastore et al., 2011
NAC	CUC1, CUC2, CUC3	AT3G15170, AT5G53950, AT1G76420	边界形成，雌蕊群发育，胚珠发育	Cucinotta et al., 2014
SBP	SPL3, SPL8	AT2G33810, AT1G02065	花分生组织特性，胚珠发育，雌蕊群发育，花药发育	Rubio-Somoza and Weigel, 2013
SPL/NZZ	SPL/NZZ	AT4G27330	花药发育，胚珠发育，雄蕊群发育	Sablowski, 2015
SRS	STY1, STY2	AT3G51060, AT4G36260	雄蕊发育，雌蕊群发育	Seymour et al., 2013
TCP	TCP3, TCP4, TCP5, TCP10, TCP13, TCP17, TCP15	AT1G53230, AT3G15030, AT5G60970, AT2G31070, AT3G02150, AT5G08070, AT1G69690	花瓣形态，花瓣生长，心皮发育，花成熟	Huang and Irish, 2015
Trihelix	PTL	AT5G03680	花瓣发育，边界形成	Lampugnami et al., 2013

是激活基因也是抑制基因。例如，*AP1* 抑制了控制开花时间的基因，但后期又激活了花发育的同源异型基因（Pajoro et al., 2014b）；另外还有 *AP3* 和 *PI* 基因，它们可以激活涉及器官形成的基因而抑制那些控制心皮发育的基因（Wuest et al., 2012）。利用 MEME 技术（the motif-based sequence analysis tool）研究一些 MADS-box 转录因子家族的 DNA 区域富集范围，发现不同的序列可以特异性对应单个的 MADS-box 转录因子。用 ChIP-seq 鉴定出来的如此之多的互作关系揭示了比预期还要高的网络复杂性，同时也证明了这些主要的调控因子不仅控制另一个层面的转录因子，而且还控制其他的编码结构蛋白的基因、酶类以及信号蛋白（图 2-7）（Pajoro et al., 2014a）。最近关于大范围的蛋

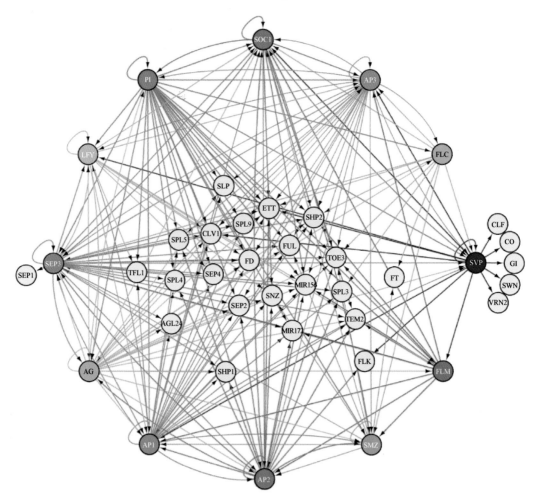

图 2-7　基于 DNA 结合数据的基因互作网络（Pajoro et al., 2014a）

缩写：AGAMOUS, AG；AGAMOUS LIKE 24, AGL24；APETALA1, AP1；APETALA2, AP2；APETALA3, AP3；CURLY LEAF, CLF；CLAVATA1, CLV1；COSTANS, CO；ETTIN, ETT；FLOWERING LOCUS C, FLC；FLOWERING LOCUS D, FD；FLOWERING LOCUS T, FT；FLOWERING LOCUS M, FLM；FLOWERING LOCUS KH DOMAIN, FLK；FRUITFULL, FUL；GIGANTEA, GI；LEAFY, LFY；PISTILLATA, PI；SEPALLATA1-4, SEP1-4；SHATTERPROOF1-2, SHP1-2；SQUAMOSA PROMOTER BINDING PROTEIN-LIKE, SPL；SCHLAFMUTZE, SMZ；SCHNARCHZAPFEN, SNZ；SUPPRESSOR OF OVEREXPRESSION OF CONSTANS 1, SOC1；SHORT VEGETATIVE PHASE, SVP；SWINGER, SWN；TEMPRANILLO2, TEM2；TERMINAL FLOWER 1, TFL1；TARGET OF EARLY ACTIVATION TAGGED（EAT）3, TOE3；REDUCED VERNALIZATION RESPONSE 2, VRN2

白质-蛋白质互作研究，以及蛋白质组学的研究阐述了很多涉及开花时间调控和花器官发育的 MADS-box 蛋白复合体，而下一阶段的挑战则是验证这些蛋白复合体对 DNA 结合的特异性，以及这些互作如何影响目标的动态表达。

关于调控网络的拓扑学和复杂性的另一个重要进展是对 SVP 和 SOC1 的全基因组的调控因子及目标基因的分析。由于 SOC1 是重要的花发育的整合因子，它也是营养分生组织和生殖分生组织的基因网络之间的枢纽。SVP 有双重功能：在营养生长组织中，其作为花的抑制基因；而在花分生组织发育第一期时，其组织了花器官发育基因的提前表达。最近，对两个组织中的全基因组范围的 SVP 结合位点筛选发现其有不同之处，这也反映出该基因的双重功能（Gregis et al.，2013）。对 SOC1 的 ChIP-ChIP 和 ChIP-seq 研究发现开花时间和花器官发生是通过 SOC1 相互连接起来的，SOC1 是一个转化的枢纽，并且还涉及很多正向和负向的自主反馈 DNA 环的形成。其他的一些 MADS-box 也由 SOC1 联系起来，如 SOC1 的直接靶标有 SVP、AGL15 和 AGL18，另外，SOC1 还结合到 SEP3、AP3、PI 和 SHP2 等调控区域（Immink et al.，2012）。响应低温的 AP2/EREBP 转录因子 CBF1（CRT/DRE-BINDING FACTOR1）、CBF2 和 CBF3 也与 SOC1 互作。SOC1 也调控一些其他的抑制开花的 AP2-like 基因，如 *TEM2*（*TEMPRANILLO2*）、*AP2*、*TOE3*（*TARGET OF EAT3*）、*SCHLAFMUTZE*（*SMZ*）和 *SNZ*（*SCHNARCHZAPFEN*）。

在植物生殖发育过程中，庞大的基因网络还与激素通路相关。ChIP-seq 的数据表明，MADS-domain 类转录因子可以结合到上千个不同的基因组区域，其中有一些基因组区域属于激素通路相关基因（表 2-3）。涉及开花时间和花发育的转录因子的靶标可能与生长素、赤霉素、茉莉酸、乙烯、油菜素内酯、水杨酸和脱落酸等通路相关。不同的转录因子可根据每个激素通路被分为功能亚类。其中，*SEP3*、*AP1* 和 *AG* 这三个基因涉及最多数目的亚类，说明它们几乎与所有激素通路都相关。最近关于 *AG* 基因的直接靶标的研究证实，有将近 110 个涉及调控功能的基因，如转录因子、受体激酶、连接酶和不同植物激素信号路径的相关基因与其相关（Ó'Maoiléidigh et al.，2013）。

涉及植物生殖生长的转录因子在目标基因有高度的网络重叠，大多数的环路因子可结合到它们自己的位点上，表明自主调节性是它们的调控机制中的共同点。许多成对的转录因子表现出相互结合的特性，说明具有内部调节的特点。

响应 ABA 和 ABA 介导信号路径的这一类基因几乎可以与所有这些转录因子相关联。ABA 在种子的发育中起着至关重要的作用，包括存储化合物的积累、对干燥环境的抗性需求、种子休眠的诱导、早发芽的抑制等（Kanno et al.，2010）。GA 和 ABA 也调控花的发育转化。有研究表明，对 ABA 敏感性的增加会延迟开花时间。而赤霉素则可以在不同组织中通过激活 SOC1、LFY 和 FT 来促进植物开花。生长素在分枝及植物横向器官的发育中有重要功能，基于 SEP3 靶标的突变体表型发现其在花器官发育中也有重要功能（Immink et al.，2012）。对 SVP 的 ChIP-seq 分析发现它的靶标基因也涉及生长素信号通路，如 *BIG* 基因，它编码一个生长素转运子负责生长素的外运和花序发育（Yamaguchi et al.，2007）。这些研究结果表明，虽然目前关于花发育网络重要基因如何调控激素信号通路还不清楚，但毫无疑问它们两者是紧密相关的。

表2-3 植物生殖发育相关转录因子的全基因组蛋白-DNA 互作概况（Pajoro et al., 2014a）

基因	家族	功能	手段	抗体	组织	最相关的靶标	参考文献
AGAMOUS AG	MADS-box 转录因子	花器官发育	ChIP-seq	Anti GFP	花芽第5期	AG, CRC, SHP2, SPL, JAG, SEP3, AP1, AP3, SHP1, SUP, HEC1, HEC2, VDD	O' Maoiléidigh et al., 2013
AGAMOUS-LIKE 15 AGL15	MADS-box 转录因子	成花转变	ChIP-ChIP	Anti AGL15	胚胎培养组织	FLC, SVP, LEC2, FUS3, ABI3, IAA30	Zheng et al., 2009
APETALA1 AP1	MADS-box 转录因子	抑制成花转变	ChIP-seq	Anti AP1	花序分身组织；花的第2、4、8期	FD, FDP, LFY, SNZ, TOE1, TOE3, TEM1, TEM2, TFL1, SPL9, SPL15, SEP3, AP2	Pajoro et al., 2014b
APETALA2 AP2	AP2-like 家族	成花转变和花器官发育	ChIP-seq	Anti AP2	花序	AG, SOC1, SEP3, AP1, TOE3, AGL15, ETT, SHP1, SHP2, AGL44, TOE1, RGA-like1, miR156, miR172	Yant et al., 2010
APETALA3 AP3	MADS-box 转录因子	花器官发育	ChIP-seq	Anti GFP	花芽第5期	CRC, SEP3, SPL, AP1, SUP, AG, UFO, SHP2, RBE, HEC1, HEC2, ALC	Wuest et al., 2012
FLOWERING LOCUS C FLC	MADS-box 转录因子	开花时间	ChIP-seq	Anti FLC	12天的幼苗	SOC1, FT, SEP3, CBF1, JAZ6, AGL16, SPL15, DIN10, SVP, SPL3, SMZ, TOE3, TEM1, FRI, CIR1, FIO1, LCL1, COL1	Deng et al., 2011
FLOWERING LOCUS M FLM	MADS-box 转录因子	开花时间	ChIP-seq	Anti GFP	15天的幼苗	SOC1, ATC, TEM2, SMZ, SEP3, AP3, PI, RVE2, FIO1, SHP2, MIR156, AP2, MIR172, AP1	Pose et al., 2013
LEAFY LFY		成花转变	ChIP-seq	Anti LFY	花序	TFL1, AP1, AG, SEP4, LFY, SOC1, PRS, BB, GIS, GOA, STY2, ARR3, GA3OX2	Moyroud et al., 2011
PISTILLATA PI	MADS-box 转录因子	花器官发育	ChIP-seq	Anti GFP	花芽第5期	CRC, SEP3, SPL, AP1, SUP, AG, UFO, SHP2, RBE, HEC1, HEC2, ALC	Wuest et al., 2012
SCHLAFMUTZE SMZ	AP2-like 家族	抑制成花转变	ChIP-seq	Anti GFP	幼苗	FT, SMZ, SNZ, AP2, TOE3, SOC1, AP1, TEM1, FRI	Mathieu et al., 2009
SEPALLATA3 SEP3	MADS-box 转录因子	花发育	ChIP-seq	Anti SEP3	花序（第1-12期）；花的第2、4、8期	AP1, AP3, SEP1, SEP2, SEP4, AG, SHP1, SHP2, GA1, PIN4, PID, ETT, ARG8, IAA4	Pajoro et al., 2014b
SHORT VEGETATIVE PHASE SVP	MADS-box 转录因子	开花时间	ChIP-seq	Anti GFP	两周的幼苗	GI, PRR7, FLK, FLC, CLF, SWN, VNR2, PHYA, STIP, SVP, CLV1, CLV2, PHB, PHV, REV, ATHB8	Gregis et al., 2013
SHORT VEGETATIVE PHASE SVP	MADS-box 转录因子	花器官发育	ChIP-seq	Anti GFP	花序（第1-11期）	SVP, CLV1, PHB, KAN1, ETT, PIN1, WDR55	Gregis et al., 2013
SUPPRESSOR OF OVEREXPRESSION OF CONSTANS1 SOC1	MADS-box 转录因子	开花时间	ChIP-seq	Anti GFP	成花转变时顶端组织	SOC1, CBF1, CBF2, CBF3, mir156, SVP, AGL15, AGL18, TEM2, TOE3, SMZ, SNZ, SEP3, SHP2, AP3, PI, SUP, ETT	Immink et al., 2012

第二节 植物花药发育细胞学基础

一、被子植物花结构

拟南芥为自花授粉，也可以人工异花授粉完成杂交试验，其生命周期短，一般 6 周便可以完成一个生命周期。拟南芥花的高度只有 2~4mm，总状花序，自外向内分别为花萼 4 枚、花瓣 4 枚、雄蕊 6 枚、2 个合并心皮（图 2-8A），心皮内部生长着胚珠。水稻花序分生组织的单位是小穗，小穗由小花和两个颖片组成，小花从外到内依次由外稃、内稃、2 枚浆片、6 枚雄蕊和 1 枚雌蕊（包括一个子房和两个柱头）组成。水稻与拟南芥的花具有相似的雄蕊和雌蕊繁殖功能器官，但是水稻没有明显的花萼和花瓣结构，围绕雄蕊和雌蕊花器官的是与双子叶植物和其他单子叶植物的花萼、花瓣明显不同的外稃、内稃和浆片（图 2-8B）。

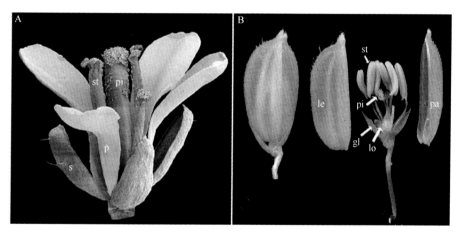

图 2-8 拟南芥和水稻的花形态结构比较（Wilson and Zhang，2009）

A. 拟南芥的花，由 4 轮花器官组成，即 4 个花萼（s）、4 个花瓣（p）、6 个雄蕊（st）和 1 个中心位置的雌蕊（pi）。B. 水稻的花，由位于中心的分叉状雌蕊（pi）、6 个雄蕊（st）、颖片（gl）、2 枚浆片（lo）（花瓣）、内稃（pa）和外稃（le）组成

二、拟南芥花药发育的时期与特征

拟南芥花药发育的形态结构研究（Chang et al.，2011）（图 2-9），以及遗传发育和调控机制研究都比较深入（Ariizumi and Toriyama，2011；Chang et al.，2011；Feng and Dickinson，2010；Wilson and Zhang，2009；Wilson et al.，2011）。从花药发育最初的三层细胞开始，逐步分化成外层、内层、中层、绒毡层和小孢子细胞（Chang et al.，2011），再到花粉粒的形成和花药开裂，都由控制各个环节的基因严格控制（Ariizumi and Toriyama，2011；Wilson et al.，2011）。它们形成一个完整网络，各自起着不同的功能，使植物能够完成最后的散粉过程。花药发育从花药原基中的三层细胞开始，最外层的细胞将来发育成花药的表皮，最内层的细胞发育成花药的微管和连接组织，成熟花药的内层、中层、绒毡层和小孢子母细胞由中间一层细胞发育而来（图 2-9）。

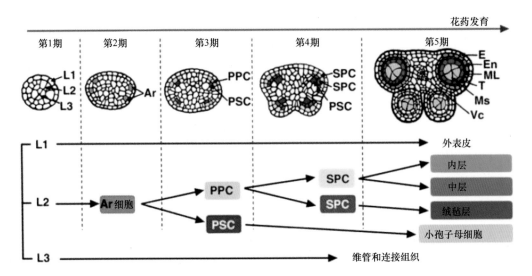

图 2-9　花药形态结构发育 （Chang et al.，2011）

在花药发育第 1 期，花药原基只包含 L1、L2、L3 三层。第 2 期，L2 层中的细胞变成孢原细胞，在第 3 期分裂成初生周缘细胞（PPC，蓝色）和初生造孢细胞（PSC，红色）。第 4 期，初生周缘细胞形成两层次生周缘细胞（SPC）。随后，内层的次生周缘细胞（绿色）形成绒毡层（T，绿色），外层的次生周缘细胞（黄色）分化形成中层（ML，深粉色）和内层（En，紫色）。同时，初生造孢细胞在第 5 期产生小孢子母细胞（Ms，淡粉色）

　　Sander 等（1999）根据拟南芥花药发育的细胞学特征将该过程划分为两个阶段，共包含 14 个时期，其中 1～8 期为第一个阶段，9～14 期为第二个阶段（图 2-10），表 2-4 列出了每个时期的细胞学事件。在第 1～4 期，细胞开始在发育的花药原基中发生分裂，形成一个含有小腔室、外壁、连接组织和微管区域的双边结构（图 2-10，第 5 期）。花药原基四个角落的孢原细胞产生第一层外壁细胞和第一层造孢细胞，这两层细胞将分化成内层、中层、绒毡层和腔室里的小孢子母细胞（图 2-10，第 7 期）。小孢子在第 8 期从四分体中释放出来，在第 9～12 期形成成熟花粉粒（图 2-10）。伴随花粉粒的发育，花药大小会逐渐增加，部分细胞层会降解，并且在散粉之前花药特定的细胞层发生明显的变化（图 2-10，第 13 期）。花药开裂前后的主要事件包括内层细胞的扩张、内层和连接细胞的纤维素含量增加（次生壁增厚），以及绒毡层和中层细胞的消失（图 2-10，第 7～11 期）。之后，药室隔膜在第 11～12 期降解，形成只有 2 个腔室的花药，随后花药裂口细胞开始断裂，花粉粒释放（图 2-10，第 12～13 期），伴随着花药开裂，花药开始衰老并从花上脱落（图 2-10，第 14a～14c 期）。

三、水稻花药发育的时期与特征

　　Zhang 等（2011）根据切片的结果（图 2-11）总结了水稻花药发育的 14 个时期与特征（表 2-5）。

　　第 1 期：花原基在分裂和分化后形成雄蕊原基。花药原基包含三个细胞层，即 L1、L2 和 L3（图 2-11，第 1 期）。最终，L1 细胞层分裂成上表皮和裂口，它们在保护小孢子发育和花药开裂中有重要作用。

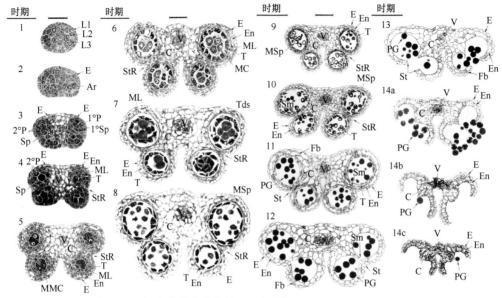

图 2-10　拟南芥花药发育的 14 个时期（Sanders et al.，1999）

L1、L2、L3，花药原基中 3 种细胞层；E，外表皮层；Ar，胞原细胞；1°P，初生壁细胞；2°P，次生壁细胞；1°Sp，初生造孢细胞；Sp，次生造孢细胞；En，内表皮层；ML，中层；T，绒毡层；StR，裂口区域；MMC，花粉母细胞；MC，减数分裂细胞；Tds，四分体；MSp，小孢子；V，维管束；Fb，纤维素组织；C，连接组织；St，裂口；PG，花粉粒；Sm，隔膜

表 2-4　拟南芥花药发育的主要事件（Sanders et al.，1999）

花药时期	主要事件和形态标记	出现的组织	花发育时期	花粉发育的时期
1	雄蕊原基的出现	L1，L2，L3	5	
2	原孢细胞出现在雄蕊原基的四个角落里	E，Ar		
3	原孢细胞有丝分裂形成初生壁细胞层和造孢细胞层；进一步分裂形成次生细胞壁和造孢细胞	E，2°P，Sp	7	
4	四个药室形成伴随着两个刚发育的裂口区域，微管系统开始形成	E，En，ML，T，Sp，C，V	8	
5	四个药室已经形成，各种细胞类型出现，小孢子母细胞产生	E，En，ML，T，MMC，C，V	9	3
6	小孢子母细胞进入减数分裂，绒毡层产生囊泡化，进入分泌型阶段，中层细胞开始被挤压和退化，花药的整体大小增加	E，En，ML，T，MC，C，V		
7	四分体游离在每一个腔室里面，出现中层的残留物	E，En，ML，T，Tds，C，V		4
8	包围在四分体周围的胼胝质壁开始降解，小孢子开始释放	E，En，T，MSp，C，V	10	5
9	花药继续增大，小孢子产生花粉外壁，产生空泡，隔膜细胞可以用透射电镜区分	E，En，T，MSp，C，V，Sm		
10	绒毡层降解开始	E，En，T，MSp，C，V，Sm	11~12	
11	花粉有丝分裂开始，绒毡层降解，内层细胞开始扩大，次生壁出现，隔膜细胞降解开始，裂口开始分化	E，En，T，PG，C，V，Sm，St		8~9
12	产生了三核花粉粒，花药变成了两室，隔膜断开	E，En，PG，C，V，St		10
13	开裂发生，裂口断开，花粉释放	E，En，PG，C，V	13~14	
14	雄蕊老化，细胞萎缩	E，En，C，V	15~16	
15	花药从花器官上脱落		17	

第 2 期：切片观察发现表皮是最外层的细胞，来源于 L1 层细胞的垂周分裂。花药原基是四边形状，包围它的内稃和外稃紧扣在一起，L2 层的干细胞通过快速的有丝分裂在花药的四个角落形成孢原细胞（图 2-11，第 2 期）。孢原细胞比其他细胞略微大一些。在稍晚时期，L3 细胞分裂形成连接组织、微管组织和靠近裂口的圆形细胞簇。连接组织细胞在小孢子囊和维管束之间，会在花药发育晚期降解。

第 3 期：孢原细胞发生平周分裂产生不同类型的初生细胞层（图 2-11，第 3 期）。

第 4 期：孢原细胞经历平周分裂产生初生造孢细胞。初生壁细胞形成 2 个次级初生壁细胞层。这个时期发育的花药有特征性的小腔室、三层花药壁、连接组织及微管组织（图 2-11，第 4 期）。

第 5 期：初生造孢细胞分裂形成造孢细胞，次生壁外层细胞产生花药内层和中层，次生壁内层细胞发育成绒毡层。这个时期的花药有 4 个同心的体细胞层，它们围绕着造孢细胞，从外到内依次为表皮层、内层、中层和绒毡层（图 2-11，第 5 期）。

第 6 期：次生造孢细胞形成小孢子母细胞（MMC，也称为花粉母细胞 PMC）（图 2-11，第 6 期）。

第 7 期：性母细胞起始减数分裂并且接触到绒毡层细胞。中层变成一个微弱的带状结构（图 2-11，第 7 期）。

第 8a 期：性母细胞继续减数分裂，变得稍微分离开，形成了椭圆形的二分体。在水稻中，一个性母细胞在减数分裂第一期结束时形成两个被细胞板隔开的核，而在拟南芥中，同样的时期在赤道板附近形成大量的细胞器。绒毡层变成空泡状和浓缩状，伴随细胞质着色深，并开始起始 PCD 过程（图 2-11，第 8a 期）。

第 8b 期：性母细胞经历减数分裂第二期，4 个新形成的单倍体小孢子被胼胝质包围并且开始形成初生花粉外壁。绒毡层细胞继续降解（图 2-11，第 8b 期）。

第 9 期：绒毡层产生胼胝质酶，随着胼胝质壁的降解，自由的单倍体小孢子从四分体中开始释放。早期，小孢子是球形的且含有薄的外壁。野生型绒毡层细胞重新吸收它们的囊泡，且细胞质变得更加浓缩（图 2-11，第 9 期）。分泌型绒毡层细胞产生乌氏体，它被认为是运输绒毡层产出的孢粉素前体物质，穿过亲水性的细胞壁。中层细胞消失。

第 10 期：绒毡层细胞进一步降解，形成小山一样的结构，沿着绒毡层的内表面产生更多高电子密度的乌氏体。在小孢子表面形成含有外壁内层和外壁外层的厚的花粉壁。小孢子的空泡体积逐渐加大，撑出一个圆形的小孢子（图 2-11，第 10 期）。

第 11 期：空泡状的小孢子经历第一次不对称的有丝分裂，产生一个小的生殖细胞和一个大的营养细胞。这个时期开始时，小孢子呈现镰刀状，然后变得更大。由于淀粉的积累，空泡逐渐变小。随后，生殖细胞从花粉壁上离开并移动到营养细胞核处。绒毡层几乎完全降解成细胞残骸和乌氏体（图 2-11，第 11 期）。

第 12 期：生殖细胞经历 2 次有丝分裂，分成 2 个精细胞和含有 3 个核的成熟花粉粒，但是被积累的淀粉和油脂物质所掩盖。表皮和内层进一步降解，绒毡层彻底消失。这个时期，花药发育和花粉成熟基本完成，圆形花粉粒充满着储存物质（图 2-11，第 12 期）。

第 13 期：花粉粒变得更圆，外稃和内稃咬合结构分开，花丝延长。2 个邻近的花粉囊连接起来，花药开裂，剩下表皮和内层结构（图 2-11，第 13 期）。

第 14 期：隔膜断开，花药继续释放成熟花粉粒（图 2-11，第 14 期）。

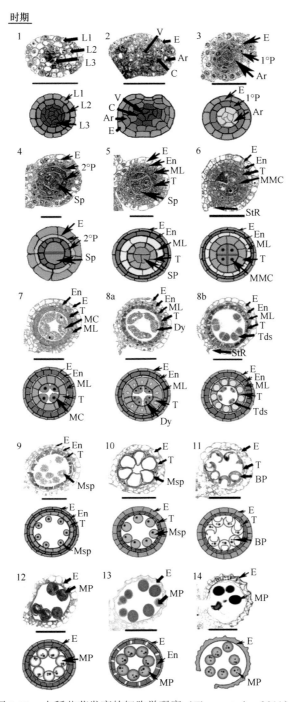

图 2-11 水稻花药发育的细胞学观察（Zhang et al.，2011）

L1、L2 和 L3，花药原基的三层细胞；Ar，孢原细胞；C，连接组织；V，维管束；1°P，初生侧壁组织；2°P，次生侧壁组织；Sp，孢原细胞；StR，裂口区域；T，绒毡层；Tds，四分体；Dy，二分体细胞；E，表皮；En，内层；MC，减数分裂细胞；ML，中层；MMC，小孢子母细胞；MP，成熟花粉；Msp，花粉粒外壁；BP，双核花粉粒；标尺=35μm

表 2-5 水稻花药发育中的主要事件 (Zhang et al., 2011)

时期	主要事件	花药长度/mm	水稻中表达的基因	拟南芥中同源的基因
1	花原基分化成圆形的含有 L1、L2、L3 三层细胞的花药原基	0.05~0.1		
2	雄蕊分生组织形成四个圆形棱角，L2 细胞层在每个棱角处形成孢原细胞	0.1~0.15		
3	孢原细胞分裂形成初生壁细胞	0.15~0.2		
4	细胞分裂形成次生壁细胞和造孢细胞	0.2~0.25	MSP1 (Nonomura et al., 2003) OsTDL1A (Zhao et al., 2008)	EMS1/EXS (Canales et al., 2002) TPD1 (Jia et al., 2008; Yang et al., 2003)
5	初生造孢细胞分裂成次生造孢细胞，次生壁细胞外层形成花药内层和中层，次生壁细胞内层形成绒毡层	0.25~0.3	GAMYB (Liu et al., 2010)	MYB33/MYB65 (Millar and Gubler, 2005)
6	小孢子母细胞被四层花药壁包围	0.3~0.4	UDT1 (Jung et al., 2005)	DYT1 (Zhang et al., 2006)
7	减数分裂开始，性母细胞和绒毡层关联，中层变为微弱可见的带状结构	0.4~0.45	PAIR1/PAIR2/PAIR3 (Yuan et al., 2009) ZEP1 (Wang et al., 2010) MEL1 (Nonomura et al., 2007) PSS1 (Zhou et al., 2011a) AP15 (Li et al., 2011a)	ASY1 (Armstrong et al., 2002) ZYP1 (Higgins et al., 2005)
8a	二分体形成；在减数分裂第一期末，一个母细胞形成 2 个核。这时绒毡层细胞质变得更加浓缩，并开始起始 PCD 过程	0.45~0.8	TDR (Li et al., 2006b)	AMS (Xu et al., 2010)
8b	减数分裂第二期后，含有胼胝质壁包围的小孢子的四分体形成。绒毡层变得更加浓缩和空泡化。早期花粉壁开始形成	0.8~1.1		
9	单个的球形单倍体小孢子形成薄一层外壁，并且从四分体中被释放出来。野生型绒毡层细胞变得更加浓缩，并在花药腔室内表面形成明显的特有乌氏体	1.1~1.7	WDA1 (Jung et al., 2006) PTC1 (Li et al., 2011a) CYP703A3 (Morant et al., 2007) CYP704B2 (Li et al., 2010a) DPW (Shi et al., 2011a)	MS1 (Vizcay-Barrena and Wilson, 2006) CYP703A2 (Aya et al., 2009) CYP704B1 (Dobritsa et al., 2009)
10	绒毡层逐渐降解并产生富含电子密度的乌氏体。小孢子含有更大的圆形空泡	1.7~2.2	OsC6 (Zhang et al., 2010a) RIP1 (Han et al., 2006) AP15 (Li et al., 2011c)	
11	小孢子经历第一次有丝分裂，形成一个有生殖细胞和营养细胞的结构，绒毡层几乎完全降解成细胞残骸，乌氏体附着在内壁面	2.2	MADS3 (Hu et al., 2011)	
12	生殖细胞经历第二次有丝分裂并产生包含三个细胞核的成熟花粉粒。绒毡层细胞完全消失	2.2	CSA (Zhang et al., 2010b)	

续表

时期	主要事件	花药长度/mm	水稻中表达的基因	拟南芥中同源的基因
13	开花，花粉囊连到一起、花药开裂	2.2		
14	花药继续释放成熟花粉粒	2.2	RIP1 (Han et al., 2006)	
			AID1 (Zhu et al., 2004)	

注：MSP1=MULTIPLE SPOROCYTES1；EMS1/EXS=EXTRA SPOROGENOUS CELLS 1/EXCESS MICROSPOROCYTES；TPD1=TAPETUM DETERMINANT1；UDT1=RICE UNDEVELOPED TAPETUM1；DYT1=DYSFUNCTIONAL TAPETUM1；PAIR1/PAIR2/PAIR= PAIRING ABERRATION IN RICE MEIOSIS 1/2/3；MEL1=MEIOSIS ARRESTED AT LEPTOTENE1；PHS1=POOR HOMOLOGOUS SYNAPSIS 1；PSS1=POLLEN SEMISTERLITY 1；TDR= TAPETUM DEGENERATION RETARDATION；AMS= ABORTED MICROSPORES；PTC1=PERSISTENT TAPETAL CELL 1；OSCP1=CYSTEINE PROTEASE 1；RIP1= RICE IMMATURE POLLEN 1；API5=APOPTOSIS INHIBITOR5；CSA= CARBON STARVED ANTHER；DAD1=DEFECTIVE IN ANTHER DEHISCENCE1；AID1= ANTHER INDEHISCENCE1

第三节 植物花药发育基因调控

多组学的结合，特别是将解剖学和生物化学与基因组学、转录组学、代谢组学和蛋白质组学相结合来研究花药发育已成为常态。最近几年，高通量测序技术的发展，使人们能从全局的角度来深入挖掘参与花药发育各时期的基因，不仅发现了更多新的关键基因涉及花药发育，而且使基因控制花药发育的分子机制得到了阐述，基因间的主体调控网络也更加清楚地得到解析。

一、雄蕊起始与花药早期细胞层分化

所有器官原基由多功能干细胞或者分生组织起始发育而来，这种细胞或组织都来自于 *WUSCHEL*（*WUS*，干细胞特性蛋白基因）和 *CLAVATA* 系列基因（*CLV*，*WUS* 的抑制基因）间的对抗性互作（Bhalla and Singh，2006）。在花分生组织中，*LFY* 基因的表达，促使 WUS 激活花顶端中心位置的 *AG* 基因，多功能干细胞的数目开始增加直到后期 AG 反过来抑制 *WUS*，启动花器官的分化（Lenhard et al.，2001）。雄蕊被认为是由一些线性排列的细胞起始形成的。雄蕊的形成依赖于 ABCE 模型的正常执行，主要是通过 B 类和 C 类基因的准确表达来控制的。A 类基因则是间接参与控制雄蕊的形成。

调控花药早期阶段细胞分裂、分化及花药发育的基因包括：转录因子，信号转导蛋白，蛋白降解调控因子，一些合成激素相关的酶类等。早期利用探针杂交实验发现烟草花药发育第 6 期大约有 25 000 个基因表达，其中有 10 000 个左右的基因是花药特异的（Kamalay and Goldberg，1980）。后来，在拟南芥中的研究表明有大约 3500 个基因是花药特异的（Goldberg et al.，1993；Scott et al.，2004）。关于花药细胞层分化的基因主要是通过对拟南芥的大量不育突变体鉴定来的。Sanders 等（1999）鉴定出了 44 个 T-DNA 插入突变体和 855 个 EMS 突变体，它们都表现出一定程度的败育，其中很多都涉及花药细胞层形态建成的缺陷。

SPOROCYTELESS（*SPL*）/*NOZZLE*（*NZZ*）是最早鉴定出来控制花药早期细胞层分化的基因之一，它对早期花药细胞的分离和分化具有重要作用，是孢子形成所必需的。*SPL/NZZ* 突变体不影响孢原细胞的形成，但随后的细胞分裂有缺陷，导致造孢细胞和非生殖组织的缺失，包括绒毡层，引起不育（Liu et al.，2009）。*SPL/NZZ* 在花药发育第 3 期开始表达，在皮下层细胞中高水平表达，而在表皮中为较低的水平表达。到花药发育第 5 期，*SPL/NZZ* 在小孢子和绒毡层表达增强。其编码一个具有转录因子特征的核蛋白，可能在早期花药小孢子发生过程中调节基因表达（Liu et al.，2009）。最近，发现 *AG* 基因促进 *SPL/NZZ* 表达进而促使孢子发生（Ito et al.，2004），说明 *AG* 在控制雄性可育中的部分作用，是由 *SPL/NZZ* 介导的。*SPL* 是在 *AG* 活性的诱导后 mRNA 水平被激活的基因之一，AG 蛋白可能是 *SPL* 表达的直接调节因子。

定位在细胞表面的富含亮氨酸重复受体类激酶 LRR-RLK（leucine-rich repeat receptor-like kinases）对早期决定植物绒毡层细胞及小孢子细胞分化具有保守及多样化的

功能。拟南芥 CLAVATA1 类的富含亮氨酸重复受体类激酶 BAM1（BARELY ANY MERISTEM 1）和 BAM2 在调控内层、中层和绒毡层的形态建成上具有重叠的功能。它们在 SPL/NZZ 的上游，通过抑制其表达而发挥作用（Hord et al.，2006）。

二、绒毡层以及相关基因与调控

（一）绒毡层的类型与作用

绒毡层是四层花药壁最靠近小孢子的一层，直接包围前期的花粉母细胞和后期的小孢子。根据发育后期的特点，在被子植物中可将绒毡层分为两大类型，即腺质绒毡层（或称为分泌绒毡层）和变形绒毡层（Pacini，1990）。被子植物中，分泌绒毡层占优势，而分泌绒毡层中双子叶植物占了绝大多数；变形绒毡层植物中，单子叶植物占多数。绒毡层在小孢子到花粉粒发育过程中，通过分泌作用，提供和负责小孢子发育所需的代谢产物、胼胝质酶类、营养物质、孢粉素前体、花粉壁形成，以及花粉粒外被的沉积等（Blackmore et al.，2007）。

（二）绒毡层的形成与降解过程

绒毡层细胞来自于花药发育第 4 期的初生造孢细胞。随着花粉粒的成熟，绒毡层经历细胞降解，即绒毡层 PCD，这一过程释放了绒毡层合成的代谢产物，包括造油体和绒毡层小体。造油体是绒毡层中特异化的质体，主要用来临时存储甾醇酯类前质体；而绒毡层小体是植物绒毡层中特有的器官，包含形成成熟花粉粒的外壁沉积物（Hsieh and Huang，2007）。绒毡层的降解在第 10 期开始，到第 11 期结束。通过对相关突变体的研究发现，绒毡层必须在准确的时间开始发育和及时降解才能促使正常的花药形成，否则会导致雄性败育。绒毡层的形成、成熟和降解伴随着花粉外壁（孢粉素）的形成（图 2-12），它们一起合作完成花粉粒的正常发育。

（三）绒毡层发育相关基因

已鉴定了很多早期小孢子及绒毡层发育相关的基因，根据这些基因的上下游调控关系可以将其按照绒毡层的发育过程初步分为三个阶段：绒毡层形成阶段、绒毡层发育成熟阶段及绒毡层降解阶段（绒毡层 PCD 发生和花粉外壁形成）（图 2-13）。决定绒毡层形成的主要基因有 AG、SPL/NZZ、BAM1/BAM2、EMS1/EXE、TPD1 和 SERK1/SERK2 等；绒毡层发育成熟相关基因主要有 DYT1（DYSFUNCTIONAL TAPETUM1）、MYB33/MYB65、TDF1（DEFECTIVE IN TAPETAL DEVELOPMENT AND FUNCTION1）、UNDEVELOPED TAPETUM1、MS1、MYB80（MYB103）、AMS、bHLH、ASHR3 等，涉及绒毡层 PCD 的基因主要有 TDR（tapetum degeneration retardation）（Li et al.，2006a）、EAT1（ETERNAL TAPETUM 1）（Niu et al.，2013）、GAMYB（Aya et al.，2009）、PTC1（PERSISTENT TAPETAL CELL 1）（Li et al.，2011b）、API5（APOPTOSIS INHIBITOR5）（Li et al.，2011c）。

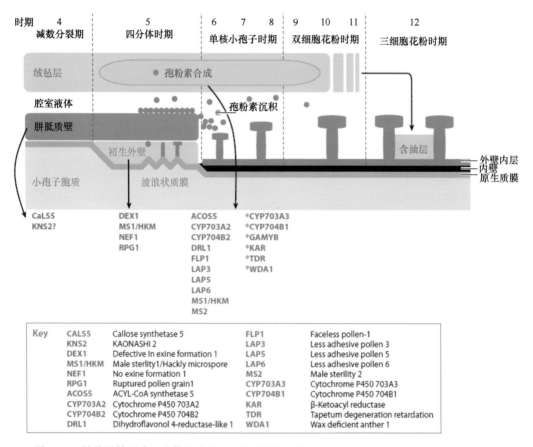

图 2-12   绒毡层的形成、成熟和降解以及与花粉外壁的合成（Ariizumi and Toriyama，2011）

第 4～12 期的界定方法参考该文献（Blackmore et al.，2007），*为从水稻中鉴定的基因

绒毡层细胞的分化与形成是由 *BAM1*（*BARELY ANY MERISTEM 1*）、*BAM2*、*EMS1/EXS*（*EXCESS MICROSPOROCYTES1/EXTRA SPOROGENOUS CELLS*）、*SERK1*（*SOMATIC EMBRYOGENESIS RECEPTOR KINASE 1*）、*SERK2* 和 *TPD1*（*TAPETUM DETERMINANT 1*）调控的（Hord et al.，2006；Mizuno et al.，2007；Jia et al.，2008；Zhao et al.，2008）。*BAM1*、*BAM2*、*EMS1/EXS*、*SERK1* 和 *SERK2* 编码 LRR-RLK，*TPD1* 编码小配体（Albrecht et al.，2005；Colcombet et al.，2005；Wilson and Zhang，2009）。*BAM1* 和 *BAM2* 已被证明对花药中细胞命运分化起着相同的作用（DeYoung et al.，2006）。相比之下，*bam1*/*bam2* 双突变体缺乏体细胞层和所有 L2 发育而来的表现出 PMC 特性的细胞（Hord et al.，2006）。它们可能负调控 SPL/NZZ 来平衡花药中造孢细胞的形成和体细胞的数目（Wilson and Zhang，2009）。此外，EMS1/EXS 和 TPD1 在减数分裂前期表达，通过相同的遗传途径来调控绒毡层细胞起始和小孢子母细胞的分化（Sorensen et al.，2003）。这些基因的突变或过表达表现出孢原细胞层数的改变，以及绒毡层、中间层细胞的缺失（Wijeratne et al.，2007；Yang et al.，2007b）。*SERK1*、*SERK2*、*EXS1/EMS* 和 *TPD1* 都在 SPL/NZZ 的下游起作用。在花药发育过程中，*SERK1* 和 *SERK2* 是绒毡层形成所必需，与 *EMS1/EXS* 有着类似的功能（Colcombet et al.，2005）。SPL/NZZ、

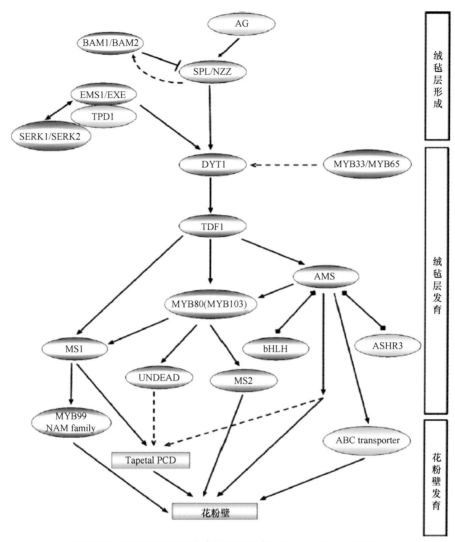

图 2-13 绒毡层形成和发育的基因网络（Liu and Fan，2013）

箭头指示正调控,阻断线指示负调控,双端线指示蛋白质互作,虚线指示推测的潜在调控。AG,AGAMOUS；AMS,ABORTED MICROSPORE；BAM1，BARELY ANY MERISTEM 1；BAM2，BARELY ANY MERISTEM 2；DYT1，DYSFUNCTIONAL TAPETUM 1；EMS1/EXE，EXCESS MICROSPOROCYTES 1/ EXTRA SPOROGENOUS CELLS；MS1，MALE STERILITY 1；MS2,MALE STERILITY 2；SPL/NZZ,SPOROCYTELESS/NOZZLE；SERK1,SOMATIC EMBRYOGENESIS RECEPTOR-LIKE KINASE 1；SERK2，SOMATIC EMBRYOGENESIS RECEPTOR-LIKE KINASE 2；TDF1，TAPETAL DEVELOPMENT AND FUNCTION 1；TPD1，TAPETAL DETERMINANT1；
UNDEAD，A1 ASPARTIC PROTEASE

BAM1、*BAM2*、*EMS1/EXS*、*SERK1*、*SERK2* 和 *TPD1* 都在发育早期起作用,控制着绒毡层的形成（Albrecht et al.，2005；Canales et al.，2002；Colcombet et al.，2005；Hord et al.，2006；Yang et al.，2003）。

绒毡层细胞形成后,MYB 和 bHLH 类的转录因子发挥重要的作用。MYB33 和 MYB65 在减数分裂阶段具有促进绒毡层发育的功能。在 *myb33/myb65* 双突变体花药和功能失调的 *tapetum1*（*DYT1*）单突变体中,减数分裂时的绒毡层肥厚导致花粉败育（Millar and Gubler，2005；Zhang et al.，2006）。MYB33 和 MYB65 蛋白可能与 DYT1 形成异二聚体来调节在绒毡层中特异表达基因的表达。编码 bHLH 转录因子的 DYT1（DYSFUNCTIONAL TAPETUM1）蛋白对于 AMS（ABORTED MICROSPORES）、MS1（MALE STERILITY 1）、MYB103（MYB80）和其他绒毡层特异表达基因的正常表达是必不可少的重要组成部分（Wilson and Zhang，2009）。dyt1 突变体的绒毡层细胞异常，并且改变了减数分裂后花药发育的重要基因的表达（Gu et al.，2014）。DYT1 调控了几种在绒毡层和花粉发育中具有重要功能的基因，包括 MYB35（也称为 TDF1）（Gu et al.，2014）。而 SPL/NZZ、TPD1、EMS1/EXS、SERK1、SERK2、MYB33 和 MYB65 在 dyt1 突变体中的表达并没有发生很大变化，表明这些基因不受 DYT1 的调控（Zhang et al.，2006）。TDF1（TAPETAL DEVELOPMENT AND FUNCTION 1）编码一个 R2R3MYB 转录因子，并且优先在绒毡层和小孢子细胞中表达。在 tdf1 单基因突变体中，绒毡层细胞异常扩大，呈空泡状，无花粉。TDF1 作用在 DYT1 的下游、AMS 的上游，并且 MYB80 处于调控绒毡层的发育和功能的转录调控网络中（Zhu et al.，2008）。

其他的基因已被证明影响减数分裂后绒毡层发育和功能。例如，受体类蛋白激酶 2（RPK2）就对减数分裂后的拟南芥绒毡层和中层的发育至关重要。与完全缺乏绒毡层的 ems1 突变体不同，rpk2 突变体形成异常绒毡层和缺陷中间层，表明它涉及绒毡层和中层的细胞信号转导（Kinoshita et al.，2010）。MS1、AMS 和 MYB80 三个调控基因在调控绒毡层和花粉的形成及发育的后期阶段起着重要作用（Wijeratne et al.，2007）。AMS 基因编码一个基本的螺旋–环–螺旋（bHLH）转录因子，在绒毡层和小孢子细胞特异表达，是孢子减数分裂后形成所需要的（Sorensen et al.，2003）。ABCG26 这个假定的三磷酸腺苷（ATP）结合盒，是下游的 AMS 的靶标，还证实了 AMS 通路起着在花粉壁物质运输的作用（Quilichini et al.，2010）。SET 结构域蛋白 ASHR3 和两个 bHLH 蛋白与 AMS 互作（Xu et al.，2010）。AMS 可能作为一个调节花粉壁形成或绒毡层的因子间接诱导 PCD（Xu et al.，2010）。另一个基因 MYB80，是 R2R3MYB 基因家族的一员，只是在发育中的花药的绒毡层中表达（Phan et al.，2011）。此外，MS1 编码一个 PHD 转录因子，在四分体后期到游离小孢子期略微表达（Ito and Shinozaki，2002）。最近的研究表明，MS1、MS2（MALE STERILITY 2）和 UNDEAD 在 MYB80 下游起作用，在调节花粉粒外壁的形成和建成中起着至关重要的作用（Ito et al.，2007；Vizcay-Barrena and Wilson，2006）。UNDEAD 基因编码一个 A1 的天冬氨酸蛋白酶，在线粒体中降解细胞凋亡诱导的蛋白质，参与绒毡层 PCD（Phan et al.，2011）。编码 NAM 家族和 MYB99 的两个转录因子基因作用于 MS1 的下游（Ito et al.，2007）。这些调节基因协调多个与花粉壁的形成、后期绒毡层发育和绒毡层 PCD 过程相关的下游基因的表达，是绒毡层发育后期必不可少的。

三、减数分裂

为了确保同源染色体正常分离，减数分裂前期同源染色体的浓缩和相互识别是非常重要的，这一过程进一步可分为 5 个子阶段：细线期、偶线期、粗线期、双线期、终变期。同源染色体之间的识别是通过同源配对和染色体联会来稳定实现的。同源配对是同源染色体之间允许同源序列的短暂相互作用，而染色体联会是一个更广泛和稳定的相互作用，可导致联会蛋白复合体的形成。多年来利用细胞学和遗传学方法对植物减数分裂进行了广泛的研究。在过去的十年，利用细胞学方法进行了大量的拟南芥减数分裂研究（Armstrong et al.，2001；Caryl et al.，2003；Chen et al.，2002；Grelon et al.，2001；Klimyuk and Jones，1997）。对拟南芥减数分裂的研究也采用了正向和反向遗传学方法，克隆了很多新的减数分裂基因和已知同源基因。

　　图 2-14 为植物减数分裂的总体概况。姐妹染色单体凝聚在有丝分裂和减数分裂 DNA 复制后能维护姐妹染色单体之间的关联（Nasmyth，1999）。姐妹染色单体凝聚需

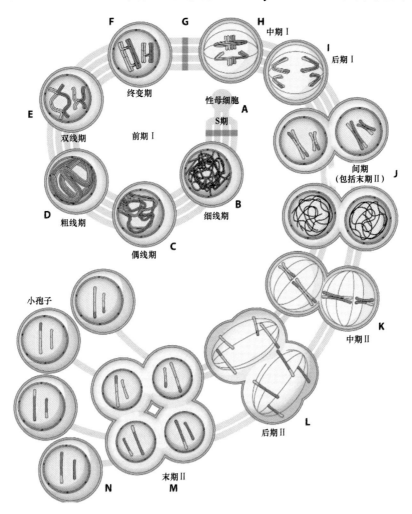

图 2-14　植物的减数分裂（Mercier et al.，2015）

A. 减数分裂前期，包括性母细胞分化和减数分裂 S 期；B. 在细线期，染色体轴面形成和重组启动；C. 在偶线期，联会通过联会复合体的聚合作用进行，重组也发生在此时期；D. 在粗线期，联会完成，重组持续进行；E. 在双线期，联会复合体分解，同源染色体之间通过发生交叉相互连接；F. 在终变期，染色体高度浓缩，双价体清晰可见；G. 前期 I 完成，核膜崩解；H. 在中期 I，纺锤体中各个双价体排列在赤道面上；I. 在后期 I，姐妹染色单体的分离使得两条同源染色体分开，分别向两极移动；J. 在分裂间期，呈现出两个细胞核形态且染色体折叠程度降低，这一阶段包括末期 I 和前期 II。在单子叶植物中，胞质分裂发生在减数分裂 II 前；在双子叶植物中，胞质分裂只发生在末期 II；K. 在中期 II，纺锤体中染色体排列在赤道面的两面上；L. 在后期 II，姐妹染色单体随着着丝粒内聚力的释放而分开；M. 在末期 II，四核细胞形成；N. 在胞质分裂时期，单倍孢子体被释放

要含多个亚基的聚合复合体参与。拟南芥中与酵母 *REC8* 基因同源的 *SYN1/DIF1* 基因的突变（Parisi et al.，1999；Watanabe and Nurse，1999），可导致染色体的聚合和配对的缺陷，这表明聚合复合体也可在凝聚过程中发挥作用，从而间接影响配对。在减数分裂的后期 I，这种蛋白质的定位模式表明它在维护染色体臂的凝聚和着丝粒凝聚中起着重要作用。拟南芥 *swi1/dyad* 突变体中，姐妹染色单体的聚合消失，20 个染色单体在有丝分裂前期 I 到四分体时期 I 被 5 个正常的二价染色体所替代，这个结果同时也表明姐妹染色单体的凝聚对保持同源染色体之间关联是必需的（Mercier et al.，2001）。

　　染色体配对、联会和重组可以保证单倍体减数分裂中同源染色体的正确识别和关联，以及遗传信息的适当分离。有证据表明，端粒对起始染色体配对是很重要的（Scherthan，2001）。在减数分裂前的间期，端粒在各物种中相对分散，包括酵母、老鼠、小麦和玉米。然后端粒移动并附着在核膜上，形成端粒的集聚，这一过程也称为束面形成（bouquet formation）。束面形成可以启动同源染色体配对（Bass et al.，1997）。在拟南芥中，端粒在细胞核的聚集是通过间期和染色体联会前的配对形成的（Armstrong et al.，2001）。而已配对的端粒，由于失去了与核仁的关联，在细线期会变得弥散。这些结果表明，拟南芥中端粒在间期的聚集可能对同源染色体配对至关重要（Armstrong et al.，2001）。

　　同源重组是除了配对和联会外另一个发生在前期同源染色体之间的事件。拟南芥 *asy1* 突变体在雄性和雌性配子发育时减数分裂联会出现异常，导致每个细胞只有 1~3 个二价染色体的形成，而不是正常的 5 个（Caryl et al.，2000）。*ASY1* 基因在多个组织中低水平表达，编码一个 N 端与酵母 HOP1 蛋白同源的蛋白质（Caryl et al.，2000；Hollingsworth et al.，1990）。HOP1 蛋白在联会复合体的装配和在轴向元件积累中起着很大的作用。拟南芥 *asy1* 突变表型与 SC 形成有缺陷的表型类似，表明 ASY1 和 HOP1 可能有保守一致的功能，进一步暗示 ASY1 蛋白参与 SC 形成的证据来自于观察到它定位于染色质区域且与轴向/横向元件相关（Armstrong et al.，2002）。水稻 *pair2* 基因突变影响其与拟南芥 *ASY2* 基因同源的水稻基因，*pair2* 突变引起粗线期配对异常和终变期形成单价体（Nonomura et al.，2004）。拟南芥 T-DNA 插入突变体 *ahp2*，表现为在营养生长阶段正常，但却雌雄性都不育（Schommer et al.，2003）。

　　AtSPO11-1 基因的 T-DNA 插入突变体在染色体配对、重组和二价体形成时有缺陷（Grelon et al.，2001），*atspo11-1* 性母细胞在终变期偶尔可以形成二价染色体现象，这表明重组仍有可能发生，但发生概率在急速降低；或者，拟南芥中二价染色体在缺乏重组的情况下仍然可能形成。*AtDMC1* 的 T-DNA 突变体 *atdmc1*，前期的细胞大部分是一价代替二价，表明 *AtDMC1* 对拟南芥减数分裂至关重要（Couteau et al.，1999）。RAD51 蛋白在玉米和拟南芥中的免疫定位研究发现，它在偶线期阶段出现大量聚集，并且在粗线期阶段数量急剧减少（Franklin and Cande，1999；Mercier et al.，2003）。*atrad51* 突变体表现减数分裂过程中不正常的配对和联会，染色体断裂严重，导致完全的雄性和雌性不育。*atspo11-1/atrad51* 双突变体的分析表明，*atrad51* 突变体中染色体断裂需要 SPO11-1 参与（Li et al.，2004），表明 AtRAD51 参与了依赖于 SPO11-1 的减数分裂的重组，最有可能参与 DSB 修复模型的双 Holliday 功能的形成。*atxrcc3* 突变体在正常条件下正常

发育，但在组织培养突变细胞时，对 DNA 交联剂敏感，而对 DSB 化学诱导剂不敏感。另一种参与 DSB 修复的蛋白质是 BRCA2。BRCA2 在拟南芥中有两个高度类似的（97% 核苷酸同源性）同系物。当 BRCA2 在拟南芥性母细胞中的表达量减少时，在减数分裂特异性 RNAi 构建体中，细胞可形成一价染色体，但染色体分布不均匀，类似于 *atdmc1* 的突变细胞。

在同源染色体之前分离，二价染色体转向赤道板。随后，沿着凝聚物的染色体臂必须去除以保证同源染色体的分离。在后期 I 分离的同源染色体，由于两极微管的聚集力的作用移动到纺锤体。植物减数分裂中很少有控制同源染色体分离的相关报道。拟南芥中，*ask1* 突变体在后期 I 的染色体分离中出现异常（Yang et al.，1999）。一些染色体的保留与维管束的拉动和拉伸相关联。有时，染色体片段的出现大概与纺锤体的拉力有关，导致染色体分布严重不均匀，结果有的小孢子 DNA 含量异常。*ASK1* 编码 SKP1 蛋白的同源物是 SCF 复合体（对于 SKP1、cullin/CDC53、F-box 蛋白）的必需成分（Yang et al.，1999）。SCF 复合体是形成 E3 泛素连接酶最大的一个蛋白家族，通过选择调控蛋白水解的重要生物学过程来控制细胞周期、信号转导、转录等（Zheng et al.，2002）。

完成减数分裂核分裂后，4 组染色体形成 4 个新核。然后，这些新形成的细胞核在细胞分裂期间被细胞膜和细胞壁包围起来产生 4 个单倍体。几种基因在减数分裂中细胞质的分裂方面具有重要遗传意义。在这些突变体中，拟南芥 stud（*std*）和 tetraspore（*tes*）突变体具有相似的表型（Hülskamp et al.，1997；Spielman et al.，1997）。在突变体减数分裂细胞中，核减数分裂是正常的，但是细胞质分裂过程中细胞板的形成是不完整的，导致形成具有 4 个核的巨大小孢子。在随后的花粉发育过程中，4 个细胞核分别进行有丝分裂产生 4 个营养核和 8 个精子细胞的异常"花粉粒"。这种花粉粒表现为单一的雄配子体和只产生一个花粉管，从而导致育性大大降低（Irish，1999）。

四、花粉外壁的发育

花粉外壁的形成对于最终植物产生可以繁殖后代的花粉粒至关重要。这一过程是一个极为复杂且精细的过程，拟南芥中直接参与该过程且突变后可导致花粉外壁发育异常的基因至少有 56 个（Dobritsa et al.，2011）。最近关于全基因组共表达分析的结果表明，有 98 个在花药中特异表达的基因可能参与花粉壁的形成（Xu et al.，2014a）。表 2-6 比较全面地列举了参与花粉外壁发育过程的基因。花粉外壁的形成最有可能依赖于三个主要发育过程：孢粉素前体的合成、初生外壁形成和胼胝质壁的形成。但是也不能忽略波纹状的小孢子质膜的作用，质膜对初生外壁成分的积累和组装起到支撑作用，而初生外壁成分的积累和组装会直接影响正常的花粉外壁形成。绒毡层中大量的孢粉素前体的合成需要几种生物合成的脂肪族化合物，长链（C12、C16、C18）羟基化脂肪酸可能是孢粉素关键的前体物质，脂肪酸修饰如辅酶 A-酯化作用和辅酶 A 还原作用是孢粉素合成的重要步骤，超长链脂肪酸也有可能是孢粉素成分。孢粉素形成外壁涉及三个重要步骤：合成、分泌和转运孢粉素前体，这个过程主要在绒毡层中进行。一些相对保守的酶类，如 acos5、cyp703a、cyp704b、MS2、drl1、lap5 和 lap6 都是孢粉素合成所必需的。初生外壁

表 2-6 参与到花粉外壁发育过程中的基因 (Shi et al., 2015a)

通路和网络	拟南芥中的基因名称	水稻或者其他物种中的基因名称	编码蛋白	蛋白质功能	基因表达模式	参考文献
胼胝质生物合成和降解	CalS5 GSL2(Callose Synthase 5 Glucan Synthase-Like 2)		胼胝质合成酶	对胼胝质合成至关重要	在减数分裂细胞、四分体、小孢子、成熟花粉及其他器官中高表达	Dong et al., 2005
	CalS11(AtGSL1)和 CalS12(AtGSL5)		胼胝质合成酶	参与胼胝质壁的形成	根、叶、茎、花和角果	Enns et al., 2005
		水稻：类葡聚糖合成酶基因5(GSL5)	胼胝质合成酶	对小孢子在减数分裂后期和雄性育性的发育至关重要	在绒毡层细胞、减数分裂的细胞、四分体、小孢子和成熟花粉中表达水平最高	Shi et al., 2015b
	A6	油菜：A6基因	与β-1, 3-聚糖苷酶类似	胼胝质酶复合物的一部分	绒毡层特异表达	Hird et al., 1993
		水稻：OsG1 基因	β-1, 3-葡聚糖苷酶	对在四分体解散的进程中胼胝质及时地降解至关重要	发芽的种子、根、叶鞘、叶片、花蕾的各个时期	Wan et al., 2011
外壁前体组成	DEX1(DEFECTIVE in EXINE FORMATION1)		钙离子结合蛋白	外壁结构的形成所需	整个植株	Paxson-Sowders et al., 2001
	NEF1(NO EXINE FORMATION1)		质体整合膜蛋白	在质体中维持膜的完整性	花蕾、角果、茎和根	Ariizumi et al., 2004
	RPG1(RUPTURED POLLEN GRAIN 1)		MtN3/分泌蛋白家族	外壁结果形成和外壁前体沉积	减数分裂中的小孢子和绒毡层	Guan et al., 2008
	RPG2(RUPTURED POLLEN GRAIN 1)		MtN3/分泌蛋白家族	与RPG1功能冗余	绒毡层和小孢子	Sun et al., 2013
	NPU(NO PRIMEXINE AND PLASMA MEMBRANE UNDULATION)		膜蛋白	在花粉壁早期形成的过程中对外壁前体沉积和细胞膜的波动起重要作用	小孢子和小孢子母细胞绒毡层	Chang et al., 2012
	EFD(Exine Formation Defect)		DNA 甲基转移酶	通过调节胼胝质壁和外壁前体的合成来实现正常的花粉外壁和雄性发育	小孢子母细胞、四分体和绒毡层	Hu et al., 2014

续表

通路和网络	拟南芥中的基因名称	水稻或者其他物种中的基因名称	编码蛋白	蛋白质功能	基因表达模式	参考文献
	AtAPY6 和 AtAPY7		ATP-双磷酸水解酶	调节外壁层正确装配所需的关键多糖的产生	成熟花粉粒	Yang et al., 2013
	AtACBP4、AtACBP5 和 AtACBP6		酰基乙酰辅酶 A 结合蛋白	影响孢粉素和含油层的合成	AtACBP4 和 AtACBP6: 花粉粒; AtACBP5: 小孢子和绒毡层细胞	Hsiao et al., 2014
		水稻: UDP-阿拉伯糖变位酶基因 3(OsUAM3)	UDP-阿拉伯糖变位酶	鼠李半乳糖醛酸苷-I 的阿拉伯聚糖侧链的合成对花粉壁的形成至关重要	雌蕊、花药、花托、外鞘、根、叶间和节间叶鞘	Sumiyoshi et al., 2014
	MS2(MALE STERILITY 2)	水稻: 花粉壁缺陷基因(DPW)	脂肪酰酰基蛋白还原酶	花粉外壁发育所需	绒毡层和从四分体中释放不久的小孢子	Chen et al., 2011
孢粉素的生物合成	CYP703A2	水稻: CYP703A3 基因	中链脂肪酸羟化酶	催化饱和中链脂肪酸中的羟基化反应	绒毡层和小孢子特异表达	Morant et al., 2007
	CYP704B1	水稻: CYP704B2 基因	脂肪酸 ω-羟化酶	催化长链脂肪酸的 ω-羟化, 影响孢粉素合成中的分子	花药特异表达	Morant et al., 2007
	ACOS5(Acyl-CoA Synthase 5 gene)		酰基乙酰辅酶 A 合酶	孢粉素单体生物合成所需	绒毡层特异表达	de Azevedo Souza et al., 2009
	APKSA LAP5(At polyketide synthases)		聚酮化合物合酶	花粉发育和孢粉素生物合成所需	绒毡层特异表达	Kim et al., 2010
	APKSB LAP6(At polyketide synthases)		聚酮化合物合酶	花粉发育和孢粉素生物合成所需	绒毡层特异表达	Kim et al., 2010
	TKPR1(Tetraketide α-pyrone reductase 1)		四聚酮 α-吡喃酮还原酶 1	孢粉素单体生物合成	绒毡层特异表达	Grienenberger et al., 2010
	TKPR2(Tetraketide α-pyrone reductase 2)		四聚酮 α-吡喃酮还原酶 2	孢粉素单体生物合成	绒毡层特异表达	Grienenberger et al., 2010
含油层的组成	CER1(ECERIFERUM 1)		整合膜蛋白	表皮蜡质和脂肪链生物合成	主要在茎、果实和叶中表达	Aarts et al., 1995
	FLP1(Faceless Pollen 1) CER3		乙醛脱羧酶	在外壁中的含油层、孢粉素、还有茎秆和角果中的蜡质的合成中起重要作用	芽、开放的花、角果、茎、叶, 但是不包括根	Arrizumi et al., 2003
	CER2-LIKE2		脂肪酸延长酶	对角质层的形成和花粉被膜的功能很重要	绒毡层和小孢子	Haslam et al., 2015
	LACS1 和 LACS4		长链酰基乙酰辅酶 A 合成酶	产生油层脂类	花药特异表达	Jessen et al., 2011
	PSP1		磷酸丝氨酸磷酸酶	影响绒毡层细胞中的油质体形成, 可能相应地影响小孢子花粉被膜的形成	小孢子和绒毡层细胞	Flores-Tornero et al., 2015

续表

通路和网络	拟南芥中的基因名称	水稻或者其他物种中的基因名称	编码蛋白	蛋白质功能	基因表达模式	参考文献
	FLA3		类成束蛋白阿拉伯半乳聚糖蛋白	参与小孢子发育，可能影响花粉内壁的形成	花粉粒和花粉管	Li et al., 2010b
	AtUSP		糖焦磷酸化酶	对花粉发育至关重要	花序，尤其是花粉粒	Schnurr et al., 2006
		水稻：糖基转移酶基因1(OsGT1)	糖基转移酶	对内壁结构和花粉成熟至关重要	成熟花粉	Moon et al., 2013
内壁发育		水稻：收缩的异常花粉基因1(CAPI)	类果胶酶蛋白	细胞壁多糖合成	绒毡层和小孢子	Ueda et al., 2013
		白菜型油菜：BcPLL10基因	类果胶酶10	内壁和含油层形成	小孢子和雌蕊	Jiang et al., 2014a
		白菜型油菜：BcPLL9基因	类果胶酶9	内壁形成	花粉和雌蕊	Jiang et al., 2014b
		白菜型油菜：BcMF8基因	阿拉伯半乳聚糖蛋白	调节花粉壁的物理性质和花粉管壁的正常模式	花粉粒和花粉管	Lin et al., 2014
		白菜型油菜：BcMF26a基因和BcMF26b基因	聚半乳糖醛酸酶	通过调节内壁形成参与花粉壁构建	BcMF26a：雌蕊；BcMF26b：绒毡层花粉粒和雌蕊	Lin et al., 2014
		甘蓝：BoMF25基因	聚半乳糖醛酸酶	影响花粉内壁在花粉发育后期的形成	成熟花粉时期的花粉粒	Lin et al., 2014
转运蛋白	ABCG26		ATP 结合盒转运子	将脂类孢粉素前体从绒毡层细胞转运到花药室，促进外壁合成	绒毡层	Quilichini et al., 2014
	ABCG9 和 ABCG31		ATP 结合盒转运子	花粉被膜沉积	绒毡层	Choi et al., 2014
	ABCG1 和 ABCG16		ATP 结合盒转运子	转运脂类前体	绒毡层	Yadav et al., 2014
		水稻：OsABCG15/PDA1基因	ATP 结合盒转运子	孢粉素转运子	优先在绒毡层中表达	Zhu et al., 2013
	type III LTPs(LTP6, LTP9 和 LTP14)		脂类转运蛋白	转运孢粉素前体	绒毡层	Huang et al., 2013a
		水稻：OsC6基因	脂类转运子	在油脂球状体和花粉外壁发育中起重要作用	主要在绒毡层中表达，在小孢子中微量表达	Zhang et al., 2010a

续表

通路和网络	拟南芥中的基因名称	水稻或者其他物种中的基因名称	编码蛋白	蛋白质功能	基因表达模式	参考文献
转运蛋白	AMGT4		镁转运子	镁离子转运载体，对花粉发育很重要	在花粉粒中显著表达	Li et al., 2015
	ROCK1(REPRESSOR OF CYTOKININ DEFICIENCY 1)		核苷酸糖转运子	孢粉素生物合成或者包含多糖似花的外壁前体形成	在芽分生组织和幼嫩的花中强烈表达	Niemann et al., 2015
转录因子	AMS (ABORTED MICROSPORES)	水稻：绒毡层退化阻碍基因(TDR)	bHLH 转录因子	花粉壁形成的主要调节因子，通过直接调控生物合成通路	绒毡层	Xu et al., 2014a
	DYT1(DYSFUNCTIONAL TAPETUM 1)	水稻：未发育绒毡层基因1(UDT1) 番茄：MSI0[35]	bHLH 转录因子	在控制花药发育和功能的基因网络中起重要作用	优先在花药绒毡层细胞中表达	Li et al., 2006a; Xu et al., 2010; Xu et al., 2014a
		水稻：永久绒毡层基因1(EAT1)/ bHLH141/DTD	bHLH 转录因子	促进天冬氨酸蛋白酶后动植物细胞程序性死亡	绒毡层	Wu et al., 2009
		水稻：TDR 互作蛋白基因2(TIP2)	bHLH 转录因子	促进绒毡层细胞程序性死亡和小孢子周围的胼胝质降解	药室内壁、中层、绒毡层	Fu et al., 2014; Ko et al., 2014
	TDF1(Defective in Tapetal Development and Function 1)		MYB 转录因子	在绒毡层的分化和功能中起至关重要的作用	在绒毡层、减数分裂的细胞和小孢子中高度表达	Zhu et al., 2008
	AtMYB103 MYB80 MS188		MYB 转录因子	参与绒毡层和花粉发育，调节绒毡层细胞程序性死亡所需	绒毡层、中层和发育中的小孢子	Xu et al., 2014b
		水稻：GAMYB 基因	MYB 转录因子	在花药发育中起赤霉素信号因子的作用	绒毡层，但在花药壁层孢子中作用微弱	Aya et al., 2011
	AtbZIP34		bZIP 转录因子	控制脂类代谢或细胞运输	花药和花果	Gibalová et al., 2009
	MS1(MALE STERILITY 1)	水稻：持续性绒毡层细胞基因1(PTC1) 矮牵牛花：绒毡层发育锌指蛋白1基因(TAZI)	PHD 指转录因子	修饰与花粉壁发育相关的绒毡层转录表达基因的转录，通过直接调节绒毡层细胞程序性死亡和降解控制绒毡层发育	特别是在绒毡层中，当小孢子从四分体中释放不久时	Xu et al., 2014b
	CDM1(CALLOSE DEFECTIVE MICROSPORE1)		CCCH 类锌指蛋白	在小孢子发生时期调节胼胝质代谢	性母细胞和绒毡层细胞	Lu et al., 2014
	AtTTP		CCCH 锌指蛋白	参与 miRNA 成熟和花粉模型的形成	茎和芽尖小孢子和绒毡层细胞，在根和叶中微量表达	Shi et al., 2015c
	WRKY34 和 WRKY2		WRKY 转录因子	雄性胚子形成所需	花粉有异表达	Guan et al., 2014

续表

通路和网络	拟南芥中的基因名称	水稻或者其他物种中的基因名称	编码蛋白	蛋白质功能	基因表达模式	参考文献
	TEK(TRANSPOSABLE ELEMENT SILENCING VIA AT-HOOK)		AT-hook 蛋白家族	决定外壁内层的形成	绒毡层	Lou et al., 2014
	ARF17(AUXIN RESPONSE FACTOR17)		植物激素响应因子	通过调节外壁前体形成，对花粉壁模型的形成起重要作用	小孢子和雄配子体	Yang et al., 2013
	RBOHE(RESPIRATORY-BURST OXIDASE HOMOLOG E)		NADPH 氧化酶	影响绒毡层细胞程序性细胞死亡的时机导致雄性配子体败育	绒毡层	Xie et al., 2014
其他调节因子	CDKG1(CYCLIN-DEPEDENT KINASE G1)		依赖细胞周期的蛋白激酶	调节 mRNA 前体剪接胼胝质合酶 5 基因(CalS5)和花粉壁形成	优先在叶和花序中表达在其他组织中微量表达	Huang et al., 2013b
	ASKβ(Arabidopsis Shaggy-like protein kinases β)		类面蛋白激酶	对花粉发育起重要作用	在花芽中高度表达，尤其是在花的第 13~16 期	Huang et al., 2013b
	LBD10(SIDECAR POLLEN/LATERAL ORGAN BOUNDARIES DOMAIN 10)		LBD 转录因子	在生殖细胞数分裂时期对雄性配子体主要功能的形成起重要作用	优先在花粉中表达	Kim et al., 2015
		水稻: 花药发育 F-box (OsADF)	F-box 蛋白	在水稻绒毡层细胞发育和花粉形成中起重要作用	绒毡层	Huang et al., 2013b
		白菜型油菜: BcMF1	非编码 RNA 基因	在花粉发育和育性中起重要作用	花粉特异表达	Song et al., 2013

的形成为孢粉素沉积和聚合提供了理想的化学和物理平台，遗传证据表明初生外壁的合成效率增加与花粉外壁形成的效率增加呈正相关，初生外壁正常形成至少需要拟南芥 *nef1*、*HKM/MS1*、*RPG1* 和 *TDE1/DET2* 等功能基因的参与。胼胝质壁的形成也是正常花粉外壁模板形成所必需的，拟南芥胼胝质壁的形成受 *CalS5* 调控。值得注意的是，研究表明花粉粒中富集的基因和雄性不育突变体中差异表达的基因的功能主要与两种通路相关，即细胞壁和细胞骨架重组，暗示这两种通路相关基因可能在花粉壁发育中起作用。

（一）花粉壁的作用、结构成分和形成过程

　　花粉壁是花粉的外层结构，具有稳定的理化性质、适宜的强度和弹性，可以一定程度上保护花粉粒免受紫外线、病菌、空气干燥和高温等伤害。它也是花粉粒与柱头进行特异识别的重要界面。拟南芥花粉表面具有典型的网纹结构，而水稻、玉米的表面相对比较光滑，最新研究表明拟南芥的花粉粒表面的纹路数目与花粉粒的倍性相关（Reeder et al.，2016），多倍体拟南芥花粉粒的纹路较多，而二倍体拟南芥的纹路较少。图 2-15 展示了两个模式植物的花粉壁结构（Ariizumi and Toriyama，2011）。花粉壁由花粉外壁（exine）和花粉内壁（intine）组成，花粉外壁又可以分外壁外层（sexine）和外壁内层（nexine I/II）。外壁外层由柱状层（bacula）和顶盖层（tectum）组成。外壁内层由外壁内层 I（foot layer）和外壁内层 II（endexine）组成。

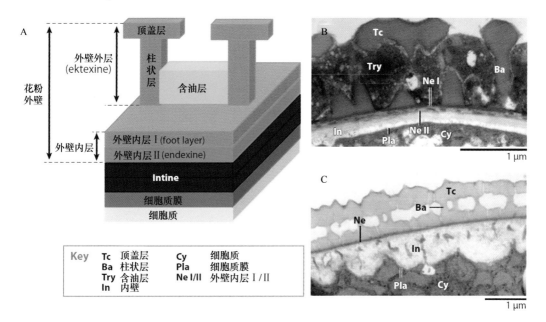

图 2-15　被子植物花粉外壁模式图（A）和拟南芥（B）、水稻（C）
花粉壁透射电镜图（Ariizumi and Toriyama，2011）
图示结构为花粉的非纹路区域

　　花粉内壁主要由水解酶、疏水性蛋白质、纤维素、半纤维素和果胶质组成，整个包围在原生质的外面，仅在萌发孔处比较厚，花粉萌发时内壁逐渐膨胀并自萌发孔向外凸出而形成花粉管。通过大量花粉壁缺陷突变体结合细胞学超微结构比较研究的结果，总结了植物花粉壁形成过程的模式图（图 2-12）。花粉外壁发育始于减数分裂时期，小孢子质膜与胼胝质壁发生分离，孢粉素前体物质积累在小孢子表面形成初生外壁以构成外壁形成的模板利于孢粉素沉积；小孢子质膜表面出现凹陷，形成有规律的波纹状结构。外壁骨架前体物质在小孢子表面的波纹状突起处形成，并在前体与胼胝质壁接触处形成初生顶盖层。当胼胝质壁降解、小孢子被释放出来后，柱状体基部膨大形成基层。在基层下面形成了内层，外壁的骨架顶盖结构逐渐加厚。至双核花粉时期，绒毡层彻底降解，外壁形成明显的柱状层和顶盖层结构，以及正面的网状结构。

（二）孢粉素前体的合成、转运和组装

植物花粉粒被多层细胞壁包围：外壁（外花粉壁）、内壁（内花粉壁）和花粉外被。孢子花粉素是外壁的主要成分（Heslop-Harrison，1968a），而孢粉素的主要成分是诸如脂肪酸和酚类化合物的脂类衍生物（Blackmore et al.，2007；Chen et al.，2011）。大量表现出小孢子和绒毡层发育正常，但外壁形成和花粉成熟有缺陷的拟南芥雄性不育突变体揭示了外壁发育和孢粉素生物合成的细胞生物及生物化学基础。目前，鉴定出与孢粉素合成相关的基因主要有 *FLP1*、*MS2*、*ACOS5*、*CYP703A2*、*CYP704B1*、*PKSA*、*PKSB*、*TKPR1* 和 *TKPR2*。关于孢粉素合成分子机制第一个报道的是 *ms2* 突变体，其没有花粉壁形成，而 MS2 显示出与脂肪酰基-CoA 还原酶（FAR）基因有序列相似性，被认为能将脂肪酸转化为用于产生孢粉素的脂肪醇（Chen et al.，2011）。

1. 绒毡层中孢粉素合成的基因调控网络

在植物细胞中，脂类物质的合成通常涉及质体中的脂肪酸从头合成，以及内质网（ER）中的脂肪酸修饰如羟基化、脂肪酸链延长和 VLCFA 脂肪族化合物的多样化（Samuels et al.，2008）。VLCFA 衍生物包括链长为 C20-C34 的醇、醛、酮、烷烃和酯。脂肪酸从 C16 和 C18 延伸到具有 C20-C34 链的 VLCFA 由脂肪酸延伸（FAE）蛋白执行，该过程涉及 ER 上的多酶反应（Jung et al.，2006）。在高等植物中，绒毡层细胞质内通常含有细胞核、质体、线粒体和内质网。

基于 *MS2*、*ACOS5*、*CYP703A2*、*CYP704B1*、*PKSA/PKSB*、*TKPR1* 和 *TKPR2* 相似的突变体表型、空间和时间上 mRNA 的表达模式，以及生化功能的预测，暗示这些酶可能在相同的生化途径中起作用。花药发育过程中孢粉素合成过程如图 2-15 所示。

乙酰辅酶 A 直接由丙酮酸脱氢酶（PDH）或柠檬酸裂解酶在绒毡层线粒体中催化丙酮酸盐形成，并且从线粒体释放的乙酰辅酶 A 被用作质体中从头合成脂肪酸的底物。在质体中，脂肪酸有两种酶合成体系：乙酰辅酶 A 羧化酶（ACCase）和脂肪酸合成酶（FAS）。FAS 将丙二酰部分转移到酰基载体蛋白（ACP），并且催化丙二酰-ACP 酰基链的延伸。FAS 的产物通常为 12：0-ACP、16：0-ACP 和 18：0-ACP（Schweizer and Hofmann，2004）。脂肪酸通过硫酯酶从 ACP 切割并进入 ER 中的真核脂质途径。在该模型中，质体中产生的月桂酸（C12：0）被 ACOS5 修饰并转移到 ER 中。接下来，通过特异的硫酯酶进行水解，再次在 ER 中产生月桂酸。月桂酸通过 CYP703A1 在 7-碳位被羟基化，

然后衍生的羟基化脂肪酸可通过 ACOS5 转化为酰基辅酶 A，从而产生 7-羟基月桂酰基辅酶 A。最后，释放的 7-羟基月桂酰基辅酶 A 被 MS2 还原。另一方面，C16 和 C18 作为脂肪酸的前体在 CYP704B2 的 ω-碳上被羟基化，所得到的 ω 羟化脂肪酸可被 ACOS5 和 MS2 催化，分别生成 ω-OH-C16 / C18-CoA 和脂肪醇（Li et al.，2010a）。这两种不同的羟基化模型在解释这些酶如何参与羟基化方面有一定的说服力。实际上，ACOS5、CYP703A1、CYP704B2 和 MS2 蛋白属于陆地植物中一个古老而保守的家族，表明它们参与了孢粉素生物合成过程中相同的途径。

在通过 ACOS5 形成 CoA 酯后，PSKA 和 PSKB 催化羟基脂肪酰辅酶 A 的缩合形成三肽或四肽 α-吡喃酮。羟基脂肪酰辅酶 A 是 PKSA 和 PKSB 最有效的底物（Kim et al.，2010）。最后，TKPR1 / TKPR2 降低了羟基化四烷基 α-吡喃酮的羰基功能，产生了更高羟基化的聚酮化合物，目前这种化合物被认为是孢粉素前体的混合物之一。这些结果与通过酯和醚键连接的羟基化脂肪酸的孢粉素结构一致（Ahlers et al.，2003），但是孢粉素聚合物及其组分的确切化学性质仍有待阐明。脂肪酸、醇、酚类、酰基辅酶 A、聚酮化合物和其他衍生的单体从绒毡层细胞中可能通过 ABCG26（Bird et al.，2007；Pighin et al.，2004）和脂质转运蛋白（LTP）（Zhang et al.，2010a）运出到腔室中作为孢粉素的构建单元，或者在花粉壁中运输和聚合之前进行再加工。

2. 孢粉素前体的转运

绒毡层是细胞孢粉素合成的主要部位，需要快速、有效地将孢粉素组分运输到从胼胝质释放的小孢子上。但是这种快速运输的潜在分子机制了解甚少。许多外壁形成所需的蛋白质猜测能在孢粉素前体从绒毡层输出中起作用，或在小室中将孢粉素组分从分泌绒毡层转移到小孢子表面。*ABCG26*（*ATP-BINDING CASSETTE26*）基因编码 ABC 半转运蛋白，对花粉外壁合成很关键。这是由于其在早期外壁形成过程中，优先在绒毡层里表达，并在孢粉素组分从绒毡层细胞合成位点运输到花药腔室中扮演角色（Quilichini et al.，2010），类似于 ABCG11 和 ABCG12 在表皮细胞的蜡质运输作用（Pighin et al.，2004）。

大量在花药或绒毡层中具有特异性表达模式的脂质转运蛋白（LTP）被关注（Eckermann et al.，1998；Huang et al.，2009），以解释其在雄性生殖发育或在腔室中脂肪族孢粉素前体运输的功能。在水稻中编码Ⅶ型 LTP 的 *OsC6* 优先在绒毡层表达，是正常外壁和球体颗粒形成所需的（Zhang et al.，2010a）。另外，编码Ⅲ型 LTP 的三个基因（*LTPC6*、*LTPC9*、*LTPC14*）的表达仅限于绒毡层，同时 *LTPC6* 和 *LTPC14* 的双突变体表现出异常的内壁和脱水敏感花粉（Huang et al.，2013a）。有趣的是，OsC6 和 AtC6、C9 和 C14 表现出不同的编码转录物定位位置，如在水稻中被定位于花药腔室和花药表皮中，而在拟南芥中却在腔室和花粉外壁（Huang et al.，2013a；Zhang et al.，2010a）。总之，一些编码注释的运输蛋白似乎在空间和发育时间上呈现出在花药中限制性表达模式，并且有些具有花粉壁或孢粉素组分转运的功能。一些物种中与绒毡层相关的结构，如黏液丝（viscin thread）（或桥接绒毡层细胞和小孢子的链）和球状体，也参与到孢粉素组分的运输，尽管它们的运输能力尚未得到证实。球状体（也称为乌氏体）是小的、典型的球形颗粒，通常直径小于 5μm，在孢粉素转运的研究中较多。然而，包括拟南芥在内的许多物种中是没有球状体的，以及它们在孢粉素形成后的持久性完全表明它们可能具有其他功能（Rowley and Morbelli，2009）。总之，绒毡层细胞孢粉素组分的输出和易位未完全阐明，也是由于我们缺乏对孢子素组分的生物化学本质的充分了解。

3. 孢粉素的组装

虽然人们已经了解到控制孢粉素运出绒毡层细胞和通过腔室的机制，但对于控制孢粉素组装使其成为复杂图案和雕有纹路的花粉外壁的过程及蛋白质仍知之甚少。一些拟南芥外壁结构图型或沉积状态突变体，为花粉外壁组装相关的蛋白质提供了一些证据。*DEX1*（*EXINE FOR EXINE FORMATION1*）编码一种未知功能的拟南芥外壁图案所需的蛋白质（Paxson-Sowders et al.，2001）。*dex1* 突变体缺乏早期外壁模式中胼胝质四联体的标志性质膜内陷，并且在释放后，*dex1* 突变体的小孢子表现出随机的类孢粉素样沉积物，使得花粉粒过早夭折。NEF1（NO EXINE FORMATION1）也是一个功能未知的蛋白质，参与到孢粉素沉淀中，其突变体像 *nef1* 突变体表现出初生壁异常和腔室中类孢粉素聚集（Ariizumi et al.，2004）。*NEF1* 编码质体的完整膜蛋白，这个基因的缺失能改变绒毡层质体中的脂质积累，这种预测的质体膜蛋白在绒毡层脂质代谢中的功能与其在孢粉素锚定功能之间的联系需要进一步研究。另外两个糖基转移酶，即 At1g27600/SPG2/IRX9 和 At1g33430/UPEX1/UPEX2，在拟南芥外壁模式中起作用，可能参与到小孢子初生壁的孢粉素聚合或锚定的过程中（Dobritsa et al.，2011）。

（三）初生外壁形成

在小孢子发育的早期，一种暂时存在的胼胝质把初级小孢子细胞壁从小孢子母细胞质膜上分离开来，使小孢子上的初生外壁形成（Zavaliev et al.，2011）。基于大量的染色试验，初生外壁似乎主要由纤维素组成，并且是在四分体时期形成小孢子表层（Paxson-Sowders et al.，1997），这里被认为提供了孢子花粉素的锚定位点（Ariizumi and Toriyama，2011；Heslop-Harrison，1968b）。在初生外壁模型里，柱状层和顶盖层前体物在胼胝质降解之前出现在有波浪状起伏的小孢子质膜上。在花药发育后期，游离小孢子迅速产生孢粉素构成的外壁，初生外壁的柱状层前体物构成初生外壁骨架（Paxson-Sowders et al.，1997）。胼胝质的产生、初生外壁形成和小孢子质膜波动都与孢粉素锚定和外壁纹饰有紧密的关系（Zavaliev et al.，2011）。虽然这些观察为花粉壁和外壁形成构建了一个形态学上的框架，但是相应的生物化学分析一直是难题。

1. 四分体时期初生外壁的生成

初生外壁由微丝构成，减数分裂 II 期完成后于四分体时期表现为电子致密的一层（Paxson-Sowders et al.，1997，2001）。但是初生外壁不在萌发孔发育处沉积。通过染色可以发现，初生外壁大部分物质由中性和酸性多聚糖、蛋白质及纤维素构成（Heslop-Harrison，1968b）。初生外壁可能具有化学和选择性结合的能力，作为孢粉素起始累积的骨架、底物及模板（Ariizumi and Toriyama，2007；Blackmore et al.，2007；Scott et al.，2004）。在番荔枝花粉中，初生外壁至少参与了高原柱状层（probacula）和网状原顶盖层（protectum）等物理结构的形成，因此初生外壁为在液体环境中精准地建立固定的原花粉外壁层提供了支撑（Gabarayeva and Grigorjeva，2004）。尽管孢粉素结合与多聚化的机制尚未明晰，但有报道表明初生外壁中存在的酶可能与孢粉素反应有关（Gabarayeva et al.，2009）。这些酶被称为孢粉素受体颗粒（sporopollenin acceptor particle，SAP），其在许多物种中都有发现，作为孢粉素聚合物的起始出现位点，参与了孢粉素的直接累积（Gabarayeva et al.，2009）。所以，初生外壁的主要功能是为孢粉素沉积供应理想的底物和酶类，从而使得孢粉素沉积与多聚化需要的理化因子实现最优化。

2. 初生外壁形成过程缺陷的突变体

拟南芥中发现了 5 个初生外壁形成过程缺陷的雄性不育突变体。通过对这些突变体的研究发现，形成有功能的初生外壁可能与有效沉积到初生外壁及质膜上的孢粉素前体增加有关。例如，dex1（defective in exine formation 1）突变体初生外壁沉积延迟，厚度降低（Paxson-Sowders et al.，2001）。dex1 突变体中观察不到固化的原柱状层，而孢粉素聚合体则随机沉积在薄的初生外壁上。与 dex1 突变体一样，rpg1（ruptured pollen grain 1）和 hkm（hackly microspore）突变体中初生外壁都不能一致地沉积。但是，孢粉素聚合体不只在初生外壁，在质膜上也随机沉积，从而导致孢粉素聚集的不成熟小孢子的形成。因此，rpg1 和 hkm 突变体中初生外壁功能显然不完整，但比 dex1 中实现的功能多（Ariizumi et al.，2005；Guan et al.，2008）。而 nef1（no exine formation 1）突变体中产生的是粗糙的初生外壁，没有原柱状层形成。与 dex1、rpg1 和 hkm 突变体相比，nef1 中粗糙的初生外壁和质膜上没有孢粉素前体的沉积；明显可见到新月形的孢粉素聚合物围绕着小孢子，但没有花粉外壁的形成，表明 nef1 中的初生外壁在孢粉素前体的结合能力方面的功能是被破坏得最彻底的。另一方面，tde1（transient defective exine 1）突变体能产生有部分功能的初生外壁（Ariizumi et al.，2008），因为初生外壁和质膜上都有孢粉素前体沉积。与 dex1、nef1、rpg1 和 hkm 突变体不同，tde1 突变体能产生成熟可育的花粉粒，随后花粉粒可见正常的花粉外壁，表明该突变体中花粉外壁的形成得到了恢复，也表明 tde1 突变体比目前发现的其他初生外壁突变体功能更完整。TDE1 即油菜素内酯合成相关基因 DET2（DE-ETIOLATED 2），油菜素内酯直接或间接控制着孢粉素起始沉积或多聚化的速率或效率。迄今为止，DEX1、NEF1 和 RPG1 蛋白的真实功能仍然是个大谜团，只是提出了几个可能在花粉外壁模块形成过程中起作用的蛋白质（Ariizumi et al.，2004）。

3. 小孢子发生过程中胼胝质壁的形成

小孢子母细胞和四分体小孢子被一层厚而特别的细胞壁所包围，这层细胞壁被称为胼胝质壁（Verma and Hong，2001）。胼胝质壁由线性的 β-1,3 葡聚糖聚合物构成，一般认为是受到损伤、感染及植物激素脱落酸的诱导产生，可参与多种生物学功能（Verma and Hong，2001）。胼胝质也可在细胞分裂时积累在胞间连丝的细胞板上，调控细胞间通讯（Lucas and Lee，2004）。胼胝质是花粉管细胞壁的主要成分，在花粉管中形成塞子（Schlupmann et al.，1994）。拟南芥中的胼胝质合成酶（callose synthase，CALS）家族也称为类葡聚糖合成酶（glucansynthase-like，GSL），包括通常参与胼胝质合成的 12 个基因（Verma and Hong，2001）。小孢子发育期间，胼胝质从小孢子母细胞减数分裂时期开始合成，表现为质膜与初生细胞壁间一层临时细胞壁（Ariizumi and Toriyama，2007；Scott et al.，2004）。四分体末期后，胼胝质壁被绒毡层分泌的 β-1,3 葡聚糖酶酶解。有研究表明，胼胝质壁在花粉发育过程中有重要作用，在降解时提供葡萄糖，或作用于柱状层（Heslop-Harrison，1968b）；胼胝质壁还可以保护发育中的小孢子，使其免于周围组织的影响；因为其不通透性，可作为发育中的小孢子的物理屏障，使其不至被提前降解（Knox，1970）。

4. 胼胝质壁形成过程中的突变体

利用转基因方法来破坏花药中胼胝质的合成，从而可以监测花粉外壁发育过程中胼胝质壁的分子功能。在绒毡层超表达病原相关的 β-1,3 葡聚糖酶可引起减数分裂期间胼胝质壁的过早降解，导致完全不能形成花粉外壁（Tsuchiya et al.，1995）。最近的证据显示，在拟南芥中可能调控葡聚糖酶的 *AtMYB03* 功能缺失引起了胼胝质解离减少，进而导致形成异常的花粉外壁（Zhang et al.，2007）。花药中起胼胝质合成酶作用的 *CALS5* 的突变也引起了花粉外壁形成缺陷。*CALS5* 的突变体（*cals5-1* 和 *cals5-2*）在小孢子母细胞周围检测不到胼胝质壁，显然没有花粉外壁的纹路（Dong et al.，2005）。孢粉素合成后仅以聚合体随机沉积在小孢子表面（Zavaliev et al.，2011）。*cals5-4* 和 *cals5-5* 的弱突变体能产生大量的胼胝质壁和有异常纹路花粉外壁的可育花粉，孢粉素聚合体沉积在质膜上。这些研究表明胼胝质壁合成量的增加与花粉外壁纹路形成是正相关的。胼胝质壁可能在捕获小孢子周围的初生外壁亚单位、增加初生外壁亚单位浓度、防止其逸散到花药腔室等方面起重要作用；或者也有可能为初生外壁自身的装配提供物理支撑（Zavaliev et al.，2011；Zinkl and Preuss，2000）。

尽管小孢子发生期间控制胼胝质合成的确切分子机制仍然难以阐述，雄配子发育中胼胝质及时合成与沉积的重要性却已经得到确认（Gabarayeva and El-Ghazaly，1997）。多种高等植物中均克隆到了 *GSL* 基因，特别是拟南芥中相应蛋白质功能已经进行了鉴定。拟南芥中有 13 个 *GSL* 基因，已经对其中大部分成员进行了分析。其中两个高度相关且连锁的基因，即 *GSL1* 和 *GSL5*，可能是必要但又存在部分的功能冗余，而其他 *GSL* 可能在花粉发育过程的不同步骤中控制着胼胝质的形成（Gabarayeva and Grigorjeva，2002）。*AtGSL2* 和 *OsGSL5* 是同源基因，蛋白质水平具 74% 的相似性。这两个基因的突变体均表现为小孢子发生期间胼胝质沉积缺陷，可能影响了小孢子的发育，导致形成异常的花粉外壁结构（Gabarayeva and El-Ghazaly，1997）。来自于 *gls10*（*cals9*）敲除突变体和 35S-*cals5*（*gsl2*）转基因的两个拟南芥株系的花粉粒在花药中过早萌发，胼胝质沉积改变；此外，3 个 *gsl10* 突变体株系后代分离比错乱（是 1:1:0 而不是 1:2:1）。进一步研究表明，*gls10* 突变体中小孢子不对称减数分裂。*GSL8* 和 *GSL10* 各自为小孢子发育和植物生长所必需（Gabarayeva and Grigorjeva，2004）；*gsl8* 和 *gsl10* 突变体植株表现为小孢子不对称减数分裂及矮化（Gabarayeva et al.，2009）。有一个 *gsl8* 突变体与其他 *gsl8* 突变体有所不同，其表现为苗期致死，且由于胼胝质沉积缺陷导致细胞壁形成缺陷，因而通过减数分裂前的随机核内有丝分裂产生四倍体性母细胞（Guan et al.，2008）。ARF17 能直接结合到 AtGSL2（Cals2）启动子上以调控雄配子母细胞发育过程中的胼胝质合成。arf17 突变体中，胼胝质沉积显著降低，没有初生外壁，导致形成有缺陷的成熟花粉外壁结构（Hannoufa et al.，1996）。

五、激素信号对拟南芥生殖发育的调节

生长素浓度梯度对于侧叶原基在顶端分生组织的原位发育（Fleming，2005）、建立花分生组织（Heisler et al.，2005），以及起始正确数目的雄蕊发育都至关重要（Aloni et al.，2006）。生长素介导信号路径的关键基因有 ARF1（AUXINRESPONSE FACTOR1）、ARF2、ARF3（即 ETTIN、ETT）、ARF4、ARF5（即 MONOPTEROS、MP），ARF6 和 ARF8 的突变体也表现出有缺陷的雄蕊发育（Quint and Gray，2006；Schruff et al.，2006）。研究表明，生长素对于正确的雄蕊数量形成至关重要（Schruff et al.，2006）。雄蕊和叶片原基的远近轴极性特征及器官产生方式具有相同的机制，但是进一步的生长和扩张发生之后就产生了差异。这些扩张是通过叶片中器官边缘的一个反复迭代生长的过程来实现的，而这一过程由被 miRNA 调控的 TEOSINTE BRANCHED1、CYCLOIDEA 和 PCF（合成为 TCP）等转录因子来调节（Kim and Cho，2006）。生长素的主要来源是组织自身合成的，而不是从其他地方运输到花药，生长素生物合成基因 YUC 编码单加氧酶（YUC2 和 YUC6），它们在花药中表达。抑制花药生长素转运不会显著影响生长素报告基因 DR5∷GUS 的表达，也不会影响花药的发育。但在 yuc2/yuc6 生长素生物合成双突变体中，无花粉形成，雄蕊也不伸长，表现为雄性不育（Cheng et al.，2006）。生长素响应转录因子 ARF6 和 ARF8 在许多发育阶段部分功能是冗余的，包括雄蕊伸长和花药裂开。ARF6 和 ARF8 可能在一定程度上通过诱导 JA 产生，或通过减少 JA 结合和分解，来交替调节花药开裂和花的开放（Nagpal et al.，2005）。最近，Yamaguchi 等（2013）报道了生长素和生长素相应类转录因子 MP（MONOPTEROS）是通过 LFY 的直接正向反馈调节生长素路径来实现调节花原基发育的起始的分子机制。

茉莉酸是雄性发育、开花及花粉发育的许多方面所必需的，包括调节花药发育、开裂和开花。茉莉酸突变体（如 coi1、opr3 / dde1）（Devoto et al.，2002；Sanders et al.，2000）在研究病原体响应机制时被分离发现，然而，这些突变体会出现额外的雄性生殖力的下降表型，原因是花丝变短、不开裂和花粉活力降低（Mandaokar et al.，2006）。在 JA 生物合成突变体 dad1 中，由于花药中缺乏 JA，花粉的成熟伴随着花药的开裂，但不能开花（Ishiguro et al.，2001）。JA 主要通过控制花药中的水分转运，可能是通过诱导 AtSUC1 基因表达来实行该功能（Ishiguro et al.，2001）。JA 生物合成突变体中的雄配子的育性可以通过外源 JA 处理提高，处理的时期是组织特异性的，为 12 期的中间期，其相当于花粉有丝分裂 II 期，大约在开花前约 48h（Mandaokar et al.，2006）。通过对 opr3 突变体的雄蕊表达谱进行分析，利用 JA 处理鉴定出被特异性诱导表达的有 821 个基因，以及 480 个被抑制表达的基因，这其中包含 13 个转录因子（Mandaokar et al.，2006）。MYB21 和 MYB24 是 19 个 MYB 亚组的中的两个转录因子。myb24 突变体表型正常，

myb21 突变体雄配子育性下降，这是由于花丝长度减少和开裂延迟。然而，*myb21* 和 *myb24* 双突变体雄性不育程度增加，这可能是由于茉莉酸不能恢复雄蕊丝长度的缩短引起的，这些结果暗示 MYB21 和 MYB24 在雄蕊发育过程中对茉莉酸响应起重要作用（Mandaokar et al.，2006）。*myb108* 突变体也是通过与 JA 相关转录实验鉴定出来的，其花丝长度仅有微量减少，然而，当与 *myb24* 突变体结合成双突后，其雄蕊长度及与之相关的雄配子育性都显著降低（Mandaokar and Browse，2009）。MYB32 和 MYB4 也会影响花粉发育，在其基因敲除系中观察到花粉结构异常和细胞质缺乏（Preston et al.，2004）。在 *ms35* 和 *myb26* 双突变体中也可观察到类似的由于次生厚度改变而无法开裂的现象，但原因在于花药内层缺乏次生壁增厚（Yang et al.，2007a）。有趣的是，这种表型并不能被 JA 恢复，表明花药中的内层分化和次生壁沉积是不依赖于 JA 的（Yang et al.，2007a）。在 NAC 结构域双突变 *nst1/nst2* 中也观察到由于缺乏次生壁增厚而导致的花药不开裂的表型（Mitsuda et al.，2005）。

影响赤霉素（GA）合成的突变引起与 JA 突变体相似的表型。有研究表明，花粉发育的 GA 调节由 DELLA 蛋白、GID1（GA INSENSITIVE SWARF 1）、MYB 因子和 miRNA 介导（Cheng et al.，2009；Griffiths et al.，2006；Harberd et al.，2009）。多种激素在调节花药发育中的作用集中在几个方面。例如，生长素通过生长素反应因子 ARF6 和 ARF8 正向调节 JA 生物合成（Tabata et al.，2010），而 GA 通过促进 DELLA 降解来促进 JA 信号转导（Cheng et al.，2009）。此外，JA 和乙烯与脱落酸一起发挥作用以促进花粉分离和花药开裂所需的 QRT2 的表达（Ogawa et al.，2009）。以上结果说明，激素途径可以调节已知的花药转录因子，从而控制花药发育（Ito et al.，2007）。植物激素油菜素类固醇（BR）被证明对花药和花粉发育很重要（Ye et al.，2010）。BR 合成或反应缺陷的突变体表现雄配子异常，花粉数量和生存力降低。研究发现在 BR 信号通路中起作用的转录因子可与几种花药调控基因的启动子区域结合，包括 SPL/NZZ、MYB35/TDF1、AMS 和 MS1，揭示了 BR 信号与花药基因表达之间的一种关联机制（Ye et al.，2010）。

参 考 文 献

杨永, 傅德志, 王祺. 2004. 被子植物花的起源: 假说和证据. 西北植物学报, 24(12): 2366-2380.

Aarts M G, Keijzer C J, Stiekema W J, et al. 1995. Molecular characterization of the CER1 gene of arabidopsis involved in epicuticular wax biosynthesis and pollen fertility. Plant Cell, 7(12): 2115-2127.

Ahlers F, Lambert J, Wiermann R. 2003. Acetylation and silylation of piperidine solubilized sporopollenin from pollen of *Typha angustifolia* L. Zeitschrift Für Naturforschung C—a Journal of Biosciences, 58(11-12): 807-811.

Albrecht C, Russinova E, Hecht V, et al. 2005. The *Arabidopsis thaliana* SOMATIC EMBRYOGENESIS RECEPTOR-LIKE KINASES1 and 2 control male sporogenesis. Plant Cell, 17(12): 3337-3349.

Aloni R, Aloni E, Langhans M, et al. 2006. Role of auxin in regulating *Arabidopsis* flower development. Planta, 223(2): 315-328.

Arber E A, Parkin J. 1907. On the origin of angiosperms. Botanical Journal of the Linnean Society, 38(263): 29-80.

Ariizumi T, Hatakeyama K, Hinata K, et al. 2003. A novel male-sterile mutant of *Arabidopsis thaliana*, faceless pollen-1, produces pollen with a smooth surface and an acetolysis-sensitive exine. Plant

Molecular Biology, 53(1-2): 107-116.

Ariizumi T, Hatakeyama K, Hinata K, et al. 2004. Disruption of the novel plant protein NEF1 affects lipid accumulation in the plastids of the tapetum and exine formation of pollen, resulting in male sterility in *Arabidopsis thaliana*. Plant Journal, 39(2): 170-181.

Ariizumi T, Hatakeyama K, Hinata K, et al. 2005. The HKM gene, which is identical to the MS1 gene of *Arabidopsis thaliana*, is essential for primexine formation and exine pattern formation. Sexual Plant Reproduction, 18(1): 1-7.

Ariizumi T, Kawanabe T, Hatakeyama K, et al. 2008. Ultrastructural characterization of exine development of the transient defective exine 1 mutant suggests the existence of a factor involved in constructing reticulate exine architecture from sporopollenin aggregates. Plant and Cell Physiology, 49(1): 58-67.

Ariizumi T, Toriyama K. 2007. Pollen exine pattern formation is dependent on three major developmental processes in *Arabidopsis thaliana*. Int J Plant Dev Biol, 1: 106-115.

Ariizumi T, Toriyama K. 2011. Genetic regulation of sporopollenin synthesis and pollen exine development. Annual Review of Plant Biology, 65, 62: 437-460.

Armstrong S J, Caryl A P, Jones G H, et al. 2002. Asy1, a protein required for meiotic chromosome synapsis, localizes to axis-associated chromatin in *Arabidopsis* and *Brassica*. J Cell Sci, 115(18): 3645-3655.

Armstrong S J, Franklin F C H, Jones G H. 2001. Nucleolus-associated telomere clustering and pairing precede meiotic chromosome synapsis in *Arabidopsis thaliana*. J Cell Sci, 114(23): 4207-4217.

Aya K, Hiwatashi Y, Kojima M, et al. 2011. The Gibberellin perception system evolved to regulate a pre-existing GAMYB-mediated system during land plant evolution. Nature communications, 2: 544.

Aya K, Ueguchi-Tanaka M, Kondo M, et al. 2009. Gibberellin modulates anther development in rice via the transcriptional regulation of GAMYB. Plant Cell, 21(5): 1453-1472.

Bass H W, Marshall W F, Sedat J W, et al. 1997. Telomeres cluster de novo before the initiation of synapsis: A three-dimensional spatial analysis of telomere positions before and during meiotic prophase. Journal of Cell Biology, 137(1): 5-18.

Bessey C E. 1915. The phylogenetic taxonomy of flowering plants. Ann Missouri Bot Gard, 2: 109-164.

Bhalla P L, Singh M B. 2006. Molecular control of stem cell maintenance in shoot apical meristem. Plant Cell Reports, 25(4): 249-256.

Bird D, Beisson F, Brigham A, et al. 2007. Characterization of *Arabidopsis* ABCG11/WBC11, an ATP binding cassette (ABC) transporter that is required for cuticular lipid secretion. Plant Journal, 52(3): 485-498.

Blackmore S, Wortley A H, Skvarla J J, et al. 2007. Pollen wall development in flowering plants. New Phytologist, 174(3): 483-498.

Blazquez M A, Weigel D. 2000. Integration of floral inductive signals in *Arabidopsis*. Nature, 404(6780): 889-892.

Bowman J L, Drews G N, Meyerowitz E M. 1991. Expression of the *Arabidopsis* floral homeotic gene AGAMOUS is restricted to specific cell types late in flower development. Plant Cell, 3(8): 749-758.

Bowman J L, Smyth D R, Meyerowitz E M. 1989. Genes directing flower development in *Arabidopsis*. Plant Cell, 1(1): 37-52.

Brambilla V, Battaglia R, Colombo M, et al. 2007. Genetic and molecular interactions between BELL1 and MADS box factors support ovule development in *Arabidopsis*. Plant Cell, 19(8): 2544-2556.

Canales C, Bhatt A M, Scott R, et al. 2002. EXS, a putative LRR receptor kinase, regulates male germline cell number and tapetal identity and promotes seed development in *Arabidopsis*. Curr Biol, 12(20): 1718-1727.

Caryl A P, Armstrong S J, Jones G H, et al. 2000. A homologue of the yeast HOP1 gene is inactivated in the *Arabidopsis* meiotic mutant asy1. Chromosoma, 109(1-2): 62-71.

Caryl A P, Jones G H, Franklin F C H. 2003. Dissecting plant meiosis using *Arabidopsis thaliana* mutants. J Exp Bot, 54(380): 25-38.

Chanderbali A S, Yoo M J, Zahn L M, et al. 2010. Conservation and canalization of gene expression during angiosperm diversification accompany the origin and evolution of the flower. PNAS, 107(52): 22570-22575.

Chandler J W, Cole M, Jacobs B, et al. 2011. Genetic integration of DORNROSCHEN and DORNROSCHEN-LIKE reveals hierarchical interactions in auxin signalling and patterning of the *Arabidopsis* apical embryo. Plant Mol Biol, 75(3): 223-236.

Chang F, Wang Y, Wang S, et al. 2011. Molecular control of microsporogenesis in *Arabidopsis*. Curr Opin Plant Biol, 14(1): 66-73.

Chang H S, Zhang C, Chang Y H, et al. 2012. No primexine and plasma membrane undulation is essential for primexine deposition and plasma membrane undulation during microsporogenesis in *Arabidopsis*. Plant Physiol, 158(1): 264-272.

Chen W W, Yu X H, Zhang K S, et al. 2011. Male sterile2 encodes a plastid-localized fatty acyl carrier protein reductase required for pollen exine development in *Arabidopsis*. Plant Physiol, 157(2): 842-853.

Chen X, Huang H, Qi T, et al. 2016. New perspective of the bHLH-MYB complex in jasmonate-regulated plant fertility in *Arabidopsis*. Plant Signal Behav, 11(2): e1135280.

Chen X, Liu J, Cheng Y, et al. 2002. HEN1 functions pleiotropically in *Arabidopsis* development and acts in C function in the flower. Development, 129(5): 1085-1094.

Cheng H, Song S S, Xiao L T, et al. 2009. Gibberellin acts through jasmonate to control the expression of MYB21, MYB24, and MYB57 to promote stamen filament growth in *Arabidopsis*. PLoS Genetics, 5(3): e1000440.

Cheng Y, Dai X, Zhao Y. 2006. Auxin biosynthesis by the YUCCA flavin monooxygenases controls the formation of floral organs and vascular tissues in *Arabidopsis*. Genes Dev, 20(13): 1790-1799.

Choi H, Ohyama K, Kim Y Y, et al. 2014. The role of *Arabidopsis* ABCG9 and ABCG31 ATP binding cassette transporters in pollen fitness and the deposition of steryl glycosides on the pollen coat. Plant Cell, 26(1): 310-324.

Coen E S, Meyerowitz E M. 1991. The war of the whorls: genetic interactions controlling flower development. Nature, 353(6339): 31-37.

Colcombet J, Boisson-Dernier A, Ros-Palau R, et al. 2005. *Arabidopsis* SOMATIC EMBRYOGENESIS RECEPTOR KINASES1 and 2 are essential for tapetum development and microspore maturation. Plant Cell, 17(12): 3350-3361.

Corbesier L, Vincent C, Jang S, et al. 2007. FT protein movement contributes to long-distance signaling in floral induction of *Arabidopsis*. Science, 316(5827): 1030-1033.

Costanzo E, Trehin C, Vandenbussche M. 2014. The role of WOX genes in flower development. Ann Bot, 114(7): 1545-1553.

Couteau F, Belzile F, Horlow C, et al. 1999. Random chromosome segregation without meiotic arrest in both male and female meiocytes of a dmc1 mutant of *Arabidopsis*. Plant Cell, 11(9): 1623-1634.

Crane P R. 1985. Phylogenetic analysis of seed plants and the origin of angiosperms. Annals of the Missouri Botanical Garden, 72: 716-793.

Cucinotta M, Colombo L, Roig-Villanova I. 2014. Ovule development, a new model for lateral organ formation. Front Plant Sci, 5: 117.

de Azevedo Souza C, Kim S S, Koch S, et al. 2009. A novel fatty Acyl-CoA synthetase is required for pollen development and sporopollenin biosynthesis in *Arabidopsis*. Plant Cell, 21(2): 507-525.

Denay G, Chahtane H, Tichtinsky G, et al. 2016. A flower is born: an update on *Arabidopsis* floral meristem formation. Curr Opin Plant Biol, 35: 15-22.

Deng W, Ying H, Helliwell C A, et al. 2011. FLOWERING LOCUS C (FLC) regulates development pathways throughout the life cycle of *Arabidopsis*. PNAS, 108(16): 6680-6685.

Devoto A, Nieto-Rostro M, Xie D, et al. 2002. COI1 links jasmonate signalling and fertility to the SCF ubiquitin-ligase complex in *Arabidopsis*. Plant Journal, 32(4): 457-466.

DeYoung B J, Bickle K L, Schrage K J, et al. 2006. The CLAVATA1-related BAM1, BAM2 and BAM3 receptor kinase-like proteins are required for meristem function in *Arabidopsis*. Plant Journal, 45(1):

1-16.

Dobritsa A A, Geanconteri A, Shrestha J, et al. 2011. A large-scale genetic screen in *Arabidopsis* to identify genes involved in pollen exine production. Plant Physiol, 157(2): 947-970.

Dobritsa A A, Shrestha J, Morant M, et al. 2009. CYP704B1 is a long-chain fatty acid ω-hydroxylase essential for sporopollenin synthesis in pollen of Arabidopsis. Plant physiology, 151(2): 574-589.

Dong X Y, Hong Z L, Sivaramakrishnan M, et al. 2005. Callose synthase (CalS5) is required for exine formation during microgametogenesis and for pollen viability in *Arabidopsis*. Plant Journal, 42(3): 315-328.

Eckermann S, Schroder G, Schmidt J, et al. 1998. New pathway to polyketides in plants. Nature, 396(6709): 387-390.

Enns L C, Kanaoka M M, Torii K U, et al. 2005. Two callose synthases, GSL1 and GSL5, play an essential and redundant role in plant and pollen development and in fertility. Plant Molecular Biology, 58(3): 333-349.

Feng X Q, Dickinson H G. 2010. Tapetal cell fate, lineage and proliferation in the *Arabidopsis* anther. Development, 137(14): 2409-2416.

Fleming A J. 2005. Formation of primordia and phyllotaxy. Curr Opin Plant Biol, 8(1): 53-58.

Flores-Tornero M, Anoman AD, Rosa-Téllez S, et al. 2015. Lack of phosphoserine phosphatase activity alters pollen and tapetum development in *Arabidopsis thaliana*. Plant Science, 235: 81-88.

Franklin A E, Cande W Z. 1999. Nuclear organization and chromosome segregation. Plant Cell, 11(4): 523-534.

Fu Z Z, Yu J, Cheng X W, et al. 2014. The rice basic helix-loop-helix transcription factor TDR INTERACTING PROTEIN2 is a central switch in early anther development. Plant Cell, 26(4): 1512-1524.

Gabarayeva N I, El-Ghazaly G. 1997. Sporoderm development in *Nymphaea mexicana* (Nymphaeaceae). Plant Systematics and Evolution, 204(1-2): 1-19.

Gabarayeva N I, Grigorjeva V V. 2002. Exine development in *Stangeria eriopus* (Stangeriaceae): ultrastructure and substructure, sporopollenin accumulation, the equivocal character of the aperture, and stereology of microspore organelles. Review of Palaeobotany and Palynology, 122(3-4): 185-218.

Gabarayeva N I, Grigorjeva V V. 2004. Exine development in *Encephalartos altensteinii* (Cycadaceae): ultrastructure, substructure and the modes of sporopollenin accumulation. Review of Palaeobotany and Palynology, 132(3-4): 175-193.

Gabarayeva N, Grigorjeva V, Rowley J R, et al. 2009. Sporoderm development in *Trevesia burckii* (Araliaceae). I. Tetrad period: Further evidence for the participation of self-assembly processes. Review of Palaeobotany And Palynology, 156(1-2): 211-232.

Gibalová A, Reňák D, Matczuk K, et al. 2009. AtbZIP34 is required for *Arabidopsis* pollen wall patterning and the control of several metabolic pathways in developing pollen. Plant Molecular Biology, 70(5): 581-601.

Goldberg R B, Beals T P, Sanders P M. 1993. Anther development: basic principles and practical applications. Plant Cell, 5(10): 1217-1229.

Grandi V, Gregis V, Kater M M. 2012. Uncovering genetic and molecular interactions among floral meristem identity genes in *Arabidopsis thaliana*. Plant Journal, 69(5): 881-893.

Gregis V, Andres F, Sessa A, et al. 2013. Identification of pathways directly regulated by SHORT VEGETATIVE PHASE during vegetative and reproductive development in *Arabidopsis*. Genome Biol, 14(6): R56.

Grelon M, Vezon D, Gendrot G, et al. 2001. AtSPO11-1 is necessary for efficient meiotic recombination in plants. Embo Journal, 20(3): 589-600.

Grienenberger E, Kim S S, Lallemand B, et al. 2010. Analysis of TETRAKETIDE alpha-PYRONE REDUCTASE function in *Arabidopsis thaliana* reveals a previously unknown, but conserved, biochemical pathway in sporopollenin monomer biosynthesis. Plant Cell, 22(12): 4067-4083.

Griffiths J, Murase K, Rieu I, et al. 2006. Genetic characterization and functional analysis of the GID1 gibberellin receptors in *Arabidopsis*. Plant Cell, 18(12): 3399-3414.

Gu J N, Zhu J, Yu Y, et al. 2014. DYT1 directly regulates the expression of TDF1 for tapetum development and pollen wall formation in *Arabidopsis*. Plant Journal, 80(6): 1005-1013.

Guan Y, Meng X, Khanna R, et al. 2014. Phosphorylation of a WRKY transcription factor by MAPKs is required for pollen development and function in *Arabidopsis*. PLoS Genetics, 10(5): e1004384.

Guan Y F, Huang X Y, Zhu J, et al. 2008. RUPTURED POLLEN GRAIN1, a member of the MtN3/saliva gene family, is crucial for exine pattern formation and cell integrity of microspores in *Arabidopsis*. Plant Physiol, 147(2): 852-863.

Han M J, Jung K H, Yi G, et al. 2006. Rice Immature Pollen 1(RIP1)is a regulator of late pollen development. Plant Cell Physiol, 47(11): 1457-1472.

Han Y Y, Zhang C, Yang H B, et al. 2014. Cytokinin pathway mediates APETALA1 function in the establishment of determinate floral meristems in *Arabidopsis*. PNAS, 111(18): 6840-6845.

Hannoufa A, Negruk V, Eisner G, et al. 1996. The CER3 gene of *Arabidopsis thaliana* is expressed in leaves, stems, roots, flowers and apical meristems. Plant Journal, 10(3): 459-467.

Harberd N P, Belfield E, Yasumura Y. 2009. The angiosperm gibberellin-GID1-DELLA growth regulatory mechanism: how an "inhibitor of an inhibitor" enables flexible response to fluctuating environments. Plant Cell, 21(5): 1328-1339.

Haslam T M, Haslam R, Thoraval D, et al. 2015. ECERIFERUM2-LIKE proteins have unique biochemical and physiological functions in very-long-chain fatty acid elongation. Plant physiology, 167(3): 682-692.

Hay A, Tsiantis M. 2010. KNOX genes: versatile regulators of plant development and diversity. Development, 137(19): 3153-3165.

Heisler M G, Ohno C, Das P, et al. 2005. Patterns of auxin transport and gene expression during primordium development revealed by live imaging of the *Arabidopsis* inflorescence meristem. Current Biology, 15(21): 1899-1911.

Heslop-Harrison J. 1968a. Pollen wall development. Science, 161(3838): 230-237.

Heslop-Harrison J. 1968b. Wall development within the microspore tetrad of *Lilium longiflorum*. Canadian Journal of Botany, 46(10): 1185-1192.

Higgins J D, Sanchez-Moran E, Armstrong S J, et al. 2005. The *Arabidopsis* synaptonemal complex protein ZYP1 is required for chromosome synapsis and normal fidelity of crossing over. Genes & Development, 19(20): 2488-2500.

Hird D L, Worrall D, Hodge R, et al. 1993. The anther-specific protein encoded by the Brassica napus and *Arabidopsis thaliana* A6 gene displays similarity to β-1, 3-glucanases. Plant Journal, 4(6): 1023-1033.

Hochuli P A, Feist-Burkhardt S. 2013. Angiosperm-like pollen and *Afropollis* from the Middle Triassic (Anisian) of the Germanic Basin (Northern Switzerland). Front Plant Sci, 4: 344.

Hollingsworth N M, Goetsch L, Byers B. 1990. The HOP1 gene encodes a meiosis-specific component of yeast chromosomes. Cell, 61(1): 73-84.

Hord C L, Chen C, Deyoung B J, et al. 2006. The BAM1/BAM2 receptor-like kinases are important regulators of *Arabidopsis* early anther development. Plant Cell, 18(7): 1667-1680.

Horstman A, Willemsen V, Boutilier K, et al. 2014. AINTEGUMENTA-LIKE proteins: hubs in a plethora of networks. Trends Plant Sci, 19(3): 146-157.

Hsiao A S, Yeung E C, Ye Z W, et al. 2014. The *Arabidopsis* cytosolic acyl-coA-binding proteins play combinatory roles in pollen development. Plant and Cell Physiology: pcu163.

Hsieh K, Huang A H. 2007. Tapetosomes in *Brassica tapetum* accumulate endoplasmic reticulum-derived flavonoids and alkanes for delivery to the pollen surface. Plant Cell, 19(2): 582-596.

Hu J, Wang Z, Zhang L, et al. 2014. The *Arabidopsis Exine Formation Defect* (EFD) gene is required for primexine patterning and is critical for pollen fertility. New Phytologist, 203(1): 140-154.

Hu L, Liang W, Yin C, et al. 2011. Rice MADS3 regulates ROS homeostasis during late anther development. Plant Cell, 23(2): 515-533.

Huang M D, Chen T L L, Huang A H. 2013a. Abundant type III lipid transfer proteins in *Arabidopsis tapetum* are secreted to the locule and become a constituent of the pollen exine. Plant Physiol, 163(3): 1218-1229.

Huang M D, Wei F J, Wu C C, et al. 2009. Analyses of advanced rice anther transcriptomes reveal global tapetum secretory functions and potential proteins for lipid exine formation. Plant Physiol, 149(2): 694-707.

Huang T, Irish V F. 2015. Temporal control of plant organ growth by TCP transcription factors. Curr Biol, 25(13): 1765-1770.

Huang X Y, Niu J, Sun M X, et al. 2013b. CYCLIN-DEPENDENT KINASE G1 is associated with the spliceosome to regulate callose synthase5 splicing and pollen wall formation in *Arabidopsis*. Plant Cell, 25(2): 637-648.

Hülskamp M, Parekh N S, Grini P, et al. 1997. The STUD gene is required for male-specific cytokinesis after telophase II of meiosis in *Arabidopsis thaliana*. Dev Biol, 187(1): 114-124.

Immink R G, Pose D, Ferrario S, et al. 2012. Characterization of SOC1's central role in flowering by the identification of its upstream and downstream regulators. Plant Physiol, 160(1): 433-449.

Irish V F. 1999. Petal and stamen development. Current Topics in Developmental Biology, 41: 133-161.

Ishiguro S, Kawai-Oda A, Ueda J, et al. 2001. The DEFECTIVE IN ANTHER DEHISCIENCE gene encodes a novel phospholipase A1 catalyzing the initial step of jasmonic acid biosynthesis, which synchronizes pollen maturation, anther dehiscence, and flower opening in *Arabidopsis*. Plant Cell, 13(10): 2191-2209.

Ito T, Ng K H, Lim T S, et al. 2007. The homeotic protein AGAMOUS controls late stamen development by regulating a jasmonate biosynthetic gene in *Arabidopsis*. Plant Cell, 19(11): 3516-3529.

Ito T, Shinozaki K. 2002. The MALE STERILITY1 gene of *Arabidopsis*, encoding a nuclear protein with a PHD-finger motif, is expressed in tapetal cells and is required for pollen maturation. Plant Cell Physiol, 43(11): 1285-1292.

Ito T, Wellmer F, Yu H, et al. 2004. The homeotic protein AGAMOUS controls microsporogenesis by regulation of SPOROCYTELESS. Nature, 430(6997): 356-360.

Jack T, Brockman L L, Meyerowitz E M. 1992. The homeotic gene APETALA3 of *Arabidopsis thaliana* encodes a MADS box and is expressed in petals and stamens. Cell, 68(4): 683-697.

Jessen D, Olbrich A, Knüfer J, et al. 2011. Combined activity of LACS1 and LACS4 is required for proper pollen coat formation in *Arabidopsis*. Plant Journal, 68(4): 715-726.

Jia G X, Liu X D, Owen H A, et al. 2008. Signaling of cell fate determination by the TPD1 small protein and EMS1 receptor kinase. PNAS, 105(6): 2220-2225.

Jiang J, Yao L, Yu Y, et al. 2014a. PECTATE LYASE-LIKE10 is associated with pollen wall development in *Brassica campestris*. Journal of Integrative Plant Biology, 56(11): 1095-1105.

Jiang J, Yao L, Yu Y, et al. 2014b. PECTATE LYASE-LIKE 9 from *Brassica campestris* is associated with intine formation. Plant Science, 229: 66-75.

Jofuku K D, den Boer B G, Van Montagu M, et al. 1994. Control of *Arabidopsis* flower and seed development by the homeotic gene APETALA2. Plant Cell, 6(9): 1211-1225.

Jung J H, Lee S, Yun J, et al. 2014. The miR172 target TOE3 represses AGAMOUS expression during *Arabidopsis* floral patterning. Plant Science, 215-216: 29-38.

Jung K H, Han M J, Lee D Y, et al. 2006. Wax-deficient anther1 is involved in cuticle and wax production in rice anther walls and is required for pollen development. Plant Cell, 18(11): 3015-3032.

Jung K H, Han M J, Lee Y S, et al. 2005. Rice Undeveloped Tapetum1 is a major regulator of early tapetum development. Plant Cell, 17(10): 2705-2722.

Kamalay J C, Goldberg R B. 1980. Regulation of structural gene expression in tobacco. Cell, 19(4): 935-946.

Kamata N, Sugihara A, Komeda Y, et al. 2013. Allele-specific effects of PDF2 on floral morphology in *Arabidopsis thaliana*. Plant Signal Behav, 8(12): e27417.

Kanno Y, Jikumaru Y, Hanada A, et al. 2010. Comprehensive hormone profiling in developing *Arabidopsis* seeds: examination of the site of ABA biosynthesis, ABA transport and hormone interactions. Plant Cell Physiol, 51(12): 1988-2001.

Kaufmann K, Muino J M, Jauregui R, et al. 2009. Target genes of the MADS transcription factor SEPALLATA3: integration of developmental and hormonal pathways in the *Arabidopsis* flower. PLoS Biol, 7(4): e1000090.

Kay Schneitz M H, Robert E P. 1995. Wild-type ovule development in *Arabidopsis thaliana*: a light microscope study of cleared whole-mount tissue. Plant Journal, 7(5): 731-749.

Kempin S A, Savidge B, Yanofsky M F. 1995. Molecular basis of the cauliflower phenotype in *Arabidopsis*. Science, 267(5197): 522-525.

Khan M, Ragni L, Tabb P, et al. 2015. Repression of lateral organ boundary genes by PENNYWISE and POUND-FOOLISH is essential for meristem maintenance and flowering in *Arabidopsis*. Plant Physiol, 169(3): 2166-2186.

Kim G T, Cho K H. 2006. Recent advances in the genetic regulation of the shape of simple leaves. Physiologia Plantarum, 126(4): 494-502.

Kim M J, Kim M, Lee M R, et al. 2015. LATERAL ORGAN BOUNDARIES DOMAIN (LBD)10 interacts with SIDECAR POLLEN/LBD27 to control pollen development in *Arabidopsis*. Plant Journal, 81(5): 794-809.

Kim S S, Grienenberger E, Lallemand B, et al. 2010. LAP6/POLYKETIDE SYNTHASE A and LAP5/POLYKETIDE SYNTHASE B encode hydroxyalkyl alpha-pyrone synthases required for pollen development and sporopollenin biosynthesis in *Arabidopsis thaliana*. Plant Cell, 22(12): 4045-4066.

Kinoshita A, Betsuyaku S, Osakabe Y, et al. 2010. RPK2 is an essential receptor-like kinase that transmits the CLV3 signal in *Arabidopsis*. Development, 137(22): 3911-3920.

Klimyuk V I, Jones J D G. 1997. AtDMC1, the *Arabidopsis* homologue of the yeast DMC1 gene: Characterization, transposon-induced allelic variation and meiosis-associated expression. Plant Journal, 11(1): 1-14.

Knox R. 1970. Direct demonstration of the low permeability of angiosperm meiotic tetrad using a fluoregenic ester. Z. Pflanzen Physiol., 62: 451-459.

Ko S S, Li M J, Sun-Ben Ku M, et al. 2014. The bHLH142 transcription factor coordinates with TDR1 to modulate the expression of EAT1 and regulate pollen development in rice. Plant Cell, 26(6): 2486-2504.

Krizek B A, Meyerowitz E M. 1996. The *Arabidopsis* homeotic genes APETALA3 and PISTILLATA are sufficient to provide the B class organ identity function. Development, 122(1): 11-22.

Krogan N T, Hogan K, Long J A. 2012. APETALA2 negatively regulates multiple floral organ identity genes in *Arabidopsis* by recruiting the co-repressor TOPLESS and the histone deacetylase HDA19. Development, 139(22): 4180-4190.

Lampugnani E R, Kilinc A, Smyth D R. 2013. Auxin controls petal initiation in *Arabidopsis*. Development, 140(1): 185-194.

Lenhard M, Bohnert A, Jürgens G, et al. 2001. Termination of stem cell maintenance in *Arabidopsis* floral meristems by interactions between Wuschel and Agamous. Cell, 105(6): 805-814.

Li H, Liang W, Yin C, et al. 2011a. Genetic interaction of OsMADS3, DROOPING LEAF, and OsMADS13 in specifying rice floral organ identities and meristem determinacy. Plant Physiol, 156(1): 263-274.

Li H, Pinot F, Sauveplane V, et al. 2010a. Cytochrome P450 family member CYP704B2 catalyzes the omega-hydroxylation of fatty acids and is required for anther cutin biosynthesis and pollen exine formation in rice. Plant Cell, 22(1): 173-190.

Li H, Yuan Z, Vizcay-Barrena G, et al. 2011b. PERSISTENT TAPETAL CELL1 encodes a PHD-Finger protein that is required for tapetal cell death and pollen development in rice. Plant Physiol, 156(2): 615-630.

Li J, Huang Y, Tan H, et al. 2015. An endoplasmic reticulum magnesium transporter is essential for pollen development in *Arabidopsis*. Plant Science, 231: 212-220.

Li J, Yu M, Geng L L, et al. 2010b. The fasciclin-like arabinogalactan protein gene, FLA3, is involved in microspore development of *Arabidopsis*. Plant Journal, 64(3): 482-497.

Li N, Zhang D S, Liu H S, et al. 2006a. The rice tapetum degeneration retardation gene is required for tapetum degradation and anther development. Plant Cell, 18(11): 2999-3014.

Li W, Chen C, Markmann-Mulisch U, et al. 2004. The *Arabidopsis* AtRAD51 gene is dispensable for vegetative development but required for meiosis. PNAS, 101(29): 10596-10601.

Li X, Gao X, Wei Y, et al. 2011c. Rice APOPTOSIS INHIBITOR5 coupled with two DEAD-box adenosine 5'-triphosphate-dependent RNA helicases regulates tapetum degeneration. Plant Cell, 23(4): 1416-1434.

Li X X, Duan X P, Jiang H X, et al. 2006b. Genome-wide analysis of basic/helix-loop-helix transcription factor family in rice and *Arabidopsis*. Plant Physiol, 141(4): 1167-1184.

Lin S, Dong H, Zhang F, et al. 2014. BcMF8, a putative arabinogalactan protein-encoding gene, contributes to pollen wall development, aperture formation and pollen tube growth in *Brassica campestris*. Annals of Botany, 113(5): 777-788.

Liu L, Fan X D. 2013. Tapetum: regulation and role in sporopollenin biosynthesis in *Arabidopsis*. Plant Mol Biol, 83(3): 165-175.

Liu X, Huang J, Parameswaran S, et al. 2009. The SPOROCYTELESS/NOZZLE gene is involved in controlling stamen identity in *Arabidopsis*. Plant Physiol, 151(3): 1401-1411.

Liu Z H, Bao W J, Liang W Q, et al. 2010. Identification of gamyb-4 and analysis of the regulatory role of GAMYB in rice anther development. Journal of Integrative Plant Biology, 52(7): 670-678.

Lou Y, Xu X F, Zhu J, et al. 2014a. The tapetal AHL family protein TEK determines nexine formation in the pollen wall. Nat Commun, 5: 3855.

Lu P, Chai M, Yang J, et al. 2014. The *Arabidopsis* CALLOSE DEFECTIVE MICROSPORE1 gene is required for male fertility through regulating callose metabolism during microsporogenesis. Plant Physiol, 164(4): 1893-1904.

Lucas W J, Lee J Y. 2004. Plant cell biology—Plasmodesmata as a supracellular control network in plants. Nature Reviews Molecular Cell Biology, 5(9): 712-726.

Magallon S, Gomez-Acevedo S, Sanchez-Reyes L L, et al. 2015. A metacalibrated time-tree documents the early rise of flowering plant phylogenetic diversity. New Phytologist, 207(2): 437-453.

Mandaokar A, Browse J. 2009. MYB108 acts together with MYB24 to regulate jasmonate-mediated stamen maturation in *Arabidopsis*. Plant Physiol, 149(2): 851-862.

Mandaokar A, Thines B, Shin B, et al. 2006. Transcriptional regulators of stamen development in *Arabidopsis* identified by transcriptional profiling. Plant Journal, 46(6): 984-1008.

Mandel M A, Gustafson-Brown C, Savidge B, et al. 1992. Molecular characterization of the *Arabidopsis* floral homeotic gene APETALA1. Nature, 360(6401): 273-277.

Mandel M A, Yanofsky M F. 1995. A gene triggering flower formation in *Arabidopsis*. Nature, 377(6549): 522-524.

Mao Y B, Liu Y Q, Chen D Y, et al. 2017. Jasmonate response decay and defense metabolite accumulation contributes to age-regulated dynamics of plant insect resistance. Nature Communication, 8: 13925.

Mathieu J, Yant L J, Murdter F, et al. 2009. Repression of flowering by the miR172 target SMZ. PLoS Biol, 7(7): e1000148.

Meeuse A D J. 1992. Angiosperm evolution: no abominable mystery. Delft: Eburon.

Melzer S, Lens F, Gennen J, et al. 2008. Flowering-time genes modulate meristem determinacy and growth form in *Arabidopsis thaliana*. Nat Genet, 40(12): 1489-1492.

Mercier R, Armstrong S J, Horlow C, et al. 2003. The meiotic protein SWI1 is required for axial element formation and recombination initiation in *Arabidopsis*. Development, 130(14): 3309-3318.

Mercier R, Mezard C, Jenczewski E, et al. 2015. The molecular biology of meiosis in plants. Annu Rev Plant Biol, 66: 297-327.

Mercier R, Vezon D, Bullier E, et al. 2001. SWITCH1(SWI1): A novel protein required for the establishment of sister chromatid cohesion and for bivalent formation at meiosis. Genes and Development, 15(14): 1859-1871.

Millar A A, Gubler F. 2005. The *Arabidopsis* GAMYB-like genes, MYB33 and MYB65, are microRNA-regulated genes that redundantly facilitate anther development. Plant Cell, 17(3): 705-721.

Mitsuda N, Seki M, Shinozaki K, et al. 2005. The NAC transcription factors NST1 and NST2 of *Arabidopsis* regulate secondary wall thickenings and are required for anther dehiscence. Plant Cell, 17(11): 2993-3006.

Mizuno S, Osakabe Y, Maruyama K, et al. 2007. Receptor-like protein kinase 2 (RPK 2) is a novel factor controlling anther development in *Arabidopsis thaliana*. Plant Journal, 50(5): 751-766.

Moon J, Suh S S, Lee H, et al. 2003. The SOC1 MADS-box gene integrates vernalization and gibberellin signals for flowering in *Arabidopsis*. Plant Journal, 35(5): 613-623.

Moon S, Kim S R, Zhao G, et al. 2013. Rice glycosyltransferase1 encodes a glycosyltransferase essential for pollen wall formation. Plant Physiol, 161(2): 663-675.

Morant M, Jorgensen K, Schaller H, et al. 2007. CYP703 is an ancient cytochrome P450 in land plants catalyzing in-chain hydroxylation of lauric acid to provide building blocks for sporopollenin synthesis in pollen. Plant Cell, 19(5): 1473-1487.

Moreau F, Thevenon E, Blanvillain R, et al. 2016. The Myb-domain protein ULTRAPETALA1 INTERACTING FACTOR 1 controls floral meristem activities in *Arabidopsis*. Development, 143(7): 1108-1119.

Moyroud E, Minguet E G, Ott F, et al. 2011. Prediction of regulatory interactions from genome sequences using a biophysical model for the Arabidopsis LEAFY transcription factor. Plant Cell, 23(4): 1293-1306.

Murmu J, Bush M J, DeLong C, et al. 2010. *Arabidopsis* basic leucine-zipper transcription factors TGA9 and TGA10 interact with floral glutaredoxins ROXY1 and ROXY2 and are redundantly required for anther development. Plant Physiol, 154(3): 1492-1504.

Nagpal P, Ellis C M, Weber H, et al. 2005. Auxin response factors ARF6 and ARF8 promote jasmonic acid production and flower maturation. Development, 132(18): 4107-4118.

Nasmyth K. 1999. Separating sister chromatids. Trends in Biochemical Sciences, 24(3): 98-104.

Niemann M C, Bartrina I, Ashikov A, et al. 2015. *Arabidopsis* ROCK1 transports UDP-GlcNAc/UDP-GalNAc and regulates ER protein quality control and cytokinin activity. PNAS, 112(1): 291-296.

Niu N, Liang W, Yang X, et al. 2013. EAT1 promotes tapetal cell death by regulating aspartic proteases during male reproductive development in rice. Nature Communication, 4: 1445.

Nonomura K, Morohoshi A, Nakano M, et al. 2007. A germ cell specific gene of the ARGONAUTE family is essential for the progression of premeiotic mitosis and meiosis during sporogenesis in rice. Plant Cell, 19(8): 2583-2594.

Nonomura K I, Miyoshi K, Eiguchi M, et al. 2003. The MSP1 gene is necessary to restrict the number of cells entering into male and female sporogenesis and to initiate anther wall formation in rice. Plant Cell ,15(8):1728-1739.

Nonomura K I, Nakano M, Murata K, et al. 2004. An insertional mutation in the rice PAIR2 gene, the ortholog of *Arabidopsis* ASY1, results in a defect in homologous chromosome pairing during meiosis. Molecular Genetics and Genomics, 271(2): 121-129.

Ó'Maoiléidigh D S, Wuest S E, Rae L, et al. 2013. Control of reproductive floral organ identity specification in Arabidopsis by the C function regulator AGAMOUS. Plant Cell, 25(7): 2482-2503.

Ogawa M, Kay P, Wilson S, et al. 2009. ARABIDOPSIS DEHISCENCE ZONE POLYGALACTURON-ASE1(ADPG1), ADPG2, and QUARTET2 are polygalacturonases required for cell separation during reproductive development in *Arabidopsis*. Plant Cell, 21(1): 216-233.

Pacini E. 1990. Tapetum and microspore funcion. *In*: Blackmore S, Knox R B. Ontogeny and Systematics, London: Academic Press: 213-223.

Pajoro A, Biewers S, Dougali E, et al. 2014a. The (r)evolution of gene regulatory networks controlling *Arabidopsis* plant reproduction: a two-decade history. J Exp Bot, 65(17): 4731-4745.

Pajoro A, Madrigal P, Muino J M, et al. 2014b. Dynamics of chromatin accessibility and gene regulation by MADS-domain transcription factors in flower development. Genome Biol, 15(3): R41.

Parisi S, McKay M J, Molnar M, et al. 1999. Rec8p, a meiotic recombination and sister chromatid cohesion phosphoprotein of the Rad21p family conserved from fission yeast to humans. Molecular and Cellular

Biology, 19(5): 3515-3528.

Pastore J J, Limpuangthip A, Yamaguchi N, et al. 2011. LATE MERISTEM IDENTITY2 acts together with LEAFY to activate APETALA1. Development, 138(15): 3189-3198.

Paxson-Sowders D M, Dodrill C H, Owen H A, et al. 2001. DEX1, a novel plant protein, is required for exine pattern formation during pollen development in *Arabidopsis*. Plant Physiol, 127(4): 1739-1749.

Paxson-Sowders D M, Owen H A, Makaroff C A. 1997. A comparative ultrastructural analysis of exine pattern development in wild-type *Arabidopsis* and a mutant defective in pattern formation. Protoplasma, 198(1-2): 53-65.

Pelaz S, Ditta G S, Baumann E, et al. 2000. B and C floral organ identity functions require SEPALLATA MADS-box genes. Nature, 405(6783): 200-203.

Phan H A, Iacuone S, Li S F, et al. 2011. The MYB80 Transcription factor is required for pollen development and the regulation of tapetal programmed cell death in *Arabidopsis thaliana*. Plant Cell, 23(6): 2209-2224.

Pighin J A, Zheng H Q, Balakshin L J, et al. 2004. Plant cuticular lipid export requires an ABC transporter. Science, 306(5696): 702-704.

Pires H R, Monfared M M, Shemyakina E A, et al. 2014. ULTRAPETALA trxG genes interact with KANADI transcription factor genes to regulate *Arabidopsis* gynoecium patterning. Plant Cell, 26(11): 4345-4361.

Porri A, Torti S, Romera-Branchat M, et al. 2012. Spatially distinct regulatory roles for gibberellins in the promotion of flowering of *Arabidopsis* under long photoperiods. Development, 139(12): 2198-2209.

Pose D, Verhage L, Ott F, et al. 2013. Temperature-dependent regulation of flowering by antagonistic FLM variants. Nature, 503(7476): 414-417.

Preston J, Wheeler J, Heazlewood J, et al. 2004. AtMYB32 is required for normal pollen development in *Arabidopsis thaliana*. Plant Journal, 40(6): 979-995.

Prigge M J, Otsuga D, Alonso J M, et al. 2005. Class III homeodomain-leucine zipper gene family members have overlapping, antagonistic, and distinct roles in Arabidopsis development. Plant Cell, 17(1): 61-76.

Qi T, Huang H, Song S, et al. 2015. Regulation of jasmonate-mediated stamen development and seed production by a bHLH-MYB complex in *Arabidopsis*. Plant Cell, 27(6): 1620-1633.

Qiu Y L, Lee J, Bernasconi-Quadroni F, et al. 1999. The earliest angiosperms: evidence from mitochondrial, plastid and nuclear genomes. Nature, 402(6760): 404-407.

Quilichini T D, Friedmann M C, Samuels A L, et al. 2010. ATP-binding cassette transporter G26 is required for male fertility and pollen exine formation in *Arabidopsis*. Plant Physiol, 154(2): 678-690.

Quilichini T D, Samuels A L, Douglas C J. 2014. ABCG26-mediated polyketide trafficking and hydroxycinnamoyl spermidines contribute to pollen wall exine formation in *Arabidopsis*. Plant Cell, 26(11): 4483-4498.

Quint M, Gray W M. 2006. Auxin signaling. Curr Opin Plant Biol, 9(5): 448-453.

Ranftl Q L, Bastakis E, Klermund C, et al. 2016. LLM-domain containing B-GATA factors control different aspects of cytokinin-regulated development in *Arabidopsis thaliana*. Plant Physiol, 170(4): 2295-2311.

Reeder S H, Lee B H, Fox R, et al. 2016. A Ploidy-sensitive mechanism regulates aperture formation on the *Arabidopsis* pollen surface and guides localization of the aperture factor INP1. PLoS Genetics, 12(5): e1006060.

Rice D W, Alverson A J, Richardson A O, et al. 2013. Horizontal transfer of entire genomes via mitochondrial fusion in the angiosperm Amborella. Science, 342(6165): 1468-1473.

Richter R, Behringer C, Zourelidou M, et al. 2013. Convergence of auxin and gibberellin signaling on the regulation of the GATA transcription factors GNC and GNL in *Arabidopsis thaliana*. PNAS, 110(32): 13192-13197.

Rowley J R, Morbelli M A. 2009. Connective structures between tapetal cells and spores in Lycophyta and pollen grains in angiosperms—A review. Review of Palaeobotany and Palynology, 156(1-2): 157-164.

Rubio-Somoza I, Weigel D. 2013. Coordination of flower maturation by a regulatory circuit of three microRNAs. PLoS Genet, 9(3): e1003374.

Ruelens P, Zhang Z, van Mourik H, et al. 2017. The origin of floral organ identity quartets. Plant Cell, 29(2): 229-242.

Sablowski R. 2015. Control of patterning, growth, and differentiation by floral organ identity genes. J Exp Bot, 66(4): 1065-1073.

Sakai H, Medrano L J, Meyerowitz E M. 1995. Role of SUPERMAN in maintaining *Arabidopsis* floral whorl boundaries. Nature, 378(6553): 199-203.

Samach A, Onouchi H, Gold S E, et al. 2000. Distinct roles of CONSTANS target genes in reproductive development of *Arabidopsis*. Science, 288(5471): 1613-1616.

Samuels L, Kunst L, Jetter R. 2008. Sealing plant surfaces: cuticular wax formation by epidermal cells. Annual Review of Plant Biology, 59(1): 683-707.

Sanders P M, Bui A Q, Weterings K, et al. 1999. Anther developmental defects in *Arabidopsis thaliana* male-sterile mutants. Sex Plant Reprod, 11(6): 297-322.

Sanders P M, Lee P Y, Biesgen C, et al. 2000. The *Arabidopsis* DELAYED DEHISCENCE1 gene encodes an enzyme in the jasmonic acid synthesis pathway. Plant Cell, 12(7): 1041-1061.

Scherthan H. 2001. A bouquet makes ends meet. Nature Reviews Molecular Cell Biology, 2(8): 621-627.

Schiessl K, Muino J M, Sablowski R. 2014. *Arabidopsis* JAGGED links floral organ patterning to tissue growth by repressing Kip-related cell cycle inhibitors. PNAS, 111(7): 2830-2835.

Schlupmann H, Bacic A, Read S M. 1994. Uridine diphosphate glucose metabolism and callose synthesis in cultured pollen tubes of *Nicotiana alata* Link et Otto. Plant Physiol, 105(2): 659-670.

Schnurr J A, Storey K K, Jung H-J G, et al. 2006. UDP-sugar pyrophosphorylase is essential for pollen development in *Arabidopsis*. Planta, 224(3): 520-532.

Schommer C, Beven A, Lawrenson T, et al. 2003. AHP2 is required for bivalent formation and for segregation of homologous chromosomes in *Arabidopsis* meiosis. Plant Journal, 36(1): 1-11.

Schruff M C, Spielman M, Tiwari S, et al. 2006. The AUXIN RESPONSE FACTOR 2 gene of *Arabidopsis* links auxin signalling, cell division, and the size of seeds and other organs. Development, 133(2): 251-261.

Schuster C, Gaillochet C, Lohmann J U. 2015. *Arabidopsis* HECATE genes function in phytohormone control during gynoecium development. Development, 142(19): 3343-3350.

Schwarz-Sommer Z, Huijser P, Nacken W, et al. 1990. Genetic control of flower development by homeotic genes in *Antirrhinum majus*. Science, 250(4983): 931-936.

Schweizer E, Hofmann J. 2004. Microbial type I fatty acid synthases(FAS): Major players in a network of cellular FAS systems. Microbiology and Molecular Biology Reviews, 68(3): 501-517.

Scofield S, Dewitte W, Nieuwland J, et al. 2013. The *Arabidopsis* homeobox gene SHOOT MERISTE-MLESS has cellular and meristem-organisational roles with differential requirements for cytokinin and CYCD3 activity. Plant Journal, 75(1): 53-66.

Scott R J, Spielman M, Dickinson H G. 2004. Stamen structure and function. Plant Cell, 16: S46-S60.

Seymour G B, Ostergaard L, Chapman N H, et al. 2013. Fruit development and ripening. Annu Rev Plant Biol, 64: 219-241.

Shi J, Cui M, Yang L, Kim YJ, et al. 2015a. Genetic and biochemical mechanisms of pollen wall development. Trends in Plant Science, 20(11): 741-753.

Shi J, Tan H, Yu X H, et al. 2011a. Defective pollen wall is required for anther and microspore development in rice and encodes a fatty acyl carrier protein reductase. Plant Cell, 23: 2225-2246.

Shi J X, Malitsky S, De oliveira S, et al. 2011b. SHINE transcription. factors act redundantly to pattern the archetypal surface of *Arabidopsis* flower organs. PLOS genetics, 7(5): e1001388.

Shi X, Sun X, Zhang Z, et al. 2015b. GLUCAN SYNTHASE-LIKE 5(GSL5) plays an essential role in male fertility by regulating callose metabolism during microsporogenesis in rice. Plant Cell Physiol, 56(3): 497-509.

Shi Z H, Zhang C, Xu X F, et al. 2015c. Overexpression of AtTTP Affects ARF17 expression and leads to male sterility in Arabidopsis PLoS One, 10(3): e0117317.

Simonini S, Roig-Villanova I, Gregis V, et al. 2012. Basic pentacysteine proteins mediate MADS domain complex binding to the DNA for tissue-specific expression of target genes in *Arabidopsis*. Plant Cell, 24(10): 4163-4172.

Simpson G G, Dean C. 2002. *Arabidopsis*, the Rosetta stone of flowering time? Science, 296(5566): 285-289.

Smaczniak C. 2012. Characterization of MADS-domain transcription factor complexes in *Arabidopsis* flower development. PNAS, 109(5): 1560-1565.

Smaczniak C, Immink R G H, Angenent G C, et al. 2012. Developmental and evolutionary diversity of plant MADS-domain factors: insights from recent studies. Development, 139(17): 3081-3098.

Smyth D R, Bowman J L, Meyerowitz E M. 1990. Early flower development in *Arabidopsis*. Plant Cell, 1990, 2(8): 755-767.

Song J H, Cao J S, Wang C G. 2013. BcMF11, a novel non-coding RNA gene from *Brassica campestris*, is required for pollen development and male fertility. Plant Cell Reports, 32(1): 21-30.

Sorensen A M, Krober S, Unte U S, et al. 2003. The *Arabidopsis* ABORTED MICROSPORES (AMS) gene encodes a MYC class transcription factor. Plant Journal, 33(2): 413-423.

Spielman M, Preuss D, Li F L, et al. 1997. TETRASPORE is required for male meiotic cytokinesis in *Arabidopsis thaliana*. Development, 124(13): 2645-2657.

Sumiyoshi M, Inamura T, Nakamura A, et al. 2014. UDP-Arabinopyranose Mutase 3 is required for pollen wall morphogenesis in rice (*Oryza sativa*). Plant and Cell Physiology, 56(2): 232-241.

Sun B, Looi L S, Guo S, et al. 2014. Timing mechanism dependent on cell division is invoked by Polycomb eviction in plant stem cells. Science, 343(6170): 1248559.

Sun M X, Huang X Y, Yang J, et al. 2013. *Arabidopsis* RPG1 is important for primexine deposition and functions redundantly with RPG2 for plant fertility at the late reproductive stage. Plant Reprod, 26(2): 83-91.

Tabata R, Ikezaki M, Fujibe T, et al. 2010. *Arabidopsis* auxin response factor 6 and 8 regulate jasmonic acid biosynthesis and floral organ development via repression of class 1 KNOX genes. Plant Cell Physiol, 51(1): 164-175.

Theissen G. 2001. Development of floral organ identity: stories from the MADS house. Curr Opin Plant Biol, 4(1): 75-85.

Theissen G, Saedler H. 2001. Floral quartets. Nature, 409(6819): 469-471.

Trigueros M, Navarrete-Gomez M, Sato S, et al. 2009. The NGATHA genes direct style development in the *Arabidopsis* gynoecium. Plant Cell, 21(5): 1394-1409.

Tsuchiya T, Toriyama K, Yoshikawa M, et al. 1995. Tapetum-specific expression of the gene for an endo-beta-1, 3-glucanase causes male sterility in transgenic tobacco. Plant Cell Physiol, 36(3): 487-494.

Ueda K, Yoshimura F, Miyao A, et al. 2013. COLLAPSED ABNORMAL POLLEN1 gene encoding the arabinokinase-like protein is involved in pollen development in rice. Plant Physiology, 162(2): 858-871.

Varaud E, Brioudes F, Szecsi J, et al. 2011. AUXIN RESPONSE FACTOR8 regulates *Arabidopsis* petal growth by interacting with the bHLH transcription factor BIGPETALp. Plant Cell, 23(3): 973-983.

Verma D P, Hong Z. 2001. Plant callose synthase complexes. Plant Mol Biol, 47(6): 693-701.

Vizcay-Barrena G, Wilson Z A. 2006. Altered tapetal PCD and pollen wall development in the *Arabidopsis* ms1 mutant. J Exp Bot, 57(11): 2709-2717.

Wan L, Zha W, Cheng X, et al. 2011. A rice β-1, 3-glucanase gene Osg1 is required for callose degradation in pollen development. Planta, 233(2): 309-323.

Wang M, Wang K J, Tang D, et al. 2010. The central element protein ZEP1 of the synaptonemal complex regulates the number of crossovers during meiosis in rice. Plant Cell, 22(2): 417-430.

Wang X, Liu Z J. 2015. Jurassic flower fossils and the origin of angiosperms. Chinese Journal of Nature, 37(6): 435-440.

Watanabe Y, Nurse P. 1999. Cohesin Rec8 is required for reductional chromosome segregation at meiosis. Nature, 400(6743): 461-464.

Weigel D, Nilsson O. 1995. A developmental switch sufficient for flower initiation in diverse plants. Nature, 377(6549): 495-500.

Wijeratne A J, Zhang W, Sun Y, et al. 2007. Differential gene expression in *Arabidopsis* wild-type and mutant anthers: insights into anther cell differentiation and regulatory networks. Plant Journal, 52(1): 14-29.

Wils C R, Kaufmann K. 2017. Gene-regulatory networks controlling inflorescence and flower development in *Arabidopsis thaliana*. Biochimica et Biophysica Acta (BBA)-Gene Regulatory Mechanisms, 1860(1): 95-105.

Wilson Z A, Song J, Taylor B, et al. 2011. The final split: the regulation of anther dehiscence. J Exp Bot, 62(5): 1633-1649.

Wilson Z A, Zhang D B. 2009. From *Arabidopsis* to rice: pathways in pollen development. J Exp Bot, 60(5): 1479-1492.

Winter C M, Austin R S, Blanvillain-Baufume S, et al. 2011. LEAFY target genes reveal floral regulatory logic, cis motifs, and a link to biotic stimulus response. Dev Cell, 20(4): 430-443.

Winter K U, Becker A, Münster T, et al. 1999. MADS-box genes reveal that gnetophytes are more closely related to conifers than to flowering plants. PNAS, 24(12): 2366-2380.

Wu G, Park M Y, Conway S R, et al. 2009. The sequential action of miR156 and miR172 regulates developmental timing in *Arabidopsis*. Cell, 138(4): 750-759.

Wu S, Gallagher K L. 2012. Transcription factors on the move. Curr Opin Plant Biol, 15(6): 645-651.

Wuest S E, O'Maoileidigh D S, Rae L, et al. 2012. Molecular basis for the specification of floral organs by APETALA3 and PISTILLATA. PNAS, 109(33): 13452-13457.

Wynn A N, Seaman A A, Jones A L, et al. 2014. Novel functional roles for PERIANTHIA and SEUSS during floral organ identity specification, floral meristem termination, and gynoecial development. Front Plant Sci, 5: 130.

Xie H T, Wan Z Y, Li S, et al. 2014. Spatiotemporal production of reactive oxygen species by NADPH Oxidase is critical for tapetal programmed cell death and pollen development in *Arabidopsis*. Plant Cell, 26(5): 2007-2023.

Xu J, Ding Z W, Vizcay-Barrena G, et al. 2014a. ABORTED MICROSPORES acts as a master regulator of pollen wall formation in *Arabidopsis*. Plant Cell, 26(4): 1544-1556.

Xu J, Yang C, Yuan Z, et al. 2010. The ABORTED MICROSPORES regulatory network is required for postmeiotic male reproductive development in *Arabidopsis thaliana*. Plant Cell, 22(1): 91-107.

Xu Y, Iacuone S, Li S F, et al. 2014b. MYB80 homologues in Arabidopsis, cotton and Brassica: regulation and functional conservation in tapetal and pollen development. BMC Plant Biology, 14(1): 278.

Yadav V, Molina I, Ranathunge K, et al. 2014. ABCG transporters are required for suberin and pollen wall extracellular barriers in *Arabidopsis*. Plant Cell, 26(9): 3569-3588.

Yamaguchi N, Jeong C W, Nole-Wilson S, et al. 2016. AINTEGUMENTA and AINTEGUMENTA-LIKE6/PLETHORA3 induce leafy expression in response to auxin to promote the onset of flower formation in *Arabidopsis*. Plant Physiol, 170(1): 283-293.

Yamaguchi N, Suzuki M, Fukaki H, et al. 2007. CRM1/BIG-mediated auxin action regulates *Arabidopsis* inflorescence development. Plant Cell Physiol, 48(9): 1275-1290.

Yamaguchi N, Wu M F, Winter C M, et al. 2013. A molecular framework for auxin-mediated initiation of flower primordia. Dev Cell, 24(3): 271-282.

Yang C Y, Xu Z Y, Song J, et al. 2007a. *Arabidopsis* MYB26/MALE STERILE35 regulates secondary thickening in the endothecium and is essential for anther dehiscence. Plant Cell, 19(2): 534-548.

Yang J, Tian L, Sun M X, et al. 2013. AUXIN RESPONSE FACTOR17 is essential for pollen wall pattern formation in *Arabidopsis*. Plant Physiol, 162(2): 720-731.

Yang M, Hu Y, Lodhi M, et al. 1999. The *Arabidopsis* SKP1-LIKE1 gene is essential for male meiosis and may control homologue separation. PNAS, 96(20): 11416-11421.

Yang S L, Xiea L F, Mao H Z, et al. 2003. TAPETUM DETERMINANT1 is required for cell specialization in the *Arabidopsis* anther. Plant Cell, 15(12): 2792-2804.

Yang X Y, Li J G, Pei M, et al. 2007b. Over-expression of a flower-specific transcription factor gene AtMYB24 causes aberrant anther development. Plant Cell Reports, 26(2): 219-228.

Yant L, Mathieu J, Dinh T T, et al. 2010. Orchestration of the floral transition and floral development in *Arabidopsis* by the bifunctional transcription factor APETALA2. Plant Cell, 22(7): 2156-2170.

Ye Q, Zhu W, Li L, et al. 2010. Brassinosteroids control male fertility by regulating the expression of key genes involved in *Arabidopsis* anther and pollen development. PNAS, 107(13): 6100-6105.

Yu N, Cai W J, Wang S, et al. 2010. Temporal control of trichome distribution by microRNA156-targeted SPL genes in *Arabidopsis thaliana*. Plant Cell, 22(7): 2322-2335.

Yuan Z, Gao S, Xue D W, et al. 2009. RETARDED PALEA1 controls palea development and floral zygomorphy in rice. Plant Physiol, 149(1): 235-244.

Yumul R E, Kim Y J, Liu X, et al. 2013. POWERDRESS and diversified expression of the MIR172 gene family bolster the floral stem cell network. PLoS Genetics, 9(1): e1003218.

Zavaliev R, Ueki S, Epel B L, et al. 2011. Biology of callose (β-1, 3-glucan) turnover at plasmodesmata[J]. Protoplasma, 248(1): 117-130.

Zhang D, Liang W, Yin C, et al. 2010a. OsC6, encoding a lipid transfer protein, is required for postmeiotic anther development in rice. Plant Physiol, 154(1): 149-162.

Zhang D, Luo X, Zhu L. 2011. Cytological analysis and genetic control of rice anther development. J Genet Genomics, 38(9): 379-390.

Zhang H, Liang W, Yang X, et al. 2010b. Carbon starved anther encodes a MYB domain protein that regulates sugar partitioning required for rice pollen development. Plant Cell, 22(3): 672-689.

Zhang W, Sun Y, Timofejeva L, et al. 2006. Regulation of *Arabidopsis* tapetum development and function by *DYSFUNCTIONAL TAPETUM1* (*DYT1*) encoding a putative bHLH transcription factor. Development, 133(16): 3085-3095.

Zhang Z B, Zhu J, Gao J F, et al. 2007. Transcription factor AtMYB103 is required for anther development by regulating tapetum development, callose dissolution and exine formation in *Arabidopsis*. Plant Journal, 52(3): 528-538.

Zhao X A, de Palma J, Oane R, et al. 2008. OsTDL1A binds to the LRR domain of rice receptor kinase MSP1, and is required to limit sporocyte numbers. Plant Journal, 54(3): 375-387.

Zheng N, Schulman B A, Song L, et al. 2002. Structure of the Cul1-Rbx1-Skp1-F boxSkp2 SCF ubiquitin ligase complex. Nature, 416(6882): 703-709.

Zheng Y, Ren N, Wang H, et al. 2009. Global identification of targets of the *Arabidopsis* MADS domain protein AGAMOUS-Like15. Plant Cell, 21(9): 2563-2577.

Zhou S, Wang Y, Li W, et al. 2011. Pollen semi-sterility1 encodes a kinesin-1-like protein important for male meiosis, anther dehiscence, and fertility in rice. Plant Cell, 23(1): 111-129.

Zhu E, You C, Wang S, et al. 2015. The DYT1-interacting proteins bHLH010, bHLH089 and bHLH091 are redundantly required for Arabidopsis anther development and transcriptome. Plant Journal, 83(6): 976-990.

Zhu L, Shi J X, Zhao G C, et al. 2013. Post-meiotic deficient anther1 (PDA1) encodes an ABC transporter required for the development of anther cuticle and pollen exine in rice. Journal of Plant Biology, 56(1): 59-68.

Zhu J, Chen H, Li H, et al. 2008. *Defective in Tapetal Development and Function 1* is essential for anther development and tapetal function for microspore maturation in Arabidopsis. Plant Journal, 55(2): 266-277.

Zhu Q H, Ramm K, Shivakkumar R, et al. 2004. The ANTHER INDEHISCENCE1 gene encoding a single MYB domain protein is involved in anther development in rice. Plant Physiol, 135(3): 1514-1525.

Zinkl G M, Preuss D. 2000. Dissecting *Arabidopsis* pollen-stigma interactions reveals novel mechanisms that confer mating specificity. Annals of Botany, 85: 15-21.

Zuniga-Mayo V M, Marsch-Martinez N, de Folter S. 2012. JAIBA, a class-II HD-ZIP transcription factor involved in the regulation of meristematic activity, and important for correct gynoecium and fruit development in *Arabidopsis*. Plant Journal, 71(2): 314-326.

第三章 油菜细胞核雄性不育的生物学基础

涂金星　洪登峰　华中农业大学

细胞核雄性不育（genic male sterility，ms）是由于核内染色体上与雄配子发生有关的基因突变而导致雄性不育的一种类型，简称核不育。细胞核不育是植物花药发育和小孢子释放的正常程序不能完成的现象。雄蕊发育属于复杂性状，从雄蕊原基的分化到形成有功能的成熟花粉粒并释放出来，是一个在时空上由多个阶段组成的、复杂严密的生长发育过程，涉及不同组织（如孢子体和配子体）、不同细胞核和细胞质基因，以及生物环境的协调表达和共同作用，是一系列生理生化反应和形态建成的结果。参与这一生物学过程的基因数目大概有 $3.5×10^3$ 个（Goldberg et al.，1993；Scott et al.，2004），其中任何一个基因的功能失调都有可能导致雄性不育。在拟南芥中，目前已经发现许多雄性不育突变材料，为油菜雄性不育的进一步研究和利用奠定了基础。

本章主要介绍油菜细胞核雄性不育的发现、油菜杂种优势利用中不同类型核不育的遗传、分子标记和基因克隆，以及各种核不育发生的生物学基础及其在杂种优势利用方面的最新进展等内容。

第一节 油菜细胞核雄性不育的类型

一、油菜核不育材料的来源

核不育通常是由细胞核基因的变异产生的，因此，所有涉及细胞核基因变异的途径都可以产生细胞核不育。自然突变和人工理化诱变都是获得核不育材料的主要途径；在某些情况下，品种间杂交时，由于核基因背景的改变，也会产生不育；不同类型的油菜杂交（如甘蓝型油菜×白菜型油菜等）后代，由于不同类型间基因的重组，也会产生核不育材料；甘蓝型油菜自交后代也常分离出核不育植株（傅廷栋，1995）。

（1）由自然突变产生的核不育：在甘蓝型油菜中，早期相继发现了一些核不育材料，如 'Norin 3 号'、'宜 3A'、'川 7A'，近年来随着杂种优势的利用，人们也关注一些油菜核不育材料，潘涛等（1988）发现的 'S45A'，侯国佐等（1990）发现的 '117A'，Mathias（1985）发现的 'Janpol' 核不育等；白菜型油菜中，如新德里印度农业研究所发现的托里亚油菜核不育，1961 年 Das 发现的褐沙逊核不育（林良斌和官春云，1996），王武萍等（1992）发现的 '17A' 等。

（2）由品种间杂交获得的核不育：如上海市农业科学院在 '胜利油菜' × '大粒油

菜'的 F$_3$ 代中获得的'70-132'，四川省农业科学院（1972）在'川油 8 号'×'七星剑'的 F$_3$ 代中获得的'87A'，董云麟和杜乐（1992）在'川农长角'×'米达斯'的 F$_4$ 代中获得的核不育，王武萍等（1992）在关中油菜×'Toben'的 F$_2$ 代中获得的核不育等。

（3）由型间杂交获得的核不育：如上海市农业科学院油菜研究室在'23 号油菜'×'白油 1 号'的 F$_2$ 代中获得的'72-2120A'和在'7055'×'白油 1 号'的 F$_1$ 代中获得的'72-2045A'等。

（4）由理化诱变获得的核不育：如日本的 Takagi 用 4C/kg 的 γ 射线处理 Murasaki 油菜植株后在 M$_2$ 代获得的不育株，上海市农业科学院用 ^{60}Co 7.7 C/kg 处理'704'×'日油'的 F$_1$ 代种子后在 M$_2$ 代获得'72-3004A'等。

（5）通过自交获得的核不育：如上海市农业科学院的'茂 2A'。

由上述可见，油菜核不育材料的来源是十分广泛的（傅廷栋，1995）。

二、油菜核不育的育性表现类型

油菜核不育经常以近等基因系（或称 AB 系）的形式稳定保持下来，近等基因系群体中从外部形态上，不育株与可育株很难观察到差别，只有到蕾花期，才能从花器官上加以区别。例如，Das 等 1961 年对黄沙逊核不育株花器的描述：不育株的花瓣较小，花药较窄、短而白，顶端比较尖；花药内含有少量无生活力的花粉粒，用可育株花粉给不育株授粉能形成角果，说明其雌蕊是可育的；可育株花瓣的长、宽及花药的长度分别为 13.08mm、7.50mm 和 3.26mm，不育株则分别为 9.80mm、5.44mm 和 2.69mm。上海市农业科学院 20 世纪 70 年代对'宜 3A'及其派生系不育株花器的描述和测定结果是：成熟的花蕾较尖瘦、质软，有些不育株在开花前表现花蕾凋萎脱落；不育株一般比可育株开花晚 3～4 天，花朵开放状态多数为重叠状，部分为离瓣花；花瓣形态多数为正常平滑形，也发现小部分表现花瓣皱缩；花瓣大小中等，但也有部分为大花瓣或小花瓣类型；不育株花瓣的长、宽分别为 8.48mm 和 7.18mm，可育株花瓣的长、宽分别为 9.28mm 和 8.35mm；雄蕊严重退化，花丝不伸长或略有伸长，花药萎缩，花粉囊中空干瘪，无花粉，花药呈箭尖形或戟形，为黄褐色或灰褐色，不育株雄蕊平均长度为 4.71mm，可育株为 9.65mm；雌蕊形态正常，但有部分表现为柱头弯曲，不育株雌蕊的平均长度为 10.90mm，可育株为 10.56mm。雌雄蕊长度的比值：不育株为 2.3，可育株为 1.09。雌蕊内胚珠数，不育株平均为 30.96 个，可育株为 32.05 个，基本相同，但不育株的结实率较低，可能是由于天然授粉不足而引起的。甘蓝型油菜'7365B'中，成熟的花药中雄蕊明显高于雌蕊，'7365A'中雄蕊花丝的延伸受到了严重影响，雄蕊高度明显低于雌蕊，两者比例不到正常值的一半（图 3-1）。

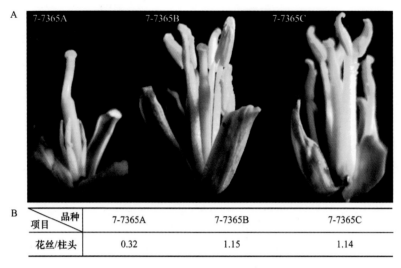

图 3-1 甘蓝型油菜隐性核不育材料'7365A'中花丝延伸受到阻碍

A.'7365A'、'7365B'和'7365C'的花药；B.'7365A'、'7365B'和'7365C'中花丝长度与柱头长度的比较

项目 品种	7-7365A	7-7365B	7-7365C
花丝/柱头	0.32	1.15	1.14

第二节　油菜细胞核雄性不育的细胞学特征

油菜细胞核不育的类型很多，但是应用到油菜杂交种生产的类型并不多，目前只有三种类型。根据控制育性的基因显隐性关系，可分为：隐性核不育（recessive genic male sterility），如'S45A'（同'117A'）和'9012'（同'7365A'）；显性核不育（dominant genic male sterility），如'宜3A'；基因工程核不育（SeedLink^{TM} 北美，Bayer Cropscience）。根据发生突变的基因位点和数量，它们又各分为单基因核不育和双基因或两对以上的基因核不育。本章将重点介绍以下三种类型：双隐性重叠基因控制的'S45A'；两对隐性互作基因控制的'9012A'（'7365A'）；显性细胞核不育'Rs1046A'。这些材料在油菜的杂种优势利用中发挥了重要的作用。

一、油菜双隐性重叠基因控制的核不育'S45A'细胞学观察

与拟南芥花药发育相似，在正常油菜（如'S45B'）花药和小孢子发育过程中（陈玉宁，2009），花药原基细胞进行分裂发育成4个小孢子囊，孢子细胞分裂成药壁组织和造孢细胞，药壁组织平周分裂成4层细胞，造孢细胞分化形成小孢子孢母细胞，小孢子孢母细胞进行减数分裂经过二分体形成四分体与绒毡层紧密相连，四分体后期，绒毡层开始启动程序性死亡，胼胝质降解，小孢子从四分体中释放出来，小孢子外壁已经初步形成，能够观察到由钉子状的支柱和顶盖形成的小孢子外壁，覆盖着孢粉素的小孢子表面横切面表现为不规则的四边形，至单核后期，小孢子外壁已经完全形成，经过两次连续的有丝分裂，小孢子发育成包含一个营养核和两个精细胞的成熟花粉粒，充满着淀粉颗粒。在从四分体到小孢子的发育过程中，绒毡层起着至关重要的作用。四分体时期，绒毡层开始液泡化，分泌的孢粉素沉积到小孢子表面引发小孢子外壁的合成，并分泌β-1,3葡聚糖酶降解胼胝质壁释放小孢子，小孢子释放之后，继续为小孢子提供营养，合成激素，与此同时，绒毡层开始降

解，到小孢子三核期彻底消亡，外表皮层细胞间形成了纤维带。

陈玉宁（2009）通过观察可育材料（'S45B'）和不育材料（'S45A'）从造孢细胞到花粉成熟所有时期的细胞学形态，发现在'S45A'和'S45B'中减数分裂都能正常发生（图 3-2A～D，K～N），细胞学异常现象开始出现在四分体时期，'S45A'的绒毡层发育不正常，小孢子外壁缺失，最终小孢子死亡降解。主要体现在：①绒毡层异常肥大，径向延伸（图 3-2C、T）；②单核初期小孢子横切面为不正常的表面光滑圆形（图 3-2E、O）；③没有小孢子外壁的形成（图 3-2E、F、H、O、P、R）；④没有形成成熟的花粉粒（图 3-2I、S），内层没有纤维带的形成（图 3-2J、T）。

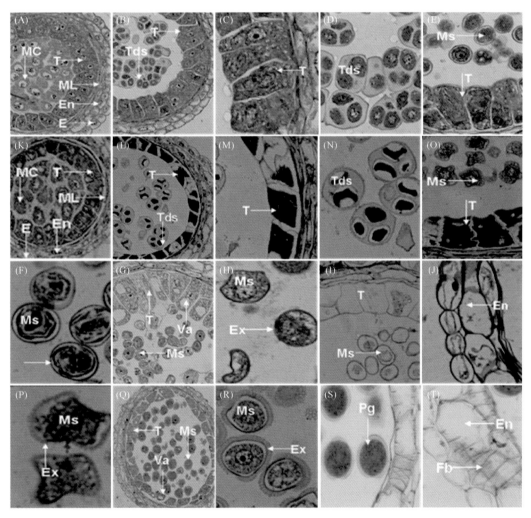

图 3-2　不同发育时期的花药横切显微图

'S45A'为 A～J，'S45B'为 K～T。A、K 为减数分裂时期；B～D、I～N 为四分体时期，差异开始出现在绒毡层，'S45A'中绒毡层细胞肥大；E～F、O～P 为小孢子单核期，'S45A'中小孢子横切面为光滑的圆形，绒毡层继续肥大，'S45B'中小孢子横切面为四边形，花粉外壁出现在小孢子表面（白色箭头所指）；G～H、Q～R 为小孢子单核后期，'S45A'中绒毡层出现严重的液泡化过程，'S45B'中小孢子外壁继续增长（白色箭头所指）；I～J、S～T 为小孢子三核期，'S45A'中小孢子彻底降解，没有纤维带的形成。E，外层；En，内层；Ex，孢子外壁；Fb，纤维带；MC，孢母细胞；ML，中层；Ms，小孢子；Pg，花粉粒；T，绒毡层；Tds，四分体

曾芳琴（2010）采用透射电镜来观察可育材料与不育材料在花药和小孢子各个发育时期的差异。与半薄切片的结果一致，在减数分裂前期，不育材料和可育材料之间没有发现有明显的差异。至四分体早期（第 7 期早期），在可育材料和不育材料的四分体中都可以见到很明显的胼胝质壁和原生壁形成（图 3-3A、B）。到四分体晚期，在可育材料中，随着发育，可以看见外壁骨架（原生柱）形成，并且不断变长、长粗（图 3-3C、E）。对于突变体材料，可以看到与可育材料类似的质膜波动，形成凸起和凹陷，但是在凸起处，没有看到原生柱的形成或者形成的原生柱不能长大变粗；相反，在不育材料中可以看到一些电子密度的物质浓缩随机分布在质膜表面（图 3-3G、H）。这个时期可育材料的绒毡层表现出有较多的高尔基体和相关的分泌小泡（图 3-3I），表明其旺盛的分泌活动。而在不育材料中，与半薄切片的结果相同，绒毡层细胞排列紧密，径向延伸，表现出较少的分泌功能（图 3-3J）。在不育材料和可育材料的绒毡层中，均可以看见质体围绕着核排列（图 3-3I、J，箭头所示）。

随着胼胝质壁的降解，小孢子从四分体中释放出来，到第 8 期，可育材料的小孢子表面可以看到具有网状结构的花粉外壁，可以看到大量的孢粉素沉积物很明显地分泌在小孢子的表面（图 3-3K、L），在小孢子的核膜周围围绕着大量的内质网，在绒毡层内部核周围分布的质体中开始有脂质小球的积累（图 3-3M，质体，黑色箭头；内质网，白色箭头）。然而在不育材料中，小孢子表面没有与可育材料类似的花粉外壁，其外壁较薄（图 3-3N、O）；绒毡层中，细胞器的组成与可育材料相比，有很大的差异，核周围分布的质体减少，没有脂质小球的累积，并且内质网的分布很混乱。到了第 9 期，小孢子开始液泡化（图 3-3Q、U）。在可育材料中，原生柱持续增长，其顶端形成顶盖结构，并且在基柱形成外壁内层（图 3-3R）。同时，绒毡层中的质体聚集成冠状围绕在核周围并且开始积累脂质，大量的内质网分布在核周围（图 3-3S，s）。在不育材料中，相同的时期，小孢子中细胞器的排列混乱，与可育材料中形成的厚重的花粉外壁不同，不育材料小孢子的表面随机分布一些不定型的孢粉素残体物质（图 3-3T，3U）；此时的绒毡层也开始液泡化，很少的冠状质体能够形成，并且所形成的质体的数量和大小与野生型相比都明显降低（图 3-3v，黑箭），绒毡层中内质网也随机大量分布在细胞质中（图 3-3V，箭头，v，白箭）。

到第 10 期，可育材料的小孢子开始进入第一次有丝分裂，小孢子花粉外壁形成更加复杂的花纹结构和内壁（图 3-3W）；在绒毡层质体中可以看到大量的脂质颗粒，表明脂类物质大量积累，同时也可以看到一些黑色的脂质颗粒形成（图 3-3X，x）。同时期，在 'S45A' 中，大量的花粉粒降解、破裂，小孢子的细胞壁较薄，不能正常形成花粉外壁（图 3-3Y），绒毡层进一步液泡化，其中许多大的脂肪颗粒随机分布（图 3-3Z），高尔基体与内质网分布混乱（图 3-3z，箭头）。至此，透射电镜观察的结果表明，'S45A' 花粉发育的缺失是因为孢粉素的合成与沉积不正常，继而减数分裂后花粉外壁不能正常形成。

为了证实透射电镜中观察的结果，也对花药表皮进行了扫描电镜观察（图 3-4），与野生型相比，突变体花药表面比较光滑，没有盘状或者线状蜡质形成。可育材料的花药表皮有丰富的脂类物质的沉积，而不育材料的花药表皮，脂类的积累明显不如可育材料丰富，很少看到波纹状的脂质沉积（Yi et al., 2010）。

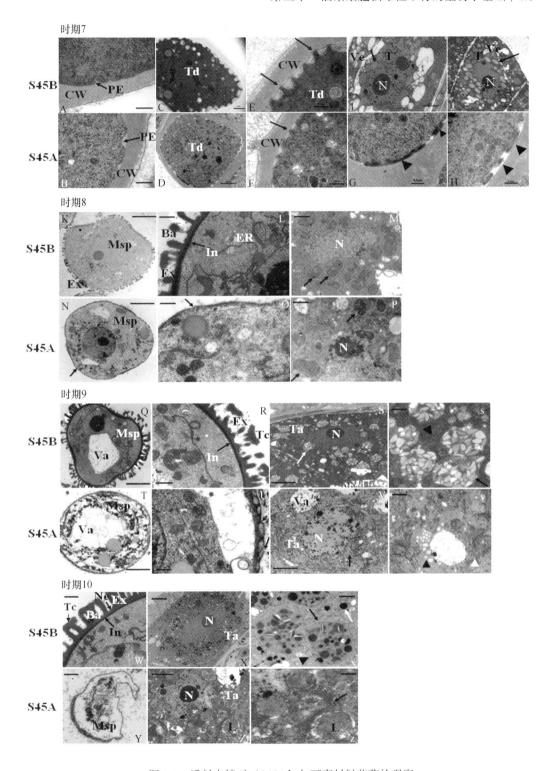

图 3-3 透射电镜对 'S45A' 与可育材料花药的观察

A，B，C，D，E，F，G，H，I，J，L，M，O，P，R，U，W，Y，s，v，x，z，标尺=0.5μm；K，N，Q，S，T，V，X，Z，标尺=1μm

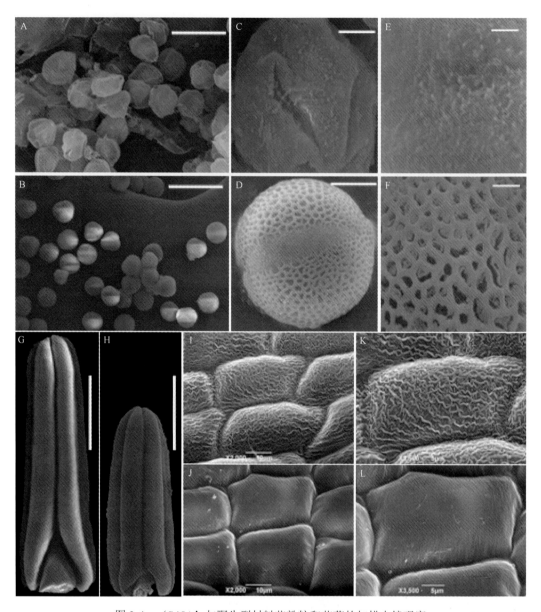

图 3-4 'S45A' 与野生型材料花粉粒和花药的扫描电镜观察

A、C、E、H、J、L 为 'S45A'；B、D、F、G、I、K 为野生型。A、I、K、J、L，标尺=10μm；B，标尺=50μm；D，标尺=5μm；C、E、F，标尺=1μm；G、H，标尺=500μm

二、油菜隐性互作基因控制的 '7365A' 细胞学观察

朱云（2008）对 '7365ABC' 的细胞学切片观察发现，可育材料 '7365B' 和 '7365C' 中的花药发育没有明显差别。不育材料 '7365A' 与可育材料 '7365C'，在早期的花粉母细胞时期没有差异（图 3-5）。'7365C' 中，在花粉母细胞进入减数分裂以前，花粉母细胞逐渐相互分离，直到完全分开，此时绒毡层也逐步紧缩，细胞核降解成小片段，说明此时 '7365C' 中启动了绒毡层的 PCD。在 '7365A' 中，绒毡层细胞壁的降解没有

发生，细胞质浓厚，细胞核完整，细胞异常膨大，伸向药室与花粉母细胞相连，未能启动绒毡层的PCD；花粉母细胞壁间果胶质的存在使其相互粘连，未能分离，最终发育成相互粘连的四分体聚合体，此时部分绒毡层细胞壁降解，但部分细胞壁一直保持到最后，绒毡层出现与内表皮脱落的趋势。绒毡层与花粉母细胞的分离对四分体后期花粉母细胞壁的降解具有重要意义，靠近与花粉母细胞分开的绒毡层的最外层四分体花粉母细胞壁能成功降解，与绒毡层保持粘连的四分体的花粉母细胞壁不能降解。大部分小孢子由于花粉母细胞壁的限制无法释放，极少从花粉母细胞壁中释放的小孢子一释放就破裂，而'7365C'中的小孢子能成功地从四分体中释放。最终，'7365A'的绒毡层在'7365C'处在单核期时出现大液泡，提前降解。

　　为进一步了解'7365A'花药发育情况，顿小玲（2013）通过透射电镜对'7365AB'花药发育各时期进行了详细观察（图3-6）。与半薄切片结果一致，在花药发育至第5期

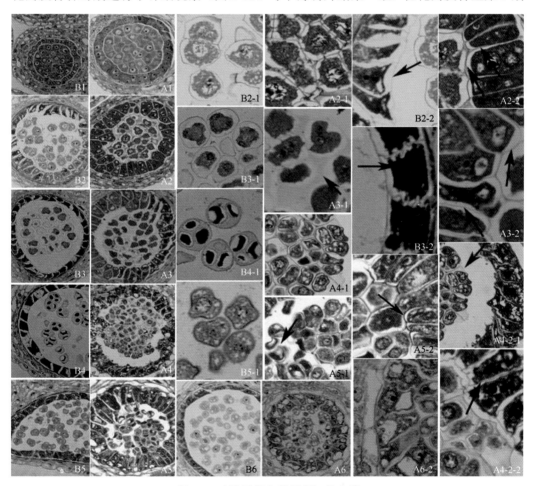

图 3-5　小孢子发生的组织切片分析

B1~B6，'7-7365C'花药发育不同时期的横切片；A1~A6，'7-7365A'花药发育不同时期的横切片；B2-1、B3-1、B4-1、B5-1，'7-7365C'中小孢子的发生过程；A2-1、A3-1、A4-1、A5-1，'7-7365C'中小孢子的发生过程；B2-2、B3-2，'7-7365C'中绒毡层的发育过程；A2-2、A3-2、A4-2-1、A4-2-2、A5-2、A6-2，'7-7365A'中绒毡层的发育过程；A1、B1，花粉母细胞时期；A2、A2-1、A2-2、B2、B2-1、B2-2，减数分裂细胞前期；A3、A3-1、A3-2、B3、B3-1、B3-2，减数分裂细胞；A4、A4-1、A4-2、A4-3、B4、B4-1，四分体时期；A5、A5-1、A5-2、B5、B5-1，小孢子释放

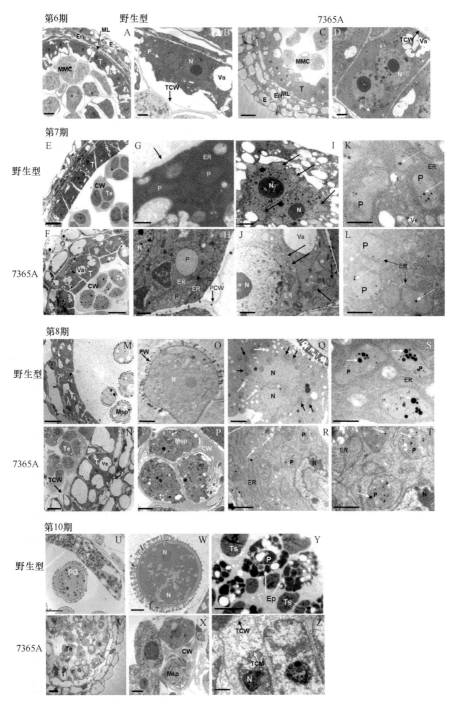

图 3-6 '7365A'和正常油菜材料花药发育的透射电镜观察

A 和 B 为正常材料，C 和 D 为'7365A'减数分裂时期花药切片；E、G、I 和 K 为正常材料，F、H、J 和 L 为'7365A'四分体时期；M、O、Q 和 S 为正常材料，N、P、R 和 T 为'7365A'单核期；U、W 和 Y 为正常材料，V、X 和 Z 为'7365A'二核期。E，外表皮；En，内表皮；ML，中层；T，绒毡层；MMC，花粉母细胞；N，细胞核；P，质体；Va，液泡；TCW，绒毡层细胞壁；CW，胼胝质壁；Te，四分体；ER，内质网；Ve，分泌小泡；Msp，小孢子；PW，花粉外壁；PG，花粉粒；Ts，脂小体；Ep，造油体。A、C、E、F、M、N、U 和 V，标尺=10μm；B、D、O、P、W 和 X，标尺=2μm；G、H、I、J、K、L、Q、R、S、T、Y 和 Z，标尺=1μm

时，'7365A'与可育材料'7365B'在花药形态上无任何差异。在花药发育第6期，'7365A'和'7365B'的花粉母细胞均能正常地进行减数分裂（图3-6A、C）。在可育材料中，绒毡层细胞质浓缩，细胞质与细胞膜间发生质壁分离，质体等细胞器慢慢增加并聚集在细胞核周围，具有比较典型的早期分泌型绒毡层细胞的特征，绒毡层细胞正在向分泌型转化（图3-6B）。然而，在'7365A'中，绒毡层细胞径向膨大，无质壁分离现象出现，且在绒毡层细胞中，质体等亚细胞器较少并随机分布在整个细胞中，无任何分泌型细胞特征（图3-6D）。

第7期，随着减数分裂完成，'7365A'和'7365B'的小孢子均进入四分体阶段，四分体周围包裹着一层厚厚的胼胝质壁（图3-6E、F）。'7365B'中，绒毡层形态排列整齐，绒毡层细胞壁已经完全消失，细胞质浓缩且染色较深，细胞核被质体和分泌小泡包裹，内质网层层扩张并集聚在质体周围（图3-6E、G、I、K），这些与细胞分泌相关的亚细胞器的增加呈现绒毡层分泌功能的增强。在'7365B'绒毡层细胞的质体中，可以观察黑色颗粒状物质的积累（图3-6K），质体已经开始脂类的积累。在这个时期，与'7365B'相比，'7365A'花药的绒毡层表现出明显的不同，绒毡层细胞异常液泡化，细胞壁正常，细胞质染色较浅，整个细胞中，质体、分泌小泡、线粒体、内质网等亚细胞器稀疏且排列无规律（图3-6F、H、J、L），绒毡层分泌功能欠缺。同时，绒毡层质体中脂类物质积累的量明显较少（图3-6L）。

第8期，在胼胝质壁降解后，'7365B'的小孢子释放出来，形成单个的花粉粒，小孢子发育进入单核细胞期，小孢子外壁出现柱状体（图3-6M、O）。绒毡层细胞内含物减少，质体和分泌小泡聚集在降解的细胞核周围，且在质体中可看到大量的脂类物质积累（图3-6Q、S），绒毡层正在经历程序化死亡的过程，为小孢子发育提供营养。然而，在不育材料中，绒毡层中液泡持续增大，细胞壁与细胞质也开始分离，四分体周围的胼胝质没有降解，被包裹在内的小孢子逐渐变形（图3-6N、P）。与'7365B'相比，'7365A'中绒毡层细胞内质体和分泌小泡数量稀少，且少有脂类积累的现象（图3-6R、T）。

第10期，在'7365B'中，小孢子经过有丝分裂形成双核的花粉粒，绒毡层细胞变薄（图3-6U、W）。绒毡层中除了大量的造油体、脂小体和分泌小泡外，其余内含物较少（图3-6Y），绒毡层细胞PCD已逐渐完成，绒毡层内含物均分泌到药室中供给小孢子发育。而在'7365A'中，四分体外的胼胝质壁逐渐减少，但小孢子仍无法分离，小孢子以四分体的形式降解，同时绒毡层质壁分离现象明显，细胞中亚细胞器极少，绒毡层细胞正在降解（图3-6T、X）。

总体来说，'7365A'败育起始于花药发育减数分裂时期，绒毡层细胞异常膨大，无法向分泌型细胞转化，从而导致绒毡层分泌功能失调，无法分泌胼胝质酶，无法降解四分体外围的胼胝质，小孢子不能从四分体中释放出来，最终使小孢子以四分体的形式降解。绒毡层发育的异常，体现在花药发育早期，绒毡层细胞中质体、内质网等分泌性细胞器的发育失常，质体无法合成和积累小孢子发育所需的脂类物质，致使绒毡层细胞代谢紊乱，最终导致'7365A'的败育。

在'7365A'中，四分体周围的胼胝质壁没有降解，无单个小孢子形成。进一步扫描电镜观察表明：'7365B'花粉粒饱满，花粉外壁具有覆瓦状结构，外壁上网状结构清楚；而在'7365A'中，只能观察到被一层光滑的外壁包裹的四分体。在后期，四分体皱缩、扁平，体积逐渐变小，其中的小孢子被降解。

三、'宜3A'显性核不育的细胞学研究

（一）雄性不育的细胞学观察

'宜3A'在花粉母细胞阶段就开始了败育过程，正常减数分裂受阻，不能形成二分体或四分体，在后续的发育过程中原生质体浓缩并解体，同时绒毡层细胞质浓缩、解体，最终花粉母细胞只能形成"拟小孢子"并被"类花粉壁"的物质覆盖包裹（杨光圣等，1999a，1999b；余凤群和傅廷栋，1990）。通过观察'宜3A'的衍生系'Rs1046A'不育株的细胞学败育过程，吴建勇（2006）得出'Rs1046A'的败育过程与'宜3A'相似的结论，即减数分裂初期细胞核处于异常浓缩状态，但是仍有31%的细胞能通过核浓缩状态，到达相当于正常细胞发育的减速分裂粗线期，但是这些逃逸的花粉母细胞还是会停止发育，并最终形成"拟小孢子"。万丽丽（2010）通过石蜡切片对比观察了'Rs1046A'及其可育近等基因系'Rs1046B'的花药发育过程，发现在花粉母细胞时期，两种花粉囊都能够正常地分化形成周壁组织如外表皮、内表皮、中层和绒毡层。区别在于，可育花粉囊中分化得到的花粉母细胞结构完整而致密，细胞核饱满且居于细胞中央，细胞质着色深（图3-7A）。不育的花粉母细胞结构松散，胞质着色浅，细胞核形态上松弛，没有核膜存在（图3-7F）。随着花粉母细胞减数分裂，可育花粉囊中充满了结构完整的四分体（图3-7B），而不育材料中只能观察到花粉母细胞分开并分散在花粉囊中，没有四分体的形成，一般称此时药室中的这些未经过分裂的细胞为"拟小孢子"（图3-7G）。在可育材料中，四分体分开形成小孢子时期到单核花粉粒时期（图3-7C、D），相对应的不育材料的花粉囊中只能看到一些分散而不规则的、正处于瓦解过程的"拟小孢子"（图3-7H~I）。可育的花粉囊即将开裂，成熟的花粉粒充实着整个花粉囊（图3-7E），而不育的花粉囊由于内壁组织不能木质化加厚而不能正常开裂，花粉囊内只有一些"拟小孢子"降解的碎片（图3-7J）。进一步利用透射电镜观察发现，不育材料的花粉母细胞在早期表现为核仁靠边，核质着色较深，花粉母细胞的胞质内含物少，网状松散（图3-8B）。

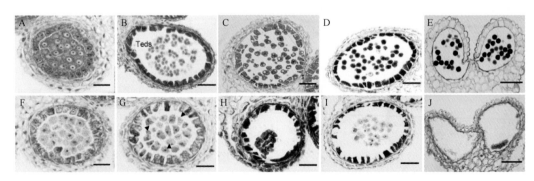

图3-7　'Rs1046A'和'Rs1046B'的花粉囊在不同发育时期的形态学比对

A、F，花粉母细胞时期可育和不育花粉囊；B、G，四分体时期可育和不育花粉囊，箭头所指为"拟小孢子"；C、H，小孢子时期可育和不育花粉囊；D、I，单核花粉粒时期可育和不育花粉囊；E、J，成熟花粉粒时期的可育和不可育的花粉囊。标尺为50μm

在可育材料中，早期的花粉母细胞内细胞核圆实居中，细胞中充实着积累和储存养分的大液泡，证实能量物质正在合成（图 3-8A）。由图 3-8C～I 可见，单核小孢子到成熟花粉粒的发育过程中，初生外壁形成后在小孢子的表面逐渐形成基足层、基柱和覆盖层，绒毡层分泌的孢粉素、淀粉粒和脂类物质分散沉积在花粉外表面的基柱之间和覆盖层内。而不育材料中由于"拟小孢子"外壁面不能够接受并聚集绒毡层分泌的孢粉素等物质，使得这些电子密度很高的物质没有规律地围绕着变形的"拟小孢子"（图 3-8L～P）。

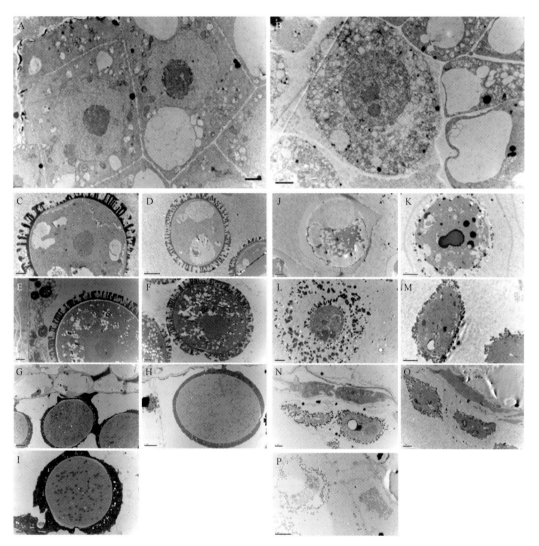

图 3-8　不育材料'Rs1046A'和可育材料'Rs1046B'花粉母细胞时期和小孢子到成熟花粉粒时期的形态
A、B，'Rs1046B'和'Rs1046A'的花粉母细胞；C～I，'Rs1046B'的小孢子到成熟花粉粒；J～P，对应'Rs1046B'各个时期的'Rs1046A'的异常花粉母细胞的形态

通过以上研究，可以初步确认油菜显性细胞核雄性不育细胞学败育的时期为减数分裂初期。为了进一步确认其细胞学异常的准确阶段，辛强（2016）通过染色体展片的方法观察了由'宜3A'转育的雌雄不育系'FM195AB'的花药减数分裂过程（图 3-9）。

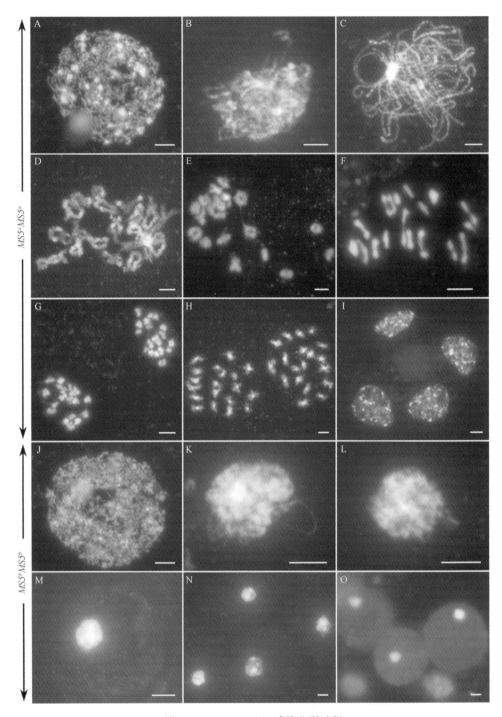

图 3-9 'FM195AB'减数分裂过程

A，细线期；B，偶线期，同源染色体配对并开始形成联会复合体；C，粗线期，染色体浓缩，联会完成；D，双线期，染色体继续浓缩，联会复合体开始解体；E，终变期，染色体解联会，配对的同源染色体分开，仅在交叉结处相连；F，中期I，凝集的染色体排布在赤道板上；G，后期I，同源染色体分离；H，末期I；I，四分体时期；J，'FM195A'中，细线期，染色质如可育材料中一样，为清晰可见的细丝状；K和L，'FM195A'偶线期对应时期，染色体构型异于正常偶线期染色体；M~O，减数分裂停滞的染色体，染色体的凝集停滞或延缓，不能正常凝集的染色体继续靠近形成紧实的一团，之后没有观察到减I或减II染色体的分离。标尺=5μm

在可育植株中，细线期的染色体呈现为细丝状（图 3-9A）；在偶线期，染色体继续凝集，此时，同源染色体开始配对，联会复合体形成，促进联会（图 3-9B）。粗线期染色体进一步缩短变粗（图 3-9C）。在双线期，染色体缩短变粗，联会复合体开始解体，姐妹染色单体形成交叉（图 3-9D）。终变期时，染色体更加短粗，交叉结明显，染色体数目清晰，可见有 19 条双价体（图 3-9E）。中期Ⅰ（图 3-9F）所有染色体排列在赤道面上。后期Ⅰ（图 3-9G）所有同源染色体同时分别向细胞两极移动，接着进入减数分裂Ⅱ，又经历染色体的重新凝集（前期Ⅱ），排列在赤道板上（中期Ⅱ），再进行姐妹染色单体的分离（后期Ⅱ），到达细胞两端后（telophaseⅡ），染色单体再去凝集，核膜出现，之后细胞胞质平均分离形成四分体（图 3-9H、Ⅰ）。

与可育单株相比，不育株花粉母细胞细线期减数分裂表现与可育株相同（图 3-9J），但细线期之后，染色体构型开始异常，染色体停止浓缩，进而聚集成一团，聚集区域的中央染色较深，在聚集区域的外缘可见少量线状的染色体丝（图 3-9K）。这些不能正常凝集的染色体继续靠近形成紧实的一团（图 3-9L～O）。最终，这些异常减数分裂的小孢子母细胞残留在开花前完全降解消失。这与石蜡切片观察时所见的"拟小孢子"的状态相一致。因此，显性核不育材料花粉母细胞减数分裂在细线期到偶线期转换时期异常，染色体不能进一步凝集变粗，而是收缩成一团，形成可见的"拟小孢子"，减数分裂不能进行正常的分裂，是雄蕊败育的主要原因。

（二）雌性败育的细胞学机制

在研究甘蓝型油菜显性细胞核雄性不育系'Rs1046A'的过程中，发现不育株雌性结实率下降的现象，并通过定向回交转育出一份雌雄不育的纯合型不育系'FM195AB'（洪登峰，2006）。比较自由授粉状态下的结实率发现，原始不育系'Rs1046AB'中不育株的每角果粒数为 5.5 粒，而'FM195AB'中的绝大多数角果不能结实，极少数只有 1～2 粒，二者结实率差异极显著。通过对柱头的表面结构分析、花粉管萌发实验、胚囊发育的石蜡切片和激光共聚焦分析等试验，对'FM195AB'不育株雌性不育产生的原因进行了较深入的研究（韩雪，2010，李玺，2015）。

从扫描电镜实验结构可以看出，未授粉的'FM195AB'可育株和不育株的柱头形态无明显差异，乳突细胞呈手指状。授粉 4h 后的'FM195AB'可育株和不育株的柱头上，花粉均可萌发。'FM195AB'可育株和不育株的柱头在形态方面无显著差异，花粉在二者柱头上都能正常萌发并进入柱头内部，因此可以排除是柱头表面结构的异常导致雌性不孕。

对人工授粉 2h、4h、16h、24h、48h 后的雌蕊柱头上花粉萌发和花粉管在花柱中的延伸情况进行观察发现，授粉 2h 后在可育株和不育株的柱头上都有花粉萌发；授粉 4h 后，花粉管明显伸长并深入花柱中；授粉 24h 后花粉管延伸至胚珠附近，这时可育株和不育株中的花粉管的行为开始出现明显差异，在可育株中花粉管延展性好，并有方向性地向珠孔靠近，而在不育株中，花粉管虽然可以到达胚珠附近，但是延伸无明显的方向性，并不能进入胚珠。之前的研究表明，完整的胚囊对花粉管的延伸起重要作用，于是怀疑是否由于'FM195A'胚珠内部发育异常导致了受精作用中断，从而影响结实。接下来，对胚囊的发育进行了系统研究。

通过激光共聚焦扫描观察发现，'FM195A'胚珠大孢子母细胞形态正常，内外珠被可以正常分化生长，与同时期的'FM195B'中胚珠的发育无差异。随后在'FM195B'的胚珠经过减数分裂形成功能大孢子，进而形成单核胚囊；但在'FM195A'的胚珠中，正常的功能大孢子很难观察到，无功能大孢子的形成，导致绝大多数胚囊不能经过单核、二核、四核，直至发育为成熟胚囊，取而代之的是出现珠心未分化、无胚囊形成的现象，最终只能见到大孢子母细胞减数分裂异常后残余的痕迹。胚珠的胼胝质染色结果显示，'FM195B'中，减数分裂时期的大孢子母细胞均可见清晰的胼胝质条带，而在'FM195A'对应的时期只可见一团离散的胼胝质带，由此可知，'FM195A'中大孢子母细胞减数分裂最后的分裂过程及之后的功能大孢子形成异常。综上所述，'FM195A'的绝大多数胚珠中，大孢子母细胞减数分裂形成功能大孢子这个过程发生异常，没有功能大孢子形成，导致随后的一系列发育受到影响，最终败孕。

通过对'Rs1046AB'及其衍生系'FM195AB'雌雄不育的细胞学研究基本可以确认，在雄蕊的发育进程中，减数分裂在细线期到偶线期转换时期异常，减数分裂过程停滞，染色体不能进一步凝集变粗，而是收缩成一团，形成可见的"拟小孢子"，这是雄蕊败育的主要原因。在雌蕊中，'FM195A'的绝大多数胚珠，在减数分裂形成功能大孢子这个过程中发生异常，导致随后的一系列发育受到影响，从而败孕。可见，显性核不育材料减数分裂的异常，使雌雄蕊其后的一系列发育受阻，导致了雌雄蕊的败育。

第三节 油菜细胞核不育相关基因的克隆与功能分析

无论是显性核不育，还是隐性核不育，其不育基因或恢复基因的分子标记，都是以近等基因系为材料，采用 AFLP 等分子标记技术，利用集团分析法（bulk segregated analysis，BSA），快速、有效地获得与育性相关的分子标记，然后根据这些标记在分离群体中的多态性，结合现有的遗传图谱，将控制育性的基因定位在连锁群上，利用连锁群上的标记信息，进一步加密育性相关位点的分子标记。同时利用这些分子标记的 DNA 序列信息，结合芸薹属或者拟南芥基因组信息，开发更紧密连锁的分子标记，或进行育性相关基因的图位克隆（Xia et al.，2012）。

一、'S45AB'育性相关基因的分子标记及恢复基因克隆

'S45A'和'117A'的不育性由 2 对隐性重叠基因控制，分别命名为 $Bnms1$ 和 $Bnms2$（Yi et al.，2006）。当 2 个位点均处于隐性纯合状态（$Bnms1Bnms1Bnms2Bnms2$）时表现为雄性不育，对应的可育基因为 $BnMs1$ 和 $BnMs2$；当存在其中的一个可育基因或 2 个可育基因同时存在时，即表现为可育。

涂金星等（1997）以核不育材料'S45A'、'117A'和'90-2441A'作母本，与紫秆材料（'9517'）杂交，F_1 代表现紫秆可育，F_1 代自交并与核不育材料回交，获得 F_2 代和 BC1F1 两类分离群体，P6-9 紫秆受 1 对显性基因（Pur）控制，'9517'与'S45A'、

'117A'及'90-2441A'存在 2 对与育性有关基因的差异，如果两者分属在不同的连锁群，则 F_2 代群体应表现 45：15：3：1 分离，BC1F1 群体应表现 3：3：1：1 分离。适合性测验的结果表明两者的分离并不按这一比例进行，通过极大似然法进行交换值计算，交换值为 2.7%～8.54%。为进一步证实 P6-9 紫秆基因与可育基因的连锁关系，在'S45A'בＳ自 1968'的 BC1F1 分离群体（可育与不育的分离比为 348：130，χ^2_c=1.1157）中随机选取不育株、可育株各 10 株，等量混合各株 DNA，分别构成不育、可育 2 个集团 DNA 样本。用 980 个随机引物分别对可育亲本、可育集团、不育集团和不育亲本的 DNA 进行 RAPD 标记筛选，结果表明：UBC158 和 UBC1872 个随机引物获得多态性片段。P6-9 紫秆可育亲本 P1 与可育集团及可育株都出现 UBC158-580、UBC187-880 的片段，而绿秆不育亲本 P2（'S45A'）和不育集团及不育株（绝大多数）不出现该片段，不育株中仅少数单株出现特异片段的扩增，表明这些 RAPD 标记可能与育性基因有连锁关系。用表现出多态性扩增的 2 个随机引物 UBC158 和 UBC187 对 BC1F1 群体的可育株进行分析，结果表明，在 33 个紫秆可育株中，UBC158 和 UBC187 表现出有扩增片段的各有 29 株；而在 14 株绿秆可育株中，绝大部分都无扩增。很显然，这两个 RAPD 标记与紫秆基因 Pur 和可育基因（BnMs1）连锁，同时也进一步证实了紫秆与可育的连锁关系。对不育株群体进行单株分析，在 95 个不育株中，有 16 株具有 UBC187-880 片段，8 株具有 UBC158-580 片段。将上述资料按 Joinmap 程序设计要求输入计算机，选用 Kosambi 作图函数，计算结果表明：LOD 值（Pur:BnMs1）为 22.84，远远大于该程序给定的连锁群判断标准 LOD=3.000，说明 Pur 与 BnMs1 紧密连锁。BnMs1 基因与 UBC187-880 的交换值（16.842）为 BnMs1 基因与 UBC158-580、UBC158-580 与 UBC187-880 两个交换值的和，其顺序应为 BnMs1、UBC158-580、UBC187-880，Pur 与 UBC187-880 间的交换值最大，说明这两个标记相距最远。

类似地，Yi 等（2006）利用 AFLP 技术分析 4 个样品：不育亲本、不育池、可育亲本、可育池，共筛选 4 种酶切组合、10 种预扩增引物组合，每种预扩增引物组合对应 16×16=256 对选择性扩增引物组合，总计筛选的选择性扩增引物组合为 2560 对，共得到 7 个与目标基因连锁的 AFLP 标记（EA07/MC04、EA05/MG03、EA07/P07、EC01/MC03、P11/MC08、SA01/MG11 和 EA15/MG05），分别被命名为 AF1～AF7。同时，将 AFLP 标记转换为 SCAR 标记，获得 4 个 SCAR 标记。在两个 DH 群体（'Tapidor'×'Ningyou7'和'Zhongyou821'×'Bao604'）的亲本间进行多态性筛选，结果 SC3、SC6 和 SC7 在两个 DH 群体的亲本间都没有多态性，而 SC1 在两个 DH 群体的亲本间都表现出多态性，随后将 SC1 定位在遗传图谱的 N7 连锁群上。

在'Tapidor'×'Ningyou7'组合的遗传图谱上，SC1 被定位在 N7 连锁群 SNP 标记 IGF3309b 和 AFLP 标记 P10M10-150 之间；在'Zhongyou821'×'Bao604'组合的遗传图谱上，SC1 被定位在 N7 连锁群 SSR 标记 Ra2A05 和 Na12A02 之间。从 SC1 附近区域挑选了 5 个 SSR 标记（Ra2A01、SSR-04、SSR-22、Ra2A05 和 Na12A02）在 S45A、S45B 之间筛选多态性，结果只有标记 Na12A02 表现多态性。用 Na12A02 分析初步定位群体，找到 8 个交换单株，包含 AF4、AF5、AF6 检测到的 7 个交换单株，结果表明 Na12A02 与 SCAR 标记 SC3、SC6 位于基因的同一侧，与 Bnms1 基因的遗传距离为 2.6cM。

用 Na12A02 分析 S45B 自交群体，结果表明 Na12A02 是一个共显性的标记。

为了精细定位 *BnMs1* 基因，在初步定位群体的基础上，进一步扩大近等基因系群体单株数量到 1974 株。先用 *BnMs1* 基因两侧最远的标记 SC7 和 Na12A02 分析群体，找出交换单株，然后再用其他标记分析交换单株，确定其他标记的交换单株。群体分析的结果表明，在 1974 个单株的群体中，SC7 找到 6 个交换单株，Na12A02 找到 51 个交换单株，两个标记找到的交换单株完全不同。用其他标记分析这些交换单株，在Na12A02 找到的 51 个交换单株中，SC6、SC3、SC1 和 AF2 找到交换单株的数目分别是 45 个、32 个、2 个和 2 个，交换单株数目从多到少递减，并且是包含与被包含的关系。将 1974 个单株的育性和标记带型的数据输入计算机，并用 MAPMAKER/EXP Version 3.0 软件分析作图，构建 *BnMs1* 基因与分子标记的遗传连锁图谱，结果表明：所有的标记分布在一个跨度为 2.9cM 的连锁群上，标记 AF7、SC7 位于基因的一侧，其他所有标记位于基因的另外一侧。基因被定位在 SCAR 标记 SC7 和 SC1 之间，SCAR 标记 SC7和 SC1 与 *Bnms1* 基因间的遗传距离分别为 0.3cM 和 0.1cM（Yi et al.，2006）。

在精细定位基础上，易斌（2007）以 SCAR 标记 SC7、SC1、SC6 的特异片段为探针，采用 Southern 杂交技术，筛选 Tapidor BAC 文库（Rana et al.，2004），得到 41 个阳性克隆，利用目标基因两侧的 SCAR 标记（SC1、SC6、SC7）鉴定这些阳性克隆，结果SC1 在克隆 115O5、143O7、186M11 中扩增出与可育亲本和可育池特异片段大小一样的特征带，SC6 在克隆 77I14、84G16、147F14 中扩增出与可育亲本和可育池特异片段大小一样的特征条带，SC7 在 115O5 克隆中扩增出与可育亲本和可育池特异片段大小一样的特征条带。为了进一步验证 PCR 筛选得到的阳性克隆，将 SC1 和 SC7 扩增克隆 115O5得到的特异片段克隆测序，获得的序列与 SCAR 标记的序列比较发现同源程度达到99%，结果表明阳性克隆 115O5 覆盖了基因两侧的 SCAR 标记（SC1 和 SC7）锁定的区域，目标基因位于 BAC 克隆 115O5 上。

对 BAC 克隆 115O5 进行了 Shotgun 测序，用 SeqMen 软件对序列进行拼接，用这些序列 BLAST 拟南芥基因组数据库，确定它们在拟南芥物理图谱上的位置，再根据它们在拟南芥物理图谱上的位置进行排列，结果表明候选基因区域序列长度为 54kb。为了进一步缩小候选基因区域的范围，以候选基因区域的序列设计了 25 对特异引物，在S45A、S45B 之间进行多态性筛选，开发 6 个新的分子标记（SC8、SC9、SC10、SC11、SC12 和 SC13），在亲本间具有多态性。在开发新的分子标记的过程中，基因定位的群体又增加了 2158 个单株，加上以前的 1974 个单株，近等基因系群体被扩大到 4132 个单株，更进一步增加了基因定位的精细程度，最后将 *BnMs1* 基因定位于分子标记 SC11和 SC8 之间，与 SC9 和 SC10 共分离。该区间对应于甘蓝型油菜 Tappidor BAC 克隆JBnB115O5 上约 21.2kb 的物理距离。

利用 21.2kb 的 DNA 序列检索 EST 数据库（http://www.ncbi.nlm.nih.gov/Blast/），检索的结果表明该区域可能有四个候选基因：第一个和第四个候选基因为未知功能基因；第二个候选基因与能够调节花瓣和雄蕊中细胞分裂及细胞生长之间的转化的 *NAP*（*NAC-LIKE ACTIVATED BY AP3/PI*）基因类似；第三个候选基因为氧化还原酶 *P450* 基因家族。分析认为，第二、第三个基因与小孢子发育的相关性很大，这两个基因的显性

基因分别用 *G1* 和 *G2* 代表，相对应的隐性基因分别用 *g1* 和 *g2* 代表。

比较测序的结果表明：S45A 与 S45B 相比，候选基因 *G1* 有 12 个位点发生突变，包括 9 个单碱基替换（1 个发生在内含子区域，8 个发生在翻译区）和 3 个缺失突变（都发生在内含子区域，2 个单碱基缺失和一个 4 个碱基的缺失），其中位于基因翻译区的 8 个单碱基替换有 6 个是无义突变，另外 2 个单碱基替换造成两处编码的氨基酸（第 79 位和第 226 位）发生改变，在第 79 位 S45B 编码的氨基酸为缬氨酸，而在 S45A 中则变为丙氨酸；在第 226 位 S45B 编码的氨基酸为丙氨酸，而在 S45A 中则变为丝氨酸。S45A 序列与 S45B 序列相比，候选基因 *G2* 有 13 个位点发生突变，包括 11 个单碱基替换（3 个发生在内含子区域，8 个发生在翻译区）和 2 个插入突变（都发生在内含子区域，一个单碱基的插入和一个 7 个碱基的插入），其中位于基因翻译区的 8 个单碱基替换有 6 个是无义突变，另外两个单碱基替换造成两处编码的氨基酸（第 179 位和第 297 位）发生改变，在第 179 位 S45B 编码的氨基酸为甘氨酸，而在 S45A 中则变为精氨酸；在第 297 位 S45B 编码的氨基酸为缬氨酸，而在 S45A 中则变为丙氨酸。

同样地，Lei 等（2007）对 S45A 中的另一位点（*BnMs2*）也构建了近等基因系 S4516AB。通过对 S4516AB 的育性调查结果表明，兄妹交后代的育性分离比为 1∶1，可育株自交后代的育性比例符合 3∶1，说明 S4516B 为单位点杂合，结合等位性分析的结果证实了两型系 S4516AB 的基因型，不育株 S4516A 为 *Bnms1Bnms1Bnms2-Bnms2*，可育株 S4516B 为 *Bnms1Bnms1BnMs2Bnms2*。采用与 *BnMs1* 位点定位相同的方法：利用 AFLP 技术，结合 BSA 筛选标记的策略，通过筛选 1024 对 AFLP 引物组合，找到了 12 个与 *BnMs2* 连锁的 AFLP 标记，在 262 株的 NIL 分离群体中对 *BnMs2* 进行了初步定位，将目标基因锁定在 3.5cM 内，另外 8 个 AFLP 标记与 *BnMs2* 共分离。通过图谱定位将与 *BnMs2* 连锁的 4 个标记整合到 2 个 DH 群体（'Tapidor' × 'Ningyou7' 和 'Quantum' × 'No.2127-17'）的连锁群上，成功将 *BnMs2* 定位到甘蓝型油菜 C 基因组 N16 染色体上，并在 TN 群体的 N16 连锁群上找到 1 个共显性的 SSR 标记 Na12A05。利用标记序列与拟南芥进行同源性比较，将 *BnMs2* 定位在拟南芥第 1 条染色体上与 *BnMs1* 相同的区域，包括 *BnMs1* 的 2 个候选基因（雷绍林，2009）。S45A 不育性的经典遗传分析表明：在 F$_2$ 分离群体中，育性为 15∶1 的分离模式，2 对基因具有重叠效应，说明它们具有相同的生物学功能。另外，甘蓝型油菜基因组研究也表明，*BnMs1* 基因所在的连锁群 A7 与 C6（N16）具有很好的共线性关系，因此 *BnMs2* 基因可能与 *BnMs1* 基因相同，对应着拟南芥基因组的同一个基因（图 3-10，Yi et al.，2010）。

互补实验中以 S45AB 下胚轴为外植体，p2301G1 和 p2300G2 两个表达载体分别获得 20 株、40 株油菜转基因植株。转基因植株在生根移栽后苗期取叶片提 DNA 进行 PCR 检测，同时用两侧的分子标记 SC1 与 SC7 分析单株的育性，挑选出 S45A 背景的材料，并在花期进行育性表型鉴定。在 p2301G1 转化材料中，对 20 株转化株进行分析，其中阳性株有 10 株，7 株是 S45A 背景的单株。考察这些单株在开花期的育性，其育性并没有得到恢复，表明候选基因 *G1* 不是 S45A 的恢复基因。在 p2300G2 得到的转化株中，经 PCR 检测阳性株为 25 株。两侧分子标记育性检测显示有 15 株为 S45A 背景。开花期育性鉴定显示 S45A 育性，利用 1%KI-I_2 染色，花粉粒比较饱满、形态正常、外壁呈蓝色，表明花粉的活力正常，因此确定 G2 为 S45A 的恢复基因。

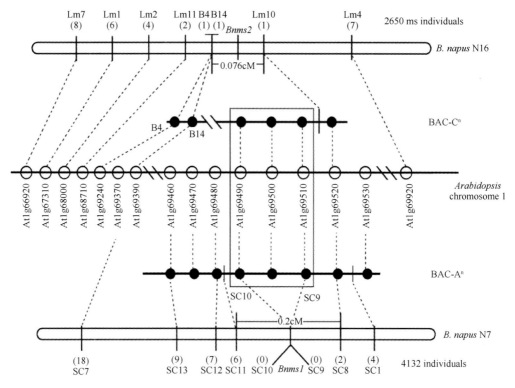

图 3-10　BnMs1 和 BnMs2 定位于拟南芥第 1 条染色体同一区段

候选基因 G2 属于细胞色素 P450 基因家族，在拟南芥中的同源基因为 CYP704B1，至此将 S45A 的恢复基因称为 BnCYP704B1，BnMs1 重新命名为 BnCYP704B1-1，BnMs2 重新命名为 BnCYP704B1-2，对应突变的基因为 Bncyp704B1-1、Bncyp704B1-2。RT-PCR 的结果表明：BnCYP704B1 基因只在雄蕊中表达，而在根、茎、叶、开放的花、去掉雄蕊的花蕾、绿色角果中均不表达。对 BnCYP704B1 基因启动子与 GUS 融合得到的转基因植株，分别对其花药发育的各个时期进行 GUS 活性的分析，这些单株表现出相同的表达模式，都是集中在雄蕊中检测到 GUS 活性。在 <1mm 或者更小的（减数分裂前期）花蕾和较大的花蕾（有丝分裂后期）中，没有检测到 GUS 活性。将 GUS 染色后不同时期的花蕾制作石蜡切片进行观察，发现在绒毡层和小孢子中均有 GUS 活性。其最初是在四分体时期的花蕾（约 1mm 大小）中被检测到，到小孢子单核期时活性最高，随后进入有丝分裂时期，GUS 活性降低，与绒毡层的降解一致，最后随着花粉粒的成熟和绒毡层细胞的降解，BnCYP704B1 基因的表达也逐渐消失。mRNA 原位杂交分析 BnCYP704B1 基因在花药发育各个时期的表达模式，也得到同样的结果（图 3-11）。BnCYP704B1 基因大量、特异、短暂地在花药发育的特定时期的绒毡层细胞中表达，其表达产物是小孢子正常发育所必需的。

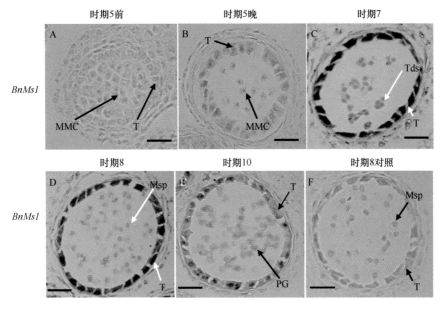

图 3-11 *BnMs1* 基因的 mRNA 原位杂交分析

A. 时期 5 前，减数分裂早期；B. 时期 5 晚，减数分裂期；C. 时期 7，四分体时期；D～E. 时期 8～10，单核期至有丝分裂时期；F. 正义探针在时期 8 的杂交作为对照。T，绒毡层；MMC，小孢子母细胞；Tds，四分体；Msp，小孢子；PG，花粉粒。标尺=15μm

透射电镜观察的结果表明，不育材料'S45A'绒毡层中的脂类物质代谢紊乱，脂类的积累与可育材料'S45B'相比，明显减少。同时，亚细胞定位的结果也表明 BnCYP704B1 是一个定位在内质网中的蛋白质，可能参与了绒毡层中脂肪酸的羟基化，或者是与脂肪酸的合成相关。因此，提取了包括各个时期的花蕾及开放花的脂类物质，分析各种脂肪酸的含量，试图找出不育材料和可育材料的差异。对这两种材料的脂肪酸组成和含量的分析表明，可育材料花蕾中总的脂肪酸含量为（1309.1±78.9）μg/mg，而'S45A'不育材料中总的脂肪酸含量为（627.3±39.1）μg/mg，这种差异是极显著的，表明'S45A'花蕾仅仅只含有可育材料'S45B'中 50%的脂肪酸，并且在'S45A'和'S45B'中，C16：0、C18：0、C18：1、C18：2、C18：3 和 C20：0 这些中长链的脂肪酸含量的差异也是极显著的。脂质的分析结果表明 *BnCYP704B1* 基因确实参与了或者说影响了脂肪酸的合成，该基因的缺失导致了绒毡层中脂肪酸代谢发生紊乱，从而使得绒毡层中脂类物质的积累减少。

扫描电镜和透射电镜的观察结果表明，在'S45A'突变体中，花药表皮的发育受到了影响。为了更进一步地确定表皮的差异到底是蜡质的合成还是角质的合成受到了影响，对小孢子有丝分裂及其后期花药表皮角质和蜡质的含量进行了测定（图 3-12）。结果表明，在蜡质的含量上，'S45A'不育材料与可育材料相比没有明显的差异，但是角质的含量与可育材料相比有显著的下降（图 3-12A）。对组成角质的各种成分进行分析，发现组成角质的大部分成分与野生型相比都显著下降（图 3-12B）。

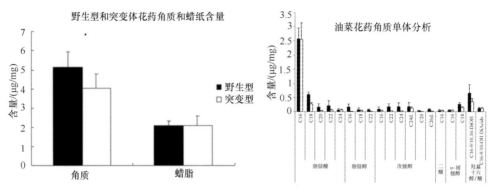

图 3-12   'S45AB' 花药表皮脂类组分分析

二、隐性互作核不育 '9012AB'（'7365AB'）基因的定位与克隆

根据陈凤祥提出的遗传模式，该核不育系由 3 对基因控制，分别构建这 3 个基因的近等基因系：'7365AB'、'736512AB' 和 '7365AC'，它们分别只在 *BnMs3*、*BnMs4* 和 *BnRf* 单个位点上分离，用于 3 个基因的分子标记开发和克隆。

'7365A' 与 '7365B' 杂交，产生由 2000 个单株组成的群体，这个群体中可育单株的基因型为 *BnMs3ms3ms4ms4RfRf*，不育单株的基因型为 *Bnms3ms3ms4ms4RfRf*。其中，可育植株有 1008 株，不育株有 992 株，其育性分离比符合 1∶1（$\chi^2=0.11$，$P>0.05$）。可育植株自交的后代有 214 株，其中可育植株有 157 株，不育株有 57 株，其育性分离比符合 3∶1（$\chi^2=0.22$，$P>0.05$）（黄镇，2009）。

利用与 *BnMs1* 基因定位相同的方法，即 AFLP 与 BSA 结合，在近等基因系群体内，随机抽取 10 株可育单株、10 株不育单株分别组成可育池与不育池，并进行 AFLP 分析。选择 17 个引物/酶组合，单株分析证明这 17 个引物组合为与 *BnMs3* 紧密连锁的 AFLP 标记。大群体分析进一步明确了这些标记的相对位置，它们分布于 *BnMs3* 基因的两侧，其中 P05MC11$_{350}$ 与 EA01MC12 为基因两侧最近的标记，其遗传距离分别为 0.5cM 和 0.1cM。该基因被定位到了甘蓝型油菜的 N19 上，用 'Tapidor' × 'Ningyou7' 和 'Quantum' × 'No.2127-17' 两个 DH 群体 N19 上的所有 SSR 标记去扩增 *BnMs3* 基因定位群体，获得一个共显性 SSR 标记 sR12384，此标记距 *BnMs3* 基因仅 2.0cM。

基于 *BnMs3* 基因初定位的结果，顿小玲（2013）在同源的拟南芥区段内选择了 57 个拟南芥候选基因序列用于 IP 标记的开发，获得 21 对有稳定多态性差异的 IP 标记，且这些 IP 标记位于不同的拟南芥候选基因，进一步缩小了 *BnMs3* 基因的物理区段。利用另外一套该位点的近等基因系 '750A' 中 5022 份大群体进行筛选，两个标记分别获得 3 个和 1 个交换单株，确定了 *BnMs3* 两侧最近的分子标记 IP20 和 IP17，分别有一个单株发生交换，而 IP11 和 IP21 仍与目标基因共分离（图 3-13）。

用 *BnMs3* 两侧的标记 IP20 和 IP17 分别对甘蓝 BAC 文库和甘蓝型油菜（'Tapidor'）BAC 文库进行筛选。在甘蓝的 BAC 文库中，IP20 没有检测到阳性克隆，IP17 筛选到 1

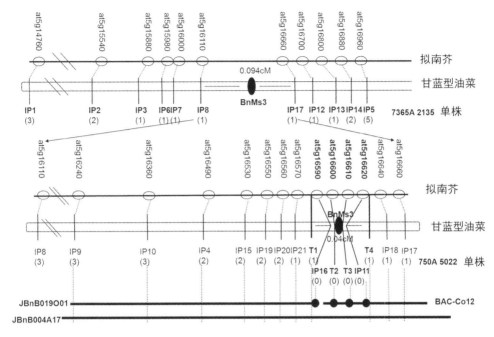

图 3-13　'7365AB'中 *BnMs3* 基因图位克隆

个阳性克隆，即 BAC-Co12。对 BAC-Co12 的末端测序结果进行 BLAST 分析，说明
BAC-Co12 包含的甘蓝序列与拟南芥 *at5g16600-at5g16690* 同源；在甘蓝型油菜的 BAC
文库中，获得 2 个 BAC 克隆，即 JBnB019C01 和 JBnB004A17。末端序列分析表明
JBnB019C01 包含的油菜序列与拟南芥 at5g16240-at5g16590 同源，而 JBnB004A17 包含
的油菜序列则与拟南芥 at5g16210-at5g16720 同源。进一步分析表明，从 BAC-Co12 和
JBnB019C01 分离的序列与甘蓝 C9 的序列同源性较高，而从 JBnB004A17 分离的序列则
与白菜 A10 的共线性较好。*BnMs3* 定位区段在油菜基因组 N19 上，BAC-Co12 与
JBnB019C01 可能包含真正的目标基因，而 JBnB004A17 则来源于与目标区段同源的甘
蓝型油菜 N10 连锁群。

　　对可能包含目标基因的 JBnB019C01 和 BAC-Co12 进行 Shotgun 测序，利用获得的
BAC 序列在定位区间内开发了 4 个与 *BnMs3* 基因连锁的 SCAR 标记 T1、T2、T3 和 T4。
用这 4 个标记对交换单株进行分析，发现 T1 和 T4 仍各有一个交换发生，T2 和 T3 与目
标基因共分离。*BnMs3* 被锁定在分子标记 T1 和 T4 之间，两个标记间的物理距离为
49.279kb。该区段共有 4 个完整的可读框 ORF1、ORF2、ORF3 和 ORF4，分别对应拟南
芥同源基因 *at5g16590*、*at5g16600*、*at5g16610* 和 *at5g16620*。*At5g16590* 编码一个富含
亮氨酸重复蛋白激酶家族（Leucine-rich repeat protein kinase family protein）；*At5g16600*
（MYB43）属于 MYB 转录因子家族；*At5g16610* 是未知功能基因；而 *At5g16620* 编码叶
绿体内膜转运蛋白 Tic40，与叶绿体内膜上的其他 Tic 蛋白和基质中的 Hsp93 蛋白互作，
组成叶绿体内膜上蛋白转运复合体（Chou et al.，2003）。4 个候选基因的差异序列比较
结果均显示出 '7365A' 和 '7365B' 目标区段基因组上较大程度的变异，对蛋白质氨

基酸序列进行比较，G1 的两个序列有 21 个氨基酸位点差异；G2 有 3 个位点差异；G3 有 34 个位点差异；G4 有 31 个位点差异。互补实验结果表明，G1、G2、G3 不是 '7365A' 的恢复基因。G4 转化的 13 株转基因不育株中有 11 株花粉碘化钾染色具有活性，其不育性得到了恢复。共分离试验表明，对 G4~12 套袋自交，调查 T_1 代单株育性，T_1 代单株共 240 株，其中可育株 194 株，不育株 46 株，育性分离比接近 3:1，说明阳性单株 G4~12 仅有一个拷贝外源片段插入。因此，G4 即是 *BnMs3* 基因。G4 在拟南芥中的同源基因 *at5g16620* 编码叶绿体内膜转运蛋白 Tic40，因此，'7365A' 的恢复基因 *BnMs3* 被命名为 *BnaC9.Tic40*，对应的等位基因 *Bnms3* 被命名为 *Bnac9.tic40*。

Bnac9.tic40 的 CDS 序列全长 1368bp，由 14 个外显子组成，共编码 456 个氨基酸序列。*Bnac9.tic40* 与拟南芥的 Tic40 序列相似度最高，其序列同源性达到 82%。先前研究表明，拟南芥 Tic40 参与叶绿体内膜上通道蛋白复合体的形成，主要作用是协调 Tic110 和 Hsp93 的功能，完成前体蛋白向叶绿体内的运输。在拟南芥中 *tic40* 的突变体表现出整个生育期的黄化，细胞学观察和生化分析的结果表明，拟南芥 *tic40* 的突变体在叶绿体内膜上蛋白质的转运有明显的缺失，叶绿体无法进行正常的新陈代谢，但到目前为止，尚未有 Tic40 与花药发育相关的报道。亚细胞定位结果与拟南芥的 Tic40 一致，*BnaC9.Tic40* 也定位在叶绿体上，可能也是叶绿体内膜上通道蛋白复合体的成员，参与叶绿体内膜上蛋白质的转运。通过 RT-PCR、*BnaC9.Tic40* 的启动子融合 GUS 报告基因及 RNA 原位杂交表达分析，结果表明：*BnaC9.Tic40* 在幼苗、花药和授粉后 20 天的角果中表达较强；在角果，授粉后 10 天和 30 天后表达相对较弱；在茎生叶中仅有微量表达；而在茎秆、开放后的花及去雄后的花蕾中基本没有检查到表达产物。进一步观察 GUS 活性在花蕾中的分布，花药发育中，在花药形态建成前，即至花药发育第 4 期，Pro$_{BnaC9.Tic40}$: GUS 在花蕾中无表达。最早观察到的 GUS 染色信号出现在第 5 期，即花药形态结构成熟时，在绒毡层和花粉母细胞中检测到较集中的 GUS 活性，花药其余体细胞层中层、内表皮和外表皮中也有少量的染色信号。随着花药发育到减数分裂时期，绒毡层和花粉母细胞中 GUS 活性逐渐增强。四分体时期绒毡层和四分体中的 GUS 活性达到最高峰。小孢子从四分体中释放出来后，绒毡层和小孢子中的信号逐渐减弱。随着绒毡层的降解，绒毡层和花粉中的 GUS 信号减弱，直至花粉粒成熟，GUS 信号消失。启动子分析说明 Pro$_{BnaC9.Tic40}$: GUS 在花药发育第 5 期开始表达，主要在花粉母细胞、绒毡层和小孢子中表达，因此，*BnaC9.Tic40* 可能参与影响绒毡层发育和小孢子形成。*BnaC9.Tic40* 参与油菜花药发育过程，这个结果是前人没有报道的。*BnaC9.Tic40* 基因在花药绒毡层和小孢子的质体中起作用。

俎峰等（2010）将 '736512A'（*Bnms3ms3ms4ms4RfRf*）与 '736512B'（*Bnms3ms3Ms4ms4RfRf*）进行杂交，产生 2538 个单株组成的群体，采用 AFLP 和 BSA 方法，获得了 13 个与 *BnMs4* 连锁的标记，所有标记位于 *BnMs4* 的同一侧。利用 1024 个不育单株群体，测定标记与目标基因之间的遗传距离，最近的标记 EC02MC05 与目标基因间的遗传距离为 0.7cM。另外，将 EC02MC05、EC12MC09、EC11MG03 和 EC09MG08 转化为 4 个 SCAR 标记（SC25、SC129、SC113 和 SC98），其中，SC25 在 *BnMs4* 和 *BnRf* 的定位群体上都为共显性标记，遗传距离分别为 0.7cM 和 2.0cM。

标记 EC09MG12 定位在 TN 群体 N7 连锁群的上端。该区段 SSR 标记 CNU063 在 2 个近等基因系群体中都存在多态性，与 *BnMs4* 的 AFLP 标记位于同一侧，且遗传距离为 0.7cM。P16MC08 定位在 QN 群体 N7 上端，位于 ME7EM12E 和 sR4047 之间。SSR1 为与 *BnRf* 连锁的共显性标记，在 *BnMs4* 定位群体中也表现多态性，与 *BnMs4* 的遗传距离为 0.6cM，位于目标基因的另一侧，与 *BnRf* 的遗传距离为 1.4cM。XM1 为与 *BnRf* 连锁的 AFLP 标记，定位在 TN 群体 N7 连锁群上端，与 CNU063 和 EC09MG12 相邻。另外，图谱上的 2 个标记 ENA06、sR4047 经鉴定也为共同标记。图谱定位的结果表明，涉及该系统的 2 个育性基因（*BnMs4*、*BnRf*）都被定位在 N7 连锁群上端相邻近的区域（图 3-14）。

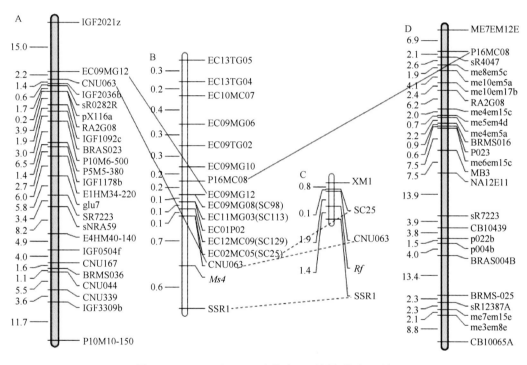

图 3-14 *BnMs4* 与 *BnRf* 定位在 N7 连锁群同一区段

A. 'Tapidor' × 'Ningyou'；B. '7-7365AB'；C. ('7-7365A' × '7-7365C') × '7-7365C'；D. 'Quantum' × 'No2127-17'

'736512B' 自交后代中可育和不育的分离比为 3∶1，而 '7365C' 的自交后代全部可育。'736512AB' 和 '7365AC' 群体中的不育株分别与 '7365C' 测交，后代育性分离分别为全不育和 50% 不育，说明导致两个材料不育的基因是不同的。在 '736512B' 与 '7365C' 杂交后代中，随机选取 3 个可育单株自交，同时与 '7365C' 回交，自交和回交后代全可育，没有育性分离，证明两个基因并非是自由组合的关系。利用分别与 *BnRf* 和 *BnMs4* 连锁的共显性标记 SCY28 和 SCH3 考察了 176 份不同来源的自交系或品种的基因型，结果表明，*BnMs4Ms4RfRf* 这种基因型极少量存在，只有 4 份，而 *BnMs4Ms4rfrf*、*Bnms4ms4rfrf* 和 *Bnms4ms4RfRf* 广泛存在，分别有 98 份、56 份和 18 份。如果基因 *BnMs4* 与 *Bnrf* 连锁，在所分析的材料中表现较高的频率（96/176）；相应地，

Bnms4 与 *Bnrf* 连锁的频率应该很低，与分析结果不符（56/176），进一步表明二者为复等位关系（咀峰等，2010）。

同样也是利用经典图位克隆技术，基于不断更新的芸薹属植物基因组数据库，开发一系列与 *Bnams4^b* 连锁的不同类型的分子标记，有 SSR 标记、SCAR 标记、IP 标记等，其中有标记可以将 *Bnams4^a*/*Bnams4^b*/*Bnams4^c* 三个等位基因进行特异性区分。利用白菜的基因组为参考，通过 493 个单株群体将目标基因锁定在一个大约 304kb 的范围内（Xia et al.，2012），这些工作为后期的精细定位打下良好基础。但是 *Bnams4^b* 的精细定位遇到了前所未有的挑战，在一系列的利用所有已知参考基因组序列进行 4 个候选基因预测失败之后（图 3-15B），尝试进行 20kb 的染色体步移进行区段的测通，依然没有结果。最后构建了定位群体的近等基因系的 BAC 文库，利用最近的分子表进行了目标 BAC 克隆的筛选，利用发展迅速的高通量测序技术确定了 *Bnams4^b* 的候选 BAC 克隆 B107（图 3-15D 虚线所示）和候选序列片段 CC4（图 3-15E）。有必要回头来看 *Bnams4^b* 所在的区段，这样会对定位油菜基因有重要参考意义。*Bnams4^b* 对应的拟南芥区段实际上在第 3 条染色体上，而不是先前其左侧标记显示的第 1 条染色体，也不是其右侧标记显示的第 2 条染色体（Xia et al.，2012），说明利用拟南芥基因组与油菜的共线性进行油菜基因的克隆风险很大。另外，利用白菜基因组来克隆油菜基因也存在风险，虽然利用白菜基因组将 *Bnams4^b* 锁定在 304kb 区间，但是后期精细定位和候选基因预测发现最终的 *Bnams4^b* 基因根本不在白菜参考基因组上，必须通过构建近等基因系的 BAC 克隆来拿到最终的基因序列。*Bnams4^b* 所在的区段相对白菜基因有 61kb 的插入，而 *Bnams4^b* 就恰好在这 61kb 中（图 3-15D，Xia et al.，2016）。

候选基因 *CC4* 转化到野生型拟南芥中去，发现了彻底的雄性不育，然后进行油菜转基因互补验证，也得到了预期的表型，但是所有转化植株都有或多或少的叶片黄化表型，暗示该基因是一个对植物正常发育有害的基因。将转核不育基因 *Bnams4^b* 的不育拟南芥植株和转 *BnMs3* 的拟南芥植株杂交可以获得同时含有 *Bnams4^b* 和 *BnMs3* 的可育拟南芥植株，暗示 *BnMs3* 可以恢复由 *Bnams4^b* 引起的不育拟南芥的育性，说明利用这两个基因可以将这个授粉控制系统转移到其他物种中，这对于目前还没有很好的育性系统的物种可能有巨大的应用潜力。

采用转录组和 RACE 技术，对 CC4 序列进行转录本挖掘，序列比对分析发现 *Bnams4^b* 为一个嵌合基因（图 3-16），能引起野生型拟南芥和油菜的雄性不育，利用组织 RT-PCR 技术和 GUS 染色技术调查了该基因的表达情况，发现其整体表达水平不高，但在各组织中都有表达，如花蕾、种子及叶片（Xia et al.，2016）。另外，利用原生质体调查了该基因编码的蛋白，发现其定位在质体中（Xia et al.，2016）。对该基因引起的败育和叶片黄化进行了叶绿素含量及电镜观察发现，该基因能引起叶绿素含量的下降（Xia et al.，2016）。另外，该基因也能引起花药表皮蜡质和角质的下降（Xia et al.，2016），说明该基因能影响质体的脂类物质的合成。

调查了该基因的起源、演化和选择历史，发现该基因在基本种黑芥（基因组 BB）分化之后、基本种甘蓝（基因组 CC）分化之前通过至少 2 次外显子重组而产生，说明该基因的起源小于 8MYA，且该基因只在油菜、甘蓝、白菜和芥菜型油菜的部分品系

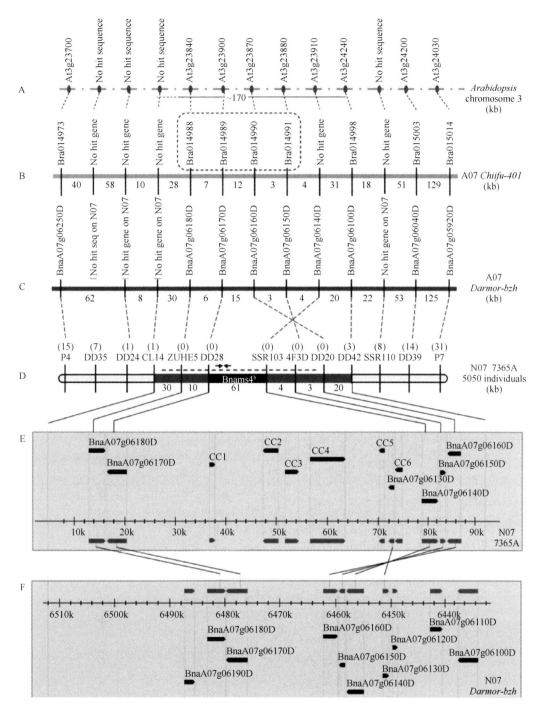

图 3-15　*Bnams4*^b 的图位克隆

CC4 为含有 *Bnams4*^b 的序列片段，D 图中虚线指示 BAC 克隆 B107 的位置，D 图中指示该位置相对于白菜基因组 61kb 的插入

中存在。另外，对该雄性不育系统的基因和基因型分布进行了考察，发现恢复基因 *BnaMs3* 和 *Bnams4*^a 的比例很大，暗示不育基因 *Bnams4*^b 在这么漫长的时间里可能依靠

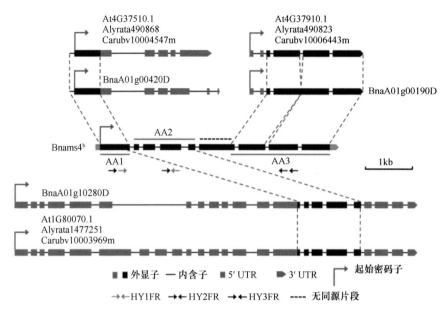

图 3-16 核不育基因 $Bnams4^b$ 是由三个祖先基因形成的嵌合基因

这两个恢复基因被保存下来，然后被人类发现并加以利用。克隆不同物种中的 $Bnams4^b$ 基因，序列分析发现其可分成两类，一类属于甘蓝类型，其余物种则一起属于另一种类型。对 $BnaMs3$ 的序列分析发现，其和 $Bnams3$ 在 4.27～4.57MYA 发生分化，时间与 $Bnams4^b$ 一致，暗示它们之间是协同演化的关系（Xia et al.，2016）。在其起源之后，由两个基因弥补了其带来的负效应（不育和潜在的植株黄化）：$BnaMs3$ 经历了新功能化的过程，能特异地弥补 $Bnams4^b$ 所产生的败育和黄化负效应，从而使得早期含有 $Bnams4^b$ 的植株得以存活并正常繁殖后代。

三、'宜 3A' 显性核不育的遗传及分子机制探讨

（一）双基因显性核不育模式的建立

李树林等（1985，1986，1987，1990）通过对'宜 3A'及其衍生系（'23A'、'204A'、'6A'、'9A'）、'川 7A'和'05A'的深入遗传分析，认为这些核不育材料育性受两对独立显性基因 Ms 和 Rf 互作控制，其中 Ms 为不育基因，Rf 为上位抑制（恢复）基因，它能抑制 Ms 的表达从而使育性恢复正常（为统一起见，后文中将所有的 Rf 书写成 Mf，对应的 rf 写成 mf）。按照两对独立显性基因模式，表现为不育的有 2 种基因型（$MsMsmfmf$ 和 $Msmsmfmf$），表现为可育的有 7 种基因型（$Ms\_Mf\_$，$msmsMf\_$，$msmsmfmf$）。不育株与可育株杂交后代育性分离稳定在 1：1 的核不育系称为两型系（two-type line），其中，（$Msmsmfmf \times msmsmfmf$）称为杂合两型系，可育株（$msmsmfmf$）自交后代没有育性分离，遗传表现与单基因显性核不育相同；（$MsMsrfrf \times MsMsRfrf$）称为纯合两型系，可育株（$MsMsMfmf$）自交后代育性分离比例为 3：1，只能用兄妹交保持，它的遗传表现与单基因隐性核不育相同。由于上位抑制基因 Rf 的存在，这种不育系统有恢复系，即凡是基因型为 $RfRf$ 的植株都是它的恢复系。显性细胞核雄性不育的恢复系虽然没有隐性

细胞核那样容易筛选，但也并不困难（李树林等，1995；Zhou and Bai，1994）。符合两对显性基因遗传模式的显性核不育系还有'Shaan-GMS'（胡胜武等，2000，2004）、'黔油2AB'（王通强等，1999）；其中'Shaan-GMS'与'23AB'等位，而两者与'黔油2AB'的恢保关系则可能不同（王通强等，1999）。水稻萍乡显性核不育（贺浩华等，1999）和白菜型油菜显性核不育（董振生等，1997，1998）都沿用这一模式。

（二）复等位遗传模式的建立

显性核不育育性恢复的遗传机制实质上是恢复基因与不育基因的位置关系。根据两者的相对位置关系可分为三种情况：一是复等位基因遗传模式，即恢复基因与不育基因等位；二是不连锁的两对显性基因；三是两对显性基因连锁。大白菜中发现的显性核不育既符合两对显性基因遗传模式（张书芳等，1990），也符合复等位遗传模式（冯辉等，1995；许明等，2000，2003），并很有可能是两对或两对以上基因的复等位（张书芳等，2003）。大白菜基因组与甘蓝型油菜祖先二倍体物种之一——白菜型油菜的基因组相同，均是 A 基因组。因此，甘蓝型油菜显性不育恢复基因的遗传模式有可能与此相似。

李树林等（1985）和宋来强等（2005）分别提出的甘蓝型油菜显性核不育遗传模式的差异关键在于不育基因和恢复基因（抑制基因）是否等位。两对显性基因控制的核不育遗传模式主要是建立在不育株和可育株兄妹交及可育株自交后代育性分离的实验基础之上。但是，无论是复等位还是两对基因遗传，纯合型不育系与杂合型不育系兄妹交的后代都呈 1∶1 分离，纯合型不育系可育株自交也都符合 3∶1 分离，而杂合型可育株自交后代则没有分离，因此从这一点上无法判别两种不育类型。对于两种遗传模式而言，纯合型不育系可育株与恢复系杂交 F_1 代自交，理论上 F_2 代的育性有 13∶3（两对基因控制）和 3∶1（复等位基因控制）两种可以区分的分离比例，因而原则上可以对两种模式进行判别。但是，13∶3 和 3∶1 的分离比例，统计学上却难以有效区分。

（三）利用 ABC 测验法验证模型的正确性

区分显性核不育的两种遗传模式，对显性核不育的利用具有重要的指导意义。刘定富（1992）提出了判别显性核不育遗传的 ABC 测验设计：A 测验是不育系与恢复系杂交自交，依 F_2 家系中有育性分离与无育性分离家系的组成来判别不育系是纯合型不育系还是杂合型不育系；B 测验是选择 F_2 的不育株与临保系测交，根据测交组合育性分离表现并综合 A、C 测验结果来判别被测恢复系的抑制基因与不育基因等位与否；C 测验的目的主要是检测恢复系中是否带有不育基因，即区分两对基因遗传模式下 Ms_MfMf 与 $msmsMfMf$ 的两种恢复系的基因型。综合 ABC 测验结果，对不育系的基因型和恢复系的基因型都可得出准确判断。而宋来强等（2005）提出的临保系测验法和测交后代可育株自交与回交等方法，则可以更方便地检测不育系可育株的抑制基因与不育基因是否等位、所测恢复系的抑制基因与不育基因是否等位，其最突出的优点是测交后代可以用 1∶1 和 3∶1 两种分离比例来代替原来的 3∶1 和 13∶3 两种差别。

Zhou 和 Bai（1994）、胡胜武等（2004）采用 ABC 测验，确认了非等位恢复基因的存在，即证实了李树林等（1985）提出的甘蓝型油菜显性核不育两对独立基因遗传模式。

而宋来强等（2006）通过对 28 个恢复系的遗传验证表明，所测恢复系的恢复基因均与不育基因等位，且证实其不育系'609AB'与李树林等（1985）所用材料为等位。对于这两个互相矛盾的结论，宋来强等（2005）的解释是：①甘蓝型油菜中可能同时存在与不育基因等位的恢复基因，也存在非等位的恢复基因，即甘蓝型油菜显性核不育可能与大白菜中一样，符合两对复等位基因遗传模式（张书芳等，2003），而两对显性基因遗传和复等位基因遗传只是这一模式的特例；②前人的研究受到生态敏感性的影响，是恢复基因与生态敏感基因共同作用的结果。在对'609AB'的遗传研究过程中，观察到生态敏感性现象，即不同的遗传背景下，表现出不同程度的温度敏感性和临界温度高低的差异，这可能是不育基因以外其他基因的作用（宋来强等，2006）。笔者认为，从遗传设计上来看，宋来强等（2006）共检测了 28 个恢复系，远远超过了胡胜武等（2004）的 1 个恢复系，因此试验的代表性更强。

洪登峰（2006）借助 ABC 测定法系统地分析了一个'宜 3A'转育而来的显性核不育系统 Rs1046AB 的遗传模式，认为'Rs1046AB'也受一对复等位基因控制。'Rs1046AB'的复等位基因遗传模式如下所示：$BnMs5^b$ 为显性雄性不育基因；$BnMs5^a$ 为恢复基因，可以恢复 $BnMs5^b$ 造成的不育表型；$BnMs5^c$ 为正常可育基因；三者的显隐性关系为 $BnMs5^a > BnMs5^b > BnMs5^c$。

（四）显性核不育位点 *BnMs5* 的遗传定位

1. 不育基因和恢复基因的定位

'Rs1046AB'是衍生于'宜 3A'的甘蓝型油菜显性核不育纯合两型系。Lu 等（2004）在回交分离群体（'Rs1046A'×'Samourai'）×'Samourai BC1'中，筛选了 480 对 AFLP 引物，找到了 5 个与不育基因 Ms 连锁较紧密的 AFLP 标记，其中 4 个标记（E3M15100、E7M1230、P13M8400 和 P10M13350）位于不育基因的同一侧，与不育基因的遗传图距分别为 3.7cM、5.5cM、5.9cM 和 8.9cM，另有 1 个标记（P6M6410）位于不育基因的另一侧，与不育基因的遗传图距为 5.9cM。此外，在兄妹交群体'Rs1046A'×'Rs1046B'（*MsMsrfrf×MsMsRfrf*）中，陆光远（2003）筛选到一个与抑制基因紧密连锁的 AFLP 标记 E16MG4205，该标记与抑制基因之间的交换率为 6.1%。程勇（2005）利用中国农业科学院油料作物研究所选育的显性细胞核雄性不育杂合两型系'70056AB'（基因型为 *Msmsrfrf×msmsRfrf*）为定位群体，筛选了 480 对 AFLP 引物组合，发现一个与不育基因 Ms 紧密连锁的标记，交换率是 1.1%。

Song 等（2006）利用其发现并转育出的甘蓝型油菜纯合两型系'609AB'为材料，在证明了该材料育性是一对复等位基因控制的基础上，构建了 4 个群体，包括 3 个 BC1 群体、1 个 DH 群体。通过对群体 1 中 96 株可育和不育单株的筛选，获得 8 个与不育基因连锁的 AFLP 标记，相距目标基因 1.1~5.3cM。将这 8 个标记在 DH 亲本构建含有 386 单株的验证群体 2 中进行验证，发现有 4 个 AFLP 标记保留了多态性，其中 3 个位于同一侧，最近的标记与不育基因的遗传距离为 1.6cM；而另外一个在群体 1 中，位于同侧的标记则被定位到 *BnMs5^b* 基因的另一侧，与目标基因遗传图距是 0.3cM。通过克隆测序和 PCR 步行的方法，将上述两个最近的标记成功转化为 SCAR 标记 SC6 和 SC9。

洪登峰（2006）利用'Rs1046AB'近等基因系并结合 BSA 法，对 137 个单株进行了标记分析。在筛选 2048 对 AFLP 引物后，获得了 6 个与恢复基因连锁较为紧密的标记，遗传距离分别为 0.7cM（HDA、HDC 和 HDF）、1.4cM（HDB）和 3.6cM（HDE 和 HDG），且全部位于目标基因同一侧。将遗传距离较近的 4 个标记中的 2 个（HDF 和 HDB）直接转化成稳定的 SCAR 标记（SCHDF 和 SCHDB）；而通过侧翼序列分离后，将另外 2 个标记（HDA 和 HDC）成功转化（SCWA 和 SCWC）。这些 SCAR 标记与原始 AFLP 标记定位到连锁图同一位置。利用 1017 个单株的较大近等基因系群体对彼此共分离的 3 个 SCAR 标记（SCWA、SCWC 和 SCHDF）进行了区分，结果表明：标记 SCHDF 与恢复基因的遗传距离比标记 SCWA 和 SCWC 更近，前者的遗传距离为 1.1cM；但三个标记之间的遗传距离仍然很小。为了获得两侧及更近的标记，又利用 192 个单株的 F2 群体（Rs1046A/195A-14）构建了显性核不育基因/恢复基因的局部遗传连锁图，它包括 20 个 AFLP 标记和 2 个 SCAR 标记，一共覆盖 10.4cM 的遗传区间。其中，14 个标记位于 $BnMs5^a/BnMs5^b$ 一侧，7 个标记位于另外一侧，1 个标记与 $BnMs5^a/BnMs5^b$ 共分离。$BnMs5^a/BnMs5^b$ 位点两侧最近标记的遗传距离分别为 0.1cM（E3M10-580）和 1.0cM（E1M13-260）。根据作图结果，将遗传距离最近的 6 个标记（S8T13-160、S10T2-90、E3M10-580、S5T5-480、E1M13-260 及 E14M1-80）中的 3 个成功转化为 SCAR 标记，分别是 SCDG1（E3M10-580）、SCDG2（S5T5-480）和 SCDG3（E1M13-260）。群体分析显示，3 个 SCAR 标记与 Ms/Mf 位点的遗传距离同原始 AFLP 标记一致。

2. 整合定位实现精细定位并证明复等位遗传的可靠性

在以上定位的基础上，洪登峰（2006）通过对上述两个定位群体中部分标记序列（或侧翼序列）的 BLASTn 分析，在拟南芥 1 号染色体短臂顶端鉴定出一个同源区。标记在连锁图上的排列顺序与其同源区在拟南芥上的排列顺序基本一致，表明甘蓝型油菜中核不育相关基因（$BnMs5^a/BnMs5^b$）所在区域与拟南芥同源区之间存在着较好的共线性关系，但进化过程中，该区域中亦存在少量的染色体倒位和易位事件。与陆光远（2003）和宋来强等（2006）的标记比对结果进行整合后发现，核不育相关基因的标记同源区，覆盖拟南芥从 AT1g04950 到 AT1g14340 之间的大约 3.4Mb 的物理区间。利用相同的 SCAR 标记或拟南芥同源区的信息，将陆光远（2003）的 BC1 定位群体、宋来强等（2006）的 BC1 定位群体及洪登峰研究中的两个不同定位群体的定位结果进行了整合。在洪登峰（2006）研究的 F2 定位群体的基础上，将宋来强等（2006）定位群体上的 2 个 SCAR 标记整合到标记（E1M2-310 和 E4M9-150）之间；该区域包含核不育相关基因（$BnMs5^a/BnMs5^b$），其界定的遗传图距为 4.6cM，共有 11 个标记（包括 5 个 SCAR 标记）。刘俊（2008）在洪登峰（2006）研究的基础上，将 3 个 AFLP 标记（E3M10、E1M13 和 S5T5）成功转化为 SCAR 标记（依次命名为：SCD2、SCD7 和 SCD8）（图 3-17）。通过不育系'Rs1046A'和恢复系'195-14A'（温敏型细胞质雄性不育两用系）杂交构建 F2：3 家系和 F2 全不育株群体。结合 SCAR 标记 SCE3（陆光远，2003）和 SCHDF（洪登峰，2006），进一步分析 708 个单株构成的 F2：3 家系和 987 个单株的 F2 全不育株群体，结果表明：SCD2、SCE3、SCD7 和 SCD8 共 4 个 SCAR 标记全部位于目标基因一侧，距目标基因（$BnMs5^a/BnMs5^b$）的遗传距离依次为 2.0cM、1.7cM、1.5cM、0.1cM；另外一个 SCAR 标记 SCHDF 位于目标基因的另一侧，且距目标基因的遗传距离为 2.3cM，实现了对目标基因的准确定位。同时，应用 BSA 法，结合 AFLP 技术，继续筛选了 512 对 AFLP 的引物组合，获得了 4 个与目标基因紧密连锁的 AFLP 标记。其中 2 个标记（P1M1、P1M4）为共显性标记，被定位于 SCAR 标记 SCD7 与 SCD8 之间。另外 2 个标记（P3M2、P12M6）为显性标记，与恢复基因连锁，分别位于目标基因两侧，前者被定位于 SCAR 标记 SCD7 和 SCD8 之间，后者被定位于标记 SCHDF 与目标基因之间，使目标基因的遗传距离进一步缩小。通过比较测序，将 Song 等（2006）在甘蓝型油菜显性核不育系'609AB'中获得的不育基因两侧最近的 SCAR 标记 SC6 和 SC9 进行整合，并成功转化为既与不育基因连锁又与恢复基因连锁的 SCAR 标记，重新被命名为 SC6D 和 SC9H。前者被定位于 AFLP 标记 P12M6 与目标基因之间，后者被定位于 AFLP 标记 P3M2 和 P1M1/P1M4 之间，且分别距目标基因的遗传距离均为 1.0cM（图 3-17；卢卫，2013）。结合上述 AFLP 标记和 SCAR 标记，实现了对目标基因（$BnMs5^a/BnMs5^b$）的精细遗传定位。同时，以与目标基因紧密连锁的 SCAR 标记 SCD8 为探针进行 Southern 杂交，筛选甘蓝型油菜 Tapidor BAC 文库，获得了 28 个具有强杂交信号的 BAC 克隆。

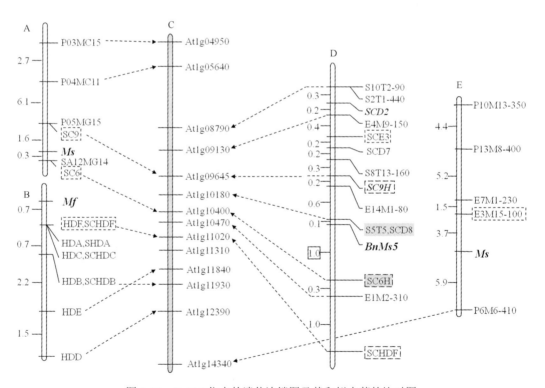

图 3-17　$BnMs5$ 位点的遗传连锁图及其和拟南芥的比对图

A. 宋来强等（2006）发表的 Mf 连锁图；B. 洪登峰（2006）发表的 Mf 连锁图；C. 洪登峰（2006）鉴定的 $BnMs5$ 位点的拟南芥共线性区间；D. 整合新标记后的骨干连锁图；E. 陆光远（2003）发表的 Ms 连锁图

（五）显性核不育调控基因 *BnMs5* 的克隆

卢卫（2013）在前人工作的的基础上，对 *BnMs5* 所在位点的起源进行了分析。洪登峰（2006）在拟南芥 1 号染色体上（从基因 *At1g04950* 和 *At1g14340*）鉴定了 *BnMs5* 位点的唯一共线性区间（图 3-17）。芸薹属亚基因组比较分析表明大多数的拟南芥染色体片段在二倍体白菜或甘蓝基因组中存在三倍体化的现象，并用最少基因丢失模块（LF）、中等基因丢失模块（MF1）和最多基因丢失模块（MF2）的概念来分别表示白菜（Wang et al.，2011）和甘蓝（Liu et al.，2014）多倍体化过程中形成的 3 个亚基因组。借助白菜（Chiifu）及甘蓝的基因组序列同 *BnMs5* 连锁标记的比对，进一步分析 *BnMs5*

表 3-1　*BnMs5* 位点连锁标记和拟南芥及甘蓝型油菜两个祖先种的序列比对分析

标记名称	拟南芥中同源基因	白菜中同源基因†			甘蓝中同源基因‡		
	Orthologue	MF1	MF2	LF	亚基因组 I（MF1）	亚基因组 II（MF2）	亚基因组 III（LF）
S10T2-90	At1g08790（4e-09）*	N	A8，Bra030741（3e-30）	A6，Bra018600（1e-16）	N	C8，Bol022172（6e-22）	C5，Bol041237（4e-26）
SCD2	N	N	N	N	N	N	N
E4M9-150	At1g09130（2e-43）	N	A8，Bra030756（1e-55）	N	N	C8，Bol022147（7e-51）	N
SCE3	N	N	N	N	N	N	N
SCD7	N	N	N	N	N	N	N
SC9	At1g09645（3e-66）	N	A8，Bra030790（1e-105）	A6，Bra020004（1e-73）	C8，Bol006601（3e-80）	C8，Bol022103（2e-10）	C5，Bol036815（1e-73）
E14M1	At1g10030（2e-49）	N	A5，Bra018466（5e-49）	A6，（Bra019965）（8e-48）	N	C8，Bol022082（5e-49）	C5，Bol036770（7e-42）
SCD8	At1g10180（2e-53）	N	A5，Bra018457（1e-179）	N	N	C8，Bol022073（1e-177）	N
BE10	At1g10270（2e-71）	A9，Bra031706（5e-67）	A5，Bra018451（0.0）	A6，（Bra019952）（1e-61）	C8，Bol031243（2e-57）	C8，Bol022062（1e-143）	C5，Bol036755（2e-60）
SC6	At1g10400（e-123）	N	A5，Bra018440（0.0）	N	N	C8，Bol022050（0.0）	N
E1M2-310	N	N	N	N	N	N	N
SCHDF	At1g11020（2e-31）	A9，Bra031736（3e-29）	A5，Bra018414（3e-41）	N	C8，Bol031295（2e-29）	C8，Bol022016（1e-43）	N
HDE	At1g11840（1e-38）	N	A8，Bra016811（9e-47）	A6，Bra019830（1e-30）	N	N	C5，Bol036627（3e-28）
SCHDB	At1g11930（1e-73）	A9，Bra031797（5e-28）	A8，Bra016802（4e-87）	N	C8，Bol031341（7e-30）	C8，Bol029087（5e-68）	N
HDD	At1g12390（5e-69）	A9，Bra026972（3e-72）	A8，Bra016774（5e-89）	A6，Bra019762（1e-52）	C8，Bol031365（2e-76）	C8，Bol029110（2e-88）	N
P6M6-410	At1g14340（4e-41）	N	A8，Bra016705（1e-67）	A6，Bra019660（6e-45）	N	C8，Bol029203（6e-51）	C5，Bol038029（4e-30）

　*表示拟南芥、白菜和甘蓝同源基因间 BALSTN 分析时的 E 值；†表示白菜基因组中的 3 个亚基因组模块；‡表示甘蓝基因组中的 3 个亚基因组模块；N 表示没有对应的同源基因；淡灰色背景栏表示 3 个共线性最好的模块

位点的亚基因组起源，如表 3-1 所示，所有定位在拟南芥基因上的 *BnMs5* 连锁标记都能够在白菜或者甘蓝基因组上找到至少一个相对应的同源基因。*BnMs5* 位点能够在白菜和甘蓝基因组上清晰地鉴定 6 个亚基因组模块，并且这些区段上同源基因的排列顺序同 *BnMs5* 连锁标记的排列顺序存在极好的共线性（除了白菜 MF2 亚基因组模块上 A5 和 A8 这两个不连续的染色体片段）。总体来说，白菜和甘蓝的 MF2 亚基因组模块同 *BnMs5* 位点的共线性最好。结合刘俊（2008）将 *BnMs5* 位点定位在甘蓝型油菜 A8 连锁群上的结果，认为 *BnMs5* 位点起源于白菜的 MF2 亚基因组模块。刘俊（2008）和卢卫（2013）利用与 *BnMs5* 位点两侧连锁最紧密的标记 SCD8 和 BE10，成功筛选到了包含 *BnMs5^c* 位点的目标 BAC 克隆 JBnB034L06，从而将 *BnMS5* 定位到了甘蓝型油菜 A8 染色体上 21kb 的物理区段之内（Lu et al.，2013）。依据此区间内的序列信息进行了候选基因的预测和三个等位基因型的比较测序。但是，在比较测序的过程中，其中一个候选基因在不育系中的等位基因由于基因内大片段的外源序列插入而没能完整地分离出来。基于 *BnMS5^b* 显性突变的遗传分析，认为可能由于转座子的插入使得基因转录异常引起了基因的显性负效应，或者由于产生截断的蛋白质或嵌合蛋白而引起蛋白质功能的获得性突变。为了验证上述假说，构建了一个包含 *BnMS5^b* 和 *BnMS5^a* 两个位点的混合型 BAC 文库 HBnB。

辛强（2016）利用共显性标记 BE10、与恢复基因共分离的显性标记 G3-2，以及与不育基因共分离的显性标记 WKU-2，筛选得到了包含 *BnMS5^a* 位点的目标 BAC 克隆 HBnB148J20 和包含 *BnMS5^b* 的阳性克隆 HBnB003M09。通过基因注释信息可知，包含 *BnMS5^a* 位点的 BAC 克隆目标区间有 9 个基因，其中前 4 个基因来自于参考基因组（Darmor-*bzh*）的 C08 染色体，而后 5 个基因来自于 Darmor-*bzh* 的 A08 染色体（图 3-18）。在包含 *BnMS5^c* 的 JBnB034L06 克隆目标区间内，有 9 个注释基因，其中 *Gene2* 和 *Gene3* 为转座子相关的基因，剩余 7 个基因则来自于参考基因组的 A08 染色体并与白菜基因组（Chiifu）的 A08 同源区段高度共线性（图 3-18B）（Lu et al.，2013）。这说明，在 Rs1046B 的祖先种中，该区段发生了一次部分同源的染色体交换（homeologous exchange，HE）。

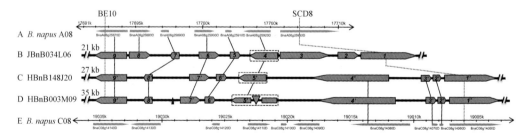

图 3-18　*BnMS5^c*（JBnB034L06）、*BnMS5^a*（HBnB148J20）、*BnMS5^b*（HBnB003M09）目标区段与测序甘蓝型油菜 A08 和 C08 对应区段的序列比较及注释

A~E 显示的是 BE10 和 SCD8 间的 A08、JBnB034L06、HBnBB148J20、HBnBB03M09 和 C08 序列共线性关系。虚线显示为 BE10 和 SCD8 所在位置。虚线箭头指示的为 A08 上的基因在各个 BAC 中对应的基因。实线指示的为 A08 和 C08 上的基因在各个 BAC 上对应的基因。D 上黑色实心上三角形指示为 829bp 的序列缺失，灰色实心下三角标示 8115bp 的转座子插入

而在临保基因型材料的祖先种中，则没有这种部分同源重组的发生。比较 HBnB148J20（包含 $BnMS5^a$ 位点）、HBnB003M09（包含 $BnMS5^b$ 位点）和 JBnB034L06（包含 $BnMS5^c$ 位点）的序列发现，它们注释区间内的 $BnaA08g25920D$ 最有可能为 $BnMS5$ 的候选基因。'Rs1046B' 中的 $BnaA08g25920D$ 编码一个功能未知的蛋白质，在 'Rs1046A' 中该基因的第二个内含子区内有一段长达 8115 bp 的 MULE-MuDR 类 DNA 转座子插入。而且，候选基因在恢复系和临保材料间也存在较多的碱基差异，特别是启动子区，序列相似性较低，因此，最终选定 $BnaA08g25920D$ 基因为 $BnMS5$ 的候选基因进行后续的功能互补验证。

转基因结果显示，无论是杂合全不育系还是 'Rs1046A' 纯合全不育系，转基因育性恢复的单株均表现为雄蕊饱满并有花粉散出，醋酸洋红染色显示花粉均与正常可育株一样具有活力。选取两株背景基因型分别为 $BnMS5^bBnMS5^b$ 和 $BnMS5^bBnMS5^c$ 的转基因阳性株，对减数分裂时期花蕾中 $Gene5^a$ 的表达进行检测，结果显示，两株阳性株中 $Gene5^a$ 的表达量均显著上升。对这两株的每角果粒数检测显示，雌性结实也恢复正常。这说明成功整合到受体材料中的 $Gene5^a$ 可以稳定恢复不育材料的雌雄蕊育性，$BnaA08g25920D$ 即为目的基因 $BnMS5$。

（六）$BnMS5$ 的分子特性分析

$BnMS5^a$ 的全长 cDNA 区段长 1199bp，其中包括 10bp 的 5′UTR 和 208bp 的 3′UTR 区段。而 $BnMS5^c$ 则包含一段长 1281bp 的 ORF、51bp 的 5′UTR 和 207bp 的 3′UTR 区段。$BnMS5^a$ 和 $BnMS5^c$ 均由 6 个外显子和 5 个内含子组成（图 3-19A）。两者 CDS 区序列比对显示有 33 个点突变，其中的 20 个点突变造成了 18 个氨基酸的差异。比较 $BnMS5^a$ 和 $BnMS5^c$ 序列发现，其 ORF 区段的基因组序列一致性（identity）高达 93.7%，主要的序列差异集中在内含子区，而启动子区序列一致性仅为 56.1%，差异极大。$BnMS5^b$ 除了在第二个内含子处有一个长达 8115bp 的 MULE（mutator-like transposable element）类转座子插入外，其余序列与 $BnMS5^a$ 完全一致（图 3-19A）。

$BnMS5^a$ 的 CDS 区段全长 981bp，编码一个 326aa 长度的蛋白质（图 3-19B）。蛋白质结构预测结果显示，在 $BnMS5^a$ 的 42～70aa 处有一个 coiled-coil 结构域，在 201～315aa 处有一个芸薹科特异的 DUF 626 结构域。亚细胞定位结果表明，$BnMS5^a$ 和 $BnMS5^c$ 均与 GHD7 共定位到细胞核中，为核蛋白（图 3-19D）。进化分析显示，$BnMS5$ 及其同源基因是甘蓝型油菜及其祖先种等芸薹属物种中的特异基因，目的基因 $BnMS5$ 直接来源于祖先种白菜（图 3-19C）。

$BnMS5$ 在不同组织中的表达分析结果显示，$BnMS5^a$ 在花蕾、叶和茎中均有表达，其中在生殖器官中的表达量最高（图 3-19E）。而 $BnMS5^b$ 由于第二个内含子中转座子的插入，使得其表达量在各个组织中均极大地降低（图 3-19E）。$BnMS5^c$ 的表达模式与 $BnMS5^a$ 略有不同，其在茎叶中的表达量极低，在减数分裂时期的花蕾中表达量较高，但却显著低于 $BnMS5^a$，$BnMS5^a$ 和 $BnMS5^c$ 表达量的不同可能与两个等位基因启动子序列的差异有关。为了验证这种表达差异在蛋白质水平是否仍然存在，进一步利用 BnMS5 的抗体检测了 BnMS5 蛋白在减数分裂时期的积累量。BnMS5 蛋白在 $BnMS5^aBnMS5^a$ 中的积累量要明显高于 $BnMS5^cBnMS5^c$ 和 $BnMS5^bBnMS5^b$，在 $BnMS5^bBnMS5^b$ 中的积累量最少，这一结论与转录分析的结果一致（图 3-19F）。通过上述分析可知，$BnMS5$ 在花蕾中高量表达，而且三个等位基因在转录水平和蛋白质积累水平存在显著差异。

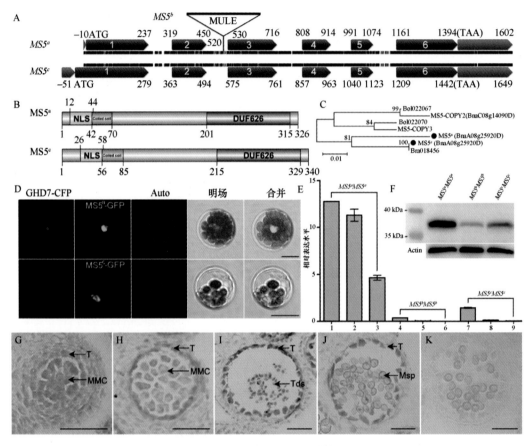

图 3-19 *BnMS5* 的分子特性

A. *BnMS5* 基因结构和序列比对示意图，黑色矩形框代表基因区段，其上白色的竖线指示序列有差异的位点，6 个粉红的箭头指示 6 个外显子所在的区段，绿色的粗箭头则指示 5′UTR 和 3′UTR。大三角形代表 *BnMS5^c* 转座子的插入。B. BnMS5 蛋白的分子特征。C. *MS5* 基因的进化分析。D. BnMS5^a 和 BnMS5^c 融合 GFP 蛋白的亚细胞定位。E. *BnMS5* 表达模式分析：qRT-PCR。1、4、7 为减数分裂时期花蕾；2、5、8 为幼叶；2、6、9 为幼茎。纵坐标的数值代表从三个重复中计算的每个基因平均的表达量±标准差。F. MS5 蛋白免疫印迹（Western）检测。利用 MS5 抗体检测 *MS5^{a}MS5^a*、*MS5^{b}MS5^b*（FM195A）和 *MS5^{c}MS5^c*（7-5）减数分裂时期蛋白表达量。G～K. *BnMS5^a* 的 RNA 原位杂交，分别为减数分裂早期（G）及末期（H）、四分体时期（I）、小孢子期（J）；K. 用 *BnMS5^a* 的正义探针杂交后的阴性对照。标尺=50μm（G～K）。MMC，花粉母细胞；T，绒毡层；Tds，四分体；Msp，小孢子；PG，花粉粒

为了确定 *BnMS5* 在甘蓝型油菜花蕾发育各时期准确的表达模式，还进一步利用 *BnMS5^a* 基因的反义探针通过 RNA 原位杂交分析 *BnMS5* 的表达模式。原位杂交结果显示，在减数分裂早期的各层细胞中均有微弱的杂交信号（图 3-19G）。减数分裂晚期，*BnMS5* 的表达增强，在绒毡层和花粉母细胞中可见明显的杂交信号（图 3-19H）。在花药发育的四分体时期和单核花粉粒时期，*BnMS5* 的表达达到最高峰（图 3-19I、J）。

BnMS5 蛋白定位在细胞核中，在油菜生殖器官中高量表达，结合其突变体异常的减数分裂过程，可以确定，*BnMS5* 基因在甘蓝型油菜的减数分裂前期 I 过程中起着重要作用。

（七）BnMS5 调控减数分裂的分子机制

众所周知，减数分裂在真核生物的有性生殖过程中起着重要的作用，是生物进化和遗传多样性的基础。在减数分裂过程中，同源染色体粘连、识别、配对、联会、重组、形成交叉等生物学事件相继发生，提高了生物的遗传多样性和对环境的适应性。为探究 BnMS5 调控减数分裂的分子机制，辛强（2016）检测了 FM195AB 中不育材料和可育材料减数分裂前期 I 过程中重要的生物学事件。

首先，利用 45S rDNA 和 5S rDNA 探针在 FM195A 和 FM195B 中进行荧光原位杂交（FISH），检测同源染色体的配对情况。FISH 结果显示，FM195A 粗线期对应染色体上可检测到的 45S rDNA 信号点和 5S rDNA 信号点数目是 FM195B 中的两倍，说明在 FM195A 中同源染色体配对异常。在许多物种中，端粒区段在减数分裂偶线期开始时聚集在核膜区域，形成一个被称为端粒束或花束的结构。一般认为花束可以通过拉近染色体末端从而促进同源染色体配对和联会的完成（Golubovskaya et al.，2002；Harper et al.，2004；Scherthan et al.，2007）。我们通过一个端粒特异探针（pAtT4）检测了突变体和野生型材料中端粒的聚集情况。FM195B 中，在偶线期早期可以观察到端粒聚集在一个特定的区域形成花束状构型。而在 FM195A 中，端粒则随机分散在细胞核内。BnMS5 是油菜中正常花束结构形成所必需的。除此之外，还可以看出，在 FM195A 中没有形成正常的偶线期结构。

同源重组是减数分裂前期 I 重要的标志事件，同源染色体的配对依赖于同源重组（Bozza and Pawlowski，2008；Storlazzi et al.，2010；Zickler and Kleckner，2015）。在 FM195A 中同源染色体不能正常配对，推测 BnMS5 可能在同源重组过程中起着重要作用。DNA 双链断裂（DSB）是同源重组起始的标志，DSB 形成时可以激活 H2AX 磷酸化形成 γH2AX，因此 γH2AX 的形成成为 DSB 的一个标志。利用 γH2AX 抗体分别检测基因型为 $BnMS5^aBnMS5^a$ 和 $BnMS5^bBnMS5^b$ 材料中细线期和偶线期染色体上 γH2AX 信号的分布。检测结果显示，两种材料的性母细胞信号数目没有显著差异。在不育材料中 DSB 可正常形成，减数分裂过程中 DSB 的形成不需要 BnMS5 的参与。

减数分裂前期染色体构型（chromosome configuration）的建立依赖于染色体蛋白轴（联会后被称为侧生元件，AE）的正确组装。ASY1 是芽殖酵母侧生元件组分 HOP1 的同源蛋白，它是染色体侧生元件的重要组成部分，在包括拟南芥和甘蓝在内的被子植物中非常保守（Armstrong et al.，2002；Caryl et al.，2000；Sanchez-Moran et al.，2007）。通过双重免疫荧光实验，检测了 ASY1 与中央元件（CE）组成蛋白 ZYP1 在减数分裂前期 I 早期的定位情况。ZYP1 可以用来指示 SC 的组装状况（Higgins et al.，2005）。ASY1 作为染色体轴的辅助蛋白（联会时为横向细丝的一部分）与 ZYP1 在染色体上交叉排布。在 FM195B 中，ASY1 在细线期以线状信号的形式沿染色体分布，此时 ZYP1 以离散点的形式紧邻 ASY1 信号分布（图 3-20A）。在偶线期，随着同源染色体配对的进行和染色体的进一步凝集浓缩，信号继续加强并与染色体共定位，与此同时 ZYP1 信号开始加强并呈线状分布（图 3-20B）。到粗线期时，同源染色体完全联会，可见较

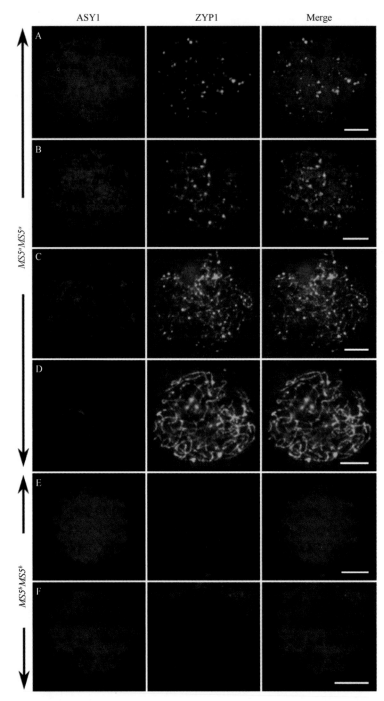

图 3-20　ASY1 和 ZYP1 在 FM195A（$BnMS5^bBnMS5^b$）和 FM195B（$BnMS5^aBnMS5^a$）减数分裂前期
Ⅰ早期的免疫定位结果

粗的 ASY1 信号，但亮度较弱，之后信号进一步减弱直到消失（图 3-20C、D）。而 ZYP1
则由于联会的完成，以线状形式分布于整条染色体上。在联会复合体组装的过程中很
少观察到 ASY1 和 ZYP1 信号重叠的现象。在 FM195A（$BnMS5^bBnMS5^b$）的性母细胞

中，ASY1 在细线期和后-细线期染色体上的信号与育性正常材料中没有明显差别（图 3-20E、F）。这一结果说明，在基因型为 $BnMS5^bBnMS5^b$ 的不育材料中，减数分裂前期 Ⅰ 早期染色体蛋白轴的组装过程基本正常。不同的是，在 FM195A 的大部分性母细胞中（n=73）没有观察到 ZYP1 的定位信号（图 3-20E、F），在少数细胞中可见微弱的 ZYP1 信号（n=11）（图 3-20E、F）。ASY1 和 ZYP1 的免疫共定位结果表明，在减数分裂前期 Ⅰ 早期，BnMS5 不是 ASY1 蛋白正常定位所必需的，但联会复合体中 CE 的组装却依赖于 BnMS5 的参与。

同源染色体的正确分离需要减数分裂特异的姐妹染色单体的粘连。粘连是由一种多亚基组成的黏着复合体以三元环的形式套在姐妹染色单体上形成的（Haering et al.，2008）。其中。REC8 是酵母中减数分裂特异的黏着素蛋白，在姐妹染色单体的粘连中起着重要作用，其同源基因的功能在拟南芥（$SYN1$）、玉米（AFD）和水稻（$OsRad21-4/OsRec8$）中得到了广泛的验证（Bai et al.，1999；Cai et al.，2003；Golubovskaya et al.，2006；Shao et al.，2011）。考虑到 FM195A（$BnMS5^bBnMS5^b$）减数分裂时期染色体形态的异常，用拟南芥 REC8 的抗体检测了其在甘蓝型油菜中同源基因 SYN1 在染色体上的分布，SC 用 ZYP1 进行指示。检测结果表明，在 FM195B 中，较强的 SYN1 信号以线状的形式沿浓缩的染色体延伸，信号与 ZYP1 的信号完全重叠；而在 FM195A（$BnMS5^bBnMS5^b$）中，大多数检测的减数分裂时期的核内都完全没有 SYN1 的定位信号（73.2%，n=71），在剩余的核内可以观察到微弱的、比较模糊的 SYN1 信号。这说明，SYN1 蛋白在染色体上的定位依赖于 BnMS5 的功能。

DSB 的检测结果已知，FM195A 同源染色体的重组已经起始，那么这些起始的 DSB 能否被正确地修复呢？在拟南芥中，HEI10 可作为重组修复的标志蛋白，它在减数分裂前期 Ⅰ 早期即已定位到重组位点，直到重组修复过程结束，在重组位点处形成第一类 Cos（Chelysheva et al.，2012）。因此，检测了 HEI10 在甘蓝型油菜减数分裂同源染色体重组过程中蛋白质的分布，染色体蛋白轴用 ASY1 指示。在 FM195B 性母细胞减数分裂偶线期，HEI10 信号以较大的点和短线的形式分布在染色体上，而且由观察结果可以明显看出，大部分 HEI10 的信号都位于染色体上 ASY1 信号比较弱的位置。这个位置可能就是同源染色体正在进行联会的区段，相似的免疫共定位模式在拟南芥中已被证实（Chelysheva et al.，2012）。而在 FM195A 对应时期的染色体上，虽然能检测到正常的 ASY1 定位，但却检测不到 HEI10 信号。这一结果表明，BnMS5 虽然在 DSB 的形成过程中没有功能，但却在同源重组修复的过程中起着重要作用。

（八）不育基因的分子机制探讨

$BnMS5$ 突变体既是雄性不育又是雌性不孕的突变体，表明该基因在雄配子和雌配子的发育中都起着重要作用。与正常材料相比，不育系材料在花粉母细胞减数分裂细线期到偶线期的转换中发生异常，从而影响了小孢子母细胞的发育，导致随后的雄性不育。在胚囊的发育进程中，不育系的差异主要体现在功能大孢子的形成方面。在正常的恢复系材料中，大孢子母细胞减数分裂形成线性的四个大孢子后，位于合点端的大孢子形成功能大孢子，其他三个大孢子相继降解；而在不育系材料中，减数分裂异常，没有功能大孢子形成，也就没有随后胚囊的形成，从而导致雌性不孕。于是推测，*BnMS5* 主要是在小孢子母细胞和大孢子母细胞的减数分裂过程中起作用，通过影响减数分裂，进而影响孢母细胞的发育，从而导致雌雄蕊育性的异常。

减数分裂时期染色体结构的正确建成对于同源染色体配对、联会和重组起着重要作用。DAPI 染色显示，虽然 $MS5^bMS5^b$ 的染色体在细线期保持正常的染色体结构，但之后的偶线期却再没观察到正常的染色体构型，染色体不能正常浓缩，这说明 $MS5^bMS5^b$ 虽然可以正常进入减数分裂，但由于之后染色体结构装配的异常，使得减数分裂在类-偶线期阶段停滞。粘连复合体（cohesin complex）和凝集复合体（condensin complex）是染色体结构建成的主要影响因子：粘连复合体的组成蛋白黏着素（cohesin）主要参与姐妹染色单体之间粘连的建立和解除；凝集复合体的凝集蛋白（condensin）则在染色质浓缩组装成为染色体的过程中起着重要的作用。在减数分裂过程中，姐妹染色单体间的粘连在间期 S 期即已开始建立，这种粘连的蛋白轴成为之后染色体蛋白轴的重要组成部分，是 AE 形成和 SC 组装的基础。这一过程在真核生物中是非常保守的（Klein et al.，1999）。$MS5^bMS5^b$ 中减数分裂特异的黏着素蛋白 SYN1 无法正常定位到染色体上，说明染色体蛋白轴的建立和组装可能存在问题，这一推论与在 $MS5^bMS5^b$ 类-偶线期观察到的减数分裂异常的染色体构型相一致。

酵母 HOP1 作为染色体蛋白轴的核心组成蛋白，其同源基因在植物中也广泛存在，这些同源基因包括 *ASY1*（拟南芥）（Caryl et al.，2000）、*BoASY1*（甘蓝）（Armstrong et al.，2002）、*PAIR2*（水稻）（Nonomura et al.，2006；Shao et al.，2011）和 *TaASY1*（小麦）（Boden et al.，2007）等。免疫定位结果显示，上述 HOP1 同源基因在减数分裂染色体上的动态分布状况非常类似，说明它们在功能上也是非常保守的（Sanchez-Moran et al.，2008）。免疫胶体金电镜定位（immunogold localization）进一步确认 ASY1/BoASY1 定位在与染色体轴邻近的染色质区而不是 AE 上（Armstrong et al.，2002）。虽然 MS5 是 SYN1 正常定位所必需的，但在 FM195A 中，ASY1 的免疫定位与正常材料没有明显差异，所以说，在减数分裂的最早期，甚至是在未检测的间期 G2 期，ASY1 与染色体轴上染色质的结合可能并不依赖于 MS5 的功能。基于以上结论，认为在甘蓝型油菜中，减数分裂特异的黏着素蛋白 SYN1 可能并不是 ASY1 正常定位所必需的。这一结果与玉米 *afd1* 和水稻 *rec8* 中的结果正好相反，在这两个突变体中，ASY1 和 PAIR2 的蛋白定位异常，只能在染色体上检测到一些短的蛋白丝残留（Golubovskaya et al.，2006；Shao et al.，2011）。对于这一矛盾的观察结果，有三种可能的解释：①在 $MS5^bMS5^b$ 中，SYN1 蛋白并没有完全丧失功能，因此，在 $MS5^bMS5^b$ 的减数分裂过程中仍能行使其部分正常功能，26.8% 的减数分裂时期细胞核内可检测到 SYN1 的微弱信号可以支持这一观点；②MS5 作为一个芸薹属特异蛋白，其功能的缺失可能会造成包括 SYN1 异常定位在内的一系列连锁反应，例如，$MS5^bMS5^b$ 的减数分裂染色体聚集成模糊的一团，细胞周期过程在类-偶线期停滞，这是在减数分裂相关突变体中从未被观察到的表型。之前的免疫胶体金电镜定位也证明，BoASY1 在减数分裂间期 AE 形成之前，已在散乱分布的染色质上存在（Armstrong et al.，2002）。拟南芥中染色体轴的形成与 ASY1 在染色体上的定位相关联，但染色体轴形态的建成却不依赖于 ASY1（Sanchez-Moran et al.，2007）；

③在酵母中有研究显示 RCE8 缺失时，粘连复合体并没有完全被去除，说明在减数分裂过程中粘连复合体可能并不是唯一的将姐妹染色单体连接到一起的因子（Brar et al.，2009），油菜中可能像酵母中一样，存在其他的复合体参与姐妹染色单体的粘连。综合上述结果，推测在减数分裂的早期，ASY1 要早于 SYN1 定位到染色体轴上，而且在一定程度上，这两个蛋白质的定位可能是两个相互独立的过程，而 MS5 可能在减数分裂 I 早期通过调节 SYN1 的定位使染色体结构能够正常建成，从而保证减数分裂的顺利完成。

在动物和真菌中，凝集蛋白可以帮助建立正常的减数分裂染色体结构，从而保证同源染色体的重组、配对和联会等过程的正常进行。在植物中，有研究证明凝集蛋白是植物生殖发育过程所必需的，但对其具体功能还知之甚少。本研究中 $MS5^bMS5^b$ 的类-偶线期染色体弥散分布，染色体不能正常浓缩，最终形成一团模糊的染色质，这与非洲爪蟾 cond I 和 II 卵细胞提取物中染色体的表型相类似（Lee et al.，2011）。推测 MS5 在调控甘蓝型油菜染色质浓缩和染色体构型方面起着重要作用。

第四节　利用油菜细胞核雄性不育研究的新进展

利用核不育系配制杂种，已成为我国油菜杂种优势利用的重要途径之一。细胞核不育和细胞质不育在杂种优势利用上各有利弊（表 3-2）。

表 3-2　细胞质不育和细胞核不育在杂种优势利用中的比较

细胞质不育（cms）	细胞核不育（gms）
有些材料的不育性不稳定	不育性稳定
恢复面窄，较难获得强优组合	恢复面宽，较易获得强优组合
需三系配套，选育周期长	只需二系配套，育种周期短
制种效率高，种子成本低	制种繁殖较困难，种子成本高
F_1 代可能存在不育胞质效应	F_1 代不存在不育胞质效应

细胞质雄性不育在利用上的最大优点是能获得全不育（或几乎全不育）群体，使得制种效率提高，种子成本降低；但由于它需要三系配套，使育种周期增长；同时，由于其恢保关系（不同的不育胞质需要特定的恢复基因）的限制和可能存在的不育胞质负效应，限制了其在杂种优势利用方面的生产潜力。现有大面积推广应用的大多数油菜细胞质不育系，其育性受环境影响，在低温或高温条件下常出现微量花粉，因而影响杂交种子的质量。与此相反，油菜细胞核不育不仅不育性彻底、稳定，而且在育种上只需二系配套，大大缩短了育种周期；同时，如果是受隐性基因控制的核不育，任何一个品种（系）都可能成为其恢复系，恢复源极为广泛，很容易获得强优势组合；另外，由于其不育性只与核基因有关，不存在不育细胞质的负效应影响，因此核不育在油菜杂种优势利用方面有其特殊的价值。但核不育也存在着明显不足，即很难获得全不育群体，在制种时，要在开花期拔除不育系行内 50%可育株，花费劳力，也影响制种产量，因而增加了杂种

种子成本，限制了其在生产上的利用。

因此，如何以行之有效的手段，除去核不育行内 50% 的可育株，是核不育应用于杂种优势的主要问题。解决这一问题的途径有四种。第一，寻找与核不育紧密连锁或完全连锁的苗期或种子的形态标记性状，通过其连锁关系，可将不育株与可育株在苗期进行初步识别，然后分别移栽或拔除。第二，利用染色体工程技术。由于染色体数目或结构的变异，使得部分雄配子在受精时竞争能力降低或失活，而雌配子能忍受这种变异，例如，将可育基因"安置"在发生变异的染色体上使植株可育，在其产生的配子中，由于携带变异染色体（同时含有可育基因）的雄配子难以竞争过正常配子（含不育基因），即可育株只传递携带不育基因的正常配子，这样可获得几乎全不育群体，以应用于杂交种生产。但由于油菜细胞遗传学发展的限制，该途径目前还很难应用于油菜的杂种优势利用中。第三，对于显性上位或隐性上位互作基因控制的核不育材料，李树林等（1986）、陈凤祥等（1995，1998）提出核不育三系（不育系、临保系、恢复系）法。第四，基因工程雄性不育的利用。比利时的 Mariani 等（1990）将 TA29（烟草的花药绒毡层特异性表达启动子）与核酸酶基因 *Barnase* 连接，再加上 Nos 终止子，构建成雄性不育基因 *TA29BN*。该基因在烟草、油菜、棉花、番茄、玉米、莴苣、花椰菜等作物上均有活性（Mariani et al.，1992）。

一、隐性重叠核不育 'S45A' 的利用

根据近年来油菜杂交种审定的实际情况，该系统比较容易筛选到强优势的组合。但是，'S45A' 不育系在制种时必须及时、彻底拔除母本行中 50% 的可育株，这在很大程度上限制了它的应用。近年来，四川省绵阳市农业科学院蒙大庆等选育的核不育材料 '7AB' 在一定程度上解决了该问题。'7AB' 不育株作为母本与 'S45AB' 相互杂交，后代育性分离比为 1∶1，说明该材料与 'S45A' 不育基因等位，但是，用 '7MB' 与 '7A' 或者 'S45A' 杂交，后代中不育株的比例明显偏高，不育株在后代群体中的比例最高可达 90%，大大增加了制种群体中不育株的比例。然而，'7MB' 这种高比例不育株的特性在自交过程中不易被保留，自交后代中不育株的比例偏高，且随着自交代数而逐渐下降，必须通过营养繁殖保持这种高不育株率的特性。

二、隐性互作核不育 '9012A'（'7365A'）的利用

理论上，甘蓝型油菜核不育系 '9012A' 和 '7365A' 可以通过临保系 C 诱导产生 100% 的不育群体，但是，在实际应用过程中，大面积繁殖时，很难彻底拔出母本行中的可育株 B，也就是说，很难获得 100% 的不育群体。基于 *BnMs3* 基因的功能，发现其与热激蛋白存在互作，采用高温热激方法，进行适当高温处理的 '7365A' 不育系可以自交繁殖（图 3-21；Zhu et al.，2010），产生 100% 的全不育群体，有效解决在大田生产中 '7365A' 自交繁殖的问题，降低育种成本。

在系统解决该材料繁殖和制种过程中 50% 可育株分离问题后，理论上，这一系统具有很好的应用前景。选育的核不育系，只要与恢复系存在较大的遗传距离，筛选到强优

图 3-21　热激能特异恢复'7365A'部分花朵的育性

势组合的概率就较大。为此，利用分子标记，将该系统中育性相关基因导入亚基因组背景的新型甘蓝型油菜，将有效扩大双亲的遗传距离，有利于杂交组合的筛选。

基于该系统的遗传模式为：两对基因互作的简单遗传，高频率地恢复基因型，不育系在热激条件下可以获得100%的不育群体，更有利于商业化制种，这似乎是一个完美的杂交授粉控制系统。然而，对不育基因 $Bnams4^b$ 的深入研究发现，正是由于该不育基因的负效应，导致该系统很难获得强优势的杂交组合。华中农业大学油菜研究室的研究结果表明，将该不育基因导入拟南芥中，导致叶片黄化，在授粉后的角果中，发现大量的死胚，结实率大幅度下降。与实际生产比较相符，无论是安徽省农业科学院的'9012A'，还是德国的 MSL 系统，在生产上，很难选育出具有强优势的杂交组合，低于萝卜细胞质雄性不育系统和 PGS 公司的基因工程不育系统。

三、显性核不育杂交种的选育

'核杂 3 号'、'核杂 7 号'（周熙荣，2005；周熙荣等，2003）和'川油 15 号'（石华娟和董云磷，2004）的选育成功，标志着显性核不育目前已进入实用阶段。复等位显性核不育系统的"三系"化杂交种生产模式与双基因互作模式一致。但是，与细胞质雄性不育及隐性细胞核雄性不育的利用相比，显性核不育的应用仍然滞后。其主要原因包括两个方面。一方面，转育综合性状优良的核不育系特别是纯合型不育系（也称为纯合两型系，其可育株基因型为 $BnMs5^aMs5^b$，不育株基因型为 $BnMs5^bMs5^b$）比较困难。按照复等位遗传模型，利用传统的回交育种方法进行临保系同源的纯合型不育系的转育，过程相对比较复杂，选育的效率较低；另一方面，显性核不育的结实率下降。笔者在对显性核不育系的遗传分析过程中发现，以'宜 3A'作为供体的显性核不育的转育过程中，后代分离出的纯合型核不育系和杂合型核不育系单株的结实性比轮回亲本要差。特别是在某些遗传背景下，纯合型不育系甚至表现出自由授粉不结实的表型，从而难以应用于杂交种的生产。随着核不育基因的遗传定位和克隆的完成，借助分子标记辅助选择的途径选育新型纯合型不育系将比较容易。而结实率下降的改良程度，将依赖于核不育基因与结实率下降之间的关系。当前，通过测交筛选出对结实率影响较小的遗传背景，则是相对有效的途径。

由于临时保持系的存在，复等位显性核不育系可以获得全不育群体，从而避免了在杂交种生产过程中拔出 50% 可育株的麻烦和风险。根据不育系和临保系之间遗传背景之间的关系，可以将核不育系分为两种类型，分别是临保系同源的不育系及临保系异源的不育系。前者和临保系杂交后，获得的全不育群体的基因型除在育性位点之外高度一致。此类不育系和恢复系杂交后代个体之间基因型高度一致，类似于纯合双亲得到的杂种后代。对于后者而言，则不限定不育系与临保系之间的关系，获得的全不育群体实际上是杂交种，其再与恢复系杂交的后代会出现分离，个体之间基因型不一致。长期的育种实践发现，亲本基因型的一致性与杂交种的优势表现呈正相关。因此，转育临保系同源的核不育系是利用杂种优势的关键。

在获得全不育群体过程中，纯合型不育系的选育是关键，其本质则是将等位的不育基因和恢复基因同时转育到优良的轮回亲本中。由于大多数育种材料在该育性位点为临保系基因型（$BnMs5^b$），这一转育过程需要分步实施，将供体杂合可育株中的恢复基因型（$BnMs5^a$）和不育基因型（$BnMs5^b$）先分别导入到受体背景中，通过回交使当选株的表型与受体系非常相近之后，再通过杂交的方法重新将不育基因型和恢复基因型聚合，并通过杂交后代的分离而获得目标基因型的单株。

四、转基因雄性不育的利用

花药是由几个组织和几种类型的细胞组成的，包含有上千个花药特异性的 mRNA。绒毡层是花药中一个很重要的组织，在花粉粒形成过程中起着相当重要的作用，其产生的蛋白质和其他物质要么有助于花粉粒发育，要么直接构成花粉粒的外壁。许多雄性不育类型都与绒毡层的变化有关，Goldberg（1988）对烟草的这一组织特异性 mRNA 进行研究，获得在这一组织中特异表达的 TA29 基因，该基因不含内含子，编码一个富含色氨酸（20%）的蛋白质分子，将 TA29 的启动子与 GUS 基因连锁后转入烟草中，结果只在花药中检测到 GUS 基因的表达，进一步说明 TA29 基因是一种绒毡层组织专一性表达的基因。

基于 TA29 的这种特异性表达，Mariani 等（1990）将启动子 TA29 与 Barnase（一种核糖核酸酶）结合，构成一个嵌合基因 TA29-Barnase，同时联上一个抗除草剂基因 bar，使这个转基因雄性不育株（TA29-Barnase-bar）还具有抗除草剂的特性，苗期喷除草剂就可杀死核不育系在制种时母本行 50% 的可育株，克服了用人工拔除可育株的困难。

但是，如何恢复这种基因工程雄性不育是个问题。Mariani 等（1992）仍然以基因工程手段，利用核糖核酸酶抑制因子基因创造其恢复系。Barnase 基因编码一种胞间 RNA 水解酶，该酶的活性能被一种称为 Barstar 的抑制因子所抑制，克隆出该抑制因子基因与 TA29 的调节区连接，并与 bar 基因连接，构成一个嵌合基因 TA29-Barstar-bar，导入甘蓝型油菜中。这个嵌合基因并不影响花药绒毡层的正常发育,能形成正常的花粉粒。以这种转化植株作父本,与 TA29-*Barstar-bar* 转化的单株杂交,其 F_1 代群体中,可育与不育的分离比为 2:1;否则,若 TA29-*Barstar* 不表达,则可育与不育的比为 1:2。这个系统的杂交种,在加拿大 1997 年注册 2 个,1998 年注册 3 个,开始大面积应用于生产。

参 考 文 献

陈凤祥, 胡宝成, 李成, 等. 1995. 甘蓝型油菜隐性细胞核雄性不育完全保持系选育成功. 中国农业科学, 28(5): 94-95.

陈凤祥, 胡宝成, 李成, 等. 1998. 甘蓝型油菜细胞核雄性不育性的遗传研究. 作物学报, 24(4): 431-438.

陈玉宁. 2009. 甘蓝型油菜 S45AB 隐性细胞核雄性不育表达谱的研究. [博士学位论文]. 武汉: 华中农业大学.

程勇. 2005. 甘蓝型油菜显性核不育基因的 AFLP 标记及品种(系)的 SSR 指纹图谱研究. [硕士学位论文]. 北京: 中国农业科学院.

董云麟, 杜乐. 1992. 甘蓝型核不育杂交油菜 8549N 的选育. 中国油料, (1): 67-68.

董振生, 刘创社, 景军胜, 等. 1997. 白菜型油菜(*B. campestris* L.)双显性核不育 896AB 的三系利用研究. 西北农业学报, 6: 35-38.

董振生, 刘创社, 景军胜, 等. 1998. 白菜型油菜(*B. campestris* L.)双显性核不育 896AB 的选育. 作物学报, 24: 188-192.

顿小玲. 2013. 甘蓝型油菜核不育系 7365A 恢复基因克隆和进化分析. [博士学位论文]. 武汉: 华中农业大学.

冯辉, 魏毓棠, 许明. 1995. 大白菜核基因雄性不育系遗传假说及其验证. 中国科协第二届青年学会(园艺学论文集). 北京: 北京农业大学出版社: 453-466.

傅廷栋. 1995. 杂交油菜的育种与利用. 武汉: 湖北科学技术出版社: 71-88.

韩雪. 2010. 甘蓝型油菜显性细胞核雄性不育系雌性不孕的细胞学研究. [硕士学位论文]. 武汉: 华中农业大学.

贺浩华, 刘宜柏, 蔡跃辉, 等. 1999. 水稻显性核不育及其恢复性的遗传规律研究. 中国水稻科学, 13: 143-146.

洪登峰. 2006. 甘蓝型油菜显性细胞核雄性不育基因 *Ms/Mf* 的定位. [博士学位论文]. 武汉: 华中农业大学.

侯国佐, 王华, 张瑞茂. 1990. 甘蓝型油菜细胞核雄性不育材料 117A 的遗传研究. 中国油料, (2): 7-10.

胡胜武, 于澄宇, 赵惠贤. 2000. 甘蓝型油菜新型不育源的发现及其初步研究. 西北农业学报, 9: 90-94.

胡胜武, 于澄宇, 赵惠贤, 等. 2004. 甘蓝型油菜核不育材料 Shaan-GMS 恢复基因的筛选及其遗传分析. 西北农林科技大学学报(自然科学版), 32: 9-12.

黄镇. 2009. 分子标记辅助选择培育新型甘蓝型油菜隐性细胞核雄性不育系. [博士学位论文]. 武汉: 华中农业大学.

雷绍林. 2009. 甘蓝型油菜隐性核不育恢复基因 *BnMs2* 的精细定位与候选基因的鉴定. [博士学位论文]. 武汉: 华中农业大学.

李树林, 钱玉秀, 吴志华. 1985. 甘蓝型油菜细胞核雄性不育的遗传规律探讨及其应用. 上海农业学报, 1(2): 1-12.

李树林, 钱玉秀, 吴志华. 1986. 甘蓝型油菜细胞核雄性不育性的遗传验证. 上海农业学报, 2(2): 1-8.

李树林, 钱玉秀, 周熙荣. 1987. 显性核不育油菜的遗传性. 上海农业学报, 3(2): 1-8.

李树林, 周熙荣, 周志疆. 1990. 显性核不育油菜的遗传与利用. 作物研究, 4(3): 27-32.

李树林, 周志疆, 周熙荣. 1995. 油菜显性核不育三系法制种. 上海农业学报, 11: 21-26.

李玺. 2015. 甘蓝型油菜雌雄不育系 FM195A 败育的细胞学鉴定及结实率的遗传改良. [硕士学位论文]. 武汉: 华中农业大学.

林良斌, 官春云. 1996. 油菜雄性不育分子机理的研究进展. 湖南农业大学学报, 22(4): 406-414.

刘定富. 1992. 植物显性核不育恢复性遗传的理论探讨. 遗传, 14: 31-36.

刘俊. 2008. 甘蓝型油菜显性细胞核雄性不育基因及其恢复基因的精细定位. [博士学位论文]. 武汉: 华中农业大学.

卢卫. 2013. 甘蓝型油菜细胞核雄性不育恢复基因 $BnMs5^a$ 的克隆. [博士学位论文]. 武汉: 华中农业大学.

陆光远. 2003. 甘蓝型油菜显性细胞核雄性不育基因和上位抑制基因的分子标记及其应用. [博士学位论文]. 武汉: 华中农业大学.

潘涛, 曾凡亚, 吴书惠, 等. 1988. 甘蓝型低芥酸油菜雄性不育两用系的选育与利用研究. 中国油料, (3): 5-8.

上海市农业科学院作物所油菜组. 1977. 油菜雄性不育研究. 上海农业科技, (20): 6-8.

石华娟, 董云麟. 2004. 川油 15 核不育三系制种技术的应用研究. 西南农业学报, 17: 12-15.

四川省农业科学院油菜研究室. 1972. 油菜雄性不育及杂种优势利用研究. 四川农业科技动态, (2): 1-4.

宋来强, 傅廷栋, 杨光圣, 等. 2005. 1 对复等位基因控制的油菜(Brassica napus L.)显性核不育系 609AB 的遗传验证. 作物学报, 31: 869-875.

宋来强, 傅廷栋, 杨光圣, 等. 2006. 甘蓝型油菜显性核不育基因及与恢复基因的等位性分析. 中国农业科学, 39: 456-462.

涂金星, 傅廷栋, 郑元琰. 1997. 甘蓝型油菜核不育材料 90-2441A 的遗传及其等位性分析. 华中农业大学学报, 16(3): 255-258.

万丽丽. 2010. 油菜细胞核雄性不育的细胞学研究以及育性相关基因的克隆与功能分析. [博士学位论文]. 武汉: 华中农业大学.

王通强, 田筑萍, 黄泽素, 等. 1999. 甘蓝型双低油菜细胞核显性核不育系黔油 2AB 的选育. 贵州农业科学, 27: 14-18.

王武萍, 庄顺琪, 董振生. 1992. 白菜型油菜细胞核雄性不育三系选育研究. 西北农业学报, (1): 37-40.

吴建勇. 2006. 甘蓝型油菜显性细胞核雄性不育差异表达基因及雄配子发育研究. [博士学位论文]. 武汉: 华中农业大学.

辛强. 2016. 甘蓝型油菜细胞核雄性不育基因 BnMS5 的克隆和功能分析. [博士学位论文]. 武汉: 华中农业大学.

许明, 白明义, 魏毓棠. 2003. 大白菜细胞核雄性不育基因向自交系 97A407 的转育. 中国蔬菜, (2): 8-10.

许明, 冯辉, 魏毓棠, 等. 2000. 大白菜核复等位基因向可育品系 92-11 的转育. 沈阳农业大学学报, 31(4): 324-327.

杨光圣, 瞿波, 傅廷栋. 1999a. 甘蓝型油菜显性细胞核雄性不育系宜 3A 花药发育的解剖学研究. 华中农业大学学报, 18(5): 405-408.

杨光圣, 瞿波, 傅廷栋. 1999b. 三个甘蓝型油菜隐性细胞核雄性不育系小孢子发生的细胞学研究. 华中农业大学学报, 18(6): 520-523.

易斌. 2007. 甘蓝型油菜隐性核不育基因 Bnms1 的精细定位和克隆. [博士学位论文]. 武汉: 华中农业大学.

余凤群, 傅廷栋. 1990. 甘蓝型油菜几个雄性不育系花药的细胞形态学观察. 武汉植物研究, 8: 209-216.

曾芳琴. 2010. 油菜 S45AB 隐性核不育分子机理与应用研究. [博士学位论文]. 武汉: 华中农业大学.

张书芳, 宋兆华, 赵雪云. 1990. 大白菜细胞核基因互作雄性不育系选育及应用模式. 园艺学报, 17(2): 117-125.

张书芳, 周帮福, 武兴丽, 等. 2003. 白菜双位点复等位雄性不育遗传模型. 辽宁农业科学, 3: 1-4.

周熙荣, 李树林, 周志疆, 等. 2003. 甘蓝型(*Brassica napus* L.)显性核不育双低油菜杂交新品种核杂 3 号的选育. 上海交通大学学报(农业科学版), 21: 304-308.

周熙荣. 2005. 甘蓝型油菜显性核不育三系杂交种"核杂 7 号". 农业科技通讯, 33: 62.

朱云. 2008. 甘蓝型油菜隐性上位核不育的分子机理研究. [硕士学位论文]. 武汉: 华中农业大学.

俎峰, 夏胜前, 顿小玲, 等. 2010. 基于分子标记的油菜隐性核不育 7-7365AB 遗传模式探究. 中国农业科学, 43(15): 3067-3075.

Armstrong S J, Caryl A P, Jones G H, et al. 2002. Asy1, a protein required for meiotic chromosome synapsis, localizes to axis-associated chromatin in *Arabidopsis* and *Brassica*. J Cell Sci, 115(18): 3645-3655.

Bai X, Peirson B N, Dong F, et al. 1999. Isolation and characterization of *SYN1*, a RAD21-like gene essential for meiosis in *Arabidopsis*. Plant Cell, 11(3): 417-30.

Boden S A, Shadiac N, Tucker E J, et al. 2007. Expression and functional analysis of *TaASY1* during meiosis of bread wheat(*Triticum aestivum*). BMC Mol Biol, 8(1): 65.

Bozza C G, Pawlowski W P. 2008. The cytogenetics of homologous chromosome pairing in meiosis in plants. Cytogenet Genome Res, 120(3-4): 313-319.

Brar G A, Hochwagen A, Ee L S, et al. 2009. The multiple roles of cohesin in meiotic chromosome morphogenesis and pairing. Mol Biol Cell, 20(3): 1030-1047.

Cai X, Dong F G, Edelmann R E, et al. 2003. The *Arabidopsis* SYN1 cohesin protein is required for sister chromatid arm cohesion and homologous chromosome pairing. J Cell Sci, 116(14): 2999-3007.

Caryl A P, Armstrong S J, Jones G H, et al. 2000. A homologue of the yeast *HOP1* gene is inactivated in the *Arabidopsis* meiotic mutant *asy1*. Chromosoma, 109(1-2): 62-71.

Chelysheva L, Vezon D, Chambon A, et al. 2012. The *Arabidopsis* HEI10 is a new ZMM protein related to Zip3. PLos Genetics, 8(7): e1002799.

Chou M L, Fitzpatrick L M, Tu S L, et al. 2003. Tic40, a membrane-anchored co-chaperone homologue in the chloroplast protein translocon. EMBO J, 22: 2970-2980.

Goldberg R B. 1988. Plants: novel development process. Science, 240: 1460-1467.

Goldberg R B, Beals T P, Sanders P M. 1993. Anther development: basic principles and practical applications. Plant Cell, 5(10): 1217-1229.

Golubovskaya I N, Hamant O, Timofejeva L, et al. 2006. Alleles of afd1 dissect REC8 functions during meiotic prophase I. J Cell Sci, 119(16): 3306-3315.

Golubovskaya I N, Harper L C, Pawlowski W P, et al. 2002. The *pam1* gene is required for meiotic bouquet formation and efficient homologous synapsis in maize(*Zea mays* L.). Genetics, 162(4): 1979-1993.

Haering C H, Farcas A M, Arumugam P, et al. 2008. The cohesin ring concatenates sister DNA molecules. Nature, 454(7202): 297-301.

Harper L, Golubovskaya I, Cande W Z. 2004. A bouquet of chromosomes. J Cell Sci, 117(18): 4025-4032.

Heyn F W. 1973. Beiträge zum auftreten unreduzierter gameten und zur genetik einiger merkmale bei den brassiceae. Diss Georg-August Univ, Goettingen: 1-102.

Higgins J D, Sanchez-Moran E, Armstrong S J, et al. 2005. The *Arabidopsis* synaptonemal complex protein ZYP1 is required for chromosome synapsis and normal fidelity of crossing over. Genes Dev, 19(20): 2488-2500.

Klein F, Mahr P, Galova M, et al. 1999. A central role for cohesions in sister chromatid cohesion, formation of axial elements, and recombination during yeast meiosis. Cell, 98(1): 91-103.

Lee J, Ogushi S, Saitou M, et al. 2011. Condensins I and II are essential for construction of bivalent chromosomes in mouse oocytes. Mol Biol Cell, 22(18): 3465-3477.

Lei S L, Yao X Q, Yi B, et al. 2007. Towards map-based cloning: fine mapping of a recessive genic male-sterile gene(*BnMs2*)in *Brassica napus* L. and syntenic region identification based on the *Arabidopsis thaliana* genome sequences. Theor Appl Genet, 115(5): 643-651.

Liu S Y, Liu Y M, Yang X H, et al. 2014. The *Brassica oleracea* genome reveals the asymmetrical evolution of polyploid genomes. Nat Commun, 5: 3930.

Lu G Y, Yang G S, Fu T D. 2004. Molecular mapping of a dominant genic male sterility gene *Ms* in rapeseed(*Brassica napus*). Plant Breeding, 123: 262-265.

Lu W, Liu J, Xin Q, et al. 2013. A triallelic genetic male sterility locus in *Brassica napus*: an integrative strategy for its physical mapping and possible local chromosome evolution around it. Ann Bot, 111(2): 305-315.

Mariani C, Beuckeleer M D, Trueltner J, et al. 1990. Induction of male sterility in plants by a chimeric ribonuclease gene. Nature, 347: 737-741.

Mariani C, Gossele V, Beuckeleer M D, et al. 1992. A chimeric ribonuclease inhibitor gene restores fertility to male sterile plants. Nature, 357: 384-887.

Mathias R. 1985. A new dominant gene for male sterility in rapeseed(*B. napus*). Z. Pflanzenzuchtg, 94(2): 170-173.

Nonomura K, Nakano M, Eiguchi M, et al. 2006. PAIR2 is essential for homologous chromosome synapsis in rice meiosis I. J Cell Sci, 119(Pt2): 217-225.

Rana D, Van den Boogaart T, O'Neill C M, et al. 2004. Conservation of the micro-structure of genome segments in *Brassica napus* and its diploid relatives. Plant J, 40: 725-733.

Sanchez-Moran E, Osman K, Higgins J D, et al. 2008. ASY1 coordinates early events in the plant meiotic recombination pathway. Cytogenet Genome Res, 120(3-4): 302-312.

Sanchez-Moran E, Santos J L, Jones G H, et al. 2007. ASY1 mediates AtDMC1-dependent interhomolog recombination during meiosis in *Arabidopsis*. Genes Dev, 21(17): 2220-2233.

Scherthan H, Wang H, Adelfalk C, et al. 2007. Chromosome mobility during meiotic prophase in *Saccharomyces cerevisiae*. Proc Natl Acad Sci USA, 104(43): 16934-16939.

Scott R J, Spielman M, Dickinson H G. 2004. Stamen structure and function. Plant Cell, 16: S46-S60.

Shao T, Tang D, Wang K J, et al. 2011. OsREC8 is essential for chromatid cohesion and metaphase i monopolar orientation in rice meiosis. Plant Physiol, 156(3): 1386-1396.

Song L Q, Fu T D, Tu J X, et al. 2006. Molecular validation of multiple allele inheritance for dominant genic male sterility gene in *Brassica napus* L. Theor Appl Genet, 113(1): 55-62.

Storlazzi A, Gargano S, Ruprich-Robert G, et al. 2010. Recombination proteins mediate meiotic spatial chromosome organization and pairing. Cell, 141(1): 94-106.

Wang X W, Wang H Z, Wang J, et al. 2011. The genome of the mesopolyploid crop species *Brassica rapa*. Nat Genet, 43: 1035-1039.

Xia S Q, Cheng L, Zu F, et al. 2012. Mapping of *BnMs4* and *BnRf* to a common microsyntenic region of *Arabidopsis thaliana* chromosome 3 using intron polymorphism markers. Theor Appl Genet, 124: 1193-1200.

Xia S Q, Wang Z X, Zhang H Y, et al. 2016. Altered transcription and neofunctionalization of duplicated genes rescue the harmful effects of a chimeric gene in *Brassica napus*. Plant Cell, 28(9): 2060-2078.

Yi B, Chen Y N, Lei S L, et al. 2006. Fine mapping of the recessive genic male-sterile gene(*Bnms1*)in *Brassica napus* L. Theor Appl Genet, 113: 643-650.

Yi B, Zeng F Q, Lei S L, et al. 2010. Two duplicate *CYP704B1* homologous genes *BnMs1* and *BnMs2* are required for pollen exine formation and tapetal development in *Brassica napus*. Plant J, 63: 925-938.

Zhou Y M, Bai H H. 1994. Identification and genetic studies of the inhibition of dominant male sterility in *Brassica napus*. Plant Breeding, 113: 222-226.

Zhu Y, Dun X L, Zhou Z F, et al. 2010. A separation defect of tapetum cells and microspore mother cells results in male sterility in *Brassica napus*: the role of abscisic acid in early anther development. Plant Mol Biol, 72: 111-123.

Zickler D, Kleckner N. 2015. Recombination, pairing, and synapsis of homologs during meiosis. Cold Spring Harb Perspect Biol, 7(6): a016626.

第四章 油菜细胞质雄性不育的生物学机制

汪华栋　王本启　易　斌　华中农业大学

植物雄性不育是指植物雄性器官丧失生育能力，不能产生正常功能的花粉即雄配子，而雌性生殖系统发育正常的一种生物学现象（Hanson and Bentolila，2004）。这一现象最早由德国人科勒在 1763 年发现（Mayr，1986），目前已在 600 多种植物中有相关报道（Kaul，1988）。根据遗传模式的差异，植物雄性不育主要分为核不育（genic male sterility，GMS）和胞质不育（cytoplasmic male sterility，CMS）。细胞核雄性不育的遗传一般符合典型的孟德尔遗传规律，而细胞质雄性不育则以母系遗传的形式存在（Vedel et al.，1994）。依据败育的时期和花药组织细胞学特征，雄性不育又分为绒毡层和花粉无细胞发育异常的孢子体不育（sporophytic male-sterility），以及小孢子或花粉粒发育异常的配子体不育（gametophytic male-sterility）两种形式（Guo and Liu，2012）。细胞质雄性不育的植株自身不能产生有功能的花粉，避免了作物杂种制备过程中人工去雄这一烦琐、机械的大量劳动，同时也克服了化学去雄的不彻底性和对环境的潜在影响，并且保证了种子的纯度，而且 CMS 可以被显性的恢复基因恢复而得到可育杂种，因此成为众多具有经济价值的作物杂种制备和利用杂种优势的重要基础（李竞雄和周洪生，1993）。细胞质雄性不育现象作为一种母性遗传性状，受细胞核和细胞质基因双重调控，是研究植物细胞质遗传及核质互作的一个非常好的载体，对细胞质雄性不育机制的研究能够更好地认知核质互作，同时也能够推动成花机制和花粉发育等植物花发育过程的研究进程（朱英国，2000）。因此，细胞质雄性不育现象的分子机制研究是当前科研热点之一。

第一节　油菜细胞质雄性不育的遗传与特征

植物细胞质雄性不育最显著的特点就是母系遗传，具有不育细胞质（S）的个体 S（$rfrf$），其雄性器官不能产生正常功能的雄配子，而雌性可育，生产上可作为不育系（A），与具有正常可育细胞质的个体 N（$rfrf$）杂交时，可以产生全不育的后代，N（rfrf）可作为保持系（B）；而与 N（$RfRf$）或 S（$RfRf$）基因型的单株杂交，后代全部为可育，N（$RfRf$）或 S（$RfRf$）则可以作为恢复系（R）（Chen and Liu，2014）。细胞质雄性不育系（A）和保持系（B）杂交，繁殖不育系种子，不育系通过接受恢复系（R）的花粉产生大量纯度高的 F_1 代杂交种子，从而实现了作物杂交种生产的三系配套（图 4-1），使作物的杂种优势在生产中得到应用（Budar et al.，2003）。

细胞质雄性不育除天然存在外，还可以利用人工诱变、远缘杂交、核质替换等方法获得。利用这类方法人们已经在油菜、水稻、小麦、玉米、高粱、黑麦、菜豆、洋葱、

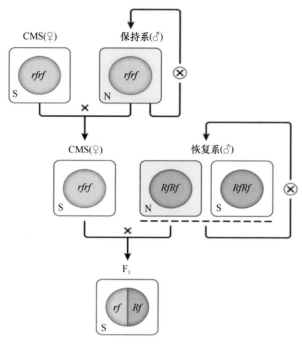

图 4-1　三系杂交系统

甜菜、向日葵、矮牵牛等许多物种中获得了各种不同类型的细胞质雄性不育胞质（Chen and Liu, 2014）。在自然界中，细胞质雄性不育存在很多不同的类型，它们的表现型及败育机制也各不相同。不同的细胞质雄性不育类型，其雄性器官的发育时期及组织的形态学变化也存在较大差异（Hanson and Bentolila, 2004；Linke and Borner, 2005；Linke et al., 2003）。细胞质雄性不育的表型主要与雄蕊、花药或者花粉发育过程相关，在已经报道的雄蕊表型中，一些被发现是雄蕊出现雌蕊化（图 4-2C）的现象（Linke et al., 2003；Murai et al., 2002；Teixeira et al., 2005；Zubko, 2004）；一些是雄蕊花瓣化或者萼片化（图 4-2D）的现象（Linke et al., 2003），这些表型与核基因组中花的同源异形基因突变的表型类似（Jack, 2004；Krizek and Fletcher, 2005）。花药变异（图 4-2E）是另外一种细胞质雄性不育中被报道的表型，通常是花药组织特别是绒毡层细胞退化或者提前程序性死亡（programmed cell death，PCD）导致的（Balk and Leaver, 2001）。上述这些过程中出现的败育表型一般称为孢子体细胞质雄性不育。

　　与之相对应的是配子体细胞质雄性不育，其主要的表型是花粉败育（图 4-2F）。花粉发育是高等植物生殖生长过程中非常重要的生物过程之一，小孢子母细胞经减数分裂产生四分体，然后经单核期、二核期和三核期，最后发育成熟。很多报道的细胞质雄性不育类型就是在这一漫长而复杂的过程中，某一个时期的发育受阻而导致最终不能产生有功能的花粉粒（Chase, 2007）。

　　母性遗传是指线粒体、叶绿体基因组编码的基因，在向后代遗传的过程中，无需经过雄配子而仅仅通过雌配子传递给后代的现象。具有典型的母性遗传特征的细胞质雄性不育现象究其根本原因就是作为半自主性的核外遗传系统的线粒体或者叶绿体基因组上的基因发生变异。因此，对细胞质中线粒体和叶绿体结构特征的研究也就成为破解细胞质雄性不育的关键。Levings 和 Pring（1976）在玉米中的研究结果证实了线粒体 DNA 变异与细胞质雄性不育的发生相关，而后续研究也证明了这一观点（Budar et al.，2003）。

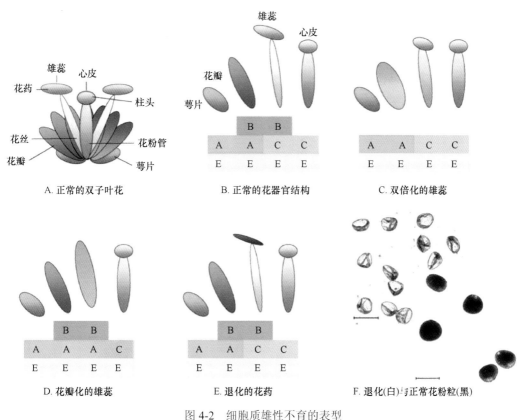

A. 正常的双子叶花 B. 正常的花器官结构 C. 双倍化的雄蕊

D. 花瓣化的雄蕊 E. 退化的花药 F. 退化(白)与正常花粉粒(黑)

图 4-2　细胞质雄性不育的表型
标尺=100μm

第二节　油菜细胞质类型的鉴定和主要的胞质类型

一、油菜细胞质类型的鉴定

全世界范围内发现和创制了多种类型的油菜胞质雄性不育材料，如何快速区分和鉴定这些雄性不育材料属于哪种类型非常重要。目前主要有两种途径：一种是普通的遗传学分类法，另外一种是分子遗传学分类法。

普通遗传学分类法最常用的是恢保关系分类法。如果大量测交证明某两种不育胞质的恢保关系是一致的，那么这两种不育胞质属同一类型，如 Shiga 等（1976）发现的 S 型 CMS 与 Thompson（1972）发现的 T 型 CMS，其恢保关系是一致的，故合称为 *Shiga Thompson* CMS 或 *nap* CMS。

万正杰（2008）在 220 个测交材料中选取了 14 种典型的甘蓝型油菜品种对 *hau* CMS、*pol* CMS、*tour* CMS、*ogu* CMS、*nap* CMS 共 5 种细胞质雄性不育系进行测交，分别鉴

定 F_1 代育性。结果发现，'6-300R'（花叶恢）对 pol CMS 恢复，而对其他 4 种不育系为保持，表明 pol CMS 与其他雄性不育系有不同的恢保关系；同样，'6-301R'恢复 ogu CMS 的育性，却不能恢复其他 4 种雄性不育系的育性；所选取材料对 pol CMS 和 nap CMS 的恢保关系大多相同，但是'5021C'表现出与其他 4 种不育系的 F_1 不同；几乎所有的选取材料都是 hau CMS 保持系，仅在人工合成种'05A-409'的测交后代中表现为部分可育。从表 4-1 中可以看出'6-260R'可以恢复 tour CMS 的育性，但是不能恢复其他 4 种雄性不育系的育性。综上所述，hau CMS、pol CMS、tour CMS、ogu CMS、nap CMS 这 5 种细胞质雄性不育系具有不同的恢保关系，hau 不育类型与 pol CMS、ogu CMS、tour CMS、nap CMS 测交后代存在不同的育性反应，hau CMS 的恢保关系明显不同于其他 4 个不育类型。

表 4-1 不同细胞质雄性不育系之间的恢保关系分析

品种名称	hau CMS in B. napus	tour CMS	pol CMS	ogu CMS	nap CMS
3706	S	S	F	S	F
3721	S	S	F	S	F
5148	S	S	F	S	F
5200	S	S	F	S	F
5900	S	S	F	S	F
71-1	S	S	F	S	F
Hui10	S	S	F	S	F
6-300R	S	S	F	S	S
6-270B	S	S	S	S	S
6-260R	S	F	S	S	S
02-102	S	S	S	S	S
5021C	S	S	S	S	F
6-301R	S	S	S	F	S
05A-409	PF	S	S	S	S

注：F 表示可育（fertile），S 表示不育（sterile），PF 表示部分可育（partially fertile）

分子遗传学的细胞质鉴别法被认为是最可靠的方法。植物线粒体基因组的重排会产生很多不同胞质类型特异的序列（mitotype specific sequences，MSS）（Lilly and Harvey，2011），这些 MSS 序列使得不同胞质类型具有不同的线粒体基因组结构特征，是不同胞质类型的象征。早期在不同作物中利用 RFLP 标记对不同胞质类型进行区分，此方法的原理是将不同的不育胞质的线粒体 DNA 提取出来，然后酶切、电泳，比较电泳图谱的异同，以确定其不育胞质类型。

万正杰（2008）用 10 种探针（atp1、orf222、atp6、atp9、cob、coxII、Orf222-nad5-orf139、cox1、atpα 和 Orf263-atp6）检测线粒体 DNA 的多态性。在 40 种线粒体探针/酶组合中，有 16 种探针/酶组合检测到 hau CMS 同其他 5 种不育细胞质和正常保持系的多态性，证明芥菜型细胞质雄性不育系 hau CMS 与 pol CMS、nap CMS、ogu CMS、tour CMS 在线粒体 DNA 水平是完全不同的，即为不同的细胞质类型。

Zhao 等（2010）利用不同胞质类型特异的基因在油菜中将 *nap* CMS、*cam* CMS、*ogu* CMS、*pol* CMS 胞质区分开来。

随着测序技术的发展，油菜中 *pol* CMS 胞质、*nap* CMS 胞质、*cam* CMS 胞质、*ole* CMS 胞质、*ogu* CMS 胞质和 *hau* CMS 胞质的线粒体基因组测序都已经完成。

衡双平（2015）利用 Progressive Mauve 软件对表 4-2 所述 6 种不同胞质线粒体基因组序列信息进行多重序列比对，总共得到 90 条不同胞质类型特异的 MSS（mitotype specific sequences）序列（图 4-3）。

表 4-2　用于区分不同胞质类型的甘蓝型油菜

胞质类型	长度/bp	基因数	材料	GenBank 号	参考文献
nap	221 853	54	Wester	AP006444	Handa（2003）
cam	219 747	54	Suzhouqing	JF920285	Chang et al.（2011a）
ole	360 271	95	08C717	JF920286	Chang et al.（2011b）
pol CMS	223 412	55	NH12A	FR715249	Chen et al.（2011）
hau CMS	247 903	63	6-102A	KF736092	Heng et al.（2014）
ogu CMS	258 426	61	MS-Gensuke	AB694744	Tanaka et al.（2012）

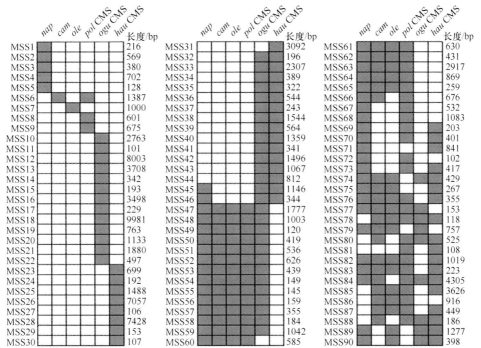

图 4-3　MSS 序列在芸薹属中 6 个不同线粒体基因组中的分布

基于这些特异的线粒体基因组系列设计引物，随机开发了 12 对用于区分不同油菜胞质类型的 SCAR 分子标记。12 对 SCAR 标记的名称分别为 MSS-2、MSS-4、MSS-6、MSS-7、MSS-8、MSS-9、MSS-13、MSS-14、MSS-21、MSS-26、MSS-61 和 MSS-67。其中，*nap* 胞质特异的标记为 MSS-2、MSS-4；*cam* 胞质和 *pol* CMS 胞质特异的标记为 MSS-6；*ole* CMS 胞质特异的标记为 MSS-7；*pol* CMS 胞质特异的标记为 MSS-8 和

MSS-9；*ogu* CMS 胞质特异的标记为 MSS-13、MSS-14 和 MSS-21；*hau* CMS 胞质特异的标记为 MSS-26；MSS-61 是 *nap*、*cam*、*ole* 和 *pol* CMS 胞质共同特异的标记；MSS-67 是 *nap* 和 *pol* CMS 胞质共有的特异标记。

图 4-4 的试验结果表明，可以用上述标记对任意未知胞质的材料进行鉴定。如果用 MSS-7 可以扩增出条带，说明该材料的胞质类型是 *ole* 胞质；如果用 MSS-8、MSS-9 可以扩增出条带，说明该材料的胞质类型是 *pol* CMS 胞质；如果用 MSS-13、MSS-14 或 MSS-21 中任意一个标记可以扩增出条带，说明该材料的胞质类型是 *ogu* CMS 胞质；如果用 MSS-26 可以扩增出条带，说明该材料的胞质类型是 *hau* CMS 胞质；如果用 MSS-6 可以扩增出条带，并且用 MSS-8、MSS-9 不能扩增出条带，说明该材料的胞质类型是 *cam* 胞质；如果用 MSS-2、MSS-4 可以扩增出条带，而 MSS-13、MSS-14 或 MSS-21 中任意一个标记都不能扩增出条带，说明该材料的胞质类型是 *nap* CMS 胞质。这一套 SCAR 标记成功地将 6 种不同类型的胞质区分开，为细胞质雄性不育系的分类和利用奠定了很好的基础。

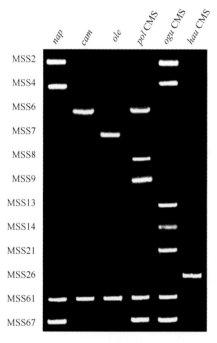

图 4-4 来自 'Westar'（*nap* 胞质）、'苏中青'（*cam* 胞质）、'08C717'（*ole* 胞质）、'6-100A'（*pol* CMS 胞质）、'6-101A'（*ogu* CMS 胞质）和 '6-102A'（*hau* CMS 胞质）的线粒体 DNA 用于区分不同胞质类型特异的 MSS 标记

二、油菜细胞质雄性不育类型

目前，国内外发现或创制的细胞质雄性不育类型有 10 多个（种），不同的 CMS 系统在应用上具有各自的优势和不足，相关的研究进展也各不同，以下主要介绍油菜中不同 CMS 系统的研究和应用情况。

（一）萝卜细胞质雄性不育类型

萝卜细胞质雄性不育类型即 *ogu* CMS，是日本学者 Ogura 于 1968 年首先在萝卜中发现的天然细胞质雄性不育型，也是十字花科作物最早发现的不育源。这种不育材料的花蕾瘦小，柱头弯曲或突出花蕾外面，细胞质是不育的 S，核的育性基因是 *rfrf*，因此育性遗传组成为 S（*rfrf*），表现雄性不育。*ogu* CMS 不育性稳定，不育度和不育株率均为 100%，育性不受环境条件的影响，但是致命的缺陷是存在低温黄化、蜜腺少和部分雌蕊不正常等现象。*ogu* CMS 已经被成功地导入甘蓝、白菜、甘蓝型油菜、芥菜型油菜（Bannerot et al.，1974；Kirti et al.，1995）等芸薹属植物中，同时回交后代也表现出幼叶黄化缺绿现象，但黄化程度与回交父本、温度有关，多次回交并不能减轻其黄化程度。Pelletier 等（1983）通过原生质体融合方法解决了原始 *ogu* CMS 胞质导致叶片缺绿、缺乏蜜腺等问题。

Rousselle 等（1979a）用大量的甘蓝型油菜品种与 *ogu* CMS 测交，发现所有的品种都是保持系而找不到恢复系。由于欧洲的萝卜品种中存在 *ogu* CMS 的恢复基因（Bonnet，1975），Rousselle 等（1979b）采用萝卜×甘蓝型油菜杂交育成的萝卜芸薹作为父本，试图转育萝卜的恢复基因，并从一个杂交种中得到叶绿体发育正常、开白花的可育株。法国的 Delourme 和 Eber（1992）发现从萝卜转移到油菜的 *ogu* CMS 恢复基因与 *Pgi-2* 同工酶基因连锁，把 *Pgi-2* 标记基因用于恢复系选育，将有重要的意义。但由于 *ogu* CMS 的恢复基因是从萝卜中转移到甘蓝型油菜中来的，研究表明育性恢复与硫代葡糖糖苷含量间的遗传连锁紧密，恢复基因连锁的大片段冗余萝卜遗传信息需要去除。后来研究者将 *ogu* CMS 恢复系与低硫苷的甘蓝型油菜杂交，在减数分裂前用 γ 射线诱导重组培育出低硫代葡糖糖苷含量的恢复系 R2000，并将其育种方法和材料申请专利保护（Primard-Brisset et al.，2005）；1998 年 Pionner-Hibred 公司也通过强化选择培育出 *ogu* CMS 恢复基因纯合的低硫苷恢复系，通过 14 个 RFLP、AFLP 和 SCAR 标记分析，该恢复系去除了约 2/3 的最初的萝卜片段，农艺性状得到较大改良，该研究成果也已申请专利权保护（Charne et al.，2002）。

尽管学者对恢复系进行了不断的改良，但仍有不必要的大片段萝卜遗传背景保留在恢复基因周围。由于渗入的萝卜片段中只有恢复基因是 *ogu* CMS 授粉系统所需要的，理论上讲，恢复系的萝卜片段越短，其农艺性状就越好。基于此，Pionner-Hibred 公司通过对杂合状态的单株进行辐射诱变，诱导产生了不同萝卜片段敲除的突变种群，该突变种群可以为恢复基因座位发生重组提供机会，基于此，该公司培育出一系列萝卜片段不同程度缩短的纯合低硫代葡糖糖苷含量的恢复系，这些恢复系为目前甘蓝型油菜 *ogu* CMS 系统恢复系的最新版本。国外的 *ogu* CMS 系统恢复系的研究与应用均已取得突破性的进展。

（二）'波里马'胞质不育型

'波里马'胞质不育型又称 *pol* CMS，是傅廷栋等于 1972 年 3 月 20 日（油菜刚进入盛花期），在武汉华中农学院（现华中农业大学）油菜试验田原始材料圃的甘蓝型品种'波里马'（20世纪60年代初从苏联引进，据说原产于波兰）中发现的19个天然雄性不育株（编号为14，5行区，共约100株），初期开放的花朵有微量花粉，中后期花朵彻底不育，当时用不同品种测交45个组合。1972年秋，傅廷栋等播种了18个不育株（有1株因病未收到种子）的测交组合和自由授粉种子71份。1973年春，傅廷栋等发现在71份材料中，仍出现大量雄性不育株和半不育株。1973年7月11~16日于武汉召开全国油菜科技协作会，在杂种优势利用小组会上，傅廷栋报告了发现'波里马'雄性不育的情况，并把'波里马'雄性不育自由授粉种子分给到华中农学院参观的湖南、江苏、江西、广东等各单位同行。1976年，湖南省农业科学院利用'波里马'不育材料，首先实现三系配套，后定名为'湘矮A'不育系。其保持系为非洲品种，恢复系为意大利油菜。1982年，江苏省农业科学院根据中澳合作油菜育种研究计划，将'波里马'雄性不育材料赠送给澳大利亚，澳大利亚学者Buzza等在第六届国际油菜会议（1983年，巴黎）上介绍了'波里马'雄性不育情况，引起与会者的重视。此后，'波里马'不育材料很快传到世界各国。

Fan和Stefansson（1986）的研究证明，在各种条件下，*pol* CMS 的不育性均比 *nap* CMS 稳定。Fan和Stefansson（1986）在甘蓝型油菜与低芥酸芥菜型油菜品系'ZEM'杂交后代中发现 *pol* CMS 恢复基因，并发现 *pol* CMS 与 *nap* CMS、*ogu* CMS 等的恢保关系是不同的。这一结论也被其他研究者所证实（杨光圣和傅廷栋，1987）。*Pol* CMS 的 DNA 电泳图谱与 *nap* CMS、*ogu* CMS 都不相同（Erickson et al.，1986；Vedel et al.，1994），因此可以认为，*pol* CMS 在遗传上不同于 *ogu* CMS、*nap* CMS，是新的不育类型。

崔德诉等（1979）在白菜型油菜（AA染色体组）中发现 *pol* CMS 的恢复基因，因此推测 *pol* CMS 的恢复基因可能位于A组染色体上。杨光圣和傅廷栋（1987）根据他们在甘蓝型油菜（AACC）、白菜型油菜（AA）和芥菜型油菜（AABB）中都发现有Pol CMS 的恢复基因，进一步推断其恢复基因可能位于A组染色体上。*pol* CMS 的育性恢复为一对显性主效基因控制（崔德诉和邓锡兴，1979；Fang and McVetty，1987），但也受修饰基因影响（杨光圣，1988；杨光圣和傅廷栋，1990）。*pol* CMS 的不育系可分为低温不育型、高温不育型和稳定不育型三类，*pol* CMS 对温度敏感与否主要取决于细胞核，即取决于保持系。因此，通过筛选缺乏温度敏感基因的保持系，可育成不育性稳定的不育系（傅廷栋等，1989；杨光圣和傅廷栋，1987）。

在中国，湖南省农业科学院最先实现 *pol* CMS 三系配套并开始杂种生产、示范（崔德诉和邓锡兴，1979）。1986年以后，加拿大、澳大利亚、瑞典、波兰等国都已实现 *pol* CMS 三系配套。加拿大选育的 *pol* CMS 三系杂种'Hyola 40'（1989）、'Hyola 401'（1991），以及我国育成的一批 *pol* CMS 杂种，如'华杂2号'（1992年）、'油研4号'（1991年）、'川油12号'（1992年）等，均已通过注册、审定，并在生产上应用。因此，*pol* CMS 被认为是第一个有实用价值的油菜雄性不育类型（Fang and Mcvetty，1987；Röbbelen et al.，1989）。'波里马'油菜细胞质雄性不育还被转育到一些十字花科蔬菜中去，育成'波里马'大白菜不育系（柯桂兰等，1992）、菜心不育系（彭谦和邵祖立，1990）等。这说明'波里马'油菜雄性不育胞质不但在油菜，而且在一些十字花科蔬菜上也有较广阔的应用前景。

（三）'陕2A'胞质不育型

1976年，陕西省农垦局渭南农业科学研究所李殿荣在甘蓝型品种间'S743'×（'丰收4号'×'7207'）的复交后代中发现雄性不育株（李殿荣，1980），于1982年育成不育系'陕2A'、保持系'陕2B'及其恢复系'垦C1'、'垦C2'等。'陕2A'的恢复系具有一对显性恢复基因（李殿荣，1980；杨光圣，1988）。配制的三系杂种'秦油2号'（'陕2A'×'垦C1'），于1984~1986年参加陕西省区域试验，杂种比对照品种增产20.3%~29.4%，3年平均增产27.0%，1985~1986年推广面积 $1.0 \times 10^4 hm^2$，并通过品种审定；1986年通过农业部鉴定；1988年夏收面积达 $5.3 \times 10^4 hm^2$，1992年近 $1.3 \times 10^6 hm^2$。'秦油2号'是国际上第一个通过品种审定并大面积应用于生产的三系杂交种。'陕2A'不育细胞质在遗传上的分类还在研究中。

（四）nap胞质不育型

*Nap*胞质不育型即 *nap* CMS，又称 Shiga Thompson 系统。Thompson（1972）从波兰春油菜品种'Bronowski'作父本、冬油菜品种'RD58'等作母本杂交的 F_2 代中，发现细胞质雄性不育，而反交不出现雄性不育。他的研究进一步证明'Bronowski'的育性遗传组成为N（rfrf），'RD58'等冬油菜品种的育性遗传组成为S（RfRf），雄性不育株为S（rfrf）。这一假设为 Rousselle 和 Renard（1982）进一步证实与补充。他们在20个春油菜品种与'Bronowski'杂交的 F_2 代中，发现'Bronowski'由两对不育的核基因控制，即N（rf1rf1rf2rf2）。用于试验的20个品种，有17个品种的细胞质是不育的，仅'Bronowski'、'Brio'（法国品种）和'Ceska'（捷克品种）具有可育胞质。这种由 Thompson 发现的不育胞质，称为T型CMS。

Shiga 和 Baba（1971）从日本甘蓝型品种'Chisayanatane'（千荚油菜）×'Hokuriku 23'（北陆23）的杂交后代中发现细胞质雄性不育，它的保持系是紫秆油菜和五十铃油菜，原始恢复品种是陆奥油菜。这种不育胞质称为S型CMS。Shiga（1976）为了寻找S型CMS的有效保持系，以日本的131个改良品种和不育系进行测交，利用育性指数来鉴定 F_1 代的育性表现。育性指数是根据花药和柱头的相对位置及花瓣宽度来计算的（Shiga，1976）。根据 F_1 代的育性指数，将131个日本品种分为3类：23个为育性恢复品种，79个为部分恢复品种，29个为无恢复能力的品种。Shiga 等（1977）用71个欧洲品种与S型CMS测交，计算了68个品种测交 F_1 代的育性指数，62个为育性恢复品种，4个为部分恢复品种，2个为不能恢复品种。

Shiga（1976）发现 Thompson 的T型CMS雄性不育材料，在日本、朝鲜的自然条件下均表现部分不育。他们还发现SCMS可以用TCMS的保持系（'Bronowski'）保持；相反，T型CMS也可用S型CMS的保持系（'Isuzunatane'和'Muraskinatane'）保持，T型CMS的恢复系（'RD506'和'RD6'）可使S型CMS的不育性恢复。S型CMS的恢复系（Mustsu 和 Natame）也可使T型CMS的不育性恢复，这说明T型CMS和S型CMS的恢保关系是相同的。因此，认为T型CMS和S型CMS是属同一类型，合称

为 *nap* CMS。

Nap CMS 的恢复基因普遍存在于欧洲和日本品种中。恢复品种多是 *nap* 不育类型的优点，主要问题是它的不育性不稳定，对温度十分敏感，气温高于 20℃时出现大量花粉，故这种不育类型还未能在生产杂种中应用。

（五）*tour* 胞质不育型（原称 Ana CMS）

tour 胞质不育型是 Rawat 与 Anand 1979 年育成的不育系。这种胞质的不育性是稳定的，其恢复基因存在于芥菜型油菜的基本种白菜（*B.campestris*）和黑芥（*B.nigra*）中，但恢复不够完全，Angadi 和 Anand（1988）通过把两个基本种的恢复基因转移到芥菜型油菜中去，已育成恢复率达 90%~95%的恢复系；此外，还通过轮回选择提高恢复系的花粉量。他的研究还证明，杂种组合增产 10%是可能的，杂种的含油量和蛋白质含量可分别提高 10%和 25%。Mathias（1985）通过种间转育，把甘蓝型油菜的核导入这种不育胞质中去，但在甘蓝型油菜中也未找到恢复基因。Pradhan 和 Mukhopadhyay（1991）发现这种不育胞质的叶绿体、线粒体 DNA 与 *Brassica tourefortii* 的相同，认为该不育胞质起源于 *B.tourefortii*，也就是说 Rawat 和 Anand 发现的 Ana CMS 与 *B. tournefortii*×*B. nigra* 产生的不育（Narain and Prakash，1972）属同一类型。Stiewe 和 Robbelen（1994）通过 *Brassica napus*(+)*B. tournefortii* 细胞融合也获得了这类 CMS。甘蓝型品种'Mangun'和'Yudal'存在其恢复基因，也可从 *B. tournefortii* 中转移其恢复基因（Stiewe and Robbelen，1994）。这种不育胞质育成的第一个三系杂种 PGSH 51（印度 Punjab Univ.）已于 1994 年注册（傅廷栋等，1995）。

（六）其他细胞质不育型

除上述研究较多或已应用于生产的不育胞质外，各国也先后发现了一些新的不育胞质。由于对它们的研究还不够或还未应用于生产，这里把它们归纳为其他细胞质不育型加以介绍。

墙生二行芥（*Diplotaxis muralis*）胞质不育型，简称 *mur* CMS。它是 Hinata（1979）用 *D. muralis*（十字花科，原产欧洲，2*n*=42）×白菜型品种'Yukin'的杂种 F$_1$ 代，秋水仙碱加倍，形成双二倍体（4*n*），再用'Yukin'连续回交育成的白菜型油菜不育系。志贺敏夫和大川安信用 *D. muralis* 和'农林 16 号'（*Brassica napus* L.），或小油菜（*B. campestris*），或中国结球白菜、花心白菜、卷心白菜、白菜、圆叶白菜（以上为 *B. Pekinensis*），或雪菜、四月油菜（以上为 *B. chinsis*）杂交，F$_1$ 代也出现雄性不育（志贺敏夫和傅寿仲，1979）。一般正常油菜植株，每朵花具有超过 10 万粒的花粉，而 *mur* CMS 带有很少的花粉（每朵花少于 4.0 万粒花粉），且花药难于开裂，因此 *mur* CMS 的不育性比 *nap* CMS 要稳定。所有加拿大春性白菜型品种都能恢复 *mur* CMS，必须把'Yukin'品种的保持基因转到加拿大春油菜之后，才能实现加拿大白菜型春油菜三系配套。几乎所有加拿大甘蓝型春油菜品种也都是 *mur* CMS 的恢复系，要育成甘蓝型不育系，必须从甘蓝型油菜中筛选保持基因，或将白菜型'Yukin'的保持基因转移到甘蓝型油菜中去（第六届国际油菜会议纪要，1983）。Pellan-Delourme（2010）用 147 个甘蓝型油菜

与 *mur* CMS 测交，只有'Mangun'（韩国品种）和'Hinchu'（台湾品种）两个品种能保持雄性不育，其他品种都是恢复系。

黑芥（*B. nigra*）胞质不育型，即 *nig* CMS。Pearson（1972）把黑芥×甘蓝的 F_1 代植株用秋水仙碱处理，使染色体加倍，再用花茎甘蓝的花粉进行连续回交，发现细胞质雄性不育。其雄性不育的核基因为一对隐性基因，结球甘蓝、羽衣甘蓝都可分离出保持系。Rousselle 等（1980）开始把甘蓝型油菜的核导入这种细胞质中，获得 *nig* CMS 的甘蓝型油菜雄性不育。然而，由于在不育材料的测交后代中，不育性保持效果较差，所以未能推广应用。

芥菜型油菜（*B. juncea*）胞质不育型主要有两类。①云南芥菜胞质不育型。史华清等（1991）报道，1973 年，在云南地方芥菜型品种'新平油菜'（母本）与欧洲芥菜型品种（父本）杂交的后代中发现雄性不育，连续用欧洲芥菜型油菜回交 4 次，育成'欧新 A'不育系，保持系为欧洲芥菜型油菜，定名为'欧新 B'。在回交的同时，1974 年用'昆明高棵'、'昆明黄菜籽'、'盘溪大寨油菜'、'元谋油菜'等 10 个优良品种（系）与不育系测交，1975 年鉴定 F_1 代育性，有 3 个组合保持雄性不育，6 个组合为部分恢复，1 个组合（'欧新 A'×'74243 6'）完全恢复，实现三系配套。云南地方芥菜型品种存在有'欧新 A'的恢复基因。②印度芥菜胞质不育型，在芥菜型品种间杂交组合'RLM198'（印度起源）×'EJ33'（欧洲起源）的 F_2 代中，出现雄性不育株，连续回交，育成 MS4 CMS，保持系是'EJ33'。遗传研究证明，'RLM198'具有同质显性恢复基因和不育胞质，即 S（RfRf）；'EJ33'为同质隐性不育基因和可育胞质，即 N（rfrf）；'RLM198'×'EJ33'组合 F_2 代分离的雄性不育基因型为 S（rfrf）。测交试验表明，印度芥菜型品种带有好的外显率的恢复基因，而欧洲品系很多为保持系。

高丽胞质不育型，又称 *Korean* CMS，即 *Mokpo* CMS。韩国 Lee 等（1980）从'Tower'作母本、'Isuzu'作父本的杂交后代中育成雄性不育系，反交则不出现雄性不育，认为育性的遗传组成中，'Tower'为 S（RfRf），'Isuzu'为 N（rfrf）。这种不育系的不育率只有 50%，目前还在研究改良中。

Oxy 胞质不育型，即 *oxy* CMS。印度 Prakash 和 Chopra（1990）用 *B. oxyrrbina*（$2n=18$，OO）作母本、*B. campestris*（$2n=20$，AA）的褐色沙逊油菜品种'Pusa Kalyani'作父本杂交，杂种后代再用父本回交 5 次，获得具有 *B. oxyrrbina* 细胞质的 *B. campestris* 雄性不育系。

人工合成抗除草剂胞质不育型，即 *ctr* CMS。Maltais 和 Bouchard（1978）在玉米地的野生油菜（*B. campestris* L.）群体中，发现一些自然突变形成的抗三嗪类除草剂单株。这种抗除草剂特性是细胞质遗传的，被称为抗除草剂细胞质（traizine-resistance cytoplasm），简称 *ctr* 胞质（Barsby et al, 1987a；Beversdorf et al., 1980，1984）。控制该特性的基因位于叶绿体 DNA 上，而雄性不育基因位于线粒体 DNA 上。为了使 *ctr* 细胞质和 CMS 细胞质结合起来，Beversdorf 等（1984）采用原生质体融合的方法，将具有 *ctr* 细胞质的甘蓝型油菜与萝卜雄性不育胞质（*ogu*）融合，得到一个具有抗除草剂的甘蓝型油菜萝卜不育胞质（*ogu-ctr* CMS），此项技术获得美国专利。

Kao 等（1993）也成功地把具有抗除草剂的 Westar 与 *ogu* 进行原生质体融合。Barsby 等（1987b）、Chuong 和 Beversdorf（1988）分别以二倍体（2*n*=38）和单倍体（*n*=19）为材料，用原生质体融合的方法，将抗除草剂胞质与'波里马'雄性不育胞质结合起来，形成新的具有抗除草剂的'波里马'雄性不育胞质（*pol-ctr* CMS）。育成抗除草剂雄性不育系的目的在于以下几点。①能用化学除草。由于不育胞质抗除草剂，配成的杂种自然也抗除草剂。②能用化学除杂。在 F$_1$ 代大田喷除草剂，可把不抗除草剂的恢复系、保持系及异品种植株杀死。③可机械化制种。父母本不必分行播、分行收，只要按比例（如 7:3）混合母父本种子播种，混合收获，即可降低种子生产成本。播种 F$_1$ 代大田后，喷除草剂把混在杂种中的恢复系苗子全部杀死，即可保证杂种纯度。

Siifolia CMS 系统是 Rao 等（1994）从 *Diplotaxia siifolia*×*B. juncea*（2*n*=56，DsDsAABB）中发现的，已转育成 *B. napus* 不育系，但到目前为止还没有发现有效的恢复基因。

Trachy CMS 系统是芥菜型不育系统，它是 Kirti 等（1995）利用 *Trachystoma ballii*+*B. juncea*（2*n*=52，TTAABB）体细胞杂交育成，这种不育胞质也转移到 *B. napus* 中。但到目前为止，还没有发现有效的恢复基因。

Mori CMS 系统是芥菜型不育系统，它是通过 *Moricandia arvensis*+*B. juncea*（2*n*=64，MMAABB）体细胞杂交合成的，也已转育到 *B. napus* 中去。到目前为止，也没发现其恢复基因。

Catholica CMS 系统是芥菜型不育系统，它是通过 *Diplotaxis catholica*+*B. juncea*（2*n*=54，DcDcAABB）体细胞杂交合成的。

Alba CMS 系统是通过 *S. alba*+*B. juncea*（2*n*=60，S=1S=1AABB）体细胞杂交合成的，是具有 *S. alba* 胞质的 *B. juncea* 不育类型。

除上述用于油菜的雄性不育胞质外，我国的刘尊文（1988）、傅寿仲等（1989）、李云昌（1989）、杜德志和刘青元（1993）也分别育成'110A'、'MI CMS'、'N86'和'88-533A'等不育系。这些不育系的细胞质类型尚待进一步确定。

第三节　油菜细胞质雄性不育基因及其作用机制

细胞器基因组是指线粒体、叶绿体和质粒 DNA。它们的结构发生突变就会破坏核质之间固有的平衡，导致雄性不育。Erickson 等（1986）研究证明油菜细胞质雄性不育与线粒体基因组有关，而与叶绿体基因组无关。Handa（2003）的研究认为油菜细胞质雄性不育与线粒体基因组有关，并且受线粒体基因组的一个或几个基因的控制。Pelletier 等（1983）及 Morgan 和 Maliga（1987）的研究证明甘蓝型油菜细胞质雄性不育与线粒体基因有关。生理生化和细胞学等方面的研究表明，细胞质雄性不育是由于线粒体功能失调所致。线粒体是产能量的场所，在小孢子发生时期，绒毡层细胞所需要的能量是最大的，而绒毡层与小孢子的发生密切相关。因此，只要线粒体功能失调，ATP 产量低，就会使绒毡层受到破坏，从而导致小孢子发育停止、推迟或被破坏，引起植物雄性不育。植物细胞质雄性不育基因的克隆可以通过几种不同的策略，最常用的是比较不育系和保持系，以及与其育性恢复父本杂交的 F_1 代在线粒体转录组、蛋白质组的差异（Chen and Liu，2014）。例如，油菜 pol CMS 不育基因的克隆，对多个'波里马'线粒体基因转录本分析发现，atp6 基因在不育系中存在两个转录本，大小分别为 2.0kb 和 1.9kb，而保持系 atp6 基因为一个 1.1kb 大小的转录本（Singh and Brown，1991）。在育性恢复的杂交后代中，1.1kb 的转录本丰度明显增高，并产生两个大小分别为 1.4kb 和 1.3kb 的转录本（Singh and Brown，1993）。序列分析结果表明，这一异常转录本包含一个可读框（orf224），编码 224aa，为 pol CMS 不育基因的候选基因。在另外一些细胞质雄性不育系研究中，不育基因的克隆则是通过比较不育系和恢复系的蛋白质组来完成的，如玉米 CMS-T 的不育基因 urf13（Forde et al.，1978）和甜菜 CMS-G 的不育基因截断的 cox2（Ducos et al.，2001）。也有一些研究者是通过分析比较原生质体融合产生的胞质杂种所派生出的不育株和正常株的线粒体 DNA 差异进行不育基因的克隆，如萝卜 CMS 的不育基因 orf138（Bonhomme et al.，1992）和小麦 CMS-AP 的不育基因 orf256（Rathburn and Hedgcoth，1991）。

一、细胞质雄性不育基因的序列特征

绝大多数的 CMS 不育基因是通过线粒体组重排事件产生的嵌合基因，而不育基因的组成往往包含了线粒体电子传递链的基因序列，其中，cox1、atp8 和 atp6 的序列在不育基因中是高频出现的；另外，绝大多数不育基因都编码膜蛋白（Chen and Liu，2014）。如图 4-5 所示，水稻中 CMS-BT 的 orf79 和 CMS-HL 的 orfH79 编码小分子蛋白，它们的 N 端序列与 COX1 很相似，另外的序列则是 SUO（sequence of unknown origin）（Chen and Liu，2014）。高粱 CMS-A3 的 ORF107 N 端来源于 ATP9，剩余序列则与 ORF79 很像。小麦 CMS-AP 的 ORF256 N 端源于 COX1。双子叶植物的 CMS 基因中很多具有 atp8 的同源片段。萝卜的 CMS 的 orf138 和 CMS-Kos 的 orf125 序列与 atp8 同源性很高。油菜中 pol CMS 和 nap CMS 的 orf224 和 orf222 序列有 79%的相似性，它们中部分片段与 atp8 高度同源。向日葵 CMS-PET1 的 orf522 和胡萝卜 CMS-Petaloid 的 orfB-CMS 也具有与 atp8 高度同源的片段。

大多数细胞质雄性不育基因具有功能已知的线粒体基因片段，但仍然有 CMS 基因具有一些预测的线粒体 ORF 片段，如水稻 CMS-WA 中的 WA352 由 orf284、orf224 和 orf288 的部分片段，以及一小段 SUO 组成（Luo et al.，2013）。CMS-CW 的 CW-orf307 由 orf288 的 5'端片段和一段 SUO 组成（Fujii et al.，2010）。因此，仅仅就不育基因的构成而言，功能已知的线粒体基因并不是必要的组成部分；而且不是所有的细胞质雄性不育基因都是嵌合的，也有单一来源的，如萝卜的 CMS-Ogu 的不育基因 orf138 和 CMS-Kos 的不育基因 orf125 序列仅仅来源于其线粒体基因组的 atp8；甜菜的 CMS-G 不育基因则是其线粒体基因组中 cox2 发生了一段缺失（Bonhomme et al.，1992；Ducos et al.，2001；Iwabuchi et al.，1999）。

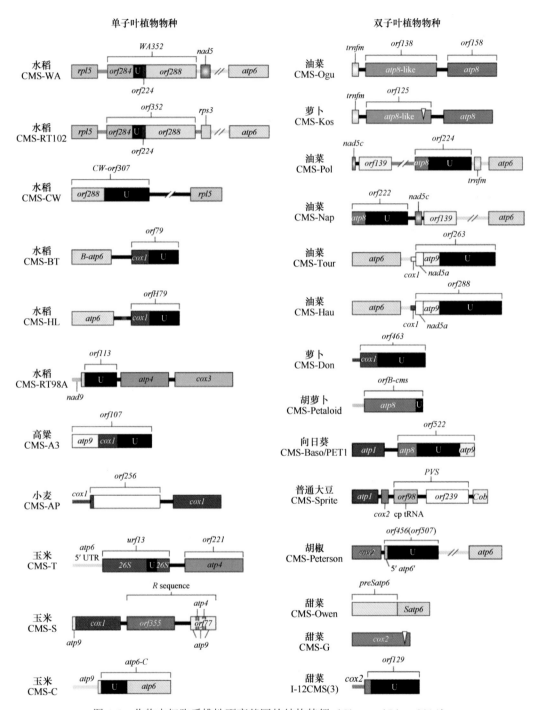

图 4-5　作物中细胞质雄性不育基因的结构特征（Chen and Liu，2014）

二、甘蓝型油菜细胞质雄性不育基因

Pol CMS 中的 *orf224* 造成不育的原因有两种假说。一种假说认为 *orf224* 与 *atp6* 基

因共转录，减少了正常 *atp6* 基因转录，降低 ATP 合酶亚基的蛋白量，造成线粒体能量供应异常，从而引起花粉败育。另一种假说认为 *orf224* 可能产生出一种毒蛋白，引起不育。赵敏荣和王迎春（1996）将扩增出的 *orf224* 基因片段在大肠杆菌中表达，并未检测出 ORF224 蛋白，但发现经诱导后的重组菌株的生长受到抑制，利用特异性抗体可以检测到 *orf224* 基因表达产物对细菌生长具有抑制或毒害作用。最近，通过对 *pol* CMS 近等基因系可育和不育花蕾转录组差异的比较，结果表明有 1148 个 unigene 表达水平明显改变，这些基因主要是代谢和蛋白质合成通路相关基因。一些控制花粉囊发育的unigene 在不育系中明显下调，推测 *orf224/atp6*（图 4-6）造成的能量缺乏可能是由于一些线粒体基因与核基因的相互作用抑制了一些调控花粉发育的基因的表达；由于缺乏ATP 合酶亚基蛋白，造成的能量缺乏会导致 *pol* CMS 雄性不育系中造孢细胞不能正常分化，最终造成花粉败育。在植物线粒体基因组中，与 CMS 相关的 ORF 是如何导致线粒体功能丧失的机制还不清楚，有可能是新的 ORF 导致线粒体能量供给不足，也有可能是CMS 蛋白毒性会导致花粉败育，但均没有直接证据，相关的研究有待进一步深入。

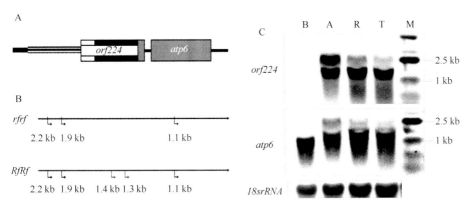

图 4-6　*orf224/atp6* 示意图
A. 结构示意图；B. *Rf* 与 *rf* 转录本差异；C. Northern Blot 结果

1996 年，L'Homme 发现，*pol* CMS 中的 4.5kb 大小 *atp6/orf224* 转录本在 *cam* 胞质中不存在，但却位于 *nap* CMS 的 mtDNA 上不同区域。该片段内存在一个与 *orf224* 相似的 *orf222*，与 *orf2-24* 有 85% 的序列相似性，有 6 个碱基的插入或缺失突变，其5′端也同样来自 *orfB*。通过预测得知，*orf222* 可以编码产生一个 26kDa 的内在膜蛋白，与 *orf224* 的预测产物有 79% 的同源性，具有极其相似的亲水性结构，且该片段位于*nad5* 基因（编码 NADH 脱氢酶复合体的一个亚基）第 3 个外显子 C 端上游 300bp 的位置，并与另一个功能未知可读框 *orf139* 共转录。利用特异引物对 *orf222* 进行 Northern Blot 分析发现，只在 *nap* CMS 和 *nap* 胞质恢复系中有 2.0kb 和 1.7kb 大小的转录本，且 *nap* CMS 中 *orf222* 的转录本要远远比 *nap* 胞质的恢复系丰富。利用 21 个线粒体基因探针对 *nap* CMS、*nap* 恢复系和 *cam* 胞质的保持系进行 Northern 分析时发现，只有*orf222/nad5c/orf139* 区域转录本存在差异，证明了该区域与 *nap* CMS 有关，即 *nap* CMS也可能是 *orf222* 与邻近的 *atp6* 基因共转录，造成 *atp6* 基因单顺反子转录本减少，从而减少了 *atp6* 基因编码的蛋白量，致使 *nap* CMS 线粒体的功能异常，能量供应不足，导致不育。

Hau CMS 是傅廷栋教授于 1999 年在芥菜型油菜中发现的自发突变的细胞质雄性不育系。借助 *hau* CMS 和保持系的多代回交的材料进行线粒体基因差异表达分析发现,一个位于 *atp6* 基因下游,并与它共转录的新型开放可读框 *orf288* 可能是 *hau* CMS 雄性不育相关的基因。利用 Western Blot 方法分析得出在雄性不育系中 *orf288* 能够翻译成蛋白质。将 *orf288* 导入大肠杆菌中并表达发现,*orf288* 明显抑制大肠杆菌的生长,暗示该蛋白质对大肠杆菌有毒害作用,而且在有无线粒体靶向前导序列存在时 *orf288* 都能够造成转基因拟南芥花粉败育。结果表明,*orf288* 是造成 *hau* CMS 的相关基因。*orf288* 与 *tour* CMS 的不育基因 *orf263* 高度同源,可能是由于 *orf263* 中碱基置换和碱基缺失导致的阅读框延长所致。

Bonhomme 等(1992)对 *ogu* CMS 的 mtDNA 进行序列分析时,发现一段包含 *orf138*、*orf158* 和一个 tRNA 基因(trnfM)的区域,该区域可能与雄性不育相关。*orf138* 位于 *orf158*(能够编码 ATP 合酶的 8 个亚基)的上游与之共转录,产生一个 1.4kb 的转录本。其中,*orf158* 在正常胞质中也转录,而 *orf138* 只在 *ogu* CMS 中转录。在对 *orf138* 序列同源性进行分析时发现,包括 *orf138* 编码区 12 个密码子和 3′侧翼序列在内的 70 个氨基酸与拟南芥中可能为 NADH 脱氢酶编码的 *orf557* 的 3′非翻译区相同。Duroc 等(2005)发现在 *ogu* CMS 中,*orf138* 编码一个膜结合蛋白,该蛋白质与线粒体内膜相连,分子质量为 22kDa,易形成寡聚体。将其在大肠杆菌中表达,能够抑制大肠杆菌的正常生长,说明 *orf138* 对细胞具有毒害作用。通过构建 *orf138* 与绿色荧光蛋白 GFP 融合的靶向线粒体表达载体,将该基因的表达载体导入酵母和拟南芥中来研究不育蛋白的结构与雄性不育关系的机制时发现,ORF138 蛋白并没有抑制酵母的生长,却改变了酵母和植物细胞中的线粒体的外形,转基因的拟南芥也没有出现不育的性状。这可能与核表达的 ORF138 亚细胞定位有关。Dong 等(2013)利用基因芯片对白菜型油菜 *ogu* CMS 和保持系花蕾进行转录模式分析时发现,在不育系中特异表达基因包括胁迫相关和氧化还原相关的基因,一些与花粉外壁形成及花粉萌发相关基因在不育系中表达被抑制,而与生长素、ATP 合成、花粉发育和应激相关的核基因表达发生延迟。

在对萝卜 *kos* CMS 线粒体 DNA 进行分析时发现了一个与 CMS 相关的基因 *orf125*,该基因序列与 *ogu* CMS 不育基因 *orf138* 有较高的同源性,只存在 2 个氨基酸替换和 39bp 处一个碱基缺失。在萝卜 *kos* CMS 中 *orf125* 与 *orfB* 共转录。然而在甘蓝型油菜 *kos* CMS 中,*orf125* 的 3′侧翼区域出现了一个新的 mtDNA 序列。*orf125* 在两种胞质的 CMS 中都可以表达出蛋白质,且育性恢复植株中 ORF125 蛋白含量显著降低。

Landgren 等研究表明,*tour* CMS 线粒体基因 *atp6* 存在两个大小分别为 2.3kb 和 1.1kb 的转录本。其中,2.3kb 的转录本中除了含有正常的 *atp6* 基因外,在其下游还含有一个异常的 *orf263*。该 2.3kb 的转录本与可育性状共分离。在利用 SDS-PAGE 分析不育系、保持系和恢复系的线粒体总蛋白差异时发现,存在有 3 个差异条带,分别是 32kDa、29kDa 和 20.5kDa,其中 20.5kDa 与细胞质的来源有关。32kDa 的蛋白质只存在于不育系中,而 29kDa 的蛋白质在可育和育性恢复系中不存在或存在量很少。

nsa CMS 是胡琼等(2004)利用甘蓝型油菜'中双 4 号'与新疆野芥通过原生质体

融合获得的体细胞杂种，以后代中雄性不育株作母本、'中双 4 号'作轮回亲本回交多代创建的异源细胞质雄性不育系。在利用反向斑点杂交鉴定 nsa CMS 相关基因时发现，nad2 基因在 nsa CMS 中的杂交信号弱于保持系，说明在不育系中 nad2 基因表达受到抑制，推测 nad2 可能与 nsa CMS 相关。对 nsa CMS 与其恢复系 NR1 杂交产生的可育和不育后代的幼嫩花蕾转录组分析发现，在可育后代中检测到更多的特异表达基因，主要是一些花粉壁装配相关基因；在不育后代中发现了 11 个与柠檬酸循环有关基因、ATP 合酶相关基因、氧化还原酶相关基因显著下调。除此之外，许多有关戊糖磷酸途径、糖代谢途径、碳固定基因表达模式也发生了改变。目前关于线粒体基因调控核基因表达的了解还不多，而细胞质雄性不育是研究核质互作的重要材料。

综上所述，线粒体雄性不育基因通常具有下列特点：常与 atp6、atp8 或 atp9 等功能基因嵌合并共转录，油菜 CMS 主要属于这种类型。此外，大部分的不育基因中都含有与已知的线粒体功能基因相似的片段（频繁重组所致），部分不育基因含有跨膜结构，如 ogu CMS 中的 orf138 是线粒体基因组小的同源区域之间重新组合形成的。相对于玉米、大麦来说，油菜线粒体基因组重排频率较低。但是，相对于正常细胞质雄性不育，油菜的线粒体基因组重排还是高频率的。重排引起线粒体基因组的组织结构发生改变，产生新的嵌合基因或改变其下游紧接着的基因的表达模式和功能，从而导致雄性不育。Singh 和 Broon（1993）研究发现甘蓝型油菜'波里马'细胞质雄性不育系和可育系的差异表现在基因的调控水平上。Makaroff 和 Apel（1989）对正常萝卜植株和细胞质雄性不育萝卜植株的线粒体基因组中 ATP 基因区域的序列进行分析，结果表明二者存在很大差异。他们认为 atp6 基因可能是通过基因重排或 RNA 校订来产生新蛋白质，或通过核糖体结合位点发生改变，或通过产生新的多肽 ORF105 蛋白等来影响线粒体功能，从而导致雄性不育。有些学者通过对甘蓝型油菜植株中的 atp6 基因的 RNA 编辑，认为其与油菜细胞质雄性不育没有直接的关系，但不能排除它们的间接相关性。

三、细胞质雄性不育系不育基因作用分子机制

在细胞质雄性不育的研究过程中，细胞质雄性不育为何能特异地影响雄配子的发育是一个一直以来困扰大家的问题。这种特异性可能是由于细胞质雄性不育基因的表达模式决定的，而它们可能的表达模式有三种：mRNA 和蛋白质在花药中特异表达并积累，mRNA 和蛋白质组成型表达并积累，mRNA 组成型表达而蛋白质仅在花药中特异性积累。第一种表达模式可以直接、简单地解释这种特异性，但是目前已报道的所有细胞质雄性不育基因都不是花药特异性表达的。绝大多数 CMS 基因的表达模式是第三种，即 mRNA 组成型表达而蛋白仅在花药中特异性积累。在菜豆 CMS-Sprite 中不育基因 orf239 的 mRNA 组成型表达，但是仅能在花中检测到 ORF239 蛋白的存在；一种核基因编码的线粒体蛋白酶 LON 可能参与了 ORF239 蛋白在营养器官中的降解。在水稻的 CMS-WA 中不育基因 WA352 的表达是组成型的，但是蛋白质的积累却是非常特异的，只能在花粉母细胞时期的绒毡层中检测到。水稻 CMS-BT 的不育基因 orf79 的蛋白质在小孢子中特异积累，导致一种配子体不育的类型。由此可见，细胞质雄性不育基因蛋白的时空特

异性积累可能决定了它们特定时期的败育。而对于不同的细胞质雄性不育系统导致不育表型可能的机制，研究者依据目前已有研究提出了 4 种模型：细胞毒性假说、能量供给不足模型、PCD 异常模型、逆向信号调控模型。

（一）细胞毒性假说

细胞毒性假说认为细胞质雄性不育蛋白具有细胞毒性，可以直接导致细胞异常或死亡。最初这种模型是在对玉米 CMS-T 的不育基因 *urf13* 研究过程中发现的：URF13 蛋白对大肠杆菌和多种真核细胞都具有毒性。在后续的相关研究中发现向日葵 CMS-PET1 的不育基因 *orf522*、萝卜 CMS-Ogu 的不育基因 *orf138*、油菜 CMS-Hau 的不育基因 *orf288* 及水稻 CMS-BT 的不育基因 *orf79* 等都对大肠杆菌具有毒性。大多数细胞质雄性不育基因编码的产物都是具有一段疏水区的跨膜结构的蛋白质，而这种跨膜结构恰恰是一种细胞毒性蛋白典型结构。因此对于细胞质雄性不育败育机制最简单的一种解释模型就是：细胞质雄性不育基因编码的蛋白质具有细胞毒性，可以导致花药中细胞的线粒体发育异常，进而影响花药的育性。

（二）能量供给不足假说

能量供给不足假说认为细胞质雄性不育基因编码的蛋白质能够导致线粒体功能缺陷，进而不能满足生殖发育过程中大量能量需求的供给，从而影响了花药的育性。线粒体是通过呼吸作用为生物生长发育提供能量的场所，相对于营养生长而言，生殖生长的过程对能量的需求更大。Warmke 和 Lee（1978）研究发现玉米的 CMS-T 过程中，发现花药发育过程中线粒体分裂更快，故而猜测细胞质雄性不育基因可能引起线粒体功能缺陷，导致雄性器官发育的能量供给不足进而引发败育现象。ATP 的合成需要线粒体中的复合体 I、II、III、IV 所生成的氢离子浓度梯度来产生的氢离子流，而且线粒体膜结构的完整性对 ATP 的产生至关重要。细胞质雄性不育基因的序列和结构特征恰好满足能量供给不足模型的分子基础：首先，许多细胞质雄性不育基因编码的蛋白质包括 *URF13*、*ORF138*、*ORF79*、*ORFH79* 等都是跨膜蛋白质，这些蛋白质可能结合到线粒体内膜上，影响氢离子浓度梯度，进而影响 ATP 的合成；其次，大多数细胞质雄性不育基因都是嵌合基因，其中很多包含了电子传递链复合体的基因序列，这可能会影响这些复合体的正常功能。很多研究为这一模型提供了细胞学、分子及代谢的证据，例如，在烟草（*N. sylvestris*）雄性不育花芽中观察到 ATP/ADP 比率比正常花芽中的比率显著降低，这可能会影响花芽细胞的正常增殖，从而导致植物异常花的产生。而最直接的证据来自甜菜的 CMSG 不育基因，它是截断的 *cox2* 编码的蛋白质，会降低正常 COX2（复合体的 IV 亚基）的活性，进而影响呼吸传递链的正常功能，引发不育。

（三）PCD 异常假说

细胞程序性死亡（programmed cell death，PCD）在植物中是一种类似于细胞凋亡的现象，它往往由线粒体信号驱动，参与了植物的衰老、种子萌发、器官形态建成及抗病等发育过程。这种现象被确认以前，很多研究者都曾经报道过细胞质雄性不育的花药绒毡层细胞还未成熟就崩解，以及败育的花粉中线粒体形态发生异变。植物雄配子发育是一个需要营养组织（孢子体）和小孢子细胞（配子体）协同发育的复杂过程，该过程中伴随着如花药中层、绒毡层降解及四分体分开等过程，因而 PCD 的适时发生往往决定着小孢子的正常发育，而 PCD 的延迟或者提前都有可能导致败育的发生。Balk 和 Leaver（2001）证明了向日葵 CMS-PET1 不育系中花药绒毡层细胞提前发生细胞色素 c 的释放，引发 PCD 提前，但这些 PCD 诱导信号和 PCD 现象，以及与细胞质雄性不育基因之间的分子途径的联系尚未建立。PCD 异常模型的最完备的证据来自水稻的 CMS-WA 研究：水稻 CMS-WA 线粒体中的不育基因编码的蛋白质 WA352 在花粉母细胞时期，在绒毡层与水稻细胞核编码的 COX11 互作，这种互作抑制了 COX11 过氧化物代谢的功能，引发了细胞色素 c 的提前释放和氧暴发，导致不育系中绒毡层细胞的 PCD 提前，进而引发小孢子的发育异常，导致败育。

（四）逆向信号调控假说

逆向信号调控假说的提出主要是基于水稻 CMS-CW，以及某些细胞质雄性不育表型类似于核基因组同源异形基因突变的研究而提出的一种假设。水稻 CMS-CW 的不育基因 *orf307* 可以通过某种机制诱导核基因组中一个类酰基载体蛋白合酶基因 *rf17* 的表达，而 *rf17* 的高表达会引起花粉发育的异常进而影响育性，这是线粒体组不育基因逆向调控核基因组基因表达导致败育的模型。在胡萝卜不育系的研究中，研究者发现在不育系中，核基因组中两个与花发育相关的 *MADS-box* 基因的表达受到了抑制，这表明在不育系中线粒体基因可能逆向调控了核基因组中 *MADS-box* 基因的表达。

第四节　油菜细胞质雄性不育恢复基因的遗传及定位

一、细胞质雄性不育恢复基因的遗传

在高等植物，细胞质雄性不育的类型是多样的，相应的恢复基因也具有多样性。其遗传模式有单基因、多基因、微效基因及修饰基因等类型。目前发现细胞质雄性不育的恢复大多由一至几对主效基因决定，同时其他微效修饰基因也在起作用。

（一）*pol* 细胞质雄性不育恢复基因的遗传

自傅廷栋院士于 1972 年在欧洲甘蓝型春油菜品种'波里马'中发现'波里马'细胞质雄性不育以来，各国学者对细胞质雄性不育恢复基因进行了大量的筛选和遗传相关研究工作。1976 年，湖南省农业科学院作物所杂优协作组首次在意大利甘蓝型油菜中发现'波里马'细胞质雄性不育的恢复基因，之后又分别在白菜型、芥菜型和甘蓝型油菜中发现了'波里马'细胞质的恢复基因（傅廷栋和杨光圣，1989；杨光圣，1988）。为进一步扩大恢复源，傅廷栋等（1995）将白菜型、芥菜型和甘蓝型油菜中发现的'波里马'细胞质的恢复基因进行等位性分析，发现存在于白菜型、芥菜型和甘蓝型油菜中的恢复基因均位于同一位点，恢复现象由一对主效基因控制，且 3 个白菜型和 3 个芥菜型

恢复系均属中国地方品种，3 个甘蓝型油菜恢复系均带有欧洲血统。这一试验结果证实了傅廷栋和杨光圣（1991）提出的在油菜的起源中心易找到细胞质雄性不育恢复基因的观点，说明这些恢复基因可能在起源上是一致的。傅廷栋和杨光圣进一步研究了 *pol* CMS 和 8 个恢复系的 F1、F2、BC1、BC2 群体的分离情况（傅廷栋和杨光圣，1995），结果表明，可育对不育为显性，表现为一对主效基因的遗传模式。但在 F2 和 BC 群体中还发现一些半不育的中间类型，说明除主效基因外，还有修饰基因在起作用。因此认为 *pol* CMS 的育性恢复基因主要为一对显性基因，同时也受一些修饰基因的影响。杨光圣等（1996）将显性细胞核恢复基因导入到 *pol* CMS 不育恢复系'花叶恢'中，创建了'波里马'细胞质雄性不育恢复系的轮回选择群体，排除了细胞核不育基因的干扰，并发现被抽样调查的 500 株 BC4 中自由授粉的单株的育性分离比例符合 1：1。

（二）*Nap* 细胞质雄性不育恢复基因的遗传

Shiga（1976）及 Shiga 和 Baba（1971）分别发现的两种甘蓝型雄性不育系，通过恢保关系验证两种甘蓝型雄性不育系具有共同的恢复系和保持系，说明引起这两种雄性不育的细胞质是相同的，Shiga 将这种甘蓝型雄性不育系的细胞质称为 *nap* 胞质。1976 年 Shiga 使用 131 个日本品种与该不育系进行测交，并根据后代 F2 和回交群体分析品种的细胞质类型，发现大多数日本品种具有 *nap* 不育胞质和 1～2 对恢复基因，进一步用 68 份欧洲品种进行测交试验，发现具有 *nap* 不育胞质的品种和具有正常可育胞质的品种都存在 *nap* 不育胞质的恢复基因。

（三）异源胞质雄性不育恢复基因的遗传

异源雄性不育细胞质来源于芸薹属或十字花科近缘种，如 *ogu* CMS、*tour* CMS、*nsa* CMS、*hau* CMS（袁美，2002）。通过 Ogura 雄性不育系 msGensuke 和几种日本野生萝卜种之间的测恢试验表明，*ogu* CMS 的恢复基因存在于萝卜品种 *R. sativus* 和 *R. raphanistrum* 中，之后又证明在欧洲和中国的萝卜品种中也存在 *ogu* CMS 的恢复基因，表示 *ogu* CMS 的核恢复基因也常常与正常可育胞质一同存在。与携带 CMS 细胞质的 *R. raphanistrum* 测交试验表明，*ogu* 细胞质雄性不育的恢复仅需要一对核内的显性基因。其他的研究也表明 *ogu* 细胞质雄性不育的恢复需要两对不同基因座上的显性基因存在（Koizuka et al.，2003）。

Tour CMS 最早是在芥菜型油菜中发现的，印度学者 Banga（1993）在芥菜型油菜和甘蓝型油菜中均找到了 *tour* CMS 的恢复基因。后续研究表明，芥菜型油菜中的 *tour* CMS 恢复基因的恢复效果不稳定，甘蓝型油菜中的恢复基因的恢复效果稳定。杨光圣等（1997）通过在华中农业大学进行测交试验发现与 G40142 和 G40156 株测交的后代能够完全恢复，且 F2 代分离群体的育性分离接近 3：1。Szasz 等（1991）通过体细胞杂交将其从芥菜型油菜转入甘蓝型油菜，并通过后代的分离比例发现其育性恢复受两个显性基因控制，一个为主效基因 *Rft1*，一个为微效基因 *Rft2*。*Rft1* 基因单独存在时能够完全恢复育性；当有 *Rft2* 基因存在时，*Rft1* 基因的表达量显著升高；若只有 *Rft2* 基因，则只能恢复部分育性。

hau CMS 是傅廷栋教授 2000 年在华中农业大学发现的天然野芥雄性不育株,通过不断回交,将 *hau* CMS 转移到甘蓝型油菜中形成的新型细胞质雄性不育类型,再通过细胞学鉴定、恢保关系分析及线粒体 DNA 多态性分析表明,*hau* CMS 是全新的油菜细胞质雄性不育类型。

nsa CMS 是胡琼等(2004)利用原生质体融合技术,获得的甘蓝型油菜'中双 4 号'和新疆野生油菜'野油 18'的对称性细胞杂种,使用'中双 4 号'作轮回亲本,与 F₁ 中不育株回交发现,随着回交世代的增高,不育率随之增高,到 BC4 代趋于稳定。

inap CMS 不育型是华中农业大学李再云老师课题组通过甘蓝型油菜与菘蓝的体细胞杂交种再与甘蓝型油菜连续回交获得的雄蕊心皮化的甘蓝型油菜雄性不育材料,经过与其他可育附加的杂交,并对杂交后代进行小孢子培养,最终从 DH 系中筛选出花药发育正常且与不育系杂交后代产生的杂种花药发育正常的恢复系,从而实现三系配套。

二、细胞质雄性不育恢复基因的定位

为以后的分子辅助选择恢复系进行杂交育种奠定基础、了解恢复基因的作用原理,目前已开展了大量的有关油菜细胞质雄性不育恢复基因的定位研究。

(一)*pol* CMS 恢复基因的定位

pol CMS 恢复基因的定位工作开展得比较早,最开始由 Jean 等(1997)在 3 个甘蓝型油菜回交群体中筛选了 140 个 10mer 随机引物,在 1 个群体中找到了 1 个 RAPD 标记与恢复基因连锁,并认为存在 N18 连锁群上的两个恢复基因 *Rfp1* 和 *Rfp2* 可能在一个基因座上,即可以认为是一个 *Rfp* 基因。随后王俊霞等(2000)通过选择具有遗传多态性的亲本进行杂交组合,并使用 860 对 mer 随机引物,将 *Rf* 基因与标记的遗传图距缩小到 5.9cM。为了给进一步研究 *pol*CMS 恢复基因的遗传标记的定位打下基础,2002 年刘平武等(2007)使用 AFLP 和 RAPD 标记进行筛选,结果中遗传标记最近的一个为 4.3cM,Formanová 等(2006)成功地将来自二倍体欧洲油菜的 *pol* 细胞质和 *Rfp* 转移到二倍体物种白菜型油菜上,产生了与 *Rfp* 基因共分离的双倍体单倍体 *pol* 细胞质白菜型油菜,并使用 RFLP 标记创建了一个包含 *Rfp* 基因的染色体文库。Zeng(2007)进一步使用 AFLP 和 SCAR 标记同样将 *Rfp* 定位在 N18 连锁群上,最近的一个标记的遗传距离为 2.0cM。赵振卿(2007)利用 BSA(分离群体集团混合分析法)筛选了 3072 对 AFLP 引物,找到了与恢复连锁的最近标记的遗传距离仅为 0.4cM。蔡强(2009)同样使用 AFLP 标记对一个 BC12F1 群体的 2024 个单株进行 BSA 法分析,最近的标记与 *Rfp* 遗传距离为 0.65cM。Liu 等(2012)利用芸薹属作物基因的分子共线性鉴定了拟南芥 1 号染色体中 *Rfp* 基因座的同源区。然后选择对应于该目标区域的 6 个测序的白菜型油菜的 BAC 文库设计了 22 个微卫星(SSR)引物,其中一个 SSR 引物 KBrDP1 在 2000 个 NIL 群体中被验证与 *Rfp* 基因座强相关,与 *Rfp* 之间的遗传距

离仅为 0.2cM。2012 年 Liu 等利用 Zhao 等（2008）开发的 SCAR 标记结合芸薹属基因组的共线性分析，将 *Rfp* 确定在甘蓝型油菜 N9 连锁群上，并进一步缩小候选区域至 29.2kb（图 4-7），通过预测发现该区域存在一个编码 PPR 蛋白的 ORF，为 *Rfp* 的候选基因，Liu 等（2016）在后续的研究中完成了恢复基因的互补验证，确定了 *Rfp* 即为 *pol*CMS 的恢复基因。Zhang 等（2016）结合全基因组重测序技术，使用 SSR 标记和 InDel 标记对 *pol* 细胞质雄性不育的白菜型油菜进行定位，将 *BrRfp* 定位在 A9 染色体上 12.6kb 的区间内，该区间只存在一个候选的 *PPR* 基因。

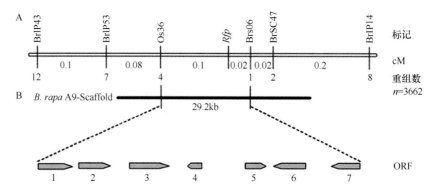

图 4-7　*Rfp* 候选基因的遗传图谱

A. 与 *Rfp* 连锁的标记及重组率；B. *Rfp* 在基因组上的物理位置

（二）*ogu* 细胞质雄性不育恢复基因的定位

ogu CMS 是通过种间有性杂交获得的，其细胞质和恢复基因都来源于萝卜，分别通过有性杂交和体细胞杂交转入油菜。Delourme 等（1998）利用 3 个分离群体鉴定出与 *ogu* CMS 恢复基因完全连锁的 4 个 RAPD 标记，并将转移到甘蓝型油菜中带有恢复基因的萝卜染色体片段定位在第 15 连锁群上。Brown 等（2003）、Desloire 等（2003）分别独立地利用与模式植物拟南芥基因组微观共线性并通过构建 BAC 文库的手段，分离获得了一个序列相同的恢复基因，Brown 等还通过转基因互补验证了所克隆的基因为 *ogu* CMS 的恢复基因 *Rfo*，Koizuka 等（2003）对具有 *kos* CMS 的恢复群体进行定位，也得到一个包含了 687 个氨基酸序列的 PPR 基因 *orf687*，与 *ogu* CMS 的恢复基因 *Rfo* 一致，两种不育胞质中的不育基因被报道具有组成和序列的相似性（Koizuka et al.，2000），二者的恢复机制也有所类似，即核内的恢复基因不影响 *orf138* 和 *orf125* 转录本的大小与丰度，但影响不育胞质中蛋白质含量。在萝卜中有 3 个恢复基因 *RF1*、*RF2* 和 *RF3*，都能使 *ogu* 不育胞质的育性恢复。Bett 和 Lydiate（2004）利用 BC1、F2 和一个有育性分离的随机交配群体中可育株自交后代群体 R8 等 3 个群体对这 3 个恢复基因进行定位，结果将 *RF1* 定位于 Rs1 连锁群的上部区域，*RF2*、*RF3* 则分别定位在连锁群 Rs2 中部和 Rs7 的上部区域，3 个恢复基因是不连锁的非等位基因。Lee 等（2014）结合 BSA 和 RNA-Seq 鉴定与萝卜恢复基因 *Rfd1* 基因座相关的 SNP，并利用重组交换单株构建了遗传连锁图，将 *Rfd1* 基因座定位在与拟南芥 3 号染色体 83kb 的复合区间内（图 4-8），在该区间内没有发现 *PPR* 相关基因。

（三）tour 细胞质雄性不育恢复基因的定位

　　Janeja 等（2003）通过体细胞杂交将其从芥菜型油菜转入甘蓝型油菜，并通过后代的分离比例发现其育性恢复受两个显性基因控制：一个为主效基因 *Rft1*，一个为微效基因 *Rft2*。用一对近等基因系对恢复基因进行标记研究，鉴定出的 AFLP 标记中，与 *Rft1* 连锁的标记遗传距离为 18.1cM，与 *Rft2* 连锁的标记遗传距离为 33.2cM。

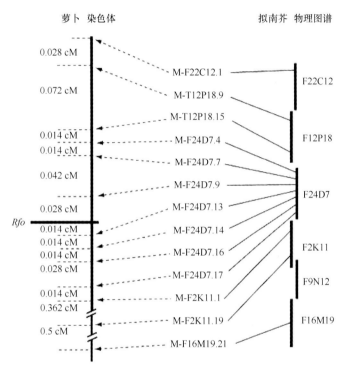

图 4-8　基于 6907 个分离后代的萝卜和拟南芥在 *Rfo* 基因座上的微观共线性

（四）nsa 细胞质雄性不育恢复基因的定位

　　郝建轶（2009）基于已克隆的 CMS 恢复基因大都编码 PPR 蛋白的特点，利用同源序列法从 *Nsa* CMS 的恢复系中克隆了一个编码 618 个氨基酸、含有 15 个 PPR 基序的 *PPR* 基因（*PPR618*），并且利用该基因的全长 cDNA 序列（包含 185bp 的 5′UTR、182bp 的 3′UTR）设计的 PCR 引物只在'野油 18'、'*nsa*' CMS 的恢复系及育性恢复后的可育株中扩增出大小一致的片段，因此认为与 *nsa* CMS 的育性恢复有关，是候选恢复基因。张洪（2012）根据同源序列法克隆的 *nsa* CMS 候选恢复基因 *PPR618* 的序列，通过序列分析发现野芥亲本'野油 18'、甘蓝型油菜亲本'中双 4 号'各含有 2 个同源序列，并获得了 3 个来源于恢复系的新候选基因，候选基因在序列上与萝卜和矮牵牛的恢复基因一致性较高。由于 *nsa* CMS 恢复系为甘蓝型油菜野芥二体附加系，即恢复基因存在于一对特定的野芥染色体上，生产上不能将该恢复基因易位至甘蓝型油菜染色体上而培育出恢复系，所以 *nsa* CMS 未能用于杂种生产。

（五）*nap* 细胞质雄性不育恢复基因的定位

Shiga 等（1976）在大多数甘蓝型油菜品种中都发现存在 *nap* 细胞质，并且在缺乏相应的恢复基因 *RFN* 的品种上出现了雄性不育的表型。前人研究认为 *RFP* 与 *RFN* 是位于同一基因座上的不同等位基因。Li 等（1998）、Gaborieau 和 Brown（2016）通过比较甘蓝型油菜恢复基因的位置和表达，认为欧洲油菜 Rf 区的 *RFL* 基因不是以串联阵列存在，而是分散在基因组各个位置，并且 *RFN* 与 *RFP* 存在于一个基因座。Liu 等（2016b）使用 SSR 和 SCAR 标记在分离群体中鉴定出了 16 对与 *Rfn* 连锁的分子标记，并通过 BAC 文库筛选，最终将 *Rfn* 确定在 A09 的 10.5kb 内，在此区间内只有两个 ORF，将其中一个编码 PPR 的 ORF 作为候选基因进行转基因互补验证，并最终确定 *RFN* 为 *nap* CMS 的恢复基因，通过比较 *RFN* 的隐性等位基因发现 *rfn* 与 *RFN* 存在 184 个 SNP 突变，这种差异表明 CMS 相关的 RNA 靶序列的识别或结合序列的能力不同，从而导致 *RFN* 和 *rfn* 之间的功能分歧（图 4-9）。

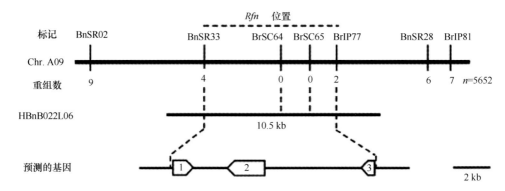

图 4-9　甘蓝型油菜 *nap* CMS 恢复基因 *RFN* 的图位克隆

在自然界中，几乎所有的细胞质雄性不育都能找到对应的恢复系材料，CMS 与 Rf 的对应关系也反映出 CMS 和 Rf 之间的进化协同关系（Budar and Fujji，2012）。目前克隆出的恢复基因大多都是 PPR 蛋白，如矮牵牛的恢复基因 *PPR592*（Bentolila et al.，2002）、水稻 *BT* CMS 的恢复基因 *Rf1a* 和 *Rf1b*、甘蓝型油菜 *pol* CMS 的恢复基因 *Rfp*。

对图位克隆而言，定位群体选择的好坏直接关系到研究的成败。构建良好的遗传分离群体既是筛选与目的基因连锁的分子标记的关键，也是构建遗传图谱的基础。定位过程用于作图的群体除去近等基因外还有其他类型，特别是在对 QTL 定位过程中使用的导入系或渗入系群体（introgression line，Il）（Eshed and Zamir，1995）、染色体单片段代换系（chromosome segment substitution line，CSSL）（Ramsay et al.，1996）及剩余杂合系群体（residual heterozygous line，RHL）（Tong et al.，2007）。一般而言，在这类群体中除去目的基因所在区间之外，基因组其余部分基本都是相同的，所以这些类型的作图群体都可以有效降低群体的遗传复杂性。通过高世代的回交建立近等基因系可以有效减少甘蓝型油菜遗传复杂性给图位克隆过程带来的困扰，近年来在甘蓝型油菜功能基因组研究进程中很多研究者都是采取构建近等基因系的方式进行甘蓝型油菜基因的图位克隆的（Dun et al.，2011；Larkan et al.，2013；Li et al.，2015；Yi et al.，

2010；Zhang et al.，2015）。

　　传统的利用正向遗传学方法的基因定位一般是通过构建遗传连锁图谱进行的，这一过程步骤烦琐、耗时耗力，很多情形下定位精确度低、区间大。随着越来越多物种基因组序列信息的公布，二代测序成本不断降低，测序的通量和质量不断提高，使得利用重测序和 RNA-seq 等技术开发更高密度和通量的新型分子标记如 SNP 标记等成为可能。而这类高密度标记的应用一方面可以用于分析材料的遗传关系，指导作图群体的构建，减少群体构建的盲目性；另一方面，它们的存在可以简化遗传图谱的构建，快速实现基因的初步定位。此外，如 RNA-seq 等技术的广泛应用，可以直接通过二代测序技术寻找差异表达基因，这既可以为在定位区间筛选候选基因提供参考，又可以为后续基因功能研究指引方向。

第五节　油菜细胞质雄性不育恢复基因及作用机制

　　针对特定的不育系，通常存在一个或几个可以恢复育性的核基因。一般来说，恢复基因都是显性基因，这也正是利用不育系和恢复系构成的 CMS/Rf 系统应用于杂交种种子大规模生产的理论基础。核基因组对细胞质基因组有着广泛的影响，它们通过彼此间的信息交流来协同作用，保证功能的正常发挥。尽管不同恢复基因对应不同的细胞质雄性不育类型，但根据细胞质雄性不育被恢复的遗传表现分为配子体恢复与孢子体恢复两种模式，没有关于中间类型的报道，即所有的恢复基因根据遗传关系分为配子体恢复基因（gametophytic restorer）和孢子体恢复基因（sporophytic restorer）两大类。孢子体类型的恢复方式的表现形式主要为 F_2 群体中出现一些不育单株，而配子体类型的恢复方式的表现形式为 F_2 群体中不存在不育单株（图 4-10）。

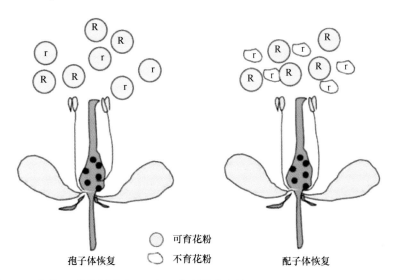

图 4-10　杂种 F_1 代基因型为 Rr 时 F_2 代育性分布情况（Yamagishi and Bhat，2014）

　　目前在 8 种植物中已经克隆了 12 个恢复基因：玉米 CMS-T 的恢复基因 *Rf2*，矮

牵牛的恢复基因 *PPR592*，萝卜 *ogu* CMS（*KosCMS*）的恢复基因 *Rfo*（*Rfk1*），水稻 *BT* CMS（*HLCMS*）的恢复基因 *Rf1a*（*Rf5*）和 *Rf1b*、LDCMS 的恢复基因 *Rf2*、WA CMS 的恢复基因 *Rf4*、*HL* CMS 的恢复基因 *Rf6*、*CW* CMS 的恢复基因 *Rf17*，高粱 *A1* CMS 的恢复基因 *Rf1*，甜菜 *owen* CMS 的恢复基因 *Rf1*，油菜 *pol* CMS 的恢复基因 *Rfp*。其中，玉米的 *Rf2* 编码一个乙醛脱氢酶，水稻的 *Rf17* 编码一个线粒体类酰基载体蛋白合酶结构域蛋白，水稻的 *Rf2* 编码一个富甘氨酸结构域（GRP）蛋白，甜菜的 *Rf1*（*bv ORF20*）编码一个肽酶，除此之外的另外 7 个恢复基因都是编码 PPR 蛋白的基因。总而言之，目前已经克隆的基因除了 *PPR* 基因占多数外，其他基因家族来源各不相同。细胞质雄性不育基因对雄配子发育的影响是多方面的，导致败育的机制也各有差异，因此任何一种抑制细胞质雄性不育基因蛋白产生或者可以抵消细胞质雄性不育基因蛋白带来负面效应的基因都可以作为恢复基因。故而恢复基因的恢复作用可能也不一而足，换言之，可能存在多种不同的恢复机制（图 4-11）。

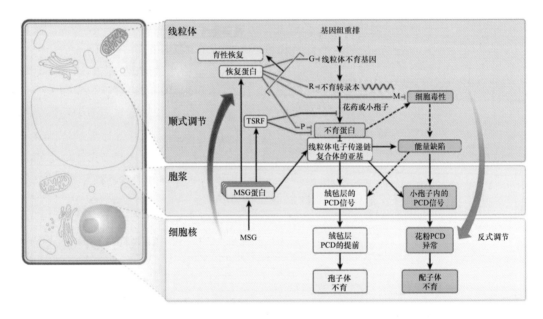

图 4-11　细胞质雄性不育基因及恢复基因核质互作模式图（Chen and Liu，2014）

一、恢复基因在线粒体 DNA 水平的调控

高等植物的线粒体基因组一般处于一种高度动态变化的状态，它的结构和拷贝数都存在着高度变异。由于亚剂量效应的存在，在某些植物的细胞质雄性不育植株中，因为携带不育基因的亚基因组拷贝数减少而自发恢复的情况是会偶尔出现的。菜豆 *Sprit* CMS 的不育表型是由位于 *atp1* 下游一段 pvs 片段导致的。而它的恢复基因 *Fr* 可以在 DNA 水平上选择性地消除线粒体基因组中与不育相关的一段 25kb 左右的 pvs 片段，使育性得到永久恢复，而进一步的检测发现在发生育性转换的菜豆线粒体中，含有不育相关序列 pvs-*orf239* 的 DNA 只是在亚剂量水平上减少，并没有完全被消除。因此，恢复

基因 *Fr* 是通过减少编码不育基因的 DNA 的量来降低不育相关基因的表达的，但是由于 *Fr* 还没被克隆，它是如何改变特定线粒体片段的机制尚不清楚。在线粒体 DNA 水平调控不育基因的另外一个例子是小米的 CMS-A1 植株容易自发发生线粒体中包含 *cox1-1-2* 区段的剂量上调而恢复育性的现象（Feng et al.，2009）。

二、恢复基因在转录后（RNA）水平的调控

在植物的线粒体和叶绿体中，转录本通常在转录后会发生包括编辑、剪接、切割等的改变。植物细胞器尤其是线粒体中的编辑通常是特定位点的胞嘧啶变为尿嘧啶，而这种改变往往导致编码氨基酸的变化，并且许多细胞器编码的蛋白质只有在编辑后才具备生物功能。细胞器中很多转录本都是多顺反子，它们的加工往往需要 RNA 内切酶或外切酶的剪切。已有的研究表明很多细胞质雄性不育基因相关的转录本都是被 *Rf* 基因在转录后水平进行编辑、剪切、降解、多聚腺苷化等不同方式加工的。例如，高粱的 A3CMS 相关转录本 *orf107* 上有 4 个编辑位点，而它的恢复基因 *Rf3* 参与了第 3 和第 4 位的编辑，被恢复基因编辑过的转录本会被高效降解。向日葵的 CMS-PET1 相关转录 *atp1-orf522* 在恢复基因 *Rf1* 作用下 3′非翻译区会发生多聚腺苷化，然后多聚腺苷化的 RNA 会被两个不同的核糖核酸酶迅速降解。当然还有很多细胞质雄性不育相关的转录本会被恢复基因剪切或降解。例如，玉米的 CMS-T 不育相关转录本 *urf13-orf221* 会被恢复基因 *Rf1* 特异加工，使含有 *urf13* 片段转录本的丰度降低。油菜 CMS-*pol* 的不育相关 *orf224-atp6* 可以被恢复基因 *Rfp* 切割，使花蕾含有 *orf224* RNA 片段降解。水稻 CMS-*BT* 的恢复基因 *RF1A* 可以剪切 *B-atp6-orf79* 转录本，而 *RF1B* 可以降解该转录本，但 *RF1A* 对 *RF1B* 具有上位性。上述的这些结果表明，大多数 PPR 家族的恢复基因通过在转录后（RNA）水平抑制细胞质雄性不育基因的表达，如编辑、剪切和降解不育相关的转录本。但是，恢复基因大多是 P 亚族的 *PPR* 基因，其蛋白质结构一般不含 RNA 加工相关的结构域，所以它们对 RNA 的加工可能需要其他辅助因子。

三、恢复基因在翻译（蛋白质）水平的调控

在某些细胞质雄性不育系统中，恢复基因并不能改变不育基因相关转录本的丰度，而可能是在翻译水平上进行调控。例如，玉米 CMS-C 的恢复基因 *Rf4* 不能影响 *atp6-C* 的转录水平，而可能在蛋白质水平影响该转录本的翻译。菜豆 CMS-*Sprite* 的恢复基因 *Fr2* 不会影响 PVS 转录本的转录，但可以通过抑制 ORF239 蛋白的积累来恢复育性。萝卜的 *ogu* CMS 的恢复基因 *Rfo* 不能使花药中的 *orf138* 转录本发生改变，但可以降低 ORF138 蛋白的丰度，而且这种降低可能是通过阻遏翻译导致的。水稻中 *WA* CMS 的一个恢复基因 *Rf3* 并不影响 *WA352* 转录本的表达，暗示其功能可能参与 *WA352* 翻译的调控；*HL* CMS 的恢复基因 *Rf2* 是一个 GRP 蛋白，但它本身没有可以结合 RNA 的结构域，所以其与 *HL* CMS 中能够和 *PPR* 类恢复基因互作的 GRP162 不同，可能调控了不育基因的翻译过程。

四、恢复基因在代谢水平的调控

玉米 CMS-T 的恢复基因 *Rf2* 编码一个靶向线粒体的乙醛脱氢酶。乙醛脱氢酶在氨基酸和脂肪酸代谢过程中起重要作用，并且还可以参与醛类和一些有毒物质的代谢，它的存在能够有效减少毒性物质对组织和细胞的损害。*Rf2* 不能降低 *urf13-orf221* 转录本的丰度和 URF13 蛋白丰度，但至少能够参与氧化三种醛类物质，预示着它对 CMS-T 的恢复作用可能是消除由 *urf13* 产生的有害物质，是一种代谢水平的恢复功能。

五、油菜细胞质雄性不育的恢复机制

在油菜的细胞质雄性不育中，恢复基因的作用机制主要通过影响 CMS 相关基因的转录、影响 CMS 相关基因转录本的加工编辑及影响转录本的翻译来实现。

（一）*pol* 细胞雄性不育恢复基因的作用机制

袁美等（2003）利用 10 个线粒体基因探针对 *pol* CMS 三系的花蕾 mtRNA 进行 Northern Blot 检测，结果发现只有 *atp6*、*orf224* 和 *orf222* 三个转录本存在差异。*atp6* 在可育的'1141B'中只转录产生 1 个丰度很高的 1.1kb 转录本，在不育系'1141A'和恢复系'1141R'中 1.1kb 转录本的丰度明显减少，但出现另外 2 个 2.2kb、1.9kb 的转录本。与'1141A'相比，恢复系'1141B'的 2.2kb 和 1.9kb 转录本丰度明显减少，并伴随着 2 个新的转录本，分别为 1.4kb 和 1.3kb。上述结果说明，*orf224/atp6* 的转录受恢复基因 *Rfp* 的调控。同时通过对杂种 F_1（'1141A'×'1141R'）与另一个 *pol* CMS 恢复系'RS35'的比较发现，*Rfp* 基因对 *orf224/atp6* 的转录调控和 *Rfp* 纯合与否无关。很明显，袁美等（2003）的研究结果说明恢复基因对 *atp6/orf224* 的调控发生在转录后水平。研究还表明，*pol* CMS 恢复系携带有一个负责修饰 *nad4* 和 *ccl-1* 转录本的阴性核基因 *Mmt*，且它与 *Rfp* 基因等位，即'波里马'细胞质雄性不育可能是由于线粒体基因组发生重排导致 *atp6* 上游产生一个新的、与之共转录的嵌合基因 *orf224* 引起的；而在恢复系中 *atp6-orf224* 转录本会被恢复基因加工，进而恢复育性。Li 等（1998）发现 *nap* CMS 的核恢复基因 *Rfn* 与 *Rfp* 基因是等位基因，两者都能通过除去转录本 5'端序列来影响不育基因的表达。核恢复基因的研究主要集中在筛选和创建与 *Rfp* 位点连锁的分子标记。Liu 等（2012）在 Zhao 等（2008）创建的 2 个 SCAR 标记，以及 *B. napus* 与芸薹属其他种的同线性区域基础上，将 *Rfp* 基因定位到 *B. rapa* 基因组 29.2kb 区域上。在此区域内包含 7 个可读框，其中 ORF2 编码一个 PPR 蛋白，成为 *Rfp* 最有可能的候选基因。PPR 蛋白是一种 RNA 结合蛋白，由 35 个氨基酸串联重复组成（图 4-12），目前已知该蛋白质在线粒体和叶绿体内转录后编辑修饰的过程中起重要作用。这种 PPR 蛋白可能在转录后水平影响不育相关区域转录本的加工编辑，编辑过的 RNA 能够翻译出正常的蛋白质，从而引起育性恢复。*PPR* 基因参与转录本末端的加工和稳定，叶绿体中 P 亚族 *PPR* 基因的一个最重要的功能是稳定特定的转录本。PPR 蛋白也可以保护多顺反子转录本加工过程中产生的 5'端和 3'端。这些作用的分子机制是一样的：PPR 蛋白作为一个屏障以很高的亲和力结合在 RNA 配体上,阻止 RNA 外切酶的切割作用。这种机制既能决定 RNA 加工过程中的末端位置,又能保护加工产生的 RNA 不被降解(图 4-13)。植物线粒体中富含大量的 P 亚组 *PPR* 基因,它们与叶绿体中起维持加工后 RNA 的稳定功能的 *PPR* 基因在结构上极为相似。但目前大部分的研究却证明它们的功能是促进 RNA 的切割而非维持 RNA 的稳定。MTSF1 是一个例外,它维持了线粒体中

图 4-12　*Rfp* 结构示意图

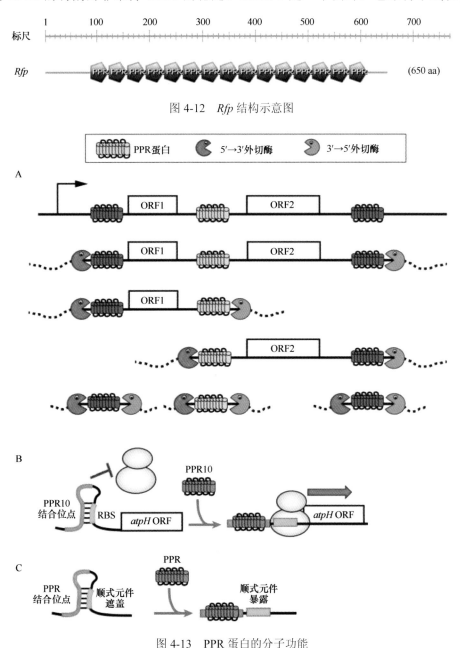

图 4-13　PPR 蛋白的分子功能

A. PPR 蛋白帮助稳定 RNA;B. PPR 10 的转录激活机制;C. R 蛋白的结合暴露顺式元件

nad4 mRNA 3′端的稳定。但是这种机制在线粒体是不是普遍存在还不得而知，与之类似的 RNA 的 5′端的稳定机制在线粒体中存不存在也无从知晓。*PPR* 基因参与 RNA 翻译的调控，叶绿体中报道的一些起稳定 RNA 作用的 P 亚族 *PPR* 基因往往也具有激活 RNA 翻译的作用。线粒体中 *PPR* 基因参与调控翻译的报道比较少，拟南芥中有两个线粒体 *PPR* 基因被认为与多聚核糖体相关,但它们的功能目前尚不清楚。这两个基因都是典型的 P 亚组 *PPR* 基因，它们都是线粒体所特有的，可能在线粒体的转录本翻译过程起作用；*PPR* 基因参与植物线粒体 RNA 的剪切，也能够促进线粒体和叶绿体中 II 类内含子的剪接，在植物中很多细胞质雄性不育恢复基因是 *PPR* 基因，这其中很大一部分都被认为具有引导了剪切线粒体中不育相关的转录本的功能；叶绿体中也有许多与线粒体中 RFL 结构非常相似，但都没有发现与 RNA 剪切相关的功能。*PPR* 基因参与 RNA 的编辑，目前发现，PLS 亚族的 *PPR* 基因存在编辑 RNA 的功能，而 PLS 亚族的 *PPR* 基因的功能与 P 亚族是一致的，即识别和结合特异的单链 RNA。目前，仅有关于 *pol* CMS 恢复基因图谱定位的报道，但是基因的功能还有待继续研究。

（二）*ogu* 和 *kos* 细胞质雄性不育恢复基因的作用机制

ogu CMS 研究表明，核育性恢复基因 *Rfo* 减少育性恢复株花蕾中 ORF138 蛋白，且在花药发育期尤为明显。由于 *Rfo* 并未影响 *orf138* 转录本的大小和丰度，因此可以推断 *Rfo* 基因产物是在翻译后水平上使 ORF138 蛋白稳定性降低，从而导致蛋白质累积减少而恢复育性。Brown 等（2003）分离克隆出 *ogu* CMS 的恢复基因 *Rfo*。分析表明，*Rfo* 编码一个含线粒体定位前导序列 687 个氨基酸的蛋白质，该蛋白质具有 16 个 PPR（pentatrieopetide repeats，35 个氨基酸重复）结构域。这一结果也为 Desloire 等（2003）证实。Brown 等（2003）和 Desloire 等（2003）通过对拟南芥和萝卜的微共线性分析，结合图位克隆方法克隆 *Rfo* 基因，将 *Rfo* 定位到萝卜染色体 22kb 左右的区域，该区域包含 3 个 PPR 蛋白（PPR-A、PPR-B、PPR-C）基因。Uyttewaal 等（2008）证实了 PPR-B 在恢复育性时的主要作用就是抑制 ORF138 蛋白在绒毡层内的化学合成，但 PPR-B 蛋白不能影响 *orf138* 基因的 mRNA 的积累。最终离体免疫沉淀反应证实了 PPR-B 能够直接或间接地与 *orf138* 的 RNA 相互作用,这些证据都支持 PPR-B 在 *orf138* 转录后调控起关键作用。通过比较 *rfo/rfo* 和 *Rfo/Rfo* 纯合子植株的转录本序列，发现 *Rfo* 的等位基因 PPR-A 带有 4 个相同氨基酸的缺失，在 *Rfo* 蛋白的中心区域的这 4 个氨基酸的删除，导致其育性恢复能力降低，揭示了 *ogu* CMS 中的 *Rfo* 一级结构和生物学功能之间的关系。*ogu* CMS 油菜中也常发现育性自然恢复现象，*ogu* CMS 的育性恢复突变株可能是含有 *orf138* 基因的优势片段超过临界值的结果。*ogu* CMS 的不育性十分稳定，但是其育性恢复基因仅存在于萝卜基因组中，难以直接利用，所以转育萝卜恢复基因是实现甘蓝型油菜 *ogu* CMS 应用的关键。法国等一些欧洲国家已经实现 *ogu* CMS 的三系配套并拥有各自的品种专利权，而我国还没有对 *ogu* CMS 进行大规模的利用。

Koizuka 等（2003）研究发现两个显性等位基因 *Rf1* 和 *Rf2* 共同控制 *kos* CMS 的育

性恢复。恢复基因 *Rf1* 在翻译水平或翻译后水平调控 ORF125 蛋白的积累，并与 *Rf2* 相互作用从而使育性得到恢复。为了鉴定 *Rf* 基因，日本学者将含有关键基因的质粒转入甘蓝型油菜观察育性恢复情况时发现，一个 4.7kb 大小的 *Bam*H I /*Hpa* I 酶切片段能够恢复 kos CMS 育性。该片段中包含一个编码 687 个氨基酸的 *orf687* 和 16 个重复的 PPR 基序。在不育系中，*orf687* 的等位基因的第 3 个和第 4 个重复 PPR 序列中有 4 个氨基酸的替代，并推测 ORF687 可能直接或间接地降低 ORF125 蛋白水平，从而使不育植株恢复育性。

（三）*nap* 细胞质雄性不育恢复基因的作用机制

nap CMS 的恢复基因是 *Rfn*，它使得 *orf222/nad5c/orf139* 区转录本的丰度降低，同时多出一个 0.8kb 转录本，且这个转录本与基因共分离。比较 *pol* CMS 、*pol* CMS 恢复系的杂种，以及可育的 *nap* 胞质系分离的线粒体 RNA 杂交，发现这些系间存在 *nad4* 基因和 *cc1-1* 假基因的转录本的不同。进一步分析发现，*nap* CMS 育性恢复与 *Mmt* 调控的转录本修饰完全共分离，遗传上 *Mmt* 与 *Rfn* 是不可分开的，而 *Mmt*、*Rfn* 和 *Rfp* 三者是等位的。*Rfp* 恢复 *pol* CMS 育性，调控 *pol* CMS 的 *orf224/atp6* 转录本的加工；*Rfn* 恢复 *nap* CMS 育性，调控 *nad4*、*cc1-1* 和 *orf222/nad5/orf139* 转录本的修饰。油菜 1 个恢复基因座上的不同等位基因能恢复几种 CMS 类型的育性是油菜的特有特征。上述研究结果说明，油菜 *pol* CMS、*nap* CMS、*ogu* CMS 的育性恢复基因 *Rfp*、*Rfn*、*Rfo* 一般不阻止不育基因的转录，而表现为转录后或翻译水平上的调控，使得 CMS 基因的表达受到抑制，从而恢复 CMS 的育性。

尽管目前报道的油菜 CMS 不少，但相关的 CMS 基因作用机制不完全清楚，育性恢复方面仅 *pol*、*nap*、*ogu* CMS 恢复基因得到克隆，恢复基因对质不育基因的调控机制也仅 *pol*、*nap*、*ogu* 等 CMS 得到初步研究。相比较水稻、玉米等作物，油菜相关研究比较落后。因此，解读油菜 CMS 育性转换机制是今后油菜 CMS 研究的重要任务。我们认为，进行油菜 *CMS* 基因及恢复基因的分子机制研究时，可以先确认不育基因，克隆不育基因进行原核表达，分析表达蛋白的特性；构建含线粒体定位序列的花粉/花药特异表达载体，转化普通油菜，鉴定转基因植株花粉育性，分析不育基因的作用机制；在分析 CMS 育性恢复基因的作用机制时，先进行恢复基因的图谱定位，再精细定位、克隆恢复基因，通过转基因研究恢复基因对不育基因的调控模式。

第六节　环境对细胞质雄性不育的影响及生态型不育

基因型-环境互作雄性不育即生态型不育，也被称为光温敏雄性不育（PTMS），是指雄性不育性是受基因与环境共同作用，育性的表达受生态因子的调控，育性表达呈现时空差异。光温敏雄性不育按其遗传机制可分为两大类：第一类为光温敏核不育材料，有主要对光周期敏感的光敏核雄性不育系、主要对温度敏感的温敏核雄性不育系，以及对光温均敏感的光温敏核雄性不育系三种类型（程式华等，1996）；第二类为核质互作型光温敏不育材料，研究表明各类细胞质雄性不育系普遍存在温敏表型，即在高温或低温时出现微量花粉的现象。

一、核质互作光温敏雄性不育

核质互作型光温敏雄性不育在油菜中具有一定应用，其中应用最广泛的是'8-8112AB'，它是由甘蓝型油菜 pol 细胞质生态型雄性不育两用系'AB1'与双低甘蓝型油菜品种杂交选育出的新型双低生态型 pol CMS 两用系，其在武昌秋播时表现雄性可育，在兰州或秭归高山夏播时表现雄性不育。不同播期、异地播种和人工控温试验结果表明，温度是影响'8-8112AB'育性变化的因子，低温促进可育而高温导致不育。遗传分析初步表明，'8-8112AB'的温度敏感性受若干微效温度敏感基因的调控，表现为质量-数量遗传特性（袁美等，2003）。而杨光圣等从甘蓝型油菜品种的杂交后代中选育出的 pol 细胞质生态型雄性不育两用系'AB1'，其在武昌秋播时表现雄性可育，在昆明或西宁夏播时表现雄性不育，'AB1'的育性变化是其细胞核中温度敏感基因与温度相互作用的结果，温度是影响其育性变化的主要环境因子（袁美等，2003）。杨光圣（1995）对油菜'AB1'的遗传规律研究表明，'AB1'系雄性育性的变化是核质互作的结果，'AB1'的细胞质为 S 型（不育型），其育性可由 1 对显性主效基因恢复育性，并掩盖环境敏感微效多基因的作用。

二、核质互作光温敏雄性不育的应用

有学者将以下雄性不育归为生态型雄性不育系：甘蓝型油菜温敏细胞质雄性不育系'AB1'（杨光圣等，1990）、'8-8112AB'（袁美等，2003），光温敏细胞质雄性不育系'501-8S'（刘尊文等，1998），反型温敏细胞质雄性不育系'533S'（董军刚等，2001）、'417S'（董军刚等，2008），芥菜型油菜温敏雄性不育两用系'遵矮 S'（苏振喜等，1999），白菜型油菜温敏细胞质雄性不育'29A'（胡宝成等，1992）、'广丰 A'（胡宝成等，1993）等，但应与狭义的光温敏雄性不育两用系概念有所区别（徐献峰等，2014）。

目前，通过温敏雄性不育系选育的杂交种主要有：'两优 586'（刘尊文等，2000）、'湘杂油 5 号'（席代汶等，2005）、'赣两优 2 号'（刘尊文等，2007）、'赣两优 3 号'（高海军等，2010）、'赣两优 5 号'（吴平，2012）、'华油杂 9 号'、'华油杂 10 号'、'华油杂 13 号'等。

三、核质互作光温敏雄性不育的应用困难

光温敏雄性不育系是两系法杂交制种的基础，它的育性受生态条件的影响而发生变化，因此可以用作不育系制种和保持系自交繁殖，达到"一系两用"的目的。相比于目前应用较多的三系法，两系法具有很多优势（罗孝和和白德朗，1996）：①恢复系广，配组自由，选育出强优势组合的概率较大，光温敏不育系的育性一般是由 1～2 对隐性

主效基因控制,与细胞质无关,不需要特别的恢复基因,几乎所有育性正常品系都能使其育性恢复,有利于选育出杂种优势强的组合;②大大提高了不育系种子和杂交种的纯度,降低种子生产成本,光温敏不育系由于能"一系两用",在杂交种制种过程中,不需要保持系,因而避免了在三系制种中保持系极易出现机械混杂的问题;③遗传行为简单,光温敏核不育系一般由 1~2 对独立的隐性主效基因控制,与细胞质无关,所以不育基因的转育比较方便。

　　然而,光温敏雄性不育由于育性本身不稳定,而且含不育基因的植株在杂合状态时可能会呈育性嵌合状态,对准确分析育性分离比例可能会造成干扰,加之如果该植物为无限花序,育性转换前后所开的花能相互串粉,套袋自交结实率并不能完全反映育性,因此准确鉴定育性是有一定困难的,对于此种情况,在花期反复观察育性是必要的。

　　影响光温敏雄性不育的参数主要包括临界温度、临界光照和环境变化对育性产生影响的时间,不论是光敏不育系还是温敏不育系,也不管是由不育向可育转换还是由可育向不育转换,光周期或温度对育性的影响均呈现出一个渐变过程,所以要准确测定这些参数是很困难的。

参 考 文 献

蔡强. 2009. 甘蓝型油菜波里马细胞质雄性不育恢复基因 Rfp 的分子标记筛选与初步定位. [博士学位论文]. 武汉: 华中农业大学.

程式华, 孙宗修, 斯华敏, 等. 1996. 水稻两用核不育系育性转换光温反应型的分类研究. 中国农业科学, 4: 12-17.

崔德诉, 邓锡兴. 1979. 甘蓝型杂交油菜的研究利用. 中国油料, (2): 15-20

董军刚, 董振生, 刘创社, 等. 2001. 甘蓝型油菜生态型雄性不育两用系 533st 的选育. 陕西农业科学(自然科学版), (07): 8-9.

董军刚, 董振生, 刘创社, 等. 2008. 甘蓝型油菜温敏不育系 417S 选育与鉴定. 中国油料作物学报, (03): 306-311.

杜德志, 刘青元. 1993. 白菜型春油菜细胞质雄性不育株的发现及其保持和恢复材料的筛选. 中国油料作物学报. (2): 11-13.

顿小玲. 2013. 甘蓝型油菜核不育系 7365A 恢复基因克隆和进化分析. [博士学位论文]. 武汉: 华中农业大学.

傅寿仲, 戚存扣, 唐继宏. 1989. 甘蓝型油菜(B. napus L.)细胞质雄性不育系 MICMS 的选育. 作物学报, (04): 305-309.

傅廷栋. 1995. 杂交油菜的育种与利用. 武汉: 湖北科学技术出版社: 71-88.

傅廷栋, 杨光圣, 涂金星, 等. 2003. 中国油菜生产的现状与展望. 中国油脂, 1: 11-13 .

傅廷栋, 杨光圣, 杨小牛, 等. 1995. 甘蓝型油菜波里马细胞质雄性不育的发现、研究与利用. 自然科学进展, (3): 33-39.

傅廷栋, 杨光圣. 1989. 油菜细胞质雄性不育研究进展. 农牧情报研究, (11): 1-8.

傅廷栋, 杨小牛, 杨光圣. 1989. 甘蓝型油菜波里马雄性不育系的选育与研究. 华中农业大学学报, 8(3): 201-207.

高海军, 刘尊文, 袁卫红, 等. 2010. 甘蓝型两系杂交油菜赣两优 3 号的选育. 湖北农业科学, 49(10):

2370-2371.

郝建轶. 2009. 油菜野芥细胞质雄性不育恢复基因的鉴定[硕士学位论文]. 北京: 中国农业科学院.

衡双平. 2015. 油菜 hau CMS 线粒体基因组和不育基因的研究.[博士学位论文]. 武汉: 华中农业大学.

胡宝成, 陈凤祥, 李强生, 等. 1993. 环境对白菜型油菜细胞质雄性不育的影响. 安徽农业大学学报, 4: 303-308.

胡宝成, 王毅, 赵仁渠, 等. 1992. 白菜型油菜雄性不育材料的发现和育性观察. 安徽农业科学, 1: 45-48.

胡琼, 李云昌, 梅德圣, 等. 2004. 属间体细胞杂交创建甘蓝型油菜细胞质雄性不育系及其鉴定. 中国农业科学, 37(3): 333-338.

柯桂兰, 赵稚雅, 宋胭脂, 等. 1992. 大白菜异源胞质雄性不育系 CMS3411-7 的选育及应用. 园艺学报, (4): 333-340.

李殿荣. 1980. 甘蓝型油菜三系选育初报. 陕西农业科学, (1): 26-29.

李竞雄, 周洪生. 1993. 粮、棉、油作物雄性不育杂种优势基础研究的现状与展望. 作物杂志, 04: 1-3.

李云昌. 1989. 利用萝卜和甘蓝型油菜间的核质互作培育萝卜质雄性不育系. 中国油料, (03): 92-93.

刘平武, 李赟, 何庆彪, 等. 2007.甘蓝型油菜 pol CMS 育性恢复基因的分子标记.中国油料作物学报, (01):14-19.

刘尊文. 1988. 甘蓝型油菜双低"三系"选育简报. 江西农业科技, (09): 11-12.

刘尊文, 彭芝兰, 周小平, 等. 1998. 甘蓝型油菜光温敏雄性不育两用系 501-8S 的选育. 中国油料作物学报, 1: 16-19.

刘尊文, 吴平, 张迁西, 等. 2007. 优质两系杂交油菜 "赣两优二号" 的选育. 江西农业学报, 11: 10-11, 30.

刘尊文, 袁卫红, 李文信, 等. 2000. 甘蓝型两系杂交油菜两优 586 的选育. 中国油料作物学报, (02): 8-10.

罗孝和, 白德朗. 1996. 两系法杂交水稻研究Ⅲ. 两系杂交水稻的选育. 湖南农业科学, 2: 5-8.

彭谦, 邵祖立. 1990. 迟菜心 2 号简介. 长江蔬菜, (2): 22-22.

史华清, 龚瑞芳, 庄丽莲, 等. 1991. 芥菜型油菜(Brassica Juncea)杂种优势利用的研究. 作物学报, (01): 32-41.

苏振喜, 邱怀珊, 李石开, 等. 1999. 芥菜型油菜生态型雄性不育两用系研究. 中国油料作物学报, 02: 6-8.

万正杰. 2008. 芥菜型油菜细胞质雄性不育 hau CMS 的研究. [博士学位论文]. 华中农业大学.

王俊霞, 杨光圣, 傅廷栋, 等. 2000. 甘蓝型油菜 PolCMS 育性恢复基因的 RAPD 标记. 作物学报, (05): 575-578.

吴平. 2012. 优质两系杂交油菜 "赣两优 5 号" 的选育//中国作物学会. 2012 年中国作物学会学术年会论文摘要集. 中国作物学会: 25 (2) : 25-26.

席代汶, 邬贤梦, 宁祖良, 等. 2005. 优质两系杂交油菜湘杂油 5 号的选育. 中国油料作物学报, 1: 23-25.

徐献锋, 胡玉梅, 于澄宇, 等. 2014. 甘蓝型油菜反型温敏核不育 Huiyou50S 的生理特征及遗传分析. 华北农学, 3: 147-152.

杨光圣. 1988. 甘蓝型油菜细胞质雄性不育的研究. 遗传, (5): 8-11, 14.

杨光圣. 1995. 甘蓝型油菜生态雄性不育两用系的研究. 作物学报, 2: 129-135.

杨光圣, 傅廷栋. 1987. 环境条件对油菜细胞质雄性不育的影响. 中国油料, (03): 15-19.

杨光圣, 傅廷栋. 1990. 甘蓝型油菜雄性不育-可育两用系选育成功. 中国农业科学, (01): 90-91.

杨光圣, 傅廷栋. 1991. 油菜细胞质雄性不育恢保关系的研究. 作物学报, (2): 151-156.

杨光圣, 傅廷栋, 陈永德. 1990. 甘蓝型油菜陕 2A 细胞质雄性不育的研究. 华中农业大学学报, 2: 141-147.

杨光圣, 傅廷栋, 马朝芝, 等. 1996. 波里马细胞质雄性不育恢复基因的筛选与遗传. 中国农业科学, (4): 18-23.

杨光圣, 傅廷栋, 马朝芝, 等. 1997.甘蓝型油菜细胞核+细胞质雄性不育三系的研究与利用. 作物学报, (02):144-149.

杨光圣, 傅廷栋, 杨小牛, 等. 1995. 甘蓝型油菜生态雄性不育两用系的研究 I . 雄性不育两用系的遗传. 作物学报, 2: 129-135.

袁美. 2002. 甘蓝型油菜生态型细胞质雄性不育两用系温度调控机理的初步研究. [博士学位论文]. 武汉: 华中农业大学.

袁美, 杨光圣, 傅廷栋, 等. 2003. 甘蓝型油菜生态型细胞质雄性不育两用系的研究III. 8-8112AB 的温度敏感性及其遗传. 作物学报, 3: 330-335.

张洪. 2012. 油菜 Nsa CMS 候选恢复基因克隆及转基因功能鉴定[硕士学位论文]. 中国农业科学院.

赵荣敏, 王迎春. 1996. 油菜菠里马雄性不育胞质特异性 *orf224* 基因在大肠杆菌中表达. 农业生物技术学报, (1): 38-43.

赵振卿. 2007. 甘蓝型油菜波里马细胞质雄性不育育性恢复基因 Rfp 的图谱定位. [硕士学位论文]. 武汉: 华中农业大学.

志贺敏夫, 大川安信. 1983. 欧洲产菜籽 *Brassica napus* L.品种的细胞质雄性不育性与育性恢复. 农业技术研究所报告, (35): 103-124.

志贺敏夫, 傅寿仲. 1979. 利用油菜细胞质雄性不育进行杂种优势育种的研究. 江苏农业科学, 15(1): 73-78.

朱英国. 2000. 水稻雄性不育生物学. 武汉: 武汉大学出版社.

Angadi S P, Anand I J. 1988. Protein content and amino acid profile of pollen restorers in rapeseed *B. napus* and mustard *B. juncea*. International Rapeseed Congress / Convened under the Patronage of Stanislaw Zieba; by the Plant Breeding and Acclimatization Institute under the Auspices of the Group Consultatif International De Recherche Sur Le Colza.

Balk J, Leaver C J. 2001. The PET1-CMS mitochondrial mutation in sunflower is associated with premature programmed cell death and cytochrome c release. Plant Cell, 13(8): 1803-1818.

Banga S S, Banga K. 1993. Hybrids in oilseed rape based on tour cytoplasm. Cruciferae Newsletter, 16: 73-74.

Bannerot H, Boulidard L, Cauderon Y, et al. 1974. Transfer of cytoplasmic male sterility from *Raphanus sativus* to *Brassica* oleracea. Proc Eucarpia Meet Cruciferae, 25: 52-54.

Barkan A, Small I. 2014. Pentatricopeptide repeat proteins in plants. Annual Review of Plant Biology, 65: 415-442.

Barsby T L, Chuong, P V, Yarrow S A, et al. 1987a. The combination of polima cms and cytoplasmic triazine resistance in *Brassica napus*. Theoretical & Applied Genetics, 73(6): 809-814.

Barsby T L, Yarrow S, Kemble R J, et al. 1987b. The transfer of cytoplasmic male sterility to winter-type oilseed rape (*Brassica napus* L.) by protoplast fusion. Plant Sci, 53: 243-248.

Bentolila S, Alfonso A A, Hanson M R. 2002. A pentatricopeptide repeat-containing gene restores fertility to cytoplasmic male-sterile plants. Proceedings of the National Academy of Sciences of the United States of America, 99(16): 10887-10892.

Bett K E, Lydiate D J. 2004. Mapping and genetic characterization of loci controlling the restoration of male fertility in Ogura CMS radish. Molecular Breeding, 13(2): 125-133.

Beversdorf W D, Erickson L R, Grant I. 1984. Hybridization process utilizing a combination of cytoplasmic male sterility and herbicide tolerance. US, US4517763.

Beversdorf W D, Weisslerman J, Erickson L R, et al. 1980. Transfer of cytoplasmically-inherited triazine resistance from bird's rape to cultivated oilseed rape (*Brassica campestris* and *B. napus*). Genome, 22(2): 167-172.

Bonhomme S, Budar F, Lancelin D, et al., 1992. Sequence and transcript analysis of the Nco2.5

Ogura-specific fragment correlated with cytoplasmic male sterility in *Brassica cybrids*. Molecular & General Genetics : MGG, 235(2-3): 340-348.

Bonnet A．1975. Introduction and utilization of a cytoplasmic male sterility in early European varieties of radish, *Raphanus sativus* L. Annales De Lamelioration Des Plantes, (25): 381-397.

Brown G G, Formanová N, Jim H, et al. 2003. The radish Rfo restorer gene of Ogura cytoplasmic male sterility encodes a protein with multiple pentatricopeptide repeats. Plant Journal, 35(2): 262-272.

Budar F, Fujii S. 2012. Cytonuclear adaptation in plants. Advances in Botanical Research, 63: 99-126.

Budar F, Touzet P, De Paepe R. 2003. The nucleo-mitochondrial conflict in cytoplasmic male sterilities revisited. Genetica, 117: 3-16.

Chang F, Wang Y, Wang S, et al. 2011a. Molecular control of microsporogenesis in *Arabidopsis*. Current Opinion in Plant Biology, 14(1): 66-73.

Chang S, Yang T, Du T, et al. 2011b. Mitochondrial genome sequencing helps show the evolutionary mechanism of mitochondrial genome formation in Brassica. BMC Genomics, 12(1): 497.

Charne D G, Grant I, Kraling K, et al. 2002. Oilseed *Brassica* containing an improved fertility restorer gene for ogura cytoplasmic male sterility. US, US6392127.

Chase C D. 2007. Cytoplasmic male sterility: a window to the world of plant mitochondrial-nuclear interactions. Trends in Genetics, 23(2): 81-90.

Chen J, Guan R, Chang S, et al. 2011. Substoichiometrically different mitotypes coexist in mitochondrial genomes of *Brassica napus* L. PLoS ONE, 6(3): 17662-17670.

Chen L T, Liu Y G. 2014. Male sterility and fertility restoration in crops. Annual Review of Plant Biology, 65: 579-606.

Chuong P V, Beversdorf W D. 1988. Somatic transfer of cytoplasmic traits in *Brassica napus* L. by haploid protoplast fusion. Molecular & General Genetics Mgg, 211(2): 197-201.

Delourme R, Bouchereau A, Hubert N, et al. 1994. Identification of RAPD markers linked to a fertility restorer gene for the *Ogura* radish cytoplasmic male sterility of rapeseed(*Brassica napus* L.). Theoretical and Applied Genetics, 88(6-7): 741-748.

Delourme R, Eber F. 1992. Linkage between an isozyme marker and a restorer gene in radish cytoplasmic male sterility of rapeseed (*Brassica napus* L.). Theor Appl Genet, 85(2-3): 222-228.

Delourme R, Foisset N, Horvais R, et al. 1998. Characterisation of the radish introgression carrying the rfo restorer gene for the Ogu-INRA cytoplasmic male sterility in rapeseed (*Brassica napus* L.). Theoretical & Applied Genetics, 97(1-2), 129-134.

Deng Y, Zou W, Li G, et al. 2014. TRANSLOCASE OF THE INNER MEMBRANE9 and 10 are essential for maintaining mitochondrial function during early embryo cell and endosperm free nucleus divisions in arabidopsis. Plant Physiology, 166(2): 853-868.

Desloire S, Ghebi H W, Marhadour S, et al. 2003. Identification of the fertility restoration locus, Rfo, in radish, as a member of the pentatricopeptide-repeat protein family. EMBO Reports, 4(6): 588-594.

Dong X, Kim W K, Lim Y P, et al. 2013. Ogura-CMS in Chinese cabbage (*Brassica rapa* ssp. *pekinensis*) causes delayed expression of many nuclear genes. Plant Science, 199-200(2):7-17.

Ducos E, Touzet P, Boutry M. 2001. The male sterile G cytoplasm of wild beet displays modified mitochondrial respiratory complexes. Plant Journal, 26(2): 171-180.

Dun X, Zhou Z, Xia S, et al. 2011. BnaC. Tic40, a plastid inner membrane translocon originating from *Brassica oleracea*, is essential for tapetal function and microspore development in *Brassica napus*. Plant J, 68(3): 532-545.

Duroc Y, Gaillard C, Hiard S, et al. 2005.Biochemical and functional characterization of ORF138, a mitochondrial protein responsible for Ogura cytoplasmic male sterility in Brassiceae. Biochimie, 87(12): 1089-1100.

Erickson L, Grant I, Beversdorf W. 1986. Cytoplasmic male sterility in rapeseed (*Brassica napus* L.). Theoretical & Applied Genetics, 72(2): 145-150.

Eshed Y, Zamir D. 1995. An introgression line population of *Lycopersicon pennellii* in the cultivated tomato enables the identification and fine mapping of yield-associated QTL. Genetics , 141 (3) : 1147-1162.

Fan Z G, Stefansson B R. 1986. Influence of temperature on sterility of two cytoplasmic male-sterility systems in rape (*Brassica napus* L.). Canadian Journal of Plant Science, 66(2): 221-227.

Fang G H, McVetty P B E. 1987. Inheritance of male fertility restoration for the Polima CMS system in *Brassica napus* L., Proc. 7th Int. Rapeseed Cong (Poznan, Poland), 1: 73-78.

Feng X, Kaur A P, Mackenzie S A, et al. 2009. Substoichiometric shifting in the fertility reversion of cytoplasmic male sterile pearl millet. Theoretical & Applied Genetics, 118(7):1361-1370.

Forde B G, Oliver R J, Leaver C J. 1978. Variation in mitochondrial translation products associated with male-sterile cytoplasms in maize. Proceedings of the National Academy of Sciences of the United States of America, 75(8): 3841-3845.

Formanová N, Li X Q, Ferrie A M. 2006. Towards positional cloning in *Brassica napus*: generation and analysis of doubled haploid *B. rapa* possessing the *B. napus* pol CMS and *Rfp* nuclear restorer gene. Plant Molecular Biology, 61(1-2), 269-281.

Fu T D, Yang G S, Yang X N. 1990. Studies on "three-line" Polima cytoplasmic male sterility developed in *Brassica napus* L. Plant Breed, 104: 115-120.

Fujii S, Kazama T, Yamada M, et al. 2010. Discovery of global genomic re-organization based on comparison of two newly sequenced rice mitochondrial genomes with cytoplasmic male sterility-related genes. Bmc Genomics, 11(1): 209-212.

Gaborieau L, Brown G. 2016. Additional file 1: Table S1. of Comparative genomic analysis of the compound *Brassica napus* Rf locus. BMC Genomics, 17: 834.

Guo J X, Liu Y G. 2012. Molecular control of male reproductive development and pollen fertility in rice. Journal of Integrative Plant Biology, 54(12): 967-978.

Handa H. 2003. The complete nucleotide sequence and RNA editing content of the mitochondrial genome of rapeseed(*Brassica napus* L.): comparative analysis of the mitochondrial genomes of rapeseed and Arabidopsis thaliana. Nucleic Acids Research, 31(20): 5907-5916.

Hanson M R, Bentolila S. 2004. Interactions of mitochondrial and nuclear genes that affect male gametophyte development. Plant Cell, 16: 154-169.

Heng S P, Wei C, Jing B, et al. 2014. Comparative analysis of mitochondrial genomes between the *hau* cytoplasmic male sterility (CMS) line and its iso-nuclear maintainer line in *Brassica juncea* to reveal the origin of the CMS-associated gene *orf288*. BMC Genomics, 15: 322-334.

Hinata K. 1979. Studies on a male sterile strain having the *Brassica campestris* nucleus and the *Diplotaxis muralis* cytoplasm. I on the breeding procedure and some characteristics of the male sterile strain. Japanese Journal of Breeding, 29(4): 305-311.

Humaydan H S, Williams P H. 1976. Inheritance of seven characters in *Raphanus sativus* L. Hort Science, 11: 146-147.

Iwabuchi M, Koizuka N, Fujimoto H, et al. 1999. Identification and expression of the kosena radish(*Raphanus sativus* cv. Kosena)homologue of the ogura radish CMS-associated gene, *orf138*. Plant Mol Biol, 39(1): 183-188.

Jack T. 2004. Molecular and genetic mechanisms of floral control. Plant Cell, 16: 1-17.

Janeja H S, Banga S S, Lakshmikumaran M. 2003. Identification of AFLP markers linked to fertility restorer genes for tournefortii cytoplasmic male-sterility system in *Brassica napus*. Theoretical & Applied Genetics, 107(1): 148-154.

Jean M, Brown G G, Landry B S. 1997. Genetic mapping of nuclear fertility restorer genes for the 'Polima' cytoplasmic male sterility in canola(*Brassica napus* L.)using DNA markers. TAG Theoretical and Applied Genetics, 95(3): 321-328.

Kao H R, Abney J R, Verkman A S. 1993. Determinants of the translational mobility of a small solute in cell cytoplasm. Journal of Cell Biology, 120(1): 175-177.

Kaul M. L. H. 1988. Male sterility in higher plants. Monographs on Theoretical and Applied Genetics, 10: 1-1005.

Kirti P, Banga S, Prakash S, et al. 1995. Transfer of *Ogu* cytoplasmic male sterility to *Brassica juncea* and improvement of the male sterile line through somatic cell fusion. Theoretical and Applied Genetics, 91(3): 517-521.

Kirti P B, Mohapatra T, Baldev A, et al. 1995. A stable cytoplasmic male-sterile line of *Brassica juncea* carrying restructured organelle genomes from the somatic hybrid *Trachystoma ballii* + *B. juncea*. Plant Breeding, 114(5): 434-438.

Koizuka N, Imai R, Fujimoto H, et al. 2003. Genetic characterization of a pentatricopeptide repeat protein gene, *orf687*, that restores fertility in the cytoplasmic male-sterile Kosena radish. Plant Journal, 34(4): 407-415.

Koizuka N, Imai R, Iwabuchi M, et al. 2000. Genetic analysis of fertility restoration and accumulation of ORF125 mitochondrial protein in the Kosena radish(*Raphanus sativus*. L. cv. Kosena)and a *Brassica napus* restorer line. Theor Appl Genet, 100: 949-955.

Krizek B A, Fletcher J C. 2005. Molecular mechanisms of flower development: An armchair guide. Nature Reviews Genetics, 6(9): 688-698.

Larkan N J, Lydiate D J, Parkin I A P, et al. 2013. The *Brassica napus* blackleg resistance gene *LepR3* encodes a receptor-like protein triggered by the *Leptosphaeria maculans* effector AVRLM1. New Phytologist, 197(2): 595-605.

L'Homme Y, Stahl R J, Li X Q, et al. 1997. *Brassica nap* cytoplasmic male sterility is associated with expression of a mtDNA region containing a chimeric gene similar to the pol CMS-associated *orf 224* gene. Current Genetics, 31(4): 325-335.

Lee J L, Kwon B S, Chae Y A. 1980. Studies on the heterosis breeding in rapeseed using cytoplasmic genic male sterility: the effects of improved domestic lines as pollen parents for fertility restoration, maintenance of MS lines and the heterosis expression in economic characters in F_1's. Korean Journal of Crop Science, 25(4): 73-80.

Lee Y-P, Cho Y, Kim S. 2014. A high-resolution linkage map of the *Rfd1*, a restorer-of-fertility locus for cytoplasmic male sterility in radish (*Raphanus sativus* L.) produced by a combination of bulked segregant analysis and RNA-Seq. Theoretical and Applied Genetics, 127(10): 2243-2252.

Levings C S, Pring D R. 1976. Restriction endonuclease analysis of mitochondrial DNA from normal and texas cytoplasmic male-sterile maize. Science, 193(4248): 158-160.

Li S P, Chen L, Zhang L, et al. 2015. *BnaC9. SMG7b* functions as a positive regulator of the number of seeds per silique in *Brassica napus* by regulating the formation of functional female gametophytes. Plant Physiology, 169(4): 2744-2760.

Li X Q, Jean M, Landry B S, et al. 1998. Restorer genes for different forms of *Brassica* cytoplasmic male sterility map to a single nuclear locus that modifies transcripts of several mitochondrial genes. Proceedings of the National Academy of Sciences of the United States of America, 95(17): 10032-10037.

Lilly J W, Havey M J. 2001. Small, repetitive DNAs contribute significantly to the expanded mitochondrial genome of cucumber. Genetics, 159(1): 317-328.

Linke B, Borner T. 2005. Mitochondrial effects on flower and pollen development. Mitochondrion, 5(6): 389-402.

Linke B, Nothnagel T, Borner T. 2003. Flower development in carrot CMS plants: mitochondria affect the expression of *MADS box* genes homologous to GLOBOSA and DEFICIENS. Plant J, 34(1): 27-37.

Liu J, Xiang R, Wang W, et al. 2015. Cytological and molecular analysis of Nsa CMS in *Brassica napus* L. Euphytica, 206(2): 279-286.

Liu Z, Dong F M, Wang X. 2016b. A pentatricopeptide repeat protein restores nap cytoplasmic male sterility in *Brassica napus*. Journal of Experimental Botany, (68): 4115-4123.

Liu Z, Liu P, Long F, et al. 2012. Fine mapping and candidate gene analysis of the nuclear restorer gene *Rfp* for pol CMS in rapeseed(*Brassica napus* L.). Theoretical and Applied Genetics, 125(4): 773-779.

Liu Z, Yang H Z, Wang X, et al. 2016a. A mitochondria-targeted ppr protein restores pol cytoplasmic male sterility by reducing *orf224* transcript levels in oilseed rape. Mol Plant, 9(7): 1082-1084.

Luo D, Xu H, Liu Z, et al. 2013. A detrimental mitochondrial-nuclear interaction causes cytoplasmic male sterility in rice. Nature Genetics, 45(5): 573-157.

Makaroff C A, Apel I J. 1989. The *atp6* coding region has been disrupted and a novel reading frame generated in the mitochondrial genome of cytoplasmic male-sterile radish. Journal of Biological Chemistry, 264(20), 11706-11713.

Maltais B, Bouchard C J. 1978. Une moutarde des oiseaux (*Brassica rapa* L.) resistante a l'atrazine. Phytoprotection, 2(5): 345-346

Mathias R. 1985. A new dominant gene of male sterility in rapeseed (*Brassica napus* L.). Journal of Plant Breeding, 94: 170-173.

Mayr E. 1986. Joseph Gottlieb Kolreuter's Contributions to Biology. Osiris, 2: 135-176.

Menassa R, L'Homme Y, Brown G G. 1999. Post-transcriptional and developmental regulation of a CMS-associated mitochondrial gene region by a nuclear restorer gene. The Plant Journal: For Cell and Molecular Biology, 17(5): 491-499.

Morgan A, Maliga P. 1987. Rapid chloroplast segregation and recombination of mitochondrial DNA in *Brassica* cybrids. Molecular & General Genetics Mgg, 209(2): 240-246.

Murai K, Takumi S, Koga H, et al. 2002. Homeotic transformation of stamens into pistil-like structures, caused by nuclear-cytoplasm interaction in wheat. Plant J, 29(2): 169-181.

Narain A, Prakash S. 1972. Investigations on the artificial synthesis of amphidiploids of *Brassica tournefortii*, Gouan with the other elementary species of *Brassica*. L. genomic relationships. Genetica, 43(1): 90-97.

Ogura H. 1968. Studies on the new male-sterility in Japanese radish, with special reference to the utilization of this sterility towards the practical raising of hybrid seeds. Mem Fac Agric Kagoshima Univ, 6: 39-78.

Pearson O H. 1972. Cytoplasmically inherited male sterility characters and flavor components from the species cross *Brassica nigra* (L.) Koch. × *Brassica oleracea*. Amer Soc Hort Sci J, 97(3) 397-402.

Pellan-Delourme R, Renard M. 2010. Identification of maintainer genes in *Brassica napus* L. for the male-sterility-inducing cytoplasm of *Diplotaxis muralis* L. Plant Breeding, 99(2): 89-97.

Pelletier G, Primard C, Vedel F, et al. 1983. Intergeneric cytoplasmic hybridization in cruciferae by protoplast fusion [*Brassica napus*, *Brassica campestris*, *Raphanus sativus*]. *In*: 6 Congres international sur le colza, Paris (France), May 1983: 17-19.

Pradhan A K, Mukhopadhyay A, Pental D. 1991. Identification of the putative cytoplasmic donor of a CMS system in *Brassica juncea*. Plant Breeding, 106(3): 204-208.

Prakash S, Chopra V L. 1990. Male sterility caused by cytoplasm of *Brassica oxyrrhina* in *B. campestris* and *B. juncea*. Theoretical & Applied Genetics, 79(2): 285-287.

Primard-Brisset C, Delourme R, Poupard J P, et al. 2012. Method of producing double low restorer lines of *Brassica napus* having a good agronomic value. US, US 8097776 B2.

Primard-Brisset C, Poupard J P, Horvais R, et al. 2005.A new recombined double low restorer line for the *Ogu*-INRA cms in rapeseed (*Brassica napus* L.). Theoretical & Applied Genetics, 111(4): 736-746.

Ramsay L D, Jennings D E, Kearsey M J, et al. 1996. The construction of a substitution library of recombinant backcross lines in *Brassica oleracea* for the precision mapping of quantitative trait loci. Genome, 39(3): 558-567.

Rao V U M, Singh D, Singh R. 1994. Actual evapotrans-piration in Indian mustard (*Brassica juncea*) and green gram (*Phaseoulus radiatus*). Indian Journal of Agricultural Sciences, 64(9), 650-652.

Rathbun H B, Hedgcoth C. 1991. A chimeric open reading frame in the 5′ flanking region of *coxI* mitochondrial DNA from cytoplasmic male-sterile wheat. Plant Molecular Biology, 16(5): 909-912.

Röbbelen S, Downey R K, Ashri A. 1989. Oilcrops of the world: their breeding and utilization. Quarterly Review of Biology, 34, 349-360.

Rousselle P, Bartkowiakbroda I, Dosba F. 1979b. Interspecific crosses in the genus *Brassica* with the aim of producing cytoplasmic male sterility in swede rape. Annales De Lamelioration Des Plantes, 34-36.

Rousselle P, Renard M. 1982. Value of the cultivar Bronowski in producing cytoplasmically male sterile plants in swede rape (*Brassica napus* L.). Agronomie, 2(10): 951-955.

Rousselle P, Marrewijk N P A V, Toxopeus H. 1979a. Study of a cytoplasmic male sterility after interspecific crosses between *Brassica napus* and *Raphanus sativus*. Proc. of a EUCARPIA-conference on breeding of eruciferous. Wageningen: 100-101.

Shiga T. 1976. Cytoplasmic male sterility and its utilization for heterosis breeding in rapeseed, *Brassica napus* L. Jarq, 10: 177-118.

Shiga T, Baba S. 1971. Cytoplasmic male sterility in rape plants(*Brassica napus* L.). Japanese Journal of Breeding, 21(1): 16-17.

Shiga T, Takayanagi K, Ohkawa Y. 1976. Fertility restoration of European rapeseed cultivars to cytoplasmic male sterility. Euearpia Crueiferae Newsletter, 12-15.

Shiga, T. 1977. Crop breeding and its theory and application, 3: heterosis breeding of rape (2). [Japanese]. Journal of Agricultural Science, 4: 44-46

Singh M, Brown G G. 1991. Suppression of cytoplasmic male sterility by nuclear genes alters expression of a novel mitochondrial gene region. The Plant Cell, 3(12): 1349-1362.

Singh M, Brown G G. 1993. Characterization of expression of a mitochondrial gene region associated with the *Brassica* "Polima" CMS: developmental influences. Current Genetics, 24(4): 316-322.

Stiewe G, Robbelen G. 1994. Establishing cytoplasmic male sterility in *Brassica napus* by mitochondrial recombination with *B. tournefortii*. Plant Breeding 113(4): 294-304.

Szasz A, Landgren M, Fahleson J, Glimelius K, et al. 1991. Characterization and transfer of the cytoplasmic male sterile Anand cytoplasm from *Brassica juncea* to *Brassica napus* via protoplast fusion. Physiol Plant, (82): A29.

Tanaka Y, Tsuda M, Yasumoto K, et al. 2012. A complete mitochondrial genome sequence of Ogura-type male-sterile cytoplasm and its comparative analysis with that of normal cytoplasm in radish (*Raphanus sativus* L.). BMC Genomics, 13(1): 352.

Teixeira R T, Farbos I, Glimelius K. 2005. Expression levels of meristem identity and homeotic genes are modified by nuclear-mitochondrial interactions in alloplasmic male-sterile lines of *Brassica napus*. Plant J, 42(5): 731-742.

Thompson K. 1972. Cytoplasmic male-sterility in oil-seed rape. Heredity, 72: 253-259.

Tong J P, Liu X J, Zhang S Y, et al. 2007.Identification, genetic characterization, GA response and molecular mapping of *Sdt97*: a dominant mutant gene conferring semi-dwarfism in rice (*Oryza sativa* L.). Genetics Research, 89(4): 221-230.

Uyttewaal M, Arnal N, Quadrado M, et al. 2008. Characterization of *Raphanus sativus* pentatricopeptide repeat proteins encoded by the fertility restorer locus for ogura cytoplasmic male sterility. Plant Cell, 20(12): 3331-3345.

Vedel F, Pla M, Vitart V, et al. 1994. Molecular basis of nuclear and cytoplasmic male sterility in higher plants. Elsevier: Paris France, 32: 601-618.

Wang J X, Yang G S, Fu T D, et al. 2000. Development of PCR-based markers linked to the fertility restorer gene for the polima cytoplasmic male sterility in rapeseed(*Brassica napus* L.). Acta Genetica Sinica, 27(11): 1012-1016.

Warmke H E, Lee S L. 1978. Pollen abortion in T cytoplasmic male-sterile corn (*zea mays*): a suggested mechanism. Science, 200(4341), 561-563.

Yamagishi H, Bhat S R. 2014. Cytoplasmic male sterility in Brassicaceae crops. Breeding Science, 64(1): 38-47.

Yi B, Zeng F Q, Lei S L, et al. 2010. Two duplicate *CYP704B1* homologous genes *BnMs1* and *BnMs2* are required for pollen exine formation and tapetal development in *Brassica napus*. Plant J, 63: 925-938.

Zeng F Q, Yi B, Tu J X, et al. 2009. Identification of AFLP and SCAR markers linked to the male fertility restorer gene of *pol* CMS (*Brassica napus* L.). Euphytica, 165: 363-369.

Zhang B, Liu C, Wang Y Q, et al. 2015. Disruption of a *CAROTENOID CLEAVAGE DIOXYGENASE 4* gene converts flower colour from white to yellow in *Brassica* species. New Phytologist, 206(4): 1513-1526.

Zhang H, Wu J, Dai Z, Qin M. 2016. Allelism analysis of *BrRfp* locus in different restorer lines and map-based cloning of a fertility restorer gene, *BrBfp1*, for pol CMS in Chinese cabbage (*Brassica rapa* L.). Theoretical & Applied Genetics, 130(3), 539-547.

Zhao H, Li Z, Hu S, et al. 2010. Identification of cytoplasm types in rapeseed (*Brassica napus* L.) accessions by a multiplex PCR assay. Theoretical and Applied Genetics, 121(4): 643-650.

Zhao Z Q, Liu P W, Yang G S. 2008. Identification of AFLP and SCAR markers linked to the fertility restorer gene for the 'Polima' CMS in *Brassica napus*. Genes Genom, 30: 191-196.

Zubko M K. 2004. Mitochondrial tuning fork in nuclear homeotic functions. Trends in Plant Science, 9(2): 61-64.

第五章　油菜自交不亲和性生物学

马朝芝　杨　永　华中农业大学

第一节　植物自交不亲和性概述

一、植物自交不亲和性

自交不亲和性（self-incompatibility，SI）是指植株能产生功能正常的雌蕊和雄蕊，但自交或授同种基因型的花粉不能结籽或结籽很少的现象（Nettancourt，2001）。在自然界中，自交不亲和性广泛存在于十字花科、茄科、蔷薇科、罂粟科、豆科、菊科等植物。据估计，有 3000 种以上的植物自交不亲和，有一半以上的被子植物物种表现自交不亲和性（East，1940）。Brewbaker（1959）证实至少 71 科 250 属中存在自交不亲和性。Bateman（1955）曾对被子植物自交不亲和性进行了统计，在被调查的 182 个十字花科物种中，80 个物种为自交不亲和。在芸薹属 6 个物种中，3 个基本种白菜（*Brassica rapa*，AA，$2n=20$）、甘蓝（*Brassica oleracea*，CC，$2n=18$）和黑芥（*Brassica nigra*，BB，$2n=16$）自交不亲和，3 个复合种甘蓝型油菜（*Brassica napus*，AACC，$2n=38$）、芥菜型油菜（*Brassica juncea*，AABB，$2n=36$）和埃塞俄比亚芥（*Brassica carinata*，BBCC，$2n=34$）自交亲和。

二、植物自交不亲和性分类

根据花器形态，自交不亲和性分为异型自交不亲和（heteromorphic self-incompatibility）与同型自交不亲和（homomorphic self-incompatibility）（Nettancourt，2001）。异型自交不亲和物种，植株花的形态与花器大小等存在不同程度的差异，常见于报春花（樱草属 *Primula*）、黑荞麦（荞麦属 *Fagophyrum*）和杨桃（杨桃属 *Averrhoa*）等物种。以报春花为例，材料 *pin* 具有长的雌蕊和短的雄蕊，而材料 *thrum* 具有短的雌蕊和长的雄蕊，花形态差异明显（图 5-1）。当两种形态不一样的花相互杂交时，正常结籽；而同一朵花自交或相同类型的花之间杂交时，不能正常结籽。同型自交不亲和物种，植株花器形态与结构一致。

根据遗传特性，同型自交不亲和性可分为配子体自交不亲和（gametophytic self-incompatibility，GSI）和孢子体自交不亲和（sporophytic self-incompatibility，SSI）（Nettancourt，2001）。对于配子体自交不亲和，植株花粉（配子体）自交不亲和基因型（S 基因型）决定其表现型（图 5-2A）。当花粉 S 基因型与雌蕊的某一个 S 基因型相同时，花粉管生长受到抑制，表现为自交不亲和；当花粉 S 基因型与雌蕊的 S 基因型不相同时，

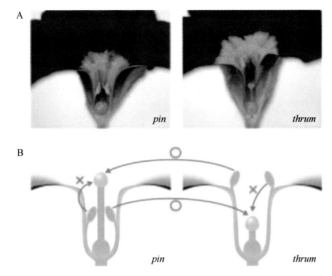

图 5-1　报春花的异型自交不亲和花器形态及授粉模式图（Watanabe et al.，2012）

A. 报春花的花器形态，材料 *pin* 具有长的雌蕊和短的雄蕊，材料 *thrum* 具有短的雌蕊和长的雄蕊；B. 报春花的授粉模式，同一朵花自交或相同类型的花之间杂交时发生不亲和反应，不能正常结籽，而杂交能正常结籽

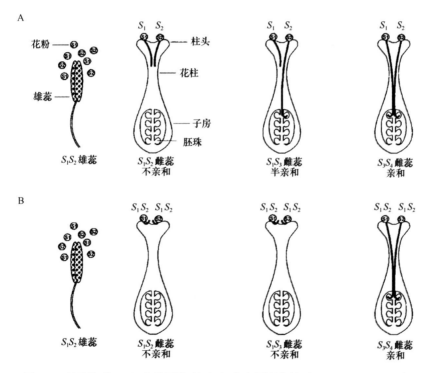

图 5-2　配子体型（A）和孢子体型（B）自交不亲和性（Nettancourt，2001）

花粉管正常生长，表现为自交亲和。S_1S_2 基因型花药产生 S_1 花粉和 S_2 花粉，都被 S_1S_2 雌蕊拒绝，表现为自交不亲和；S_1S_3 雌蕊与 S_1 花粉不亲和而与 S_2 花粉亲和；S_1 花粉和 S_2 花粉落在 S_3S_4 雌蕊上，均表现为亲和。茄科（Solanaceae）、车前科（Plantaginaceae）、蔷薇科（Rosaceae）和罂粟科（Papaveraceae）等物种的配子体型自交不亲和性得到了大

量研究。孢子体自交不亲和性是指花粉的表型取决于产生花粉的植株或母本（孢子体）基因型，与花粉的基因型无关（图 5-2B）。当产生花粉植株的 S 基因型与雌蕊 S 基因型相同时，花粉管生长受到抑制，表现为自交不亲和；当产生花粉植株的 S 基因型与雌蕊 S 基因型不是同一 S 等位基因时，花粉管正常生长，表现为自交亲和。S_1S_2 花药产生的花粉在 S_1S_2 雌蕊上表现为自交不亲和，在 S_1S_3 雌蕊上也表现为自交不亲和；但在 S_3S_4 雌蕊上，S_1S_2 花药产生的花粉表现为自交亲和。孢子体型自交不亲和性研究主要集中在十字花科（Brassicaceae）。

第二节　芸薹属自交不亲和性

在芸薹属三个自交不亲和物种中，白菜和甘蓝作为蔬菜在全世界得到广泛种植，因而其自交不亲和性受到充分重视和研究，而黑芥自交不亲和性研究仅仅限于资源收集和调查等方面。

一、遗传特点

白菜和甘蓝等十字花科植物自交不亲和性研究从遗传分析开始。1920 年，Stout 首次对十字花科自交不亲和性进行了研究报道。20 世纪 50 年代，Bateman 通过在屈曲花（*Iberis amara*）、芥菜（*Brassica juncea*）、芸薹（*Brassica campestris*）、萝卜（*Raphanus sativus*）等中的大量遗传分析实验，提出了自交不亲和性受单位点（S-locus）复等位基因（S_1、S_2、…、S_n）控制的遗传模式（Bateman，1952，1954，1955）。该遗传模式在十字花科碎米荠（*Cardamine hirsuta*）、荠菜（*Capsella bursa-pastoris*）、野萝卜（*Raphanus raphanistrum*）和甘蓝（*Brassica oleracea*）中得到验证（Bateman，1955；Sampson，1957，1974；Thompson，1957）。十字花科其他物种如琴叶拟南芥 *Arabidopsis lyrata*（Bechsgaard et al.，2004；Charlesworth et al.，2003；Mable et al.，2003；Kusaba et al.，2001；Schierup et al.，2001）和荠属 *Capsella grandiflora*（Nasrallah et al.，2007）的自交不亲和性也受单位点复等位基因控制。单位点复等位基因遗传模型奠定了芸薹属自交不亲和性研究的首个里程碑。

与此同时，在自交不亲和性状鉴别和繁殖两个方面的研究也取得了进展，极大地促进后续的研究工作。一方面是发展了花粉管荧光显微观察法（visualization of pollen tube growth in pollinated pistils by UV fluorescence microscopy）（Kho and Baër，1968）。摘取授粉 12h 后的子房，经 FAA 或卡诺液固定、8mol/L 氢氧化钠软化，再在 0.1% 苯胺蓝染液中染色、压片，在荧光显微镜下观察，亲和花粉管能穿过柱头进入花柱（图 5-3A），不亲和花粉不萌发，或萌发后花粉管不伸长（图 5-3B）；另一方面是创建了剥蕾授粉法繁殖自交不亲和植株（Nasrallah，1974；Shivanna et al.，1978）。在对自交不亲和反应进行动态观察时发现，早期柱头接受自花花粉，但在开花前 1~2 天花粉即将开裂时，柱头拒绝自花花粉。利用这一特性，剥开未成熟雌蕊花蕾使其柱头外露，再授以同株花粉，就能够结籽（图 5-3C）。

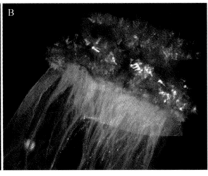

图 5-3　自交不亲和性的鉴定与繁殖方法

A. 苯胺蓝染色观察自交亲和反应，红色箭头指示大量的花粉管穿过柱头；B. 苯胺蓝染色观察自交不亲和反应，没有花粉萌发穿过柱头；C. 剥蕾授粉法繁殖自交不亲和植株，观察到自交不亲和植株结大量种子

　　自交不亲和性一般通过亲和指数（self-compatibility index，SCI）来判定：亲和指数=籽粒数/花朵数。具体做法是：在植株初花期，当主花序上有 3～5 朵花开放时，摘除已开花朵和花序顶端幼蕾，保留一定数目（如 15～20）花蕾，然后用硫酸钠纸袋套住主花序；花开后人工辅助授粉以保证自交；待种子成熟后考察籽粒数，计算亲和指数。用亲和指数法判断植株亲和性，过程长、费时，而且低温等不利于油菜生长的环境条件和植株生理状况会导致植株不能正常结籽，往往被误判为自交不亲和性。花粉管荧光显微观察法在开花期就可以鉴别植株亲和性，与传统的亲和指数法相比，具有过程短、可及时繁殖不亲和单株等优点。有研究发现，授不亲和花粉时能观察到花粉管伸长。例如，拟南芥转基因自交不亲和系 Col-0：SRK-SCR 植株在早花期花粉管不伸长，表现为强自交不亲和，晚花期自交不亲和性消失，自交仍能正常结籽（Nasrallah et al.，2002）。因而，植株的自交不亲和性，最终还是要依据成熟角果结籽情况即亲和指数法来进行判断。

　　采用剥蕾授粉法能够分离、繁殖 S 位点纯合系。两纯系正交、反交，通过花粉管荧光显微方法和亲和指数法，可以判断 S 位点的等位性。若正交、反交均检测到花粉管伸长、角果结籽数多，则两自交不亲和系的 S 位点不同；相反，若正交、反交都观察不到花粉管伸长、角果结籽数很少或无，那么它们具有相同的 S 位点（图 5-4）。通过这种方法已经鉴定到 100 多个 S 位点。根据鉴别时间的先后，依次记为 S_1、S_2、…、S_n。与甘蓝型油菜品种 'Westar' A、C 基因组 S 位点高度同源的 S 位点，分别是白菜 *BrS47* 和甘蓝 *BoS15*。S 位点纯合系可用于鉴别未知的 S 位点，因而又称为 S 位点测验系。由于芸薹属植株属于孢子体自交不亲和，当 F_1 植株基因型杂合时，两个 S 位点间可能存在显隐性，它们的显隐性通常通过授粉试验作出判断。S 位点在柱头和花粉上都展示出复杂的遗传关系（Bateman，1954；Sampson，1974；Thompson and Taylor，1966）。一些等位基因组合在柱头和花粉表现为共显性，而一些等位基因组合则展示出共同减弱或者显隐性关系，形成一种非线性的显隐性关系。除此之外，等位基因间的相互作用在柱头和花粉间还不相同。例如，有些特定的等位基因组合在柱头一侧表现共显性，但在花粉一侧却是显隐性关系（Nasrallah，2011）。

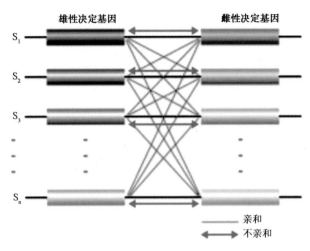

图 5-4 S 位点模式图（Watanabe et al., 2012）

二、细胞学反应

孢子体自交不亲和与配子体自交不亲和反应差异明显。孢子体自交不亲和反应发生在柱头表面，花粉和柱头在柱头乳突细胞进行特异性识别，导致花粉受到抑制、花粉管不能伸长；而配子体自交不亲和反应往往发生在花柱中，花粉管能伸长，但是发生细胞程序性死亡（图 5-5）（Fujii et al., 2016）。

十字花科植物柱头属于干燥型（Heslopharrison, 1975），柱头表皮细胞是一层乳状突起，称之为柱头乳突细胞。在柱头乳突细胞内，可以识别"自我"和"外来"花粉。当"外来"花粉落到柱头上，花粉从柱头乳突细胞获得水分，进行水解并萌发，花粉管伸长，穿透柱头乳突细胞壁进入花柱，最终到达胚囊与卵细胞完成受精结合。当"自我"花粉落到成熟柱头后，发生特异性识别反应，花粉不能够水解和萌发，或者萌发后的花粉管不能穿透柱头乳突细胞壁，使得精细胞不能输送到胚囊里，从而不能形成合子，最终表现为无或很少种子。

胼胝质沉积柱头表面，不是自交不亲和反应的必然现象。Dickinson（1995）通过细胞学显微观察发现，在发生不亲和反应的柱头乳突细胞中有胼胝质沉积。后来 Sulaman 等（1997）将胼胝质降解酶基因转入到甘蓝型油菜的柱头乳突细胞中，发现自交不亲和反应并未因为胼胝质的降解受到影响。不亲和反应柱头乳突细胞液泡结构发生变化，肌动蛋白纤维发生重组和解聚，在亲和反应中，液泡向花粉和柱头接触位点移动，肌动蛋白出现聚合（Iwano et al., 2007）。

三、首个 S 位点基因 *SLG*

S 位点糖蛋白（S-locus glycoprotein, SLG）基因是第一个被发现的 S 位点基因。20 世纪 60 年代，Nasrallah 和 Wallace（1967）将自交不亲和研究对象从花粉转向柱头，通过生物免疫化学的方法发现，甘蓝柱头乳突细胞中主要的蛋白质是一种碱性糖蛋白，与

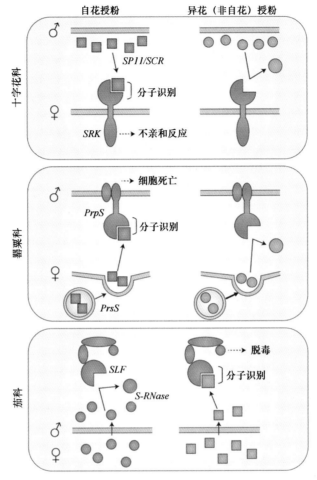

图 5-5　三个自交不亲和植物家族的自我/非自我识别模式（Fujii et al.，2016）

十字花科，雌雄决定基因分别为 *SRK*、*SP11/SCR*；罂粟科，雌雄决定基因分别为 *PrpS*、*PrsS*；茄科，雌雄决定基因分别为 *SLF*、*S-RNase*

S 位点特异性紧密连锁，将其命名为 S 位点特异性糖蛋白（S-locus specific glycoprotein，SLSG）。Nishio 和 Hinata（1977，1978）通过等电聚焦电泳（isoelectric focusing electrophoresis，IEF）在白菜柱头中也发现了与 S 位点特异性相关的蛋白质，在成熟柱头中高表达。接着，Nasrallah 等（1985）首次从甘蓝中克隆到 *SLG* 基因的 cDNA。Takayama 等（1987）在白菜中测定了 SLG 蛋白的氨基酸序列。不同 S 位点特异性 SLG 氨基酸序列总长为 436 个氨基酸，N 端 31 个氨基酸残基构成信号肽，其余的 405 个氨基酸形成功能蛋白，C 端 12 个保守的半胱氨酸与一些可变区位于蛋白质的中间部分和 C 端区。核酸序列比对发现，*SLG* 有 3 个高度变异区域，其他区域都高度保守，这些高变区域与 S 等位基因的多态性、花粉识别基因的互作相关（Kishi-Nishizawa et al.，1990；Nasrallah et al.，1985；Takayama et al.，1987）。S 位点糖蛋白基因在柱头乳突细胞壁上特异性高表达（Kandasamy et al.，1989）。

SLG 的发现是芸薹属自交不亲和性研究的一个重要突破。*SLG* 具有多态性和表达特

异性，一度被认为是自交不亲和识别的决定基因，但是后续研究证明 *SLG* 不是自交不亲和反应的柱头决定基因。

四、柱头自交不亲和识别基因 *SRK*

SLG 的发现促进了柱头自交不亲和识别基因的研究。20 世纪 80 年代末期，虽然已经成功克隆了 S 位点的 *SLG* 基因，但是人们并不清楚 *SLG* 和自交不亲和特异性识别之间的关系。受限于当时的分子生物学发展水平，研究人员并未找到 *SLG* 的同源基因。玉米 *ZmPK1* 基因的发现，为芸薹属自交不亲和性研究找到了新的突破口。ZmPK1 是首个被发现的植物类受体蛋白激酶，其胞外受体结构域和 SLG 相似（Walker and Zhang，1990）。与此同时，在甘蓝中发现了两个与 S 位点紧密连锁的基因：*SLG* 和另一个与 S 位点连锁的基因，它们具有 94%的序列相似性（Chen and Nasrallah，1990）。根据玉米和甘蓝两方面的实验证据，研究人员推测可能存在一种与 ZmPK1 类似的受体激酶参与芸薹属自交不亲和性反应，于是就进行了 *SLG* 同源基因的克隆和分析，第二年成功地分离出第二个 S 位点连锁基因，即 S 位点受体激酶（S-locus receptor kinase，SRK）基因，与 *ZmPK1* 序列高度相似（Stein et al.，1991）。*SRK* 基因包含 7 个外显子和 6 个内含子，外显子 1 编码信号肽和胞外 S 结构域，外显子 2 编码跨膜结构域，外显子 3～7 编码胞内激酶结构域。*SRK* 基因在 S 位点间具有高多态性，在柱头乳突细胞中高表达。*SRK* 具有三种选择性转录产物：全长的 *SRK* 受体激酶（Stein et al.，1996），只含有胞外 S 结构域的 *eSRK*（Giranton et al.，2000），跨膜但被截短的 *tSRK*（Shimosato et al.，2007）。

功能缺失和功能获得试验均证明 *SRK* 是自交不亲和反应柱头特异性识别决定因子（Goring et al.，1993；Nasrallah et al.，1994；Takasaki et al.，2000）。Takasaki 等（2000）将白菜显性 S_{28} 的 SRK_{28} 和 SLG_{28} 基因分别或共同导入到隐性纯合 S_{60} 材料中，发现 SRK_{28} 转基因植株的柱头能拒绝来自 S_{28} 的花粉，SLG_{28} 转基因植株不能拒绝来自 S_{28} 的花粉，转入 SRK_{28} 与 SLG_{28} 的植株能拒绝 S_{28} 花粉。Suzuki 等（2000，2003）发现在白菜中一些 S 单倍型缺少 *SLG* 基因，但仍然表现出强的自交不亲和性，进一步说明柱头自交不亲和反应特异性识别决定因子不是 *SLG* 而是 *SRK*。

SRK 的胞外 S 结构域与 *SLG* 具有高度的序列相似性。既然 *SLG* 不决定自交不亲和识别反应，那么一系列问题需要得到解释，比如 *SLG* 为什么会存在于大多数芸薹属/萝卜属（*Brassica/Raphanus*）中、它起什么作用、它与 *SRK* 有什么关系。Nasrallah 等（2007）认为，*SLG* 在芸薹属/萝卜属中大量出现可能是由于进化过程中 *SRK* 基因的部分复制造成的，并在随后的进化中获得了调控元件，导致其蛋白质含量比 *SRK* 高出大约 200 倍。*SLG* 蛋白可能使 *SRK* 蛋白更为稳定，有利于自交不亲和反应发生。在白菜 *scf1* 突变体中，*SLG* 在柱头中的转录水平和蛋白产物水平都大幅降低，*SRK* 的转录处于正常水平，但是却检测不到蛋白产物，因而柱头的自交不亲和性被打破（Dixit et al.，2000；Sato et al.，2002）。此外，于烟草叶片中表达 *SRK* 基因的研究发现，当只转入 *SRK* 基因时，*SRK* 表现出异常的低聚化，影响转录和翻译；而同时转入 *SLG* 和 *SRK* 时，*SRK* 正常转录和

翻译（Dixit et al., 2000）。在甘蓝型油菜'Westar'中，单独转入 SRK_{910} 和共同转入 SRK_{910}-SLG_{910} 时，自交不亲和表型并未受到影响（Silva et al., 2001），但将 SLG_{28} 和 SRK_{28} 同时转入到白菜中，自交不亲和性得到显著增强（Takayama et al., 2000b）。为什么一些 *SRK* 需要 *SLG* 而一些不需要，这个问题尚不明确。在一些缺少 *SLG* 的材料中，定位在细胞壁上的 *eSRK* 可能行使 *SLG* 类似的功能（Giranton et al., 2000）。

五、花粉自交不亲和识别基因 *SCR /SP11*

在发现 *SLG* 和 *SRK* 之后，芸薹属自交不亲和研究人员构建大片段 DNA 插入文库，利用 *SLG* 和 *SRK* 部分序列作探针分离 S 位点相关克隆，并对所得克隆进行大量分析，力求寻找到花粉 S 位点识别基因。花粉特异性识别决定基因必须具有孢子体自交不亲和性，即在花药中表达、具有 S 位点多态性、遗传转化试验能够验证其功能等。从白菜 S_8 单倍型 BAC 文库中分离出具有花粉特异性识别决定因子特性的第一个基因，被命名为 S 位点富含半胱氨酸（S-locus cysteine-rich, *SCR*）基因，含有两个外显子，外显子 1 编码信号肽，外显子 2 编码一个大约 50 个氨基酸的低分子质量蛋白质，其中还有 8 个半胱氨酸残基（Schopfer, 1999）。通过序列比对发现，SCR 具有极高的多态性，仅有少量氨基酸残基是保守的：8 个半胱氨酸残基，$GlyxCys^2$ 基序中的一个甘氨酸残基，$Cys^3xxxTyr/Phe$ 基序中的一个芳香族氨基酸残基。这个基因在花药中特异性表达，转基因试验证实 *SCR* 是自交不亲和花粉特异性识别决定因子（Schopfer, 1999）。1999 年，日本研究者通过对包含一个白菜 S_9 单倍型的基因组克隆测序，分离出一些在花药中表达的基因（Suzuki et al., 1999）。其中，#11 序列与 *SCR* 是一对等位基因，在绒毡层表达，具有较高的多态性，表现出和柱头的特异性识别，被命名为 *SP11*（S pollen #11）（Takayama et al., 2000a）。

花粉自交不亲和识别基因 *SCR/SP11* 的发现，是芸薹属自交不亲和性研究的第二个里程碑。自此，芸薹属自交不亲和性研究进入到解析花粉 SCR 蛋白与柱头 SRK 蛋白识别机制、寻找自交不亲和其他相关基因及揭示下游信号转导机制等新阶段。3D 结构分析表明，虽然 *SCR* 具有极高的序列多态性，但是 *SCR* 基因都具有同样的蛋白总体结构，包含一个与防御素类似的胱氨酸固定的 αβ 折叠，通过 4 个二硫键连接 8 个保守的半胱氨酸残基形成一个疏水核心包埋在内。Cys^3 和 Cys^4、Cys^5 和 Cys^6 之间的区域形成一个表面暴露的环状区，可能包含 SCR 蛋白的特异性识别因子（Chookajorn et al., 2004）。SRK 蛋白的 S 结构域能特异地与 SP11/SCR 蛋白互作，与 SP11/SCR 蛋白特异互作所必需的是 SRK 蛋白的 S 结构域和跨膜结构域。SCR_9-SRK_9 蛋白复合体晶体结构研究揭示，SCR_9 与 $eSRK_9$ 结合形成一个 2∶2 的 SRK 与 SCR 的异四聚体，进而激活下游的信号转导反应（Ma et al., 2016）。

六、S 单倍型及其显隐性

S 位点包含柱头自交不亲和基因 *SRK*、花粉自交不亲和基因 *SP11/SCR* 和 S 位点特异性糖蛋白基因 *SLG*。S 位点基因几乎不发生重组，以一个整体向后代传递，完全符合一对基因控制的经典孟德尔遗传规律,因而 S 位点又称 S 单倍型(S haplotype)(图 5-6)。根据 S 单倍型之间的显隐性关系及自交不亲和基因的序列相似性,S 单倍型可分为 I 类与 II 类。I 类 S 单倍型表现出强自交不亲和性,对 II 类 S 单倍型表现为显性(Nasrallah and Nasrallah,1993)。II 类 S 单倍型种类很少,白菜只有 4 种,甘蓝只有 3 种(Sato et al.,2006)。

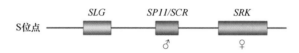

图 5-6　S 位点/S 单倍型构成

SLG,S 位点糖蛋白(S-locus glycoprotein)基因;*SCR*,S 位点富含半胱氨酸基因(S-locus cysteine-rich),花粉自交不亲和识别决定基因;*SRK*,S 位点受体激酶(S-locus receptor kinase)基因,柱头自交不亲和识别决定基因

　　芸薹属植物自交不亲和性建立在 *SRK* 和 *SCR* 特异性识别的基础上,考虑到甘蓝和白菜 S 单倍型如此多、自交不亲和植物的 S 位点大都是杂合等情况,猜测特异性 *SRK/SCR* 必须紧密连锁才能保持自交不亲和识别的特异性。但事实上,S 位点的物理长度在某些材料中达数百 kb(Boyes et al.,1997;Casselman et al.,2000)。S 位点的一些结构特征可能抑制基因重组的发生。首先,不同 S 单倍型基因间的大小变异大,物理距离影响重组。其次,基因的排列与方向也会抑制重组。通过比较不同 S 单倍型结构发现,S 位点基因均处于不同位置,并且其排列方向也没有统一性,*SRK* 和 *SCR* 的基因间隔区存在较大差异(Nasrallah,2000)。此外,研究发现 S 位点还是一个转座陷阱,在长期的进化过程中,可以捕获转座子,从而获得不同的特异性(Shermanbroyles et al.,2007)。S 位点复等位基因超过 100 种,既然 S 位点 *SRK* 和 *SCR* 几乎不发生重组,那么 *SRK* 和 *SCR* 如何共进化以保持 S 位点 *SRK* 和 *SCR* 基因特异性,依然是个谜。

　　S 单倍型间具有复杂的遗传关系。Hatakeyama 和 Al(2001)通过对白菜 S 单倍型的研究发现,柱头中 *SRK* 基因的显隐性关系与花粉中 *SP11/SCR* 基因的显隐性关系不同,*SRK* 基因在柱头中常表现出共显性关系,而 *SP11/SCR* 基因在花粉中常表现出显隐性关系(Hatakeyama and Al,2001)。Hatakeyama 和 Al(2001)发现,在柱头一侧,显隐性关系受到 *SRK* 转录后水平调节,而与 *SRK* 的转录水平无关。但在花粉一侧,显隐性关系则受到 *SCR* 转录水平调节。Shiba 等(2002)对白菜的 I 类 S 单倍型 S_{52} 与 II 类 S 单倍型 S_{60} 进行研究,发现在杂合体 $S_{52}S_{60}$ 中,S_{60} 的 *SP11/SCR* 基因不表达,表明 *SP11/SCR* 基因的显隐性关系在转录水平调控。Kakizaki 等(2003)发现这种转录水平调控的显隐性关系在 II 类 S 单倍型存在着线性关系,即 $BrS_{44}>BrS_{60}>BrS_{40}>BrS_{29}$。Shiba 等(2006)进一步发现,杂合体隐性 *SP11/SCR* 基因不能正常转录是由于其启动子区 DNA 被甲基化修饰,这种修饰随着花药的发育发生在绒毡层,具有时空特异性。显性 S 单倍型产生的小 RNA 能激活隐性 *SP11/SCR* 基因启动子区 DNA 的甲基化,更进一步揭示了 *SP11/SCR* 基因显隐性关系的分子机制(Tarutani et al.,2010)。

　　SP11/SCR、*SRK* 及 *SLG* 基因序列在 S 单倍型间具有多态性。序列比对发现,I 类或 II 类 S 单倍型基因序列同源性高于 I 类与 II 类 S 单倍型,因而可以根据 I 类或 II 类 S

单倍型基因保守序列,发展分子标记区分Ⅰ类 S 单倍型和Ⅱ类 S 单倍型。Brace 等(1994)根据 *SLG* 的保守序列建立了一种准确鉴别甘蓝 S 单倍型的方法,即 PCR-RFLP 或 CAPS 法。Nishio 等(1996)用该法鉴别白菜的 *SLG*,发展了特异扩增Ⅰ类 *SLG* 和Ⅱ类 *SLG* 的引物 PS5+PS15 和 PS3+PS21。CAPS 标记(cleaved amplified polymorphic sequence marker)被广泛地用于白菜和甘蓝 S 单倍型及杂交种种子纯度鉴定(Sakamoto et al.,2000)。*SRK* 和 *SP11/SCR* 分别是雌蕊和雄蕊自交不亲和性的决定基因,在不同的 S 单倍型间较 *SLG* 碱基序列差异大,因此依据这两个基因序列设计引物可能会得到鉴别 S 位点的分子标记。Nishio 等(1997)设计了引物 PK1+PK4 用于扩增甘蓝Ⅰ类 *SRK* 的外显子 2 至外显子 5 的区域,Fukai 等(2003)设计了用于扩增白菜Ⅱ类 *SRK* 的引物 PK7-2II+PK8-2II。引物 PK1+PK4 和引物 PK7-2II+PK8-2II 扩增甘蓝型油菜,有的没有产物,有的没有多态性(Mohring et al.,2005;Zhang et al.,2008a),因而,扩增甘蓝 *SRK* 的引物 PK1+PK4 和扩增白菜Ⅱ类 *SRK* 的引物 PK7-2II+PK8-2II 不能用来鉴别甘蓝型油菜亲和/不亲和性。

七、芸薹属自交不亲和反应信号转导路径

自交不亲和反应过程包括花粉-柱头识别和识别反应信号转导两个重要过程,在明确花粉识别基因 *SCR/SP11* 和柱头识别基因 *SRK* 之后,识别反应信号转导途径成为揭示芸薹属自交不亲和性机制的关键,是芸薹属自交不亲和的研究热点。在花药发育的早期,绒毡层细胞合成 SCR 并转运到花粉外被上(Iwano et al.,2003)。SRK 在柱头中以二聚物的形式存在,它具有一个高附着力的 SCR/SP11 配体结合位点(Shimosato et al.,2007,Giranton et al.,2000)。当花粉落到柱头时,若花粉与柱头 S 单倍型相同,位于花粉外壁的 SCR 蛋白与柱头表皮细胞的 SRK 蛋白发生特异性识别反应,引发 SRK 自体磷酸化,激活柱头乳突细胞内的信号转导通路,迅速阻断花粉的水解、萌发和花粉管的生长(Kachroo et al.,2001;Shimosato et al.,2007;Takayama et al.,2001)。

Bower 等(1996)利用 SRK 激酶结构域筛选自交不亲和甘蓝型油菜'W1'柱头的酵母双杂交 cDNA 文库,分离出两个类硫氧还蛋白 THL1(thioredoxin 1)和 THL2。不论 SRK 的激酶结构域激活与否,THL1 和 THL2 都能够与 SRK 结合,在缺乏自身花粉的情况下可抑制 SRK 活性。当自花花粉落到柱头时,SCR 与 SRK 胞外域发生特异性识别,激活 SRK,于是 THL1 和 THL2 被释放到胞质中,SRK 之间形成寡聚体,参与信号转导过程(Mazzurco et al.,2001)。因而,THL1/THL2 是 SRK 自交不亲和反应的负调控因子。

通过酵母双杂交实验,Gu 等(1998)成功分离出了一个与 *SRK* 相互作用的臂展重复蛋白(armadillo repeat containing protein 1,ARC1)。ARC1 含有一个 U-box 结构域、一个 ARM 重复结构域,在柱头特异性表达,具有 E3 泛素化连接酶活性,是自交不亲和反应的正调控因子(Stone et al.,1999,2003)。将反义 *ARC1* 转入到自交不亲和甘蓝型油菜'W1',转基因植株自交不亲和性被部分打破。此外,在烟草 BY2 细胞体外实验中发现,ARC1 与含有激活的 SRK 一起形成蛋白酶体并被 SRK 磷酸化。由此推测,

当 SRK 在柱头中经过特异性识别后被激活，ARC1 被 SRK 磷酸化，从而启动泛素化作用，降解柱头中自交不亲和抑制物，或者是影响花粉管萌发生长的蛋白质。

Murase 等（2004）利用图位克隆法，从自交亲和白菜'黄籽沙逊'（Yellow Sarson）中克隆得到 M 位点蛋白激酶（the M locus protein kinase，MLPK）基因。这个隐性突变导致柱头完全打破自交不亲和性。*MLPK* 编码一个类受体胞质激酶（the receptor-like cytoplasmic kinase，RLCK），具有丝氨酸/苏氨酸激酶活性。在'黄籽沙逊'的柱头乳突细胞中瞬时表达 MLPK 能有效恢复自交不亲和反应。由于存在选择性转录起始位点，芸薹属 *MLPK* 及其拟南芥同源基因都存在两种不同转录产物。两种形式的蛋白质 N 端都含有一个疏水结构域或者豆蔻酰化作用，被定位在细胞质膜上。*MLPK* 的膜定位功能对自交不亲和反应极为重要，它能促进其自身与跨膜蛋白 SRK 的相互作用。在胞外实验中，激活的 SRK 激酶结构域能够将 MLPK 磷酸化，进一步证明了 MLPK 和 SRK 共同作用促进自交不亲和反应（Kakita et al.，2007）。

为了进一步寻找 ARC1 的作用底物，Samuel 等（2009）利用 ARC1 的 N 端筛选甘蓝型油菜柱头的酵母双杂交 cDNA 文库，发现了 *Exo70A1*。拉下实验（pull-down assay）、蛋白质体外结合实验（binding assay *in vitro*）和体外泛素化分析实验结果都表明 *Exo70A1* 与 *ARC1* 发生相互作用。在烟草 BY2 细胞中瞬时表达激活的 SRK 激酶结构域、ARC1 和 Exo70A1，发现 SRK 能促使 ARC1 与 Exo70A1 定位到内质网相关的蛋白质酶体中，推测 ARC1 可能通过泛素化作用降解 Exo70A1，促进自交不亲和反应。

受体激酶的激酶结构域通常能够与大量细胞内的蛋白质发生相互作用，从而激活胞内信号转导通路和调控受体信号（Pawson，2002）。因此，研究人员利用这个特性，筛选和鉴别得到与 SRK 激酶结构域相互作用的激酶相关蛋白磷酸酶（kinase-associated protein phosphatase，KAPP）、排序连接蛋白（sorting nexin）、钙调蛋白（calmodulin）（Vanoosthuyse and Cock，2003）等其他蛋白质，都是自交不亲和性的负调控因子。*KAPP* 参与激活后的受体激酶负调控（Johnson and Ingram，2005），而排序连接蛋白则参与胞内蛋白受体的排列、循环和降解（Carlton and Cullen，2005）。

上述蛋白质与 SRK 激酶结构域作用的方式有所差异。ARC1 和 KAPP 都依赖磷酸化反应，表明它们可能与激活后的 SRK 激酶结构域结合（Gu et al.，1998；Vanoosthuyse and Cock，2003）。不论 SRK 激酶结构域激活与否，THL1/THL2、排序连接蛋白和钙调蛋白都可与之结合，说明其功能与受体的激活无关（Vanoosthuyse and Cock，2003；Bower et al.，1996）。在未授粉的柱头上，SRK 与 THL1/THL2 或者钙调蛋白结合，维持非激活状态。当授以自身花粉后，SRK 与 SCR 发生特异性识别，SRK 通过构象变化被激活，并与这些负调控因子解离。磷酸化后的 SRK 激酶结构域与下游的信号转导相关基因如 ARC1 等结合，通过一个信号级联放大反应，拒绝自身花粉。此后，SRK 经 KAPP 去磷酸化再回到失活状态。当受体胞吞作用发生时，排序连接蛋白可能通过参与核小体介导的降解自交亲和因子，从而调控 SRK 的信号转导。

Sankaranarayanan 等（2013）利用基因芯片技术研究甘蓝型油菜柱头授粉亲和（"自我"）花粉和不亲和（"外来"）花粉后基因表达差异，发现授粉 30min 后两种花粉促进的表达基因不同。Samuel 等（2011）利用 2-D DIGE（双向荧光差异电泳）结合

MALDI-TOF-MS（基质辅助激光解析电离飞行时间质谱）技术分析甘蓝型油菜授粉不亲和花粉后柱头的蛋白质组变化，鉴定到 59 个蛋白点，其中下调蛋白有 19 个。在 19 个下调蛋白中，反向遗传学实验证明了 *GLO1*（乙二醛酶 1 基因）参与自交亲和反应，GLO1 能被 *ARC1* 降解（Sankaranarayanan et al., 2015）。根据已有研究结果推测，芸薹属自交不亲和信号转导途径至少有两条（图 5-7）。一条途径是，花粉 SCR 与柱头 SRK 互作，被磷酸化的 SRK 磷酸化 MLPK，SRK 与 MLPK 形成复合体激活下游的 ARC1，ARC1 泛素化并转运 EXO70A1 到蛋白质酶体降解，从而在植株表现出自交不亲和现象（Tantikanjana et al., 2010）。另一途径是，被激活的 ARC1 迅速降解 GLO1，导致丙酮醛（methylglyoxal，MG）大量积累，MG 对亲和因子（compatible factor，CF）进行修饰，修饰后的 CF 被 ARC1 降解，最终导致自交不亲和表型（Doucet et al., 2016）。

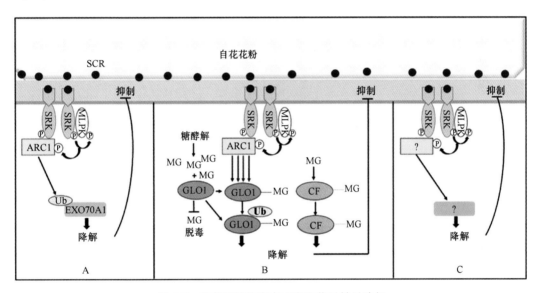

图 5-7 芸薹属植物自交不亲和信号转导途径

第三节 甘蓝型油菜自交不亲和性

一、甘蓝型油菜自交不亲和系的获得

天然或栽培的甘蓝型油菜自交亲和，为常自花授粉植物。Olsson（1960）最早报道了甘蓝型油菜自交不亲和性，在人工选择作用下，自花授粉占优势的甘蓝型油菜可分成两种类型：一种自然异交率占 20%～35%，即一般甘蓝型油菜品种；另一种是自然异交率为 100% 的自交不亲和类型。官春云在 1975 年提出甘蓝型油菜的自交不亲和系可从'日本油菜'品种中筛选，因为该类品种自交结实率低，有可能从中分离出自交不亲和单株。1978 年湖北省荆州农业科学研究所从'胜利油菜'与其他品种杂交后代中筛选出自交不亲和系 '231'。

傅廷栋（1975）对甘蓝型油菜'华油 1 号'与白菜'浠水白'的杂交 F_2～F_6 代进行

套袋自交，得到一些自交结实率很低的植株，育成'211'、'271'等自交不亲和系，说明从种间杂种后代较易得到自交不亲和材料。自交亲和的甘蓝型油菜与自交不亲和的白菜杂交，并以杂种 F_1 作为父本与甘蓝型油菜回交，仅仅经过两代便成功地将白菜的自交不亲和基因导入甘蓝型油菜（MacKay，1977）。Goring 等（1992）利用种间杂交的方法将甘蓝的自交不亲和性导入甘蓝型油菜'Topas'得到自交不亲和的甘蓝型油菜'T2'，将白菜的自交不亲和性转入甘蓝型油菜'Westar'，并连续回交获得自交不亲和系'W1'，与'Westar'为近等基因系。

通过甘蓝与白菜杂交、染色体加倍，也可以人工合成甘蓝型油菜自交不亲和系。Hodgkin（1986）对甘蓝和白菜杂交授粉后 7 天的子房进行培养，用秋水仙碱加倍获得甘蓝型油菜自交不亲和系。

二、甘蓝型油菜 S 位点复等位基因

在芸薹属栽培作物中，白菜和甘蓝，以及以白菜和甘蓝为材料人工合成的甘蓝型油菜为自交不亲和，但是生产上栽培的甘蓝型油菜（AACC）自交亲和，很显然，甘蓝型油菜在形成过程中丢失了自交不亲和性。多倍体植物往往会有些性状不同于两个亲本物种，甘蓝型油菜多倍化过程中改变的典型性状是授粉方式从异交授粉变为自交授粉。虽然普遍认为，甘蓝型油菜因为缺失了 S 位点基因才表现出自交亲和性，但是目前已经明确甘蓝型油菜具有 S 单倍型。

Parkin 等（1995）利用以 *SLG* 为探针的 RFLP 标记 pWl50 定位了甘蓝型油菜的 S 位点，其中 C 基因组的 S 位点在连锁群 N16 上，距离 pWl50a 1.5cM；A 基因组的 S 位点在连锁群 N7 上，距离 pWl50b 3.0cM。Ekuere 等（2004）得到一个以 *SLG* 为探针的 RFLP 标记能够区分甘蓝、白菜、人工合成的甘蓝型油菜，以及人工合成的甘蓝型油菜与普通甘蓝型油菜杂交后代的基因型。他们通过人工合成甘蓝型油菜（自交不亲和）与天然甘蓝型油菜（自交亲和）的杂交、回交和测交后代亲和性的调查，观察到具有白菜和甘蓝 S 位点、理论上为自交不亲和的植株却表现出自交亲和；相反地，S 位点完全来自于天然甘蓝型油菜、理论上为自交亲和的植株却表现出自交不亲和，提出甘蓝型油菜普遍有潜在的自交不亲和基因及其抑制基因，这是明确栽培甘蓝型油菜有潜在显性S位点基因的首次报道。Ma 等（2009）通过经典遗传分析，提出亲和甘蓝型油菜具有自交不亲和基因及其抑制基因，并推测两者控制亲和性的遗传模式。

Okamoto 等（2007）在分子水平揭示了亲和甘蓝型油菜具有自交不亲和 S 位点基因。他们在甘蓝型油菜中扩增甘蓝和白菜的 *SLG*、*SRK* 和 *SCR* 基因，发现 45 份亲和甘蓝型油菜全部都有 *SRK* 和 *SCR* 基因。进一步比较 *SRK* 基因和 *SCR* 基因序列，揭示甘蓝型油菜只有少数 S 单倍型，分别命名为 *BnS-1*～*BnS-7*，45 份甘蓝型油菜的 C 基因组都是 II 类 S 单倍型 *BnS-6*、来于甘蓝 S 单倍型 *BoS-15*，A 基因组 S 单倍型主要是 *BnS-1* 和 *BnS-7*，分别与白菜 I 类 S 单倍型 *BrS-47* 和 II 类 S 单倍型 *BrS-29* 高度同源。Zhang 等（2008b）利用 S 位点的 SCAR 标记将 126 份甘蓝型油菜品系分成 11 类，其中主要是 *BnS-1+BnS-6* 与 *BnS-7+BnS-6*。

　　甘蓝和白菜有 100 多个 S 单倍型，甘蓝型油菜 S 单倍型类型却只有 10 个左右。甘蓝型油菜 S 单倍型具有自交不亲和柱头决定基因 *SRK* 和花粉决定基因 *SCR*，却为自交亲和。这是两个有待回答的问题，很可能涉及甘蓝型油菜的形成机制。

三、甘蓝型油菜自交不亲和性的机制

　　虽然国内外已经选育出了不少油菜自交不亲和系，但是只有'W1'和'271'等少数材料用于研究自交不亲和性机制。

　　Goring 等（1992）通过比较'Westar'及其自交不亲和近等基因系'W1'，认为其 A 基因组 *SRK* 编码区一个碱基缺失导致了自交亲和性。Okamoto 等（2007）否定了'Westar'的 *SRK* 编码区有碱基缺失导致自交亲和的结论。他们发现'Westar'的 A 基因组 I 类显性、C 基因组 II 类隐性柱头识别基因 *BnSRK-1* 和 *BnSRK-6* 均表达，花粉识别基因 *BnSP11-1* 和 *BnSP11-6* 都不表达；*BnSP11-1* 启动子区有一个 3.6kb 插入片段，从而导致 *BnSP11-1* 功能丧失，其仍然抑制 *BnSP11-6* 基因表达，从而引起'Westar'自交亲和。Tochigi 等（2011）和 Gao 等（2016）通过转基因手段将与 *BnSP11-1* 具有相同识别特异性的白菜 *BrSP11-47* 基因导入到'Westar'，得到强自交不亲和转基因系，证明了'Westar'的亲和性与 *BnSP11-1* 启动子区的插入片段有关。该插入片段为一个非自主的 Helitron 类转座子，*BnSP11-1* 基因启动子由多个顺式元件协同作用控制着 *SP11* 基因的时空特异性表达，其中最主要的一个顺式元件位于–227bp 到–217bp（5′-TTCTAGGGAT-3′）区域，Helitron 转座子插入位置在–108bp，打断了 *BnSP11-1* 基因正常表达所需的顺式元件（图 5-8）。目前还没有试验证据说明'Westar'的 A 基因组 *BnSP11-1* 抑制 C 基因组 *BnSP11-6*，因而'Westar'亲和性机制还不十分明确。

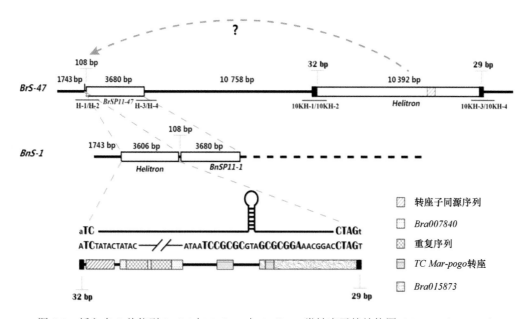

图 5-8　插入在 S 单倍型 *BnS-1* 与 *BrS-47* 中 Helitron 类转座子的结构图（Gao et al.，2016）

在 *BrS-47* 中，Helitron 类转座子插入的位置在 *SP11/SCR* 基因的下游；而在 *BnS-1* 中，Helitron 类转座子插入的位置在 *SP11/SCR* 基因的启动子区。两个 Helitron 类转座子有相似的边界序列和发夹结构，甚至它们捕获了一个同源序列。

自交不亲和系'271'由甘蓝型油菜与白菜种间杂交育成（傅廷栋，1975）。'271'与亲和品种杂交，多数 F₁ 自交亲和，但有的仍然自交不亲和，因此可选育保持系、恢复系，实现自交不亲和'三系化'繁殖、制种（刘后利和傅廷栋，1981），这是大田作物应用自交不亲和系统产生杂交种技术上的突破。首先，自交不亲和系与保持系杂交得到 F₁（自交不亲和），再将 F₁ 与恢复系杂交获得'三系'杂交种（自交亲和）。傅廷栋（1995）推测自交不亲和性 SI、恢复性 SR 和保持性 SM 受一个位点复等位基因控制，显性关系大小依次为 SR> SI> SM。自交不亲和保持系，与细胞核质互作雄性不育保持系有本质区别，前者仅受细胞核基因控制，F₁（自交不亲和系×保持系）与保持系回交，后代会出现育性分离，因而，严格意义上讲，应该称为临保系。'S-1300'是改良'271'而得到的具有"双低"（低芥酸、低硫苷）品质的甘蓝型油菜自交不亲和系（马朝芝等，1998）。'S-1300'的自交不亲和性对'Defender'等恢复系的亲和性为隐性，受一对基因控制（Gao et al.，2013；Zhang et al.，2008a）；对保持系的亲和性为显性，受一对、两对及以上基因控制（Ma et al.，2009；Tang et al.，2009；Zhai et al.，2014）。Tang 等（2009）研究保持系'Bing409'的亲和性，发现其受一对基因控制。Ma 等（2009）对保持系'97Wen135'的亲和性进行经典的遗传学研究，提出两对基因（自交不亲和基因 *S* 及其抑制基因 *sp*）遗传模式，该模式有两个假设，即保持系具有显性的 S 位点、S 位点及其抑制位点 sp 具有共抑制关系（图 5-9），能很好地解释亲和植株与不亲和植株在 F₂ 群体 9：7 和 BC 群体 1：1 分离比例的观察结果，并被 DH 群体、亲和 F₂ 植株的 F₃ 群体的分离结果验证。

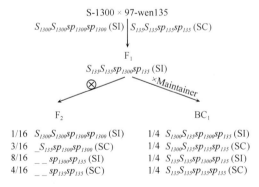

图 5-9 'S-1300'דX'97-wen135' F₂ 和（'S-1300'ד'97-wen 135'）ד'97-wen 135' BC₁ 的遗传分离模式

在 F₂ 和 BC₁ 中，自交亲和植株：自交不亲和植株分别为 9：7 和 1：1；S_{135} 显性于 S_{1300}，但是当 sp_{1300} 和 sp_{135} 共存时不能抑制 S 位点；sp_{135} 能够抑制 S_{1300} 和 S_{135}，并且 sp_{1300} 能抑制 S_{135} 但不能抑制 S_{1300}。

'S-1300'的 A 基因组 S 单倍型决定其自交不亲和性。特异扩增 I 类 *SLG* 的引物 PS5+PS15 和 II 类 *SLG* 的引物 PS3+PS21（Nishio et al.，1996），在'Defender'等

恢复系中均有扩增产物，仅引物 PS3+PS21 在'S-1300'和保持系中有扩增产物，说明恢复系具有Ⅰ类和Ⅱ类 S 单倍型，而'S-1300'和保持系只有Ⅱ类 S 单倍型（Gao et al.，2013；Tang et al.，2009；Zhai et al.，2014；Zhang et al.，2008a，2008b）。Zhang 等（2008a）根据Ⅰ类 *SLG* 序列发展'Defender'恢复性的共分离 SCAR 标记，并进一步克隆'S-1300'的Ⅱ类 *SRK* 和 *SP11* 基因序列，发现 *BnS-1300* 与白菜 *BrS-60* 高度同源，得到了'S-1300'不亲和性的 SCAR 标记。这些研究结果在分子水平上验证了'271'或'S-1300'的自交不亲和性来自于白菜。Tang 等（2009）克隆'Bing409'和'S-1300'的 *SP11* 基因，发现'Bing409'的 *SP11* 基因有两个位点缺失，长度分别为 2bp、9bp（图 5-10），依据 9bp 缺失区域的序列设计只在'Bing409'有扩增的引物，得到了与'Bing409'的亲和性共分离的 SCAR 标记（图 5-11）。Zhang 等（2008b）分析自交不亲和系'S-1300'和 124 份自交亲和系的 S 单倍型组成，发现全部材料都有一个与甘蓝 *BoS-15* 同源的 S 单倍型，绝大多数保持系的 S 单倍型为 *BnS-1+BnS-7*，恢复系为 *BnS-1+BnS-6*。

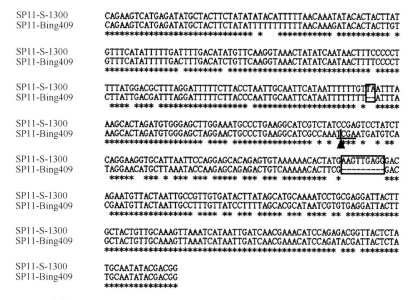

图 5-10 'S-1300'和'Bing409'的 *SP11* 基因序列比对结果

两个方框代表 *SP11- Bing409* 缺失的碱基；三角形代表 *Taq*I 切割位点

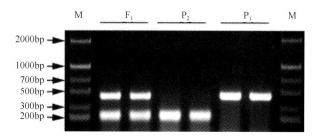

图 5-11 限制性内切核酸酶 *Taq* I 切割 SP11a-L 和 SP11a-R 引物扩增产物的结果

P₁：'S-1300'；F₁：'S-1300'×'Bing409'

序列分析结果表明,自交不亲和系'S-1300'、恢复系'10-9-8400'和保持系'Bing409' S 单倍型组成分别为 *BnS-1300BnS-6*、*BnS-1BnS-6* 和 *BnS-7BnS-6*。'S-1300' 的 A 基因组 *BnSRK-1300* 长度为 7967 bp,包含 7 个外显子和 6 个内含子,与 *BrSRK-60* 的 CDS 序列具有 100%的相似性;*BnSP11-1300* 全长为 378bp,包括 2 个外显子和 1 个内含子,与 *BrSP11-60* 具有 100%的序列相似性。以恢复系'10-9-8400'花蕾 cDNA 为模板,设计引物 *SRKl*.CDS.1+*SRKl*.CDS.2,扩增出一个 2556bp 的片段,包含 *BnSRK-1* 基因的全长 CDS 序列,与 *BrSRK-47* 的 CDS 序列相似性为 100%。利用 *BrSRK-29* 序列设计引物,在保持系中扩增得到 300 bp 片段,与 *BrSRK-29* 具有 100%的相似性。依据 *BnS-1300*、*BnS-1*、*BnS-7*、*BnS-6* 的 *SRK* 和 *SCR* 序列差异,发展了只在'S-1300'、恢复系和保持系中扩增的 SCAR 分子标记(图 5-12)。利用该自交不亲和分子标记体系检测 90 份亲和甘蓝型油菜品系,发现 C 基因组上均有 *BnS-6*,89 份材料 A 基因组上的 S 单倍型为 *BnS-1* 或者 *BnS-7*。

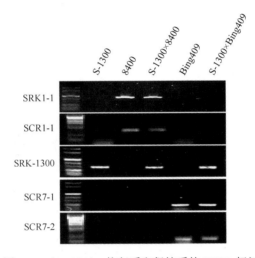

图 5-12 'S-1300'、恢复系和保持系的 SCAR 标记

甘蓝型油菜的 *SCR* 基因表达决定自交不亲和性(Gao et al., 2013; Zhai et al., 2014)。 *BnSP11-1300* 与 *BnSRK-1300* 均只在花蕾中而不在根、茎、叶和角果中表达,符合芸薹属自交不亲和基因的表达特点。A 基因组、C 基因组的柱头识别基因 *SRK* 在自交不亲和系'S-1300'、恢复系'10-9-8400'和'Bing409'等保持系,以及'S-1300'×恢复系 'F₁' 和'S-1300'×保持系'F₁'均表达,说明其表达与自交亲和/不亲和性无关。将白菜 *BrSP11-47* 导入'Westar'的转基因系'W-3'表现强自交不亲和,进一步说明了甘蓝型油菜的 *SRK* 具有自交不亲和功能。*BnSCR-1300* 在'S-1300'和'S-1300'×保持系 'F₁' 中表达,但在'S-1300'×恢复系'F₁'中不表达,恢复系的 *BnSCR-1*、绝大多数保持系的 *BnSCR-6* 不表达,表明 *SCR* 基因表达决定甘蓝型油菜不亲和性。一个非自主 Helitron 类转座子插入启动子区域导致 *BnSP11-1* 基因不表达及其抑制 *BnSCR-6*,可以解释'Westar' *SCR* 基因失活(Gao et al., 2016; Okamoto et al., 2007)。'Bing409'等保持系的 *BnSCR-7* 和 *BnSCR-6* 不表达,还无法解释。另外,在 3 份保持系'230'、'242'

和'1638'中检测到 *BnSCR-6* 基因表达，但是表现出自交亲和，说明还有因子在转录后水平起作用。

甘蓝型油菜自交亲和反应与自交不亲和反应都涉及信号通路，不亲和反应更复杂。Zhang 等（2017）利用 RNA-Seq 技术比较授'Westar'亲和花粉和授'W-3'不亲和花粉后 2min、5min、10min、20min、30min 'Westar'柱头的基因表达差异（differentially expressed gene，DEG），发现两者 2min、5min、10min 的 DEG 有 1080，在 20min、30min DEG 急剧增加（4896）。亲和反应共有 915 DEG（704 上调、211 下调）、不亲和反应 4469 DEG（2337 上调、2132 下调）；5 个时间点均上调表达的 DEG，亲和反应有 529 个、不亲和反应有 542 个。293 个高表达基因在未授粉、授'Westar'亲和花粉、授'W-3'不亲和花粉的柱头都富集，其中包括 *SLG*、*SRK* 基因，据此推测在甘蓝型油菜花粉开裂前正常功能的 SI 相关基因已经存在于雌蕊中，自交不亲和信号通路也已形成（Zhang et al.，2017）。

总结甘蓝型油菜自交不亲和性研究，有下列明确的结论。

（1）亲和甘蓝型油菜具有 S 单倍型，C 基因组都是Ⅱ类 S 单倍型 *BnS-6*、来自于甘蓝Ⅱ类 S 单倍型 *BoS-15*；A 基因组主要是 *BnS-1* 和 *BnS-7*，分别来自于白菜Ⅰ类 S 单倍型 *BrS-47*、Ⅱ类 S 单倍型 *BrS-29*。

（2）'S-1300'的 A 基因组 S 单倍型 *BnS-1300* 决定其自交不亲和性，*BnS-1300* 与白菜 *BrS-60* 高度同源。恢复系和保持系 A 基因组 S 单倍型组成分别为 *BnS-1* 和 *BnS-7*。

（3）甘蓝型油菜的 *SCR* 基因表达决定不亲和性，*SRK* 基因往往正常表达。*BnS-1*+*BnS-6* 甘蓝型油菜 *BnSP11-1* 启动子区有一个 3.6kb 插入片段，导致 *BnSP11-1* 功能丧失。

（4）甘蓝型油菜自交亲和反应和自交不亲和反应都涉及信号通路，不亲和反应更复杂。

（5）自交不亲和系'271'（或'S-1300'）及其保持系 A、C 基因组都是Ⅱ类 S 单倍型，在甘蓝和白菜已经报道的 100 个 S 位点中仅 7 个为Ⅱ类隐性，因而它们对芸薹属自交不亲和性研究很有价值。

四、甘蓝型油菜自交不亲和性研究展望

目前为止，甘蓝型油菜自交不亲和性研究都是在白菜和甘蓝自交不亲和性进展的基础上进行的。已经明确，白菜和甘蓝自交不亲和性受单位点复等位基因控制，*SRK* 和 *SCR* 分别为柱头和花粉自交不亲和识别反应决定基因，*ARC1* 等基因介导自交不亲和反应。但是，还有很多问题需要回答，比如 S 单倍型显隐性、*SRK* 和 *SCR* 共进化、自交不亲和反应网络。与白菜和甘蓝比较，利用甘蓝型油菜进行自交不亲和性研究具有优势，主要体现在：①营养体茂盛，花朵大，角果长，繁殖系数高，易于人工操作；②小孢子培养体系和遗传转化体系都成熟，基因功能验证方便；③甘蓝型油菜来自于自交不亲和的甘蓝和白菜，却为自交亲和，可发展其自交不亲和的近等基因系，创建研究材料；④甘蓝型油菜 A、C 基因组各有一个 S 单倍型，为 S 位点杂合体，可分析 S 单倍型显隐性。

利用亲和甘蓝型油菜及其不亲和近等基因系,对自交不亲和与亲和反应途径的转录组、蛋白质组和代谢组进行比较分析,有望揭示自交不亲和反应网络,取得具有里程碑意义的进展。研究 *BnS-1*+*BnS-6* 和 *BnS-7*+*BnS-6* 甘蓝型油菜 C 基因组 *BnS-6* 和 A 基因组 *BnS-7* 基因功能,以及 *BnS-1* 与 *BnS-6*、*BnS-7* 与 *BnS-6* 的显隐性,将会全面解析甘蓝型油菜亲和性机制。因而,深入认识芸薹属孢子体自交不亲和性还有待于甘蓝型油菜方面更进一步的研究进展。

参 考 文 献

傅廷栋. 1975. 甘蓝型油菜自交不亲和系的选育简报. 油料作物科技, 4(4): 77-85.

傅廷栋. 1995. 杂交油菜的育种与利用. 武汉: 湖北科学技术出版社: 10-20.

刘后利, 傅廷栋. 1981. 甘蓝型油菜自交不亲和系、保持系及其恢复系的选育初报. 华中农学院学报, 3(7): 19-28.

马朝芝, 傅廷栋, 杨光圣, 等. 1998. 甘蓝型油菜双低自交不亲和系的选育. 华中农业大学学报, 3(1): 211-213.

Bateman A J. 1952. Self-incompatibility systems in angiosperms. I. Theory. Heredity, 6(4): 285-310.

Bateman A J. 1954. Self-incompatibility systems in angiosperms. II. *Iberis amara*. Heredity, 8(5): 305-312.

Bateman A J. 1955. Self-incompatibility systems in angiosperms. III. Cruciferae. Heredity, 9(3): 53-68.

Bechsgaard J, Bataillon T, Schierup M H. 2004. Uneven segregation of sporophytic self-incompatibility alleles in *Arabidopsis lyrata*. Journal of Evolutionary Biology, 17(3): 554-561.

Bower M S, Matias D D, Fernandes-Carvalho E, et al. 1996. Two members of the thioredoxin-h family interact with the kinase domain of a *Brassica* S locus receptor kinase. The Plant Cell, 8(9): 1641-1650.

Boyes D, Nasrallah M, Vrebalov J, et al. 1997. The self-incompatibility(S)haplotypes of *Brassica* contain highly divergent and rearranged sequences of ancient origin. Plant Cell, 9(2): 237-247.

Brace J, King G J, Ockendon D J. 1994. A molecular approach to the identification of S-alleles in *Brassica oleracea*. Sexual Plant Reproduction, 7(4): 203-208.

Brewbaker J L. 1959. Biology of the angiosperm pollen grains. Ind J Genet Plant Breed, 19(8): 121-133.

Carlton J G, Cullen P J. 2005. Sorting nexins. Current Biology, 15(20): 819-820.

Casselman A L, Vrebalov J, Conner J A, et al. 2000. Determining the physical limits of the *Brassica* S locus by recombinational analysis. Plant Cell, 12(1): 23-31.

Charlesworth D, Bartolomé C, Schierup M H, et al. 2003. Haplotype structure of the stigmatic self-incompatibility gene in natural populations of *Arabidopsis lyrata*. Molecular Biology & Evolution, 20(11): 1741-1753.

Chen C H, Nasrallah J B. 1990. A new class of S sequences defined by a pollen recessive self-incompatibility allele of *Brassica oleracea*. Molecular & General Genetics, 222(2): 241-248.

Chookajorn T, Kachroo A, Ripoll D R, et al. 2004. Specificity determinants and diversification of the *Brassica* self-incompatibility pollen ligand. Proc Natl Acad Sci, 101(4): 911-917.

Dickinson H. 1995. Dry stigmas, water and self-incompatibility in *Brassica*. Sexual Plant Reproduction, 8(1): 1-10.

Dixit R, Nasrallah M E, Nasrallah J B. 2000. Post-transcriptional maturation of the S receptor kinase of *Brassica* correlates with co-expression of the S-locus glycoprotein in the stigmas of two *Brassica* strains and in transgenic tobacco plants. Plant Physiology, 124(1): 297-312.

Doucet J, Lee H K, Goring D R. 2016. Pollen acceptance or rejection: a tale of two pathways. Trends in Plant Science, 21(1): 53-62.

East E M. 1940. The distribution of self-Sterility in the flowering plants. Proceedings of the American Philosophical Society, 82(4): 449-518.

Ekuere U U, Parkin I A, Bowman C, et al. 2004. Latent S alleles are widespread in cultivated self-compatible

Brassica napus. Genome, 47(2): 257-265.

Fujii S, Kubo K, Takayama S. 2016. Non-self- and self-recognition models in plant self-incompatibility. Nat Plants, 2(9): 161-173.

Fukai E, Fujimoto R, Nishio T. 2003. Genomic organization of the S core region and the S flanking regions of a class-II S haplotype in *Brassica rapa*. Mol Genet Genomics, 269(3): 361-369.

Gao C, Ma C, Zhang X, et al. 2013. The genetic characterization of self-incompatibility in a *Brassica napus* line with promising breeding potential. Molecular Breeding, 31(2): 485-93.

Gao C, Zhou G, Ma C, et al. 2016. Helitron-like transposons contributed to the mating system transition from out-crossing to self-fertilizing in polyploid *Brassica napus* L. Scientific Reports, 6(5): 337-355.

Giranton J L, Dumas C, Cock J M, et al. 2000. The integral membrane S-locus receptor kinase of *Brassica* has serine/threonine kinase activity in a membranous environment and spontaneously forms oligomers in planta. Proc Natl Acad Sci, 97(7): 3759-3767.

Goring D R, Banks P, Beversdorf W D, et al. 1992. Use of the polymerase chain reaction to isolate an S-locus glycoprotein cDNA introgressed from *Brassica campestris* into *B. napus* ssp. *oleifera*. Molecular & General Genetics, 234(2): 185-192.

Goring D R, Glavin T L, Schafer U, et al. 1993. An S receptor kinase gene in self-compatible *Brassica napus* has a 1-bp deletion. Plant Cell, 5(5): 531-543.

Gu T, Mazzurco M, Sulaman W, et al. 1998. Binding of an arm repeat protein to the kinase domain of the S-locus receptor kinase. Proceedings of the National Academy of Sciences, 95(1): 382-387.

Hatakeyama K, Al E. 2001. The S receptor kinase gene determines dominance relationships in stigma expression of self-incompatibility in *Brassica*. Plant Journal, 26(1): 69-76.

Heslopharrison J. 1975. Incompatibility and the pollen-stigma interaction. Annual Review of Plant Physiology, 26(1): 403-425.

Hodgkin T. 1986. Self-incompatibility reaction in a synthetic *Brassica napus* line. Cruciferae Newsletter, 11(4): 77-88.

Iwano M, Shiba H, Funato M, et al. 2003. Immunohistochemical studies on translocation of pollen S-haplotype determinant in self-incompatibility of *Brassica rapa*. Plant & Cell Physiology, 44(4): 428-436.

Iwano M, Shiba H, Matoba K, et al. 2007. Actin dynamics in papilla cells of *Brassica rapa* during self- and cross-pollination. Plant Physiology, 144(1): 59-72.

Johnson K L, Ingram G C. 2005. Sending the right signals: regulating receptor kinase activity. Current Opinion in Plant Biology, 8(6): 648-653.

Kachroo A, Schopfer C R, Nasrallah M E, et al. 2001. Allele-specific receptor-ligand interactions in *Brassica* self-incompatibility. Science, 293(5536): 1824-1826.

Kakita M, Murase K, Iwano M, et al. 2007. Two distinct forms of M-locus protein kinase localize to the plasma membrane and interact directly with S-locus receptor kinase to transduce self-incompatibility signaling in *Brassica rapa*. Plant Cell, 19(12): 3961-3973.

Kakizaki T, Takada Y, Ito A, et al. 2003. Linear dominance relationship among four class-II S haplotypes in pollen is determined by the expression of SP11 in *Brassica* self-incompatibility. Plant & Cell Physiology, 44(1): 70-75.

Kandasamy M K, Paolillo D J, Faraday C D, et al. 1989. The S-locus specific glycoproteins of *Brassica accumulate* in the cell wall of developing stigma papillae. Developmental Biology, 134(2): 462-472.

Kho Y O, Baër J. 1968. Observing pollen tubes by means of fluorescence. Euphytica, 17(2): 298-302.

Kishi-Nishizawa N, Isogai A, Watanabe M, et al. 1990. Ultrastructure of papillar cells in *Brassica campestris* revealed by liquid helium rapid-freezing and substitution-fixation method. Plant Cell Physiol, 31(11): 1207-1219.

Kusaba M, Dwyer K, Hendershot J, et al. 2001. Self-incompatibility in the genus *Arabidopsis*: characterization of the S locus in the outcrossing *A. lyrata* and its autogamous relative *A. thaliana*. Plant Cell, 13(3): 627-643.

Ma C, Li C, Tan Y, et al. 2009. Genetic analysis reveals a dominant S locus and an S suppressor locus in natural self-compatible *Brassica napus*. Euphytica, 166(1): 123-129.

Ma R, Han Z, Hu Z, et al. 2016. Structural basis for specific self-incompatibility response in *Brassica*. Cell Research, 5(2): 45-52.

Mable B K, Schierup M H, Charlesworth D. 2003. Estimating the number, frequency, and dominance of S-alleles in a natural population of *Arabidopsis lyrata* (Brassicaceae)with sporophytic control of self-incompatibility. Heredity, 90(6): 422-431.

Mackay G R. 1977. The introgression of S-alleles into forage rape, *Brassica napus* L. from turnip, *Brassica campestris* L. ssp. *rapifera*. Euphytica, 26(6): 511-519.

Mazzurco M, Sulaman W, Elina H, et al. 2001. Further analysis of the interactions between the *Brassica* S receptor kinase and three interacting proteins(ARC1, THL1 and THL2)in the yeast two-hybrid system. Plant Molecular Biology, 45(3): 365-376.

Mohring S, Horstmann V, Esch E. 2005. Development of a molecular CAPS marker for the self-incompatibility locus in *Brassica napus* and identification of different S alleles. Plant Breeding, 124(2): 105-110.

Murase K, Shiba H, Iwano M, et al. 2004. A membrane-anchored protein kinase involved in *Brassica* self-incompatibility signaling. Science, 303(5663): 1516-1519.

Nasrallah J B. 2000. Cell-cell signaling in the self-incompatibility response. Current Opinion in Plant Biology, 3(5): 368-373.

Nasrallah J B, Liu P, Sherman-Broyles S, et al. 2007. Epigenetic mechanisms for breakdown of self-incompatibility in interspecific hybrids. Genetics, 175(4): 1965-1973.

Nasrallah J, Kao T H, Goldberg M, et al. 1985. A cDNA clone encoding an S-locus-specific glycoprotein from *Brassica oleracea*. Nature, 318(1): 263-267.

Nasrallah J, Nasrallah M. 1993. Pollen-stigma signaling in the sporophytic self-incompatibility response. The Plant Cell, 5(6): 1325-1335.

Nasrallah J, Stein J, Kandasamy M, et al. 1994. Signaling the arrest of pollen tube development in self-incompatible plants. Science, 266(5): 1505-1508.

Nasrallah J B. 2011. Self-incompatibility in the Brassicaceae. The Plant Cell, 14(2): 227-238.

Nasrallah M E. 1974. Genetic control of quantitative variation in self-incompatibility proteins detected by immunodiffusion. Genetics, 76(1): 45-50.

Nasrallah M E, Liu P, Nasrallah J B. 2002. Generation of self-incompatible *Arabidopsis thaliana* by transfer of two S locus genes from *A. lyrata*. Science, 297(5579): 247-249.

Nasrallah M E, Wallace D H. 1967. Immunogenetics of self-incompatibility in *Brassica oleracea*. Heredity, 22(3): 519-527.

Nettancourt D D. 2001. Incompatibility and incongruity in wild and cultivated plants. New York: Springer: 1-20.

Nishio T, Hinata K. 1977. Analysis of S-specific proteins in stigmas of *Brassica oleracea* L. by isoelectric focusing. Heredity, 38(7): 391-396.

Nishio T, Hinata K. 1978. Stigma proteins in self-incompatible *Brassica campestris* L. and self-compatible relatives, with special reference to S-allele specificity. Jpn J Genet, 53(12): 27-33.

Nishio T, Kusaba M, Sakamoto K, et al. 1997. Polymorphism of the kinase domain of the S-locus receptor kinase gene(SRK)in *Brassica oleracea* L. Theoretical and Applied Genetics, 95(2): 335-342.

Nishio T, Kusaba M, Watanabe M, et al. 1996. Registration of S alleles in *Brassica campestris* L. by the restriction fragment sizes of SLGs. Theoretical and Applied Genetics, 92(1): 388-394.

Okamoto S, Odashima M, Fujimoto R, et al. 2007. Self-compatibility in *Brassica napus* is caused by independent mutations in S-locus genes. Plant J, 50(3): 391-400.

Olsson G. 1960. Self-incompatibility and outcrossing in rape and white mustard. Heredity, 46(12): 241-252.

Parkin I A, Sharpe A G, Keith D J, et al. 1995. Identification of the A and C genomes of amphidiploid *Brassica napus* (oilseed rape). Genome, 38(6): 1122-1131.

Pawson T. 2002. Regulation and targets of receptor tyrosine kinases. European Journal of Cancer, 5(5): 63-69.

Sakamoto K, Kusaba M, Nishio T. 2000. Single-seed PCR-RFLP analysis for the identification of S haplotypes in commercial F1 hybrid cultivars of broccoli and cabbage. Plant Cell Reports, 19(4): 400-406.

Sampson D. 1957. The genetics of self-incompatibility in the radish. J Heredity, 48(2): 26-29.

Sampson D. 1974. Equilibrium frequency of sporophytic self-incompatibility alleles. Can J Genet Cytol, 16(8): 611-618.

Samuel M A, Chong Y T, Haasen K E, et al. 2009. Cellular pathways regulating responses to compatible and self-incompatible pollen in *Brassica* and *Arabidopsis* stigmas intersect at Exo70A1, a putative component of the exocyst complex. Plant Cell, 21(9): 2655-2671.

Samuel M A, Tang W, Jamshed M, et al. 2011. Proteomic analysis of *Brassica* stigmatic proteins following the self-incompatibility reaction reveals a role for microtubule dynamics during pollen responses. Molecular & Cellular Proteomics, 10(12): 50-63.

Sankaranarayanan S, Jamshed M, Deb S, et al. 2013. Deciphering the stigmatic transcriptional landscape of compatible and self-incompatible pollinations in Brassica napus reveals a rapid stigma senescence response following compatible pollination. Molecular Plant, 6(6): 1988-1991.

Sankaranarayanan S, Jamshed M, Samuel M A. 2015. Degradation of glyoxalase I in *Brassica napus* stigma leads to self-incompatibility response. Nature Plants, 1(12): 15-21.

Sato K, Nishio T, Kimura R, et al. 2002. Coevolution of the S-locus genes SRK, SLG and SP11/SCR in *Brassica oleracea* and *B. rapa*. Genetics, 162(2): 931-940.

Sato Y, Sato K, Nishio T. 2006. Interspecific pairs of class II S haplotypes having different recognition specificities between *Brassica oleracea* and *Brassica rapa*. Plant & Cell Physiology, 47(3): 340-345.

Schierup M, Mable B, Awadalla P, et al. 2001. Identification and characterization of a polymorphic receptor kinase gene linked to the self-incompatibility locus of *Arabidopsis lyrata*. Genetics, 158(1): 387-392.

Schopfer C R. 1999. The male determinant of self-incompatibility in *Brassica*. Science, 286(5445): 1697-1700.

Shermanbroyles S, Boggs N, Farkas A, et al. 2007. S locus genes and the evolution of self-fertility in *Arabidopsis thaliana*. The Plant cell, 19(1): 94-107.

Shiba H, Iwano M, Entani T, et al. 2002. The dominance of alleles controlling self-incompatibility in *Brassica* pollen is regulated at the RNA level. Plant Cell, 14(2): 491-500.

Shiba H, Kakizaki T, Iwano M, et al. 2006. Dominance relationships between self-incompatibility alleles controlled by DNA methylation. Nature Genetics, 38(3): 297-299.

Shimosato H, Yokota N, Shiba H, et al. 2007. Characterization of the SP11/SCR high-affinity binding site involved in self/nonself recognition in *Brassica* self-incompatibility. Plant Cell, 19(1): 107-117.

Silva N, Stone S, Christie L, et al. 2001. Expression of the S receptor kinase in self-compatible *Brassica napus* cv. Westar leads to the allele specific rejection of self-incompatible *Brassica napus* pollen. Mol Genet Genomics, 265(26): 552-559.

Shivanna K R, Heslop-Harrison Y, Heslop-Harrison J. 1978. The pollen-stigma interaction: bud pollination in the cruciferae. Acta Botanica Neerlandica, 27(2): 107-119.

Stein J C, Dixit R, Nasrallah M E, et al. 1996. SRK, the stigma-specific S locus receptor kinase of *Brassica*, is targeted to the plasma membrane in transgenic tobacco. Plant Cell, 8(3): 429-445.

Stein J C, Howlett B, Boyes D C, et al. 1991. Molecular cloning of a putative receptor protein kinase gene encoded at the self-incompatibility locus of *Brassica oleracea*. Proc Natl Acad Sci, 88(19): 8816-8820.

Stone S L, Anderson E M, Mullen R T, et al. 2003. ARC1 is an E3 ubiquitin ligase and promotes the ubiquitination of proteins during the rejection of self-incompatible *Brassica* pollen. The Plant Cell, 15(4): 885-898.

Stone S L, Maryanne A, Goring D R. 1999. A breakdown of *Brassica* self-incompatibility in ARC1 antisense transgenic plants. Science, 286(5445): 1729-1731.

Stout A. 1920. Further experimental studies on self-incompatibility in hermaphroditic plants. J Genet, 9(4): 85-129.

Sulaman W, Arnoldo M, Yu K, et al. 1997. Loss of callose in the stigma does not affect the *Brassica* self-incompatibility phenotype. Planta, 203(6): 327-331.

Suzuki G, Kai N, Hirose T, et al. 1999. Genomic organization of the S locus: Identification and characterization of genes in SLG/SRK region of S(9)haplotype of *Brassica campestris* (syn. *rapa*). Genetics, 153(1): 391-403.

Suzuki G, Kakizaki T, Takada Y, et al. 2003. The S haplotypes lacking SLG in the genome of *Brassica rapa*. Plant Cell Reports, 21(9): 911-915.

Suzuki T, Kusaba M, Matsushita M, et al. 2000. Characterization of *Brassica* S-haplotypes lacking S -locus glycoprotein 1. FEBS Letters, 482(2): 102-108.

Takasaki T, Hatakeyama K, Suzuki G, et al. 2000. The S receptor kinase determines self-incompatibility in *Brassica stigma*. Nature, 403(6772): 913-915.

Takayama S, Isogai A, Tsukamoto C, et al. 1987. Sequences of S-glycoproteins, products of *Brassica campestris* self-incompatibility locus. Nature, 326(5): 102-105.

Takayama S, Shiba H, Iwano M, et al. 2000a. Isolation and characterization of pollen coat proteins of *Brassica campestris* that interact with S locus-related glycoprotein 1 involved in pollen-stigma adhesion. Proc Natl Acad Sci, 97(7): 3765-3770.

Takayama S, Shiba H, Iwano M, et al. 2000b. The pollen determinant of self-incompatibility in *Brassica campestris*. Proc Natl Acad Sci, 97(4): 1920-1925.

Takayama S, Shimosato H, Shiba H, et al. 2001. Direct ligand–receptor complex interaction controls *Brassica* self-incompatibility. Nature, 413(6855): 534-538.

Tang J, Zhang J, Ma C, et al. 2009. CAPS and SCAR markers linked to maintenance of self-incompatibility developed from SP11 in *Brassica napus* L. Molecular Breeding, 24(3): 245-254.

Tantikanjana T, Nasrallah M E, Nasrallah J B. 2010. Complex networks of self-incompatibility signaling in the Brassicaceae. Curr Opin Plant Biol, 13(5): 520-526.

Tarutani Y, Shiba H, Iwano M, et al. 2010. Trans-acting small RNA determines dominance relationships in *Brassica* self-incompatibility. Nature, 466(7309): 983-986.

Thompson K. 1957. Self-incompatibility in marrow-stem kale, *Brassica oleracea* var. *acephala*. Demonstration of sporophytic system. J Genet, 55(7): 45-60.

Thompson K, Taylor J. 1966. The breakdown of self-incompatibility in cultivars of *Brassica oleracea*. Heredity, 21(10): 637-648.

Tochigi T, Udagawa H, Li F, et al. 2011. The self-compatibility mechanism in *Brassica napus* L. is applicable to F1 hybrid breeding. Theoretical and Applied Genetics, 123(3): 475-482.

Vanoosthuyse V, Cock J M. 2003. Interaction of calmodulin, a sorting nexin and kinase-associated protein phosphatase with the *Brassica oleracea* S locus receptor kinase. Plant Physiology, 133(2): 919-923.

Walker J, Zhang R. 1990. Relationship of a putative receptor protein kinase from maize to the S-locus glycoprotein of *Brassica*. Nature, 345(10): 432-446.

Watanabe M, Suwabe K, Suzuki G. 2012. Molecular genetics, physiology and biology of self-incompatibility in Brassicaceae. Proceedings of the Japan Academy, 88(10): 519-535.

Zhai W, Zhang J, Yang Y, et al. 2014. Gene expression and genetic analysis reveal diverse causes of recessive self-compatibility in *Brassica napus* L. BMC Genomics, 15(4): 1037-1049.

Zhang T, Gao C, Yue Y, et al. 2017. Time-course transcriptome analysis of compatible and incompatible pollen-stigma interactions in *Brassica napus* L. Frontiers in Plant Science, 8(682): 53-65.

Zhang X, Ma C, Fu T, et al. 2008a. Development of SCAR markers linked to self-incompatibility in *Brassica napus* L. Molecular Breeding, 21(3): 305-315.

Zhang X, Ma C, Tang J, et al. 2008b. Distribution of S haplotypes and its relationship with restorer-maintainers of self-incompatibility in cultivated *Brassica napus*. Theoretical and Applied Genetics, 117(1): 171-179.

第六章　油菜化学杀雄杂种利用研究

赵　伦　沈金雄　华中农业大学

自 1950 年 Moore 和 Naylor 分别报道马来酰肼（Maleic hydrazide，MH）可用于诱导玉米、烟草、苍耳等植物产生不育花粉后，科技工作者对植物生长调节剂诱导植物/作物植株雄性不育进行了大量探讨（Banga and Labana，1983；Cross and Ladyman，1991；Nelson and Rossman，1958；Pan et al.，2006；Rehm，1952；Wittwer and Hillyer，1954）。随着植物杂种优势利用研究与应用的广泛开展，借鉴植物生长调节剂，育种家、化学家，甚至部分企业研究并开发了植物化学杂交剂（chemical hybridization agent，CHA；也称为化学杀雄剂）。迄今，植物生长调节剂/化学杂交剂诱导雄性败育的研究已在水稻、小麦、玉米、棉花、油菜、烟草、番茄等植物开展，并在水稻、小麦、油菜、棉花等大田作物生产中得到广泛应用。我国最早开展油菜化学杀雄研究的单位是湖南农业大学，经过二十余年的发展，目前我国油菜化学杀雄的研究与利用居国际领先水平。近十多年来，我国审定/登记的油菜化学杀雄杂交新品种有‘湘杂油 1 号’、‘湘杂油 6 号’、‘秦优 19’、‘秦优 33’、‘秦杂油 19’、‘宁杂 1818’、‘华油杂 68’、‘大地 199’等，黄籽杂交品种‘渝黄 1～4 号’、‘渝油 28’等，我国第一个含油量超过 50%的油菜新品种是化学杀雄新品种‘秦杂油 4 号’，借此李殿荣等（2012）提出了高含油量新品种选育模式，即高油种质+化学诱导雄性不育杂优利用模式，这为选育高油强优势杂交种提供了参考。从近年来我国省级以上审定的新品种来看，油菜化学杀雄杂交种的发展呈加快趋势。

概括而言，作物化学杂交剂诱导雄性败育研究与利用大致分为三个时期（陈万义，1999；刘宏伟，2002）。①探索阶段（1950～1970 年）。这段时间科技工作者主要利用已知植物生长调节剂诱导产生雄性败育，药剂主要有 MH、IAA、NAA、GA3、2,4-D 等。研究发现，植物生长调节剂在诱导植物产生雄性败育的同时，也对植物生长或雌蕊育性产生不良影响。②研发阶段（1970～1990 年）。这一段时间研究者合成新型化合物，研究这些化合物诱导作物产生雄性不育。药剂主要有 AWN、KMS-1（DPX3778）、SC2053、RH0007、WL84811、LY195259 等，这些药剂诱导植物雄性败育效果明显提升，雄性不育率高于 90%甚至达到 95%以上，且对植物的毒性和雌性育性影响趋小，药剂成本也逐渐降低。③应用阶段（1990 年以后）。这段时间科技人员将化学杂交剂应用于作物规模化制种，研制并规范化学杂交剂商业制种技术。开发的药剂主要有用于小麦的 GENESIS（Monsanto Company）、用于油菜的 WP1（陕西眉县农业局植保站）、SX-1（陕西杂交油菜研究中心）、杀雄剂 1 号（广东省农作物杂种优势利用协作组）和杀雄剂 2 号（中国科学院广州化学研究所）等。为提高化杀效果，研究者有目的地在化杀药品中添加辅助制剂，包括助溶剂、扩散剂、增稠剂等。

与作物杂种优势利用的其他途径相比，化学杀雄杂种优势利用法具有以下优点。①对亲本基因型几乎没有依赖性，亲本选择自由，可大量配制杂交组合，容易选择出配合力高的强优势组合（Whitford et al., 2013）。②没有其他花粉控制系统中存在或可能存在的不利因素。例如，细胞质雄性不育系统可能存在的不良胞质效应；不育系或恢复系可能易受环境影响，造成育性波动，影响制种纯度；自交不亲和系繁殖困难；细胞核雄性不育杂交制种中需拔除不育系行最高 50% 的可育株；等等。③因为非遗传型雄性不育，杂种 F_1 衍生后代不会出现不育植株，一般可以利用 F_2 杂种优势。④不存在质、核不育系统中因恢复系恢复能力较差而影响杂种一代结实率的问题；即便 CHA 诱导的雄性不育性不十分彻底，但杂种群体中也不会出现不育植株，且可以保持原有亲本的产量等优良特性。⑤省去了不育/自交不亲和基因和恢复基因的转育过程及不育系/自交不亲和系繁殖等的烦琐程序，在降低育种成本的同时，亦极大地加快了育种进程，缩短育种年限。⑥可用于温敏型质、核雄性不育系统，辅助除去微量花粉或可育单株，提高杂交制种纯度（高志宏等，2011；何振才等，2000；单忠德等，2006；张学昆等，1999；张耀文等，2003）。

化学杂交剂的使用也存在明显的缺点：①环境因素（天气因素）如风、雨、热（温度），以及化杀剂施用时间、施用浓度等均影响化学杀雄效果（Whitford et al., 2013；于澄宇，2009）；②亲本的基因型对化学杀雄效果存在明显的影响；③化学杂交剂的研制、开发困难，施用上亦需要一定技巧。

本文将系统简要地概述国内外的化学杀雄杂种利用的研究进展，包括化学杂交剂的类型、杂交制种技术及其诱导雄性败育的生物学机制等。

第一节 油菜化学杂交剂的类型

从早期的植物生长调节剂到后来专用型化学杂交剂，人类经历了近 70 年的探索与创新，将诱导雄性败育的化学杀雄剂用于作物规模化杂交制种生产，为农作物的增产、增收提供了新途径。迄今为止，研究、应用于作物/植物的化学杂交剂有多种（表 6-1），同一化学杂交剂在不同植物/作物甚至同一植物/作物的不同品种/基因型上的杀雄效果亦存在差异。现将主要用于油菜诱导产生雄性不育的药物分类叙述如下。

表 6-1 代表性化学杂交剂及其应用对象

俗名/商品名称	化学名称及主要有效成分	主要成分分子式	适宜的施用对象
IAA	吲哚乙酸，3-吲哚乙酸	$C_{10}H_9NO_2$	大曼樱草
IBA	吲哚丁酸，3-吲哚丁酸	$C_{12}H_{13}NO_2$	兵豆
NAA	萘乙酸，2-（1-萘基）乙酸	$C_{12}H_{10}O_2$	兵豆、番茄
2,4-D	2,4-二氯苯氧乙酸	$C_8H_6Cl_2O_3$	烟草、茄、西瓜
GA₃	赤霉素，2,4a,7-三羟基-1-甲基-8-亚甲基赤霉-3-烯-1,10-二羧酸-1,4a-内酯	$C_{19}H_{22}O_6$	玉米、小麦、油菜、甘蓝、白菜、向日葵、洋葱等
MH/马来酰肼	顺丁烯二酰肼，1,2-二氢-3,6-哒嗪二酮	$C_4H_4N_2O_2$	小麦、玉米、番茄、茄、棉花、水稻、芝麻、辣椒、黑麦等

续表

俗名/商品名称	化学名称及主要有效成分	主要成分分子式	适宜的施用对象
TIBA	2,3,5-三碘苯甲酸	$C_7H_3I_3O_2$	番茄、黄瓜、西瓜、南瓜、小麦、向日葵、葡萄等
CTK/玉米素	细胞分裂素,6-反式-4-羟基-3-甲基-丁-2-烯基氨基嘌呤	$C_{10}H_{13}N_5O$	山靛
6-BA	6-苄基氨基嘌呤	$C_{12}H_{11}N_5$	大麻
ABA	脱落酸,（2Z,4E,1R）-5-（1-羟基-4-氧代-2,6,6-三甲基-2-环己烯-1-基）-3-甲基-2,4-戊二烯酸	$C_{15}H_{20}O_4$	小麦、番茄、烟草
乙烯	乙烯	C_2H_4	水稻、小麦
乙烯利	2-氯乙基磷酸	$C_2H_6ClO_3P$	水稻、茄、芥菜型油菜、甜菜、麦类等
亚甲基脯氨酸	顺-3,4-亚甲基-S-脯氨酸（脯氨酸类似物）	$C_{12}H_{17}NO_4$	小麦、大麦
A3C/CHA811	吖丁啶-3-羧酸（脯氨酸类似物）	$C_4H_7NO_2$	大麦、小麦、黑麦草
SHAM	水杨酰氧肟酸（抗氰呼吸抑制剂）	$HOC_6H_4CONHOH$	甘蔗
DPX-3778/KMS-1/杀雄酮	3-对氯苯基-6-甲氧基均三嗪-2,4（1H,3H）-二酮三乙醇胺盐	$C_{10}H_8ClN_3O_2$	甜菜、芦笋、燕麦、小麦、水稻、玉米、油菜等
AWN	氨基磺酸钠；铁氰化钾	氨基磺酸钠,H_2NNaSO_3；铁氰化钾，$K_3[Fe(CN)_6]$	水稻、黄瓜、菜豆
杀雄剂1号（稻脚青）	甲基砷酸锌	CH_3AsO_3Zn	水稻、油菜等
杀雄剂2号/DSMA	甲基砷酸钠	$CH_3AsO_3Na_2$	水稻、油菜等
OMT	O-甲基苏氨酸	$C_5H_{11}NO_3$	棉花
茅草枯	2,2-二氯丙酸钠	$C_3H_3Cl_2NaO_2$	辣椒、棉花、芝麻、番茄、玉米、豌豆、红麻
FW450（Mendok，蒙多克）	二氯异丁酸钠，2,3-二氯-2-甲基丙酸钠	$C_4H_5Cl_2O_2Na$	甜菜、辣椒、大豆、棉花、番茄、烟草、芝麻、黑麦草、黑麦
RH531/RH532/RH2956/RH4667	1-（对氯苯基）-1,2-二氢-4,6-二甲基-2-氧代烟酸钠	$C_{14}H_{11}ClNNaO_3$	大麦、小麦、小黑麦等麦类
Hybrex/RH007/RH5148/fenridazon-k	1-（对氯苯基）-1,4-二氢-6-甲基-4-氧代烟酸-3-羧酸钾	$C_{13}H_9ClNKO_3$	小麦
WL84811/SD84811	三甲叉亚胺甲酸（抑制花粉管伸长）	$C_4H_8NO_2$	小麦、水稻
LY195259	5-氨碳酰基-1-（3-甲苯基）氢吡唑-4-羧酸	$C_{12}H_{11}N_3O_2$	小麦
津奥林/SC2053/杀雄啉/Centofen	1-（4-氯苯基）-1,4-二氢-4-氧-5-（2-甲氧基乙氧基）代喹啉-3-羧酸	$C_{18}H_{16}NO_5Cl$	小麦、水稻、瓜叶菊
TD1123	3,4-二氯-5-异噻唑羧酸钾	$C_4KCl_2NO_2S$	棉花
三卤甲烷磺胺	三氯甲烷硫胺	$C_{13}H_{16}N_4OSCl_3$	玉米
吡啶酮	4-氯甲基吡啶酮	C_6H_6ClNO	小麦
Fenridazon	苯哒嗪钾，1-（4-氯苯基）-1,4-二氢-6-甲基-4-氧代哒嗪-3-羧酸钾	$C_{12}H_8O_3N_2ClK$	小麦
苯并三唑/苯丙三氮唑	苯三唑	$C_6H_5N_3$	小麦

俗名/商品名称	化学名称及主要有效成分	主要成分分子式	适宜的施用对象
MON21250 / GENESIS/金麦斯	杀雄嗪酸，1-对氯苯基-1,4-二氢-4-氧-6-乙基-5-哒嗪酸	$C_{12}H_9O_3N_2Cl$	小麦、油菜等
BAU3/BAU9403/哒优麦	苯哒嗪丙酯，1-（4-氯苯基）-1,4-二氢-4-氧-6-甲基哒嗪-3-羧酸正丙酯	$C_{15}H_{15}O_3N_2Cl$	小麦
SQ-1/杀雄嗪酸	2-（4-氯苯基）-3-乙基-2,5-二氢-5-氧哒嗪-4-羧酸	$C_{13}H_{11}O_3N_2Cl$	小麦、糜子
氨基嘧磺隆/酰嘧磺隆/好事达	1-（4,6-二甲氧基-2-嘧啶基）-3-（N-甲基甲磺酰胺磺酰基）-脲	$C_9H_{15}N_5O_7S_2$	油菜
SX-1/苯磺隆/磺酰脲类	2-[3-（4-甲氧基-6-甲基-1,3,5-三嗪-2-基）-3-甲基脲基磺酰基]苯甲酸甲酯（甲磺隆）	$C_{14}H_{15}N_5O_6S$	油菜
EXP/磺酰脲类	3-（4,6-二甲氧基嘧啶-2-基）-1-（N-甲基-N-甲基磺酰基-氨基磺酰基）-脲	$C_{15}H_{19}N_4O_7S_2$	油菜等
ESP/磺酰脲（甲磺隆、甲嘧磺隆、苯磺隆等）	2-[（4-甲氧基-6-甲基-1,3,5-三嗪-2-基）脲基磺酰基]苯甲酸甲酯	$C_{14}H_{15}N_5O_6S$	油菜等
EN/巨星（苯磺隆）与四硼酸钠	苯磺隆，2-[N-（4-甲氧基-6-甲基-1,3,5-三嗪-2-基）-N-甲基氨基甲酰胺基磺酰基]苯甲酸甲酯；四硼酸钠	巨星（苯磺隆），$C_{15}H_{17}N_5O_6S$；四硼酸钠，$Na_2B_4O_7$	油菜等
WP/化杀灵/磺酰脲	苄嘧磺隆，2-{[（4,6-二甲氧基嘧啶-2-基）氨基羰基氨基]磺酰基甲基}苯甲酸甲酯；异丙隆，1,1-二甲基-3-（4-异丙基苯基）脲	苄嘧磺隆，$C_{16}H_{18}N_4O_7S$；异丙隆，$C_{12}H_{18}N_2O$	油菜等
二苯胺磺酸钠	4-二苯胺磺酸钠	$C_{12}H_{10}NNaO_3S$	油菜等
氨基磺酸	氨基磺酸	NH_2SO_3H	油菜等
对苯胺磺酸	2,5-二氨基苯磺酸/邻磺酸对苯二胺	$C_6H_8N_2O_3S$	油菜等
二氯丙酸钠/达拉朋	α,α-二氯丙酸钠	$C_3H_3Cl_2O_2Na$	油菜等
水杨酰肟酸/水杨基异羟肟酸	N,2-二羟基苯甲酰胺	$C_7H_7NO_3$	油菜等

一、磺酰脲类除草剂

这类药物是近年来在我国油菜化杀研究与应用中使用较多且较为成功的药物。本类药物中的苯磺隆、噻吩磺隆、苄嘧磺隆、甲磺隆、甲基二磺隆、甲嘧磺隆、氯磺隆、氯嘧啶磺隆、吡啶磺隆、单密磺隆、烟嘧磺隆、酰嘧磺隆、砜嘧磺隆、环氧嘧磺隆等，以及这些磺酰脲类药物的复配剂均具有不同程度的雄性不育诱导效果，但大多数药物在杀雄同时亦产生药害，唯有氯嘧啶磺隆、环氧嘧磺隆、酰嘧磺隆、苯磺隆及其复配剂具有较理想的化学杀雄效果（付云龙等，2013；刘志权等，2016；于澄宇和何蓓如，2014）。利用苯磺隆等磺酰脲类除草剂配制的制剂有 SX-1、WP、EXP、ESP、BHL 等，其中 SX-1、WP 等已在我国油菜杂交制种中大规模应用。

二、激素类药物

激素类药物主要有 IAA、NAA、IBA、GA_3、ABA、CTK、农用 920、乙烯、乙烯利和 2,4-D 等。这类诱导剂仅 GA_3、农用 920、2,4-D 和乙烯利等见于油菜应用研究报道（傅廷栋，2000）。官春云等（1990）研究结果表明，唯 GA_3 能诱导较高的雄性不育率（包括全不育和半不育，下同）而雌蕊结实正常；农用 920 含有 GA，由于浓度不够而效果不佳；乙烯利和 2,4-D 在油菜花粉单核期进行的各浓度处理下均导致 100%死株。Banga 和 Labana（1983）、井苗等（2008）也证实乙烯利在油菜中使用效果不佳。众所周知，GA_3 价格较为昂贵，因而 GA_3 作为油菜化学杀雄的应用价值不大。此外，乙烯利是迄今为止国内外研究报道最多的一种激素类药物（主要用于黄瓜、葫芦科植物及小麦等植物）。从研究结果来看，乙烯利在诱导产生雄性不育的同时，也会产生一系列副作用，如小麦抽穗困难、小穗退化、青穗等现象，从而不同程度地影响杂交制种。这也是乙烯利至今还不能大面积推广使用的主要原因。

三、氨基磺酸类药物

这类药物主要有氨基磺酸、对苯胺磺酸、二苯胺磺酸钠等，但仅限于研究，未见应用报道。根据官春云等（1990）研究，氨基磺酸、对苯胺磺酸、二苯胺磺酸钠在油菜上都有一定的杀雄效果，但不育株率没有超过 80%。

四、甲基砷酸盐类

这类药物是我国最先发现并报道的一类化学杀雄剂（傅廷栋，2000）。杀雄剂 1 号（稻脚青）/杀雄剂 2 号（DSMA），以及杀雄剂 73010 等都是以甲基砷酸锌/甲基砷酸钠盐为主要药剂配制而成的化学杂交剂应用于油菜和水稻。此外，甲基砷酸铁铵、甲基砷酸钙等甲基砷酸盐对水稻也有杀雄作用。甲基砷酸盐类杀雄剂的最大优点是用量少、杀雄彻底稳定、成本低，缺点是有砷残留。

五、哒嗪/嗪酸类药物

本类药物统称嗪酸，最早见于 Monsanto 公司研发的 MON21250，其商品名为 GENESIS，除广泛应用于小麦化杀制种外，在油菜化学杀雄中亦取得较好效果（张振乾等，2011）。同类药物还有中国农业大学开发并注册的 BAU9403（BAU3，也称哒优麦；蒋明亮等，1998）、西北农林科技大学开发的 SQ-1 等（刘宏伟等，2003b）。BAU9403、SQ-1 均用于小麦化杀制种，效果优于 Monsanto 公司的 GENESIS。

六、均三嗪二酮及其衍生物

这类药物的作用方式是阻止花药开裂、防止花粉散落而达到杀雄效果，因此与其说这类药物是化学杂交剂，倒不如说其是花粉控制剂（侯国裕和黄荣初，1982）。这类药物的最佳使用期是作物初花期或开花前期，其典型代表药物是 DPX-3778，也就是 KMS-1。虽说 KMS-1 曾用于油菜化杀试验（官春云等，1998），但其更多的还是应用于禾谷类作物如小麦、玉米、水稻、燕麦等，以及蚕豆、紫花苜蓿等诱导杀雄。而且，官春云等（1998）的研究结果认为 KMS-1 的合适使用期为油菜花粉单核期，这与其他研究结果（侯国裕和黄荣初，1982）认为 KMS-1 的最佳使用期是初花期或开花前期（花粉已成熟）有出入。

实践证明，理想的植物化学杂交剂必须包括以下特点：化杀剂必须无毒、环境安全；诱导雄性不育且完全抑制花粉发育，但不诱导雌性不育；不诱导有机体突变、不影响 F_1 种子的品质与活力；与基因型及环境无关，广谱性好；易于合成与应用，施用时期和用量的可伸缩性大（Pickett，1993；Whitford et al.，2013）。

第二节　油菜化学杂交剂的使用方法与效果

油菜化学杂交剂的使用方法与效果因药剂种类、使用时间、施用浓度与次数，以及油菜种类和基因型、使用时气候条件等因素不同而存在差异。化学杂交剂使用得当，仅诱导产生雄性败育现象（雄蕊退化呈针状，类似核不育雄蕊表型，或者有花药无花粉，或者有花药但花粉无活性，死花粉率 80%以上），而其他性状均表现正常或者受影响较轻；使用不当，或者难以诱导出现雄性不育，或者产生药害，轻者出现花蕾张开困难乃至花蕾脱落、开花期推迟、心叶变黄变小、分枝与花序颜色变紫簇生、植株变矮、异交结实率降低，重者植株死亡。

一、油菜化学杂交剂适宜使用时期

官春云等（1997）以甘蓝型油菜'湘油 11 号'为研究对象，杀雄剂 1 号为化学杂交剂，在 9 个不同时期，即浸种处理（播种前浸种 10h）、五叶期、花芽分化期、雌雄蕊分化期、造孢细胞期、花粉母细胞期、花粉母细胞减数分裂期、花粉单核期、成熟花粉期（包括二核花粉和三核花粉期）喷施杀雄剂 1 号。结果表明，造孢细胞期以前所有处理都是无效的，花粉母细胞期以后处理才会产生效果，尤以单核期处理效果最好，不育株率接近 100%（表 6-2）。刘绚霞等（2007）以甘蓝型油菜'S1102'、'S1112'和不育系'208A'为试验材料，分析化学杂交剂 EN 的杀雄效果，结果表明，3 月 17～19 日材料处于花粉单核期的杀雄效果最好，全不育株率 95%以上，不育株率达 100%（表 6-3）。类似结果也在 KMS-1（官春云等，1998；应用对象为甘蓝型油菜）、SX-1（赵彩霞等，2013；应用对象为白菜型油菜）、GSC（为 15%苯磺隆和 85%赤霉素的复合物；赵彩霞等，2013；应用对象为白菜型油菜）得到证实。因此，概括来讲，化学杂交剂在油菜上合适的使用期是花粉单核期（大体相当于蕾薹期，主花序最大花蕾长度为 2mm 左右），其他时期使用效果相对较差。根据笔者的经验，SX-1 使用时期偏早容易产生药害（与植株大小及其抗耐药性有关）。

表 6-2　杀雄剂 1 号在油菜不同时期处理诱导雄性不育的效果（官春云等，1997）

处理时期	处理株数	全不育株数	半不育株数	全不育株率/%
浸种	120	0	0	0
五叶期	120	0	0	0
花芽分化期	120	0	0	0
雌雄蕊分化期	120	0	0	0
造孢细胞期	120	0	0	0
花粉母细胞期	58	3	7	17.2
花粉母细胞减数分裂期	65	1	18	29.2
花粉单核期	98	71	27	70.0
成熟花粉期	36	0	36	0.0

表 6-3　不同时期喷施 EN 对甘蓝型油菜杀雄效果的影响（刘绚霞等，2007）（单位：%）

处理时期	全不育株率	半不育株率	不育株率	可育株率
3 月 9 日	65	30	95	5
3 月 11 日	78	19	97	3
3 月 13 日	84	12	96	4
3 月 15 日	87	13	100	0
3 月 17 日	95	5	100	0
3 月 19 日	96	4	100	0
3 月 21 日	90	3	93	7
3 月 23 日	77	8	85	15
3 月 25 日	62	11	73	27

二、油菜化学杂交剂使用量及使用次数

诱导油菜产生花粉败育的核心物质是化学杂交剂。因此，药物的浓度、用药量及使用次数至关重要（李文等，2013）。用药量低了杀雄效果不佳，用药量高了会产生药害。官春云等（1981）的试验结果表明，杀雄剂 1 号诱导油菜雄性败育的合适有效浓度是 0.03%。罗鹏（1991）研究认为 0.015%浓度的杀雄剂 1 号连续 3 次喷药杀雄效果较好，一般在第一次用药后 9～11 天第二次喷药，第二次喷药后 14～16 天第三次喷药，每次施药量为 1125～1500kg/hm²。官春云等（1998）的研究表明，1.5%浓度的 KMS-1 杀雄效果最好，全不育株率 81.1%，半不育株率 3.9%，累计 85%（死株率 15%），而 1.0%或 2.0%杀雄效果明显降低。于澄宇等（2005）分析表明，0.25μg/ml 化学杂交剂 EXP 处理植株不育性最为稳定，单株用药量的合理范围为 12～15ml。刘绚霞等（2007）研究表明，在甘蓝型油菜花粉单核期用质量浓度为 0.5～0.8μg/ml、用药量为 400～450kg/hm²

的 EN 处理杀雄效果最好，全不育株率在 95% 以上，不育株率 100%（表 6-4）；对于存在微粉的不育系，花粉单核期施用质量浓度为 0.3～0.8μg/ml 的 EN，配制的杂种纯度相对未使用 EN 的对照提高 8% 以上（表 6-5）。

表 6-4 不同质量浓度 EN 对甘蓝型油菜育性的影响（刘绚霞等，2007）

EN 质量浓度/（μg/ml）	全不育株率/%	半不育株率/%	不育株率/%	可育株率/%	药害株率/%	自交结实率/%	异交结实率/%
0（CK）	0	0	0	100	0	100	100
0.5	63	22	85	15	0	0	95
0.1	78	11	89	11	0	0	94
0.3	88	12	100	0	0	0	93
0.5	95	5	100	0	0	0	93
0.8	98	2	100	0	0	0	95
1.0	100	0	100	0	7	0	89
1.3	100	0	100	0	28	0	70
1.5	100	0	100	0	34	0	60

表 6-5 不同质量浓度 EN 对甘蓝型油菜不育系 '208A' 微粉的控制效果（刘绚霞等，2007）

EN 质量浓度/（μg/ml）	花朵总数	微粉花朵数	微粉花朵占总花朵/%	较 CK 控制微粉效果/%	药害株数	杂种纯度/%	较 CK 纯度提高/%
0（CK）	800	185	23.10	—	0	87.8	—
0.5	800	26	3.25	85.9	0	92.3	5.1
0.1	800	21	2.62	88.6	0	93.2	6.2
0.3	800	8	1.00	95.6	0	95.5	8.8
0.5	800	3	0.38	98.3	0	98.1	11.7
0.8	800	2	0.25	98.9	0	98.8	12.5
1.0	800	0	0	100	2	100	13.4
1.3	800	0	0	100	6	100	13.4
1.5	800	0	0	100	11	100	13.4

陕西省杂交油菜研究中心开发了化学杂交剂 SX-1（何振才等，2000），诱导油菜雄性败育的使用方法是在主花序最大花蕾 1.5～2.0mm（花粉母细胞处单核期）及间隔约 12 天（10～15 天）后分别取 1 号和 2 号药剂加水定容到 14kg（浓度分别为 6.5mg/L 和 7.0mg/L）喷施，每株着药量一般 2.5ml 左右（相当于 345kg/hm²），可达到理想效果；对控制温敏型 CMS 的前期微粉（尚毅等，2005），只需在主花序最大花蕾 1.5～2.0mm 时取 1 号药剂加水定容到 14kg（浓度 6.5mg/L）喷施，每株着药量一般 2.5ml 左右即可（李建厂等，2013；韦世豪等，2011，2016）。赵彩霞等（2013）研究表明，白菜型冬油菜品种 '陇油 6 号' SX-1 以浓度 9.0～10.0mg/L 于现蕾期和现蕾后 10～12 天各喷 1 次，单株受药量分别为 3～4ml、5～6ml 时效果较好，诱导雄性不育株率达 95%；GSC 以浓度为 0.6mg/L 左右于现蕾期和现蕾后 10～12 天各喷 1 次，单株受药量分别为 9～10ml、15～16ml 时效果较好，诱导雄性不育株率达到 98%；当 SX-1 和 GSC 的单株受药量分

别超过 8ml 和 20ml 时，无论是在植株发育的哪个时期施药，均产生药害现象。于澄宇和何蓓如（2014）比较了 26 种能够抑制氨基酸生物合成的除草剂及其复配剂对甘蓝型油菜的杀雄效果，结果表明，60～90mg/hm² 的酰嘧磺隆、苯磺隆及其复配剂的杀雄效果最好（表 6-6），而不同品种（基因型）间对化学杂交剂的反应存在一定差别。笔者应用 SX-1 进行油菜化杀试制种，发现一般品种对 SX-1 的反应都较敏感，而少数品种如'浙油 50'等耐药性较强。黄桃翠等（2016）的研究结果表明，改良型化杀灵 WP2 的最佳喷药质量浓度组合受品种基因型影响，较为合适的浓度分别为 30～35mg/L、25～30mg/L（分两次使用），每次施药量均为 140ml/m² 水平叶面积。

表 6-6　部分除草剂的杀雄效果验证（于澄宇和何蓓如，2014）

处理	剂量/（mg/hm²）	全不育株率/%	半不育株率/%	可育株率/%	不育持续时间/d
咪唑乙酰酸	600	83.4	16.6	0	12.6
	1200	100.0	0	0	17.0
苯磺隆	60	97.6	2.2	0	20.7
	90	100.0	0	0	22.3
酰嘧磺隆	60	90.9	9.1	0	19.3
	90	100.0	0	0	21.7
氯磺隆	120	44.0	51.7	4.3	15.3
	150	82.8	17.2	0	22.0
吡嘧磺隆	150	66.6	32.3	1.1	16.3
	180	91.2	8.8	0	19.3
氯嘧磺隆	240	41.0	48.1	10.9	13.0
	480	100.0	0	0	19.7

此外，研究和实践经验还证实，化学杂交剂施药量与使用时的气温和天气状况也有关系。气温高、天气晴朗，施药量可适当减少；气温低、阴天，施药量可适当增加。因此，同一品种春油菜区 SX-1 的使用量（浓度或施用量）应稍大于冬油菜区（韦世豪等，2011）（表 6-7）。

表 6-7　不同质量浓度 SX-1 处理对油菜的杀雄效果及其对油菜生长发育的影响（韦世豪等，2011）

生态区	品种	处理浓度/（mg/L）	植株数	可育株数	半不育株数	半不育株率/%	全不育株数	全不育株率/%	药害株数	药害株率/%
冬油菜区	YD66A	5.0/6.5	51	0	6	11.76	45	88.24	0	0
		6.0/7.0	52	0	1	1.89	52	98.11	0	0
		7.0/7.5	56	0	0	0	54	100.00	2	3.75
		8.0/8.0	55	0	0	0	50	100.00	5	9.09
		CK（0）	56	56	0	0	0	0	0	0
	Cn10	5.0/6.5	49	0	7	14.29	42	85.71	0	0
		6.0/7.0	54	0	0	0	53	100.00	1	0.85
		7.0/7.5	53	0	0	0	49	100.00	4	7.55
		8.0/8.0	56	0	0	0	48	100.00	8	14.29
		CK（0）	56	56	0	0	0	0	0	0

续表

生态区	品种	处理浓度/ (mg/L)	植株数	可育 株数	半不育 株数	半不育 株率/%	全不 育株数	全不育 株率/%	药害 株数	药害 株率/%
春油菜区	YD66A	6.0/6.5	56	0	7	12.5	49	87.5	0	0
		6.5/7.0	53	0	0	0	53	100.00	0	0
		7.0/7.5	57	0	0	0	54	100.00	3	5.26
		7.5/8.0	56	0	0	0	49	100.00	7	12.50
		CK (0)	56	56	0	0	0	0	0	0
	Cn10	6.0/6.5	50	0	6	12.00	44	88.00	0	0
		6.5/7.0	52	0	0	0	52	100.00	0	0
		7.0/7.5	55	0	0	0	50	100.00	5	9.09
		7.5/8.0	54	0	0	0	47	100.00	7	12.96
		CK (0)	56	56	0	0	0	0	0	0

三、油菜化学杂交剂使用方法

从已有报道来看，绝大多数化学杂交剂的施用方法是喷雾。正因为如此，陕西省杂交油菜研究中心还开发出专用型油菜化杀剂喷雾/制种机械(化学杂交剂机械化高效喷药机，ZL201410111301.1)。以化学杂交剂 SX-1 的使用为例，田间喷施时一般采用背囊式手摇喷雾器或电动喷雾器，尽量做到雾点细而均匀，以上层叶面喷湿为度，应避免因喷药不均匀影响杀雄效果或产生药害。此外，阴雨天不宜喷药，若喷药后短时间内遇雨，应适当降低药剂浓度进行补喷。对于诱导个别单株雄性不育，可采取涂茎方法，即使用合适浓度（5.5~7.0mg/L）的 SX-1 药液，当油菜主花序最大花蕾长 2mm 左右时，用毛笔将其涂抹于油菜植株距地面 10cm 左右的茎秆上或分枝基部，单株用药量 0.8~1ml（具体用量视植株强壮程度而定），一周左右即可产生杀雄效果。

第三节　油菜化学杀雄的生物学机制

化学杂交剂诱导的油菜雄性败育已被广泛应用于杂交组合配制和杂交种生产，但是油菜化学杀雄机制的研究相对滞后。已有研究证实，化学杂交剂的作用部位是花药，高等植物的花药发育是一个复杂的过程，涉及大量基因转录、翻译调控及生理生化代谢过程。本节主要从细胞学、生理学、转录组学、蛋白质组学和分子作用机制等五个层面综述化学杀雄诱导植物雄性败育的机制。

一、化学杂交剂诱导雄性败育的细胞学特征

遗传型雄性不育的细胞学特征主要表现在花药绒毡层细胞的形态学改变。绒毡层是花药壁的最内一层，包裹着花粉母细胞或小孢子，在花粉发育过程中起着重要作用：①提供营养物质，保证小孢子的正常发育；②合成胼胝质酶，降解包围四分体的胼胝质；胼胝质非正常降解，四分体不能正常分离导致雄性不育；③提供构成花粉外壁的孢粉素、

脂类和胡萝卜素。强光、高温、冷冻、干旱及碳水化合物代谢紊乱等因素引起的绒毡层行为异常均导致小孢子发育异常，最终造成雄性不育。与遗传型雄性不育类似，化学杂交剂诱导雄性败育的时期和特点因作物种类和化学杂交剂类型各异而各不相同，在雄蕊分化及花药发育的各个阶段都可能发生雄性败育。另外，相同或相似的化学杂交剂，由于处理剂量、作用品种、取材时期、观察描述的差异，所描述的细胞学结果相似，但不尽相同。现将主要化学杂交剂诱导产生雄性不育的细胞学特征分类叙述如下（表6-8）。

表 6-8　不同作物喷施不同化学杂交剂的细胞学特征

作物	化学杀雄剂	败育细胞学表型
小麦	RH531	花粉母细胞减数分裂的二分体和四分体时期，细胞迅速降解（Colhoun and Steer, 1983; Miller and Lucken, 1977）
小麦	SC2053	产生无花粉与花粉败育两种类型。无花粉型是产生无花粉的空壳；花粉败育型是小孢子发育到单核花粉期，产生不正常二胞花粉或三胞花粉，或者只有花粉壁而无原生质体（闫先喜等，1996）
小麦	H0007	从减数分裂四分体开始，小孢子发生异常，细胞质皱缩，细胞膜破裂，单核小孢子期细胞内容物降解（Mizelle et al., 1989）
小麦	3-吲丁啶羧酸	通过抑制小麦成熟花粉粒发育所需的壁细胞前体囊泡（wp-vesicles）的形成，影响花粉管的伸长，最终导致双受精失败（Mogensen and Ladyman, 1989）
小麦	BAU-2	大部分小孢子在单核晚期解体，小部分小孢子发育停留在单核或二核期，最后形成败育的花粉粒（徐如强等，1993）
小麦	GENESIS	无花粉型，药室内花粉母细胞解体，只留下空腔；花粉败育型，小孢子畸形，细胞核解体，细胞质稀薄，出现多核花粉粒现象（许海霞等，2003）
小麦	BAU-9403	诱导四分体时期的绒毡层解体；维管束高度液泡化（李则轩，2003）
小麦	SQ-1	绒毡层细胞程序性死亡提前（Wang et al., 2015）
油菜	杀雄剂1号	花粉母细胞变异，减数分裂异常，原生质体稀疏并收缩；或四分体变形粘连，单核花粉畸形，核与胞质收缩，呈质壁分离状；同一药室花粉发育不同步，中间层推迟解体，绒毡层提前或推迟解体或异常增生（官春云等，1997）
油菜	KMS-1	绒毡层细胞核消失，药室内仅残留少数单核期花粉；花粉母细胞液泡化或原生质体稀薄的绒毡层脱离中间层，药室中的花粉母细胞胞质收缩呈质壁分离（官春云等，1998）
油菜	化杀灵	花药药壁细胞变薄，绒毡层滞后解体（杨交礼，2006）
油菜	酰嘧磺隆	花药从造孢细胞时期就出现异常，花粉母细胞变形，细胞质收缩，出现空腔；四分体残缺不全；单核期小孢子畸形，细胞内容物基本消失，同时伴随绒毡层异常膨大、绒毡层液泡化、提前解体或异常增生等现象（Li et al., 2015a; 于澄宇，2009）
油菜	单嘧磺酯钠	小孢子和绒毡层发育异常，花粉母细胞时期绒毡层和小孢子细胞部分解体、四分体时期绒毡层解体或异常膨大、小孢子内含物逐渐解体或收缩成一团无法辨认的细胞器、单核期小孢子内含物完全解体只剩花粉外壁；或小孢子发育畸形、绒毡层细胞部分提前解体或形状异常、成熟期的花药绒毡层提前解体，花粉囊中只剩一些空的或是只有一些细胞残余的败育花粉（Cheng et al., 2013）
油菜	苯磺隆	小孢子时期小孢子和绒毡层细胞出现较大的液泡及染色较浅的细胞质，表明细胞质的降解过程加速；有丝分裂时期花粉粒和绒毡层出现更大、更多的大液泡并且细胞质染色很浅，表明此时细胞质迅速降解，不能为花粉发育提供充足的营养物质，最终形成干瘪褶皱的花粉粒且花粉壁内的内容物几乎全部被降解（Zhao et al., 2015）
油菜	BHL	花药发育异常：初生造孢细胞粘连、空泡化；减数分裂至四分体时期孢母细胞停止发育；四分体时期绒毡层与孢母细胞粘连，绒毡层膨大、局部向药室增生；单胞期无花粉粒，或有少量畸形花粉粒，还有多核花粉粒，绒毡层液泡化，中层不解体；二三胞期死花粉、无花粉等（井苗，2008）
棉花	调节膦	花粉母细胞减数分裂时期抑制小孢子发育，导致棉花雄性不育（谢九皋等，1996）

二、化学杂交剂诱导雄性败育的生理学变化

（一）生长调节剂

植物生长调节剂是一类与植物激素具有相似生理和生物学效应的物质，部分化学杂交剂本身就是生长调节剂，如赤霉素和乙烯利可以诱导油菜、小麦等作物雄性败育。研究表明，遗传性雄性不育与花药中的激素含量密切相关。例如，油菜'波里马'（Polima）细胞质雄性不育系和保持系相比，不育系花蕾中赤霉素类激素（GA）、吲哚乙酸（IAA）和脱落酸（ABA）含量均高于保持系（田长恩等，1998）。与之类似，水稻细胞质雄性不育系（'珍汕97A'）幼穗中的乙烯合成前体（ACC）含量和乙烯释放速率均高于其保持系（'珍汕97B'）（田长恩等，1999）。外施乙烯利使保持系花粉育性下降，外施ACC合成酶抑制剂（AVG）部分恢复不育系花粉育性。另外，利用乙烯合成抑制剂（AVG）处理小麦细胞核质互作雄性不育系V-59A后，内源乙烯释放速率降低，育性得到部分恢复（刘宏伟等，2003a）。

非生长调节剂类型的化学杂交剂也会引起雄性败育花药中激素含量的变化。化学杂交剂Sc2053和BAU-2诱导的小麦雄性败育花药中，各种内源激素[包括赤霉素类激素（GA）、吲哚乙酸（IAA）、细胞分裂素类激素（CTK）和脱落酸（ABA）等]均有变化，且变化幅度与喷施化学杂交剂的剂量密切相关（张爱民等，1997）。GENESIS诱导小麦雄性不育也与幼穗乙烯释放量有关（刘宏伟等，2003a）。化学杂交剂GENESIS喷施小麦后，幼穗中乙烯释放量在单核期、二核期和三核期均明显高于对照，随着GENESIS喷施剂量的增加，小麦雄性败育率和幼穗中乙烯释放量均表现为增长趋势，说明GENESIS诱导小麦雄性不育的生化机制在于GENESIS诱导小麦幼穗中乙烯释放量增加，乙烯释放量的变化与小麦雄性不育有直接关系。在油菜中，化学杂交剂WP诱导的油菜雄性败育与乙烯释放量有直接关系，化学杂交效果越好，乙烯释放量越高（刘志勇等，2006）。范宝磊等（2008）研究发现，喷施化学杂交剂WP后，油菜花蕾中乙烯释放量显著增加，而GA_3、IAA、ABA的含量明显降低。

以上研究表明，无论是遗传性的雄性不育还是化学杂交剂诱导的雄性败育，花药中多种激素水平均会产生变化，激素含量或比例的变化可能是导致雄性不育的原因。但是，激素含量或比例的变化也有可能是伴随雄性败育等过程产生的并发现象，是雄性败育的结果而不是败育的原因。

（二）活性氧和过氧化物酶

活性氧的自由基与其他物质进行连锁反应，使机体发生氧中毒。细胞中，活性氧的清除主要依靠超氧化物歧化酶、过氧化物酶、过氧化氢酶和交替氧化酶。这些氧化酶维持体内的活性氧代谢平衡，从而保护膜结构，是生物体内重要的防御酶。在植物逆境生理和衰老生理中，已将这几个酶活性列为生理活性代谢指标之一。同样，这些指标的改变也可能是化学杂交剂诱导雄性败育的重要原因。

化学杂交剂 GENESIS 和 Sc2053 诱导小麦产生雄性不育，穗部过氧化物酶活性高于对照，说明花药败育可能与过氧化物酶活性的升高有关（苏俊英等，2000）。化学杂交剂乙烯利、KMS-1 及两者的混合液诱导小麦雄性败育，过氧化物酶同工酶的活性发生了改变（沈银柱等，1999），在单核早期，乙烯利、KMS-1 处理的小麦花药中氧化物酶同工酶活性均明显低于对照，乙烯利与 KMS-1 的混合液处理的氧化物酶同工酶活性却明显高于对照。SQ-1 也可诱导小麦花药中活性氧含量升高，超氧化物歧化酶、过氧化物酶、过氧化氢酶的活性降低，因而推测可能是过量活性氧诱导 SQ-1 处理小麦植株的小孢子流产，最终导致雄性败育（Ba et al.，2013）。SQ-1 诱导的小麦雄性败育系中交替氧化酶（AOX1a）基因在旗叶中表达量最低，花药单核期表达量最高，二核期表达量减少，但三核期略呈上升；与可育系材料相比，SQ-1 诱导的小麦雄性败育系在单核期 *AOX1a* 基因的表达量极显著升高，二核期极显著降低（李亚鑫等，2011）。因而推测，*AOX1a* 基因在生理型不育系单核期和二核期的异常表达，可能影响了花药发育过程中抗氰呼吸途径，导致呼吸代谢紊乱，引起花药败育。

（三）代谢物质

代谢物质是植物正常生长的生理基础，重要代谢物质的变化可能是雄性败育的原因。游离氨基酸在小孢子发育过程中具有重要的生理功能，其中脯氨酸最受关注，主要负责提供花药营养，促进花粉发育和花粉管伸长。油菜正常花粉富含游离脯氨酸，而叶片合成的脯氨酸是花粉中脯氨酸的主要来源，化学杀雄剂 1 号使脯氨酸于叶片中积累，而不运往花药（官春云等，1990）。化学杀雄剂 1 号对棉花吸收矿质营养元素有影响（陈时洪等，2001）。水稻减数分裂期施用 CRMS 可引起花药中游离氨基酸含量的大幅度下降，特别是脯氨酸下降更剧烈（王熹等，1995）。化学杂交剂津奥啉处理的小麦花药中脯氨酸含量也显著下降（肖建国等，1996）。化学杀雄剂III号处理水稻，花药中核酸总量和蛋白质含量比对照低 40%以上，而相应水解酶活性比对照高 46%以上（黄雪清等，2001）。化学杂交剂保纯灵处理水稻叶片和颖花的核酸含量均降低，叶片酸溶性无机磷含量降低，而颖花中酸溶性无机磷含量增加；叶片和幼穗游离脯氨酸含量降低，可溶性蛋白质含量首先表现增加，随后降低，可溶性糖含量增加（刘庆龙和彭丽莎，1998）。这些结果说明，化学杂交剂对花药中的脯氨酸、核酸、蛋白质和可溶性糖含量有较大影响，但是这些代谢物质的变化也可能是化学杂交剂引发花药细胞死亡的一种次级效应。

（四）能量代谢

能量代谢主要是指呼吸作用，包括呼吸底物降解、呼吸链的转运和氧化磷酸化三个过程。对 GENESIS 处理的和未处理的植株花药的总呼吸活性、细胞色素途径呼吸活性和交替途径实际呼吸活性进行了比较研究，结果表明，在各时期处理植株花药的总呼吸活性均低于对照植株，单核期最为明显；在小孢子减数分裂期、四分体期和单核期，处理小麦植株花药的细胞色素途径呼吸活性均明显降低，而在小孢子减数分裂期和四分体期交替途径实际呼吸活性出现明显升高（方正武等，2004）。这些结果说明，能量代谢的变化可能也是化学杂交剂引发雄性败育的重要原因之一。

三、化学杂交剂诱导雄性败育的转录组学研究

高等植物的雄配子体发育过程是一个复杂而精密的过程，细胞生理状态的改变都源自于基因表达模式的改变，因此分析基因的表达是至关重要的。通过基因表达分析可以更深入地了解作物生理学变化的深层机制。伴随着新技术的开发与应用，尤其是基因芯片技术和大规模测序技术的发展，转录组学已应用于化学杂交剂诱导作物雄性败育机制的研究中。

化学杂交剂 SQ-1 诱导小麦雄性败育机制的研究中，以小麦品种'西农 1376'为对照，对 SQ-1 诱导的雄性败育花药材料做转录组分析，发现 1088 个差异表达基因，包括 643 个上调表达基因和 445 个下调表达基因（Zhu et al.，2015）。聚类分析表明这些差异表达基因分属于 60 个信号通路，主要涉及核糖体组分、光合作用、呼吸作用、嘌呤和嘧啶代谢、氨基酸代谢、谷胱甘肽代谢、RNA 转运、信号转导、活性氧代谢、mRNA 监测通路、内质网相关蛋白、蛋白质输出和泛素化介导的蛋白质水解等过程。类似地，以未处理的'陕农 558'花药为对照，以 SQ-1 诱导的'陕农 558'雄性败育花药为试验材料，利用基因芯片技术对两者的差异表达基因进行分析，发现与对照组相比，差异表达基因共计 2052 个，其中上调表达基因 1294 个，下调表达基因 758 个（刘迎团，2012）。上调表达基因主要参与解毒途径，如谷胱甘肽 S-转移酶基因等；还包括非生物刺激响应类基因，如 PAP1 蛋白（编码生长素响应蛋白 IAA26）等。另外，碳水化合物介导的信号转导过程基因也发生了上调表达，如乙烯响应因子编码基因、生长素响应蛋白编码基因、己糖激酶编码基因等。下调表达基因主要参与多糖代谢途径，如参与淀粉代谢过程的淀粉合成酶、果糖激酶、1,4-α-葡聚糖分支酶、糖基转移酶、α-葡聚糖磷酸化酶、4-α-葡聚糖转移酶等。化学杂交剂单嘧磺酯钠诱导甘蓝型油菜雄性败育机制的研究中，对单嘧磺酯钠处理前后的叶片及不同发育阶段花药进行了转录组分析（李占杰，2015；Li et al.，2015b）。通过对比分析花药组织与叶片，以及不同发育时期花药组织，共筛选到 11 678 个差异表达转录本。花药发育早期，与花粉外壁形成和丙三醇、脂肪酸代谢相关的基因高效表达；花药发育晚期，大量与细胞壁或果胶代谢相关的基因上调表达。另外，共筛选到 1501 个受单嘧磺酯钠调控的油菜花药特异性差异表达基因，其中 64%在不育株中下调表达，36%上调表达。总之，化学杂交剂影响了花药发育过程中与多种代谢通路相关基因的表达。

四、化学杂交剂诱导雄性败育的蛋白质组学研究

蛋白质作为基因表达的终产物，是各种调控途径的主要执行者。应用比较蛋白质组学的方法，对化学杂交剂 SQ-1 处理的小麦不同组织（旗叶、小花、花药、花粉）样品进行了分析。对化学杂交剂 SQ-1 处理 2h 和 6h 的小麦旗叶膜蛋白进行分析，共检测到 150 个差异表达的膜蛋白（王书平，2016；Song et al.，2015）。差异表达的膜蛋白主要参与光合作用、ATP 合成和离子转运、蛋白质折叠和组装、蛋白质合成、细胞修复和防

御、电子传递、糖代谢、蛋白质降解、信号转导、蛋白质转运及叶绿素合成等路径。此外，以小麦正常可育系及其遗传型雄性不育系作为对照，研究 SQ-1 诱导雄性败育的小花线粒体蛋白质组的变化（王书平，2016；Song et al.，2015），共获得 71 个线粒体差异表达蛋白，这些差异表达蛋白参与不同的细胞代谢过程，主要包括线粒体电子传递链和蛋白质代谢过程。以小花叶绿体为研究对象，用双向凝胶电泳技术鉴定出约 150 个清晰的蛋白质点，包括 6 个差异表达蛋白质，分别是 PAP-fibrillin、ATRABB1A、底物同源结构域蛋白/Rho GAP 结构域蛋白、铜锌超氧化物歧化酶、R2R3-MYB 转录因子及 1 个假定蛋白质。这些蛋白质直接参与了花药激素调节、蛋白质转运、蛋白质互作、活性氧积累及花药的发育，表明 SQ-1 诱导的小麦雄性败育的机制可能与这些生理代谢过程的变化相关（王书平，2010）。对 SQ-1 处理的小麦成熟期花粉总蛋白进行分析，鉴定出 7 个差异表达蛋白质，它们分别是液泡转化酶、动力蛋白轻链 TCTEX-1、锰超氧化物歧化酶、果糖-1,6-二磷酸醛缩酶、抗坏血酸过氧化物酶、凝集素蛋白激酶和一种未知功能的蛋白质（叶景秀等，2009a，2009b）；另一项研究在 SQ-1 处理的小麦花药中鉴定出 103 个差异表达的蛋白质，主要涉及碳水化合物代谢、氧化应激与抗性、蛋白质代谢、光合作用、细胞骨架和细胞结构（Liu et al.，2018）。推测 SQ-1 诱导小麦雄性败育可能与能量代谢失衡、淀粉合成受抑制、蛋白质代谢、氧化胁迫、细胞凋亡及花器官发育调节基因作用失控等有关。

双向电泳蛋白质研究技术也被应用于化学杂交剂诱导的甘蓝型油菜雄性败育机制的研究。分析比较甘蓝型油菜对照可育株和化学杂交剂单嘧磺酯钠诱导的雄性不育株的叶片及花药的蛋白质组变化发现，与对照相比，在单嘧磺酯钠诱导的雄性不育株的叶片、小花蕾、中花蕾、大花蕾的花药中分别鉴定出 9 个、8 个、24 个、100 个差异表达的蛋白质（成宇峰，2014；Cheng et al.，2013）。油菜雄性不育植株叶片中有 6 个蛋白质上调，3 个蛋白质下调；上调蛋白质点主要参与胁迫应答和自身修复，下调蛋白质点主要参与能量代谢。小花蕾中有 3 个蛋白质上调，5 个蛋白质下调；下调蛋白质点主要是参与植物生长发育和细胞静态骨架，其下调表达导致花粉母细胞期间少数绒毡层细胞和小孢子异常发育。中花蕾的花药中有 4 个蛋白质上调，20 个蛋白质下调；上调蛋白质点主要涉及胁迫应答；下调蛋白质点主要参与植物生长发育、细胞壁重塑代谢、细胞静态骨架、细胞内运输，以及脂类、碳水化合物、能量代谢等；许多参与基因表达调控、细胞壁重塑代谢、细胞内运输的蛋白质表达下调，从而导致四分体时期到单核靠边期的小孢子细胞和绒毡层细胞异常发育或是缺失。大花蕾的花药中有 23 个蛋白质上调，77 个蛋白质下调；上调蛋白质点主要涉及碳水化合物、脂类和 DNA 降解代谢；下调蛋白质点主要参与细胞营救、防卫、解毒、细胞壁重塑、细胞骨架、细胞运输，以及蛋白质、碳水化合物、脂类、DNA 的生物合成代谢。此外，通过分析化学杂交剂 SX-1 处理的甘蓝型油菜花药的蛋白质组学，发现 119 个差异表达蛋白，鉴定了 101 个差异蛋白，根据功能分为 13 大类，主要集中在氨基酸代谢相关蛋白、碳水化合物代谢相关蛋白、油脂合成相关蛋白等（林志伟，2013）。这些研究表明化学杂交剂诱导了大量参与碳水化合物、脂类及 DNA 降解相关蛋白的表达发生改变，造成花药的发育和代谢过程紊乱，导致花粉败育。

五、化学杂交剂诱导雄性败育的分子机制

目前，低剂量的磺酰脲类除草剂苯磺隆作为化学杂交剂诱导甘蓝型油菜雄性败育的分子机制研究得比较清楚。磺酰脲类除草剂通过靶向乙酰乳酸合成酶抑制支链氨基酸的合成，支链氨基酸缺乏（饥饿）是磺酰脲类除草剂导致植物幼苗死亡的主要原因（Zhao et al.，1998）。对乙酰乳酸合成酶与磺酰脲类除草剂的晶体复合物研究表明，乙酰乳酸合成酶由 4 个具有相同折叠结构的四聚体组成（McCourt et al.，2006），每个亚基含 α 域、β 域和 γ 域三个结构域，C 端环绕着活性位点。磺酰脲类除草剂与乙酰乳酸合成酶底物（丙酮酸或酮丁酸）的结构不同，除草剂通过与乙酰乳酸合成酶通道内部残基作用，阻塞底物进入活性位点而抑制乙酰乳酸合成酶的活性（McCourt et al.，2006）。

在过去几十年间，随着磺酰脲类除草剂广泛而大规模的使用，至少 50 种杂草进化出了除草剂抗性（Powles and Yu，2010）。磺酰脲类除草剂的抗性机制主要有靶标抗性和非靶标（代谢）抗性两种。靶标抗性是指靶标蛋白的氨基酸发生点突变，使得除草剂与靶标的结合能力降低，从而产生除草剂抗性（Yuan et al.，2007）。早在 1988 年，在拟南芥中就发现了抗磺酰脲类除草剂氯磺隆的突变体 csr1-1D，Pro-197-Ser 点突变是产生除草剂抗性的原因（Haughn et al.，1988）。与靶标抗性相对，非靶标耐性是指不依赖靶标位点的氨基酸突变而产生的代谢耐（抗）性（Yuan et al.，2007）。水稻中的 CYP81A6（Bel）基因具有降解磺酰脲类除草剂苯磺隆的功能（Pan et al.，2006；Zhang et al.，2007），是典型的代谢抗性基因。

低剂量的苯磺隆作为化学杂交剂处理组成型表达靶标抗性基因 csr1-1D 的甘蓝型油菜植株，植株营养生长和生殖生长都正常。苯磺隆处理 csr1-1D 拟南芥突变体和 BnALS3 显性突变的甘蓝型油菜（Li et al.，2015a），植株依然保持正常的育性。苯磺隆处理花药特异性表达 csr1-1D 植株，花药育性正常，处理花药和花瓣发育早期表达 csr1-1D 植株，花药雄性败育。随后，对花药特异性表达 csr1-1D 植株的乙酰乳酸合成酶酶活进行测定，结果表明苯磺隆处理后该酶依然保持较高的酶活。这些结论表明乙酰乳酸合成酶在花药组织特异性地受到抑制是导致苯磺隆诱导雄性败育的唯一原因（Zhao et al.，2015）。进一步研究表明，叶片喷施的苯磺隆主要通过叶肉和维管组织极性运输到花药，花药中苯磺隆的积累量远远高于叶片和茎中的积累。苯磺隆处理后，花药中乙酰乳酸合成酶的活性（23%）比成熟叶片（93%）和茎秆（85%）中的受到了更大的抑制。综上所述，乙酰乳酸合成酶在营养组织与花药中的差异性抑制是苯磺隆特异性诱导雄性败育的主要原因（赵伦，2015；Zhao et al.，2015）。

此外，研究者还证实苯磺隆诱导的雄性败育花药中的小孢子和绒毡层的死亡方式为自体吞噬型细胞死亡（Zhao et al.，2015）。自体吞噬是一种大量降解细胞质内含物的过程，自噬体包裹大量的细胞质基质和细胞器并将其运输到液泡降解。细胞死亡过程中常伴随自体吞噬的激活，因此这种死亡方式被称为自体吞噬型细胞死亡。花药显微和蛋白免疫分析表明，苯磺隆处理或花药特异性干涉乙酰乳酸合成酶基因诱导的雄性败育的花药细胞中，自体吞噬活性被极大地增强。与对照相比，苯磺隆处理植株的小孢子和绒毡

层被大液泡化且伴随着细胞质被大量降解。另外，自体吞噬抑制剂 3-MA 处理可以部分恢复苯磺隆造成的花粉败育。这些数据表明叶片喷施的苯磺隆被极性运输到花药，通过特异性地抑制乙酰乳酸合成酶活性，造成花药组织支链氨基酸饥饿，最终诱导自体吞噬型花药细胞死亡（图 6-1）。

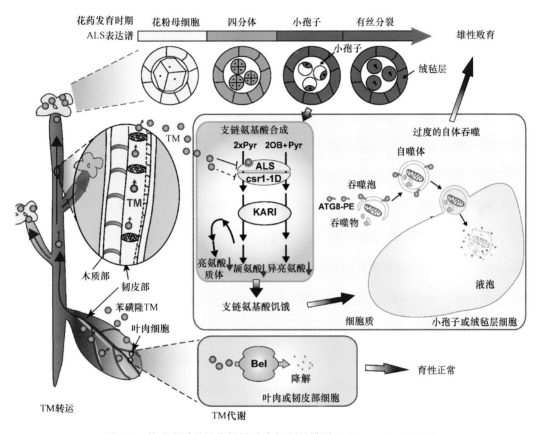

图 6-1　苯磺隆诱导植物雄性败育机制的模型（Zhao et al.，2015）

　　大部分叶片喷施的苯磺隆通过叶肉和维管组织被极性运输到花药。乙酰乳酸合成酶首先在四分体时期的绒毡层和四分体中表达，在小孢子和有丝分裂时期保持较高的表达。积累于花药的苯磺隆诱导花药特异性地抑制乙酰乳酸合成酶，随后导致支链氨基酸饥饿，激活过度的自体吞噬。自体吞噬过程中，大量的细胞质成分被降解，最终导致花药败育。

第四节　油菜化学杀雄杂交制种技术

　　不同于细胞质雄性不育、细胞核雄性不育、自交不亲和等遗传型花粉败育或自花授粉不结实杂种优势利用系统，化学杀雄为非遗传型雄性不育，它受施加的化学杂交剂的诱导，因而化杀杂交制种考虑的不仅仅包含隔离条件、播种与收获、父母本开花期、除杂、辅助授粉等相关的栽培管理因素，更重要的是化杀剂与植物的互作，以及化学杂交剂的施用及效果等方面。

因化学杂交剂诱导油菜雄性败育存在有效期的限制，为取得理想的杂交制种纯度，制种时应当考虑适当缩短母本花期时间而延长父本花期时间，有效的方法是选择花期集中亲本或提高母本种植密度（郭徐鹏等，2013）、降低父本种植密度。郭徐鹏等（2013）研究还表明，合理浓度的化学杂交剂还可以缩短母本的开花时间，而母本植株密度与化学杂交剂喷施浓度间不存在互作效应，因而大田制种中化学杂交剂施用浓度可不随母本种植密度的变化而变化。

父母本配置方面，一般的做法是，父本行间、母本行间距离同常规油菜种植要求，而父、母本行间距离适当大些为妥（避免父本受药）。例如，在进行杂种'湘油 11'×'湘油 466'制种时，制种田厢面宽 2m，中间移栽 3 行母本'湘油 11'，行距 35cm，株距 20cm；厢两旁各栽 1 行父本'湘油 466'，父本株距 20cm，父母本间行距 50cm，父母本行比 2∶3（傅廷栋，2000）。宋放等（2016）采取的父母本配置方法是行比 2∶4，父母本内部行距 30cm，父母本间行距 80cm（移栽）。他们还在综合分析制种产量、效益与制种纯度、费用等问题基础上，提出父母本隔厢（窄厢）直播种植方式，父母本厢比为 1∶1～1∶2，在制种同时，还扩繁了父本种子。这种方式确实有利于机械喷施化杀剂操作，也有利于提高化学杀雄制种经济效益。

总之，在进行化学杀雄杂种制种时，应提前试验，掌握制种亲本最佳施用浓度和喷施量、最佳施药时机及耐药性，采用机械种植、施药方式，实现化学杀雄制种的机械化、标准化、精确化，降低制种成本，并注意减少漏喷或少喷量不足、多喷量过大等现象，提高制种质量。

参 考 文 献

陈时洪, 李学刚, 王强, 等. 2001. 棉花化学杀雄剂 1 号对棉花吸收矿质营养元素的影响. 棉花学报, 13: 7-10.

陈万义. 1999. 化学杂交剂的进展. 农药, 38(1): 1-6.

成宇峰. 2014. 新型化学杂交剂筛选及其诱导油菜雄性不育的效果和机理研究. [博士学位论文]. 杨凌: 西北农林科技大学.

范宝磊, 岳霞丽, 张黎娜. 2008. 化学杀雄剂诱导植物雄性不育的生理生化研究进展. 铜仁学院学报, 10: 130-134.

方正武, 姚亚琴, 张改生, 等. 2004. GENESIS 诱导小麦雄性不育性与花药组织呼吸关系的初步研究. 西北植物学报, 24: 982-985.

付云龙, 戚永明, 赵汉红. 2013. 化学杀雄剂对油菜三系杂制种母本微粉控制试验简报. 种子, 32(1): 73.

傅廷栋. 2000. 杂交油菜的育种与利用. 武汉: 湖北科学技术出版社: 149-166.

高志宏, 孙志刚, 付云龙. 2011. 化杀灵在油菜核不育两系制种除杂中的应用效果研究. 种子, 30(1): 122-123.

官春云, 李枸, 王国槐, 等. 1997. 化学杂交剂诱导油菜雄性不育机理的研究 I. 杀雄剂 1 号对甘蓝型油菜花药毡绒层和花粉粒形成的影响. 作物学报, 23: 513-521.

官春云, 李枸, 王国槐, 等. 1998. 化学杂交剂诱导油菜雄性不育机理的研究 II. KMS-1 对甘蓝型油菜育性的影响. 中国油料作物学报, 20: 1-4.

官春云, 王国槐, 李枸, 等. 1990. 油菜化学杀雄药物、机理和杂种研究. 作物研究, (4): 13-19.

官春云, 王国槐, 赵均田, 等. 1981. "杀雄剂 1 号"诱导油菜雄性不育的效果及其机理的初步研究. 遗传, 3(5): 15-17.

郭徐鹏, 李永红, 李建昌, 等. 2013. 甘蓝型油菜化学杂交剂 SX-1 制种应用研究. 陕西农业科学, (5): 10-13.

何振才, 李建昌, 李永红. 2000. 新杀雄剂 SX-1 在油菜上的应用初报. 陕西农业科学, (3): 12-14.

侯国裕, 黄荣初. 1982. 化学杀雄剂的研究进展. 农药, (1): 33-36.

黄桃翠, 殷家明, 李加纳. 2016. 改良化杀灵 wp2 对甘蓝型油菜杀雄效果研究. 西南大学学报(自然科学版), 38(7): 46-51.

黄雪清, 高东迎, 杨安南, 等. 2001. 化学杀雄剂III号诱导水稻雄性不育过程中幼穗、颖花、花药中核酸和蛋白质代谢研究. 作物学报, 27: 827-831.

蒋明亮, 王道全, 张爱民, 等. 1998. 新哒嗪类化合物 9403 对小麦去雄效应的初步研究. 中国农业大学学报, 3(5): 39-44.

井苗. 2008. 化学药物诱导油菜雄性不育效果的研究. [硕士学位论文]. 杨凌: 西北农林科技大学.

井苗, 董振生, 严自斌, 等. 2008. BHL 等 4 种药物对油菜杀雄效果的研究. 西北农业学报, 17(3): 165-170.

李殿荣, 李永红, 任军荣, 等. 2012. 油菜高油种质+化学诱导雄性不育杂优利用模式及其应用技术. 西北农业学报, 21(11): 69-74.

李建厂, 李永红, 王灏, 等. 2013. 新型油菜化学杂交剂 SX-1 对甘蓝型油菜制种亲本相关性状的影响研究. 中国农学通报, 29(24): 62-68.

李文, 王国槐, 官春云. 2013. 化学杂交剂对不同品种油菜的杀雄效果研究. 核农学报, 27(2): 139-145.

李亚鑫, 盛英, 张改生, 等. 2011. 杀雄剂 SQ-1 诱导的小麦生理型雄性不育系交替氧化酶基因(AOX1)的表达分析. 麦类作物学报, 31: 805-810.

李则轩. 2003. 化学杂交剂(CHA)诱导小麦雄性不育的可能机理. [硕士学位论文]. 石家庄: 河北师范大学.

李占杰. 2015. 化学杂交剂单嘧磺酯钠诱导甘蓝型油菜雄性不育分子机制的初步研究. [博士学位论文]. 杨凌: 西北农林科技大学.

林志伟. 2013. 利用蛋白质组学技术解析化学杀雄剂 SX-1 致使甘蓝型油菜雄性不育机理研究. [硕士学位论文]. 武汉: 华中科技大学.

刘宏伟. 2002. 化学杂交剂-GENESIS 诱导小麦雄性不育机理研究. [博士学位论文]. 杨凌: 西北农林科技大学.

刘宏伟, 张改生, 刘秉华. 2004. 化学杂交剂 GENESIS 诱导小麦雄性不育的细胞形态学观察. 西北植物学报, 24: 2282-2285.

刘宏伟, 张改生, 王军卫, 等. 2003a. GENESIS 诱导小麦雄性不育与幼穗中乙烯含量的关系. 西北农林科技大学学报, 6: 39-42.

刘宏伟, 张改生, 王军卫, 等. 2003b. 化学杂交剂 SQ-1 诱导小麦雄性不育及与不同小麦品种互作效应的研究. 西北农林科技大学学报(自然科学版), 31(4): 15-18.

刘庆龙, 彭丽莎. 1998. 两系杂交水稻应用化学杂交剂保纯的研究 II.保纯灵处理对光温敏核不育水稻生理生化的影响. 湖南农业大学学报, 24: 345-350.

刘绚霞, 董军刚, 刘创社, 等. 2007. 新型化学杀雄剂 EN 对甘蓝型油菜的杀雄效果及其应用研究. 西北农林科技大学学报(自然科学版), 35(4): 81-85.

刘迎团. 2012. 杀雄剂 SQ-1 诱导小麦生理型雄性不育的基因表达谱研究. [硕士学位论文]. 杨凌: 西北农林科技大学.

刘志权, 刘茜琼, 于澄宇, 等. 2016. 5 种除草剂对油菜 ALS 酶活性的影响及杀雄作用评价. 中国油料作物学报, 38(6): 742-749.

刘志勇, 沈春章, 傅廷栋, 等. 2006. 化杀灵诱导油菜雄性不育与乙烯释放量的关系. 华中农业大学学报, 25: 120-122.

罗鹏. 1991. 油菜的孤雌生殖. 成都: 四川大学出版社: 92-106.

尚毅, 李殿荣, 李永红, 等. 2005. 我国油菜化学杀雄+细胞质雄性不育的应用研究. 西北农业学报, 14(1): 27-29.

单忠德, 孙明法, 孙红芹, 等. 2006. 化杀灵在油菜三系杂交制种中的应用效果. 江苏农业科学, (3): 52-53.

沈银柱, 刘植义, 黄占景, 等. 1999. 不同化学杂交剂(CHA)对小麦花药同工酶影响的研究. 遗传, 21: 41-46.

宋放, 王谧, 宋淑琦, 等. 2016. 两种甘蓝型油菜化杀制种方法对比试验. 种业导刊, (1): 16-18.

苏俊英, 吕德彬, 程西永, 等. 2000. 化学杂交剂 Genesis 及 Sc2053 对小麦穗部过氧化物酶活性的影响. 河南农业大学学报, 34: 309-311, 328.

田长恩, 梁承邺, 黄毓文, 等. 1999. 乙烯与水稻细胞质雄性不育的关系. 作物学报, 25: 116-119.

田长恩, 张明永, 段俊, 等. 1998. 油菜细胞质雄性不育系及其保持系不同发育阶段内源激素动态变化初探. 中国农业科学, 31: 20-25.

王书平. 2010. 杀雄剂 SQ-1 诱导小麦生理型雄性不育小花完整叶绿体差异蛋白质组学研究. [硕士学位论文]. 杨凌: 西北农林科技大学.

王书平. 2016. 小麦生理型雄性不育分子机理研究及其败育分子模型的建拓. [博士学位论文]. 杨凌: 西北农林科技大学.

王熹, 俞美玉, 陶龙兴. 1995. 雄性配子诱杀剂 CRMS 对水稻花药蛋白质与游离氨基酸的影响. 中国水稻科学, 9: 123-126.

韦世豪, 李永红, 田建华, 等. 2016. SX-1 对春油菜区不同类型甘蓝型油菜杀雄效果和生育期的影响. 西北农林科技大学学报(自然科学版), 44(4): 73-80.

韦世豪, 田建华, 李永红, 等. 2011. 化学杂交剂 SX-1 对不同生态区甘蓝型油菜的杀雄效果. 西北农林科技大学学报(自然科学版), 39(11): 119-124.

肖建国, 蒋爱湘, 冯桂苓. 1996. 化学杂交剂"津奥啉"诱导小麦雄性不育机理研究. 华北农学报, 11(4): 7-11.

谢九皋, 蒋明亮, 张传忍. 1996. 调节膦诱导雄性不育棉花细胞形态初步观察. 华中农业大学学报, 15: 15-17.

徐如强, 黄铁城, 张爱民. 1993. "BAU-2"诱导普通小麦雄性不育的研究. 北京农业大学学报, 19: 19-24.

许海霞, 吕德彬, 程西永, 等. 2003. GENESIS 诱导小麦雄性不育的形态学和细胞学观察. 河南农业大学学报, 37: 205-208.

闫先喜, 梁作勤, 田纪春. 1996. Sc2053 诱导小麦雄性不育形态学和细胞学观察. 华北农学报, 11: 19-24.

杨交礼. 2006. 两种新型药物对油菜的杀雄效果及机制研究. [硕士学位论文]. 长沙: 湖南农业大学.

叶景秀, 陈蕊红, 张改生, 等. 2009a. 杀雄剂 SQ-1 诱导小麦雄性不育花药蛋白质组分分析. 农业生物技术学报, 17: 858-864.

叶景秀, 张改生, 王书平, 等. 2009b. 杀雄剂 SQ-1 诱导小麦雄性不育花粉粒差异蛋白质组学研究. 中国生物化学与分子生物学报, 25: 949-957.

于澄宇. 2009. 植物化学杂交剂的作用特征与机理. [博士学位论文]. 杨凌: 西北农林科技大学.

于澄宇, 何蓓如. 2014. 氨基酸合成抑制剂类除草剂诱导油菜雄性不育效果评价. 作物学报, 40(2): 264-272.

于澄宇, 胡胜武, 张春宏, 等. 2005. 化学杂交剂 EXP 对油菜的杀雄效果. 作物学报, 31(11): 1455-1459.

张爱民, 李英贤, 黄铁城. 1997. 化学杂交剂诱导的雄性不育花药组织内源激素的变化. 农业生物技术学报, 5: 64-71.

张学昆, 李加纳, 唐章林, 等. 1999. 化学杂交剂对油菜胞质不育系波利马育性的影响. 西南农业大学学报, 21(2): 140-143.

张耀文, 尚毅, 李永红, 等. 2003. 新型化学杂交剂SX-1对甘蓝型油菜CMS的作用效果研究. 西北农业学报, 12(3): 57-61.

张振乾, 王国槐, 官春云, 等. 2011. 油菜化学杀雄剂研究进展. 湖南农业科学, (5): 19-22.

赵彩霞, 刘自刚, 孙万仓, 等. 2013. 化学杀雄剂对白菜型冬油菜陇油6号的杀雄效果. 中国油料作物学报, 35(4): 394-399.

赵伦. 2015. 苯磺隆诱导甘蓝型油菜雄性败育的机理及自体吞噬在苯磺隆抗性中的作用. [博士学位论文]. 武汉: 华中农业大学.

Ba Q, Zhang G S, Wang J S, et al. 2013. Relationship between metabolism of reactive oxygen species and chemically induced male sterility in wheat(*Triticum aestivum* L.). Canadian Journal of Plant Science, 93: 675-681.

Banga S S, Labana K S. 1983. Production of F$_1$ hybrid using *ehtrel*-induced male sterility in India mustard(*B. juncea* L.). Journal of Agricultural Science, 101(2): 453-455.

Cheng Y, Wang Q, Li Z, et al. 2013. Cytological and comparative proteomic analyses on male sterility in *Brassica napus* L. induced by the chemical hybridization agent monosulphuron ester sodium. PLoS One, 8(11): e80191.

Colhoun C W, Steer M W. 1983. The cytological effects of the gametocides ethrel and RH-531 on microsporogenesis in barley(*Hordeum vulgare* L.). Plant, Cell and Environment, 6: 21-29.

Cross J W, Ladyman J A R. 1991. Chemical agents that inhibit pollen development: tools for research. Sexual Plant Reproduction, (4): 235-243.

Haughn G W, Smith J, Mazur B M, et al. 1988. Transformation with a mutant *Arabidopsis* acetolactate synthase gene renders tobacco resistant to sulfonylurea herbicides. Molecular and General Genetics, 211: 266-271.

Li H, Li J, Zhao B, et al. 2015a. Generation and characterization of tribenuron-methyl herbicide-resistant rapeseed(*Brasscia napus*)for hybrid seed production using chemically induced male sterility. Theoretical and Applied Genetics, 128: 107-118.

Li Z, Cheng Y, Cui J, et al. 2015b. Comparative transcriptome analysis reveals carbohydrate and lipid metabolism blocks in *Brassica napus* L. male sterility induced by the chemical hybridization agent monosulfuron ester sodium. BMC Genomics, 16: 206.

Liu H, Zhang G, Wang J, et al. 2018. Chemical hybridizing agent SQ-1-induced male sterility in *Triticum aestivum* L.: a comparative analysis of the anther proteome. BMC Plant Biology, 18(1): 7.

McCourt J A, Pang S S, King-Scott J, et al. 2006. Herbicide-binding sites revealed in the structure of plant acetohydroxyacid synthase. Proceedings of the National Academy of Sciences of the United States of America, 103: 569-573.

Miller J F, Lucken K A. 1977. Gametocidal properties of RH-531, RH-532, RH-2956, and RH-4667 on spring wheat(*Triticum aestivum* L.). Euphytica, 26(1): 103-112.

Mizelle M B, Sethi R, Ashton M E, et al. 1989. Development of the pollen grain and tapetum of wheat (*Triticum aestirum*) in untreated plants and plants treated with chemical hybridizing agent RH0007. Sexual Plant Reproduction, 2: 231-253.

Mogensen H L, Ladyman Juanita A R. 1989. A structural study on the mode of action of CHATM chemical hybridizing agent in wheat. Sexual Plant Reproduction, 2: 173-183.

Moore R H. 1950. Several effects of maleic hydrazide on plants. Science, 112: 52-53.

Naylor A W. 1950. Observations on the effects of maleic hydrazide on flowering of tobacco, maize and cocklebur. Proceedings of the National Academy of Sciences of the United States of America, 36: 230-232.

Nelson P M, Rossman E C. 1958. Chemical induction of male sterility in inbred maize by use of gibberellins.

Science, 127(3313): 1500-1501.

Pan G, Zhang X, Liu K, et al. 2006. Map-based cloning of a novel rice cytochrome P450 gene CYP81A6 that confers resistance to two different classes of herbicides. Plant Molecular Biology, 61: 933-943.

Pickett A A. 1993. Hybrid wheat-results and problems. Advances in Plant Breeding No. 15. Paul Parey Scientific Publishers, Berlin Hamburg, 15: 1-259.

Powles S B, Yu Q. 2010. Evolution in action: plants resistant to herbicides. Annual Review of Plant Biology, 61: 317-347.

Rehm S. 1952. Male sterile plants by chemical treatment. Nature, 170(4314): 38-39.

Sanjeet Kumar, Singh P K. 2005. Mechanisms for hybrid development in vegetables. Journal of New Seeds, 6(4): 381-407.

Song Q, Wang S, Zhang G, et al. 2015. Comparative proteomic analysis of a membrane-enriched fraction from flag leaves reveals responses to chemical hybridization agent SQ-1 in wheat. Front. Plant Science, 6: 669.

Wang S, Zhang G, Song Q, et al. 2015. Abnormal development of tapetum and microspores induced by chemical hybridization agent SQ-1 in wheat. PLoS One, 10(3): e0119557.

Whitford R, Fleury D, Reif J C, et al. 2013. Hybrid breeding in wheat: technologies to improve hybrid wheat seed production. Journal of Experimental Botany, 64(18): 5411-5428.

Wittwer S H, Hillyer I G. 1954. Chemical induction of male sterility in cucurbits. Science, 120(3126): 893-894.

Yu C, Dong J, Hu S, et al. 2009. Efficiency of a novel gametocide amidosulfuron on rapeseed(*Brassica napus*). Plant Breeding, 128: 538-540.

Yu C, Hu S, He P, et al. 2006. Inducing male sterility in *Brassica napus* L. by a sulphonylurea herbicide, tribenuron-methyl. Plant Breeding, 125: 61-64.

Yuan J S, Tranel P J, Stewart C N. 2007. Non-target-site herbicide resistance: a family business. Trends in Plant Science, 12: 6-13.

Zhang L, Lu Q, Chen H G, et al. 2007. Identification of a cytochrome P450 hydroxylase, CYP81A6, as the candidate for the bentazon and sulfonylurea herbicide resistance gene, *Bel*, in rice. Molecular Breeding, 19: 59-68.

Zhao J, Williams C C, Last R L. 1998. Induction of *Arabidopsis* tryptophan pathway enzymes and camalexin by amino acid starvation, oxidative stress, and an abiotic elicitor. The Plant Cell, 10: 359-370.

Zhao L, Jing X, Chen L, et al. 2015. Tribenuron-Methyl induces male sterility through anther-specific inhibition of acetolactate synthase leading to autophagic cell death. Molecular Plant, 8: 1710-1724.

Zhu Q, Song Y, Zhang G, et al. 2015. De novo assembly and transcriptome analysis of wheat with male sterility induced by the chemical hybridizing agent SQ-1. PLoS One, 10(4): e0123556.

第七章　作物杂种优势的遗传与分子基础

樊晓伟　王冠峰　湛　蔚　邢永忠　华中农业大学

过去 40 年，杂种优势利用在我国乃至整个世界取得了举世瞩目的成就。关于杂种优势的遗传基础，有显性、超显性和上位性三个经典假说。近 20 年来，作物杂种优势的遗传基础研究也取得了一系列进展。无论是杂种优势的显性学说、超显性学说，还是上位性学说，利用双亲本群体都找到了分子遗传学的证据。因此，没有必要排斥各遗传效应在杂种优势遗传基础中的作用。二代测序技术在全基因组范围证实了水稻杂种优势是由双亲间一定数目的互补基因决定的。利用转录组测序尝试解释杂种优势的机制，发现一些与能量代谢、激素合成信号途径相关的基因在杂种与亲本间存在不同的调控模式，亲本特异等位基因的表达与杂种优势有关。同时，杂种优势的预测也从同工酶水平、分子标记水平、QTL 水平、代谢物水平到功能基因水平，其准确性取得了较大幅度的提高。但是，生态适应性杂种优势的遗传基础解析几乎没有开展，亟待加强。关键杂种优势基因分子机制的解析将进一步揭示杂种优势的分子基础，提高强优势组合选配效率。

杂种优势一般指的是杂种一代在生活力、生长势、产量、抗逆和适应性方面优于双亲的现象。植物杂种优势是一个很普遍的现象，无论在自交作物（如水稻）还是异交作物（如玉米）中都广泛存在。杂种优势在作物上的成功利用为确保我国乃至世界粮食安全做出了重要贡献。杂种优势有中亲优势、超亲优势和超标优势三个不同概念。中亲优势是指杂种优于双亲均值表现，被广泛用于杂种优势的遗传基础研究。超亲优势指的是杂种优于高值亲本的现象。从我国 2000 多年前的马和驴杂交产生具有更持久驮载耐受力的骡子，到 50 年前的水稻三系配套杂交利用，再到当前多种作物大规模利用杂种优势生产粮食和食用油，杂种优势的利用取得了巨大进展。但是，杂种优势的遗传和分子机制还不明晰。杂种优势的遗传基础有三个重要经典遗传学假说，即显性假说（dominance）、超显性假说（overdomiance）和上位性假说（epistasis）。近 20 多年来，对多种作物大量、系统的研究使对杂种优势遗传、分子机制的解析取得了显著进展。尽管目前还没有一个广为接受的机制，但这些重要进展仍有助于我们初步理解杂种优势的形成过程。我们将从多方位系统综述作物杂种优势的遗传和分子基础，并对未来杂种优势机制的研究提供新思路。

第一节　杂种优势基本假说

杂种优势的遗传学假说包括 Davenport（1908）提出的显性假说，以及 Shull（1908）、

Powers（1944）分别提出的超显性假说、上位性假说。显性假说认为，基因一般表现为显性效应（部分显性或完全显性），如果双亲携带不同基因的优良等位基因，那么双亲杂交产生的杂种就携带双亲本的所有优良等位基因，亲本差异越大，杂种就有越多的优良等位基因。即使基因表现为部分显性，但是众多的部分显性基因边际效应（marginal effect）的积累，也可以产生较大的净显性效应，使得杂种具有中亲或超亲的表现。超显性假说又叫等位基因异质结合假说，它认为杂种优势并非由显性有利等位基因互补决定，而是由于杂合状态的两个等位基因成员在生理、生化反应能力及适应性等方面，均优于任何一种纯合类型所致，也即基因表现为超显性效应是杂合状态超过纯合状态的表现。超显性假说认为，两个亲本只要有一对等位基因的差别，杂种就表现出优于亲本的杂种优势。上位性假说认为，非等位基因之间相互作用影响性状形成，杂种中不同基因位点上来自于不同亲本的等位基因间存在互作，产生杂种优势。

第二节　杂种优势遗传基础解析的试验设计

杂种优势是复杂的生物学现象，杂种优势研究离不开亲本和杂种，因此，一系列的遗传设计被用于杂种优势研究。起初，多亲本之间的杂交包括双列杂交、NC II 设计和测交用于比较不同亲本组合的杂种表现，预测杂种优势。从 20 世纪 50 年代起到现在，有一系列不同试验设计用于剖析杂种优势遗传学基础（图 7-1）。最先是利用经典数量遗传学方法来分析这些群体中总的显性效应和互作效应大小，但其不能在单基因水平上确定这些效应的贡献者。直到 20 世纪 90 年代分子标记出现，这些群体在杂种优势研究中的巨大潜力才得以发挥，由此在分子标记单位点上开展了一系列遗传学的基础研究。

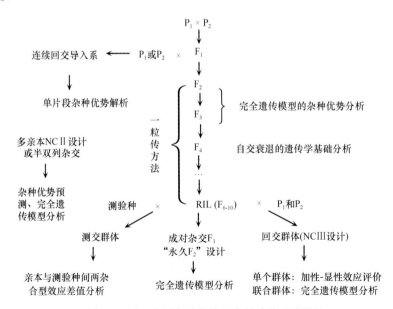

图 7-1　用于水稻杂种优势研究的遗传试验设计

RIL，重组自交系；NC II，双因子交叉式类型设计；NC III，回交系类型设计；P1，亲本 1；P2，亲本 2；F1，杂种一代；F2，自交种第二代；F3，自交种第三代；F4，自交种第四代

杂种因为等位基因杂合表现出与双亲不同的表型，那么研究杂种优势最理想的群体应该是杂种当代和亲本，但由于两个自交系杂种个体间基因型的一致性，即没有变异，使得单基因水平的研究无法开展。利用多亲本的双列杂交或伴双列杂交，即亲本中任意两个亲本都进行正反交或只有正交，可以获得不同亲本的组合。不同杂种间存在多态性，因此表现不同的产量水平，可以根据这种表现评价亲本的一般配合力和特殊配合力，预测杂种优势。

对于双亲本组合，F_2 群体常用于杂种优势的遗传学基础研究（Yu et al.，1997）。F_2 群体通过自交即可获得，同时具有完整的遗传信息，既包括加性效应、显性效应，又包括上位性效应，因此，在早期被广泛用于杂种优势的研究。但由于 F_2 单株的基因型组成的特异性，一个基因型的表型数据来自于单株，这样往往会造成偏差。因此，$F_{2:3}$ 家系表型均值常用来作为 F_2 单株的表型值。经过一代自交，F_3 世代显性效应减少一半，而显性效应恰好是杂种优势的重要遗传基础，因此需要创建新的群体。当前，也有学者通过扩大 F_2 群体大小（如 17 000 株以上），利用大量单株表现型来开展杂种优势的研究，基于大样本的基因型均值更趋近于其真值，故这种利用大样本控制误差的方法非常有效（Huang et al.，2016）。鉴于此，只有设法获得基因型相同的 F_2 单株，才能在既不需要大群体的高投入，又不以牺牲显性效应的评价为代价的基础上获得可靠表型数据。为此目的，张启发先生提出的最适于杂种优势研究的"永久 F_2"群体设计诞生了（Hua et al.，2003）。"永久 F_2"群体是利用双亲本衍生的重组自交系（RIL）群体内自交系间成对随机杂交获得杂种，对于一个组合而言，这种杂种的基因组成包括原始双亲纯合型及杂合型，类似于 F_2 个体，不同杂种可以组成类似 F_2 的群体（图 7-2）。这些 RIL 系间杂种可以重复产生，并且每个杂种基因型可以获得大量的种子，因此这些自交系成对杂交获得的 F_1 组成的群体被称为"永久 F_2"群体。每一个杂种表型值与中亲值的差即为中亲优势。因此，利用"永久 F_2"群体可以直接基于杂种优势值开展杂种优势的遗传学基础解析。

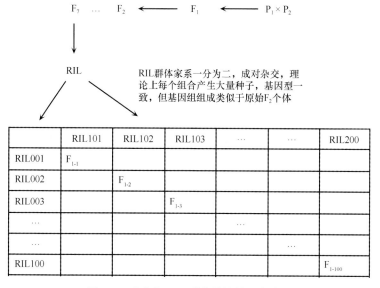

图 7-2 "永久 F_2"群体设计的基本流程

回交设计也常常用于杂种优势的遗传研究，它是利用 RIL 分别与双亲回交获得回交群体（Li et al.，1997，2008）。因为每个回交组合可以获得很多种子，且基因型相同，故克服了 F_2 群体的缺点；但同时回交群体的遗传信息量大为缩水，因为每个杂种基因组成只有两种基因型，即轮回亲本型和杂合型，这样既不能分析显性效应也不能分析加性效应，只能分析加性效应和显性效应的差异是否显著。当然，可以将这些杂种与中亲值比较，获得杂种优势值，直接剖析杂种优势值的遗传学基础。也可以用完全模型来联合分析两套回交群体的遗传学基础。利用测交种与 RIL 杂交获得测交群体，也被用来分析杂种优势，但是它不能用于分析加显性效应，只能用于估计测交种基因型与双亲两种杂合基因型的效应差值。由于屏蔽了大量的背景效应，染色体片段代换系或近等基因系用于杂种优势分析大大提高了杂种优势位点的分辨率和遗传效应估计。染色体片段代换系在杂种优势位点发掘和验证等方面也将发挥巨大的作用。

自交（杂种）衰退和杂种优势是生物进化与遗传应用紧密相关的两个重要生物学现象，杂种优势只需双亲杂交一代突然暴发，而自交衰退却是杂种在自交过程中逐代衰退的。因此，F_3 和 F_4 世代往往被用于研究自交衰退的遗传学基础。

第三节　杂种优势形成的超显性假说的分子证据

杂种优势超显性假说认为杂种中亲本等位基因间的组合表现出比双亲纯合基因型更优的表型，在杂种中亲本等位基因互作产生更大的效应，即超显性效应。杂种个体表现超过双亲是杂种优势利用的前提条件，但是杂种单位点的杂合基因型值超过优良纯合等位基因型值的现象很少见。Stuber 等（1992）利用玉米自交系 'B13' 和 'Mo17' 衍生的重组自交群体，分别与双亲回交，构建双亲背景的两套导入系，结合全基因组分子标记分析，发现产量和标记杂合程度相关性高；QTL 定位结果显示除一个 QTL 外，其他 QTL 均表现为超显性，因此，他们认为超显性是玉米产量杂种优势的重要遗传基础。Li 等（2001）利用亚种间杂交组合 'Lemont' / '特青' 的重组自交系群体，分别与双亲和 2 个测交种杂交，获得 2 个回交群体和 2 个测交群体。利用全基因组分子标记分析生物学产量和谷粒产量杂种优势，结果表明对大部分性状而言，约 50% 的表型变异是互作贡献的，约 25% 的表型变异是主效基因控制的，并且 86% 的主效基因参与了互作。参与杂种优势的 QTL 中有 90% 表现为超显性。产量构成因子的杂种优势分析也发现超显性和上位性的重要性，特别是单株分蘖数和每穗粒数的主效 QTL 大多呈现超显性（Luo et al.，2001）。Luo 等（2009）利用 '籼稻 9311' 和 '粳稻 DT713' 组合按照 NCIII 设计，获得了 2 套回交群体，结果分析显示超显性和互作是产量杂种优势的重要遗传基础。Bian 等（2010）利用籼粳交组合（'C418' / '9311'）的导入系研究产量及产量相关性状，发现大部分 QTL 表现超显性。

由于屏蔽了大量的互作效应，近等基因系用于杂种优势分析大大提高了杂种优势位点的分辨率，特别是在准确检测超显性位点方面具有优势。Semel 等（2006）将野生番茄单片段导入栽培番茄产生 144 份染色体代换系，并利用代换系与其轮回亲本杂交产生 F_1 群体，比较每个染色体代换系轮回亲本和 F_1 表型值，在产量和生殖适应性性状中检测到具有超显性的基因，并且发现超显性对杂种优势具有最大的贡献。随后，他们又利用成花素同源基因 *sft* 突变体，分别与多个亲本杂交，发现在不同遗传背景下，杂合 *sft* 基因型均显示产量超显性，在单基因水平上证明了产量杂种优势的超显性遗传基础（Krieger et al.，2010）。拟南芥具有强优势的生物学产量和生长势，近几年在杂种优势的遗传基础研究方面有系列发现。Melchinger 等（2007）利用两套近等基因系（NIL）的三重测交后代，分析生长相关性状杂种优势的遗传基础，采用 Semel 等（2006）的方法分析，发现大多数 QTL 具有超显性。

　　然而，从当前已克隆的产量基因来看，除了番茄成花素同源基因 *SFT* 外，还没有其他基因在单基因水平上被验证具有超显性特征。虽然番茄 *SFT* 表现出产量杂种优势的超显性效应，但是 *SFT* 是开花基因，纯合 *SFTSFT* 个体开花较晚，如果给予更好的生长条件，*SFTSFT* 个体将会有高出杂合基因型的产量，因此，这个超显性可能是生长环境不适合纯合个体而适合杂合个体造成的。就像水稻多效性基因 *Ghd7*，它通过延长生育期大幅度提高产量，杂合基因型 *Ghd7ghd7* 开花比纯合 *Ghd7Ghd7* 早 5～7 天，若是作为晚稻材料，恰好碰到开花期低温，就会导致纯合基因型结实率下降，表现为超显性。实际上，在符合两种基因型生长的条件下，纯合基因型比杂合基因型产量显著要高，显性度为 0.8～0.9，也即 *Ghd7* 表现近似完全显性（Xue et al.，2008）。

　　那么为什么在基因组杂合背景（如 F_2 群体或测交群体）里经常能检测到超显性，而在单片段杂合的近等基因系群体中却看不到超显性呢？这是一个值得深究的科学问题。等位基因之间的互作很少被报道，那么不同基因之间的互作很可能是超显性作用的结果。单基因水平的超显性很可能是由于不同基因间互作导致的。一旦在背景一致的条件下，目标基因与其他基因互作的结果就无法体现，也就看不到超显性。因此，在初级群体观察到的超显性很可能是与背景杂合度共同决定的，也可能是相斥相连锁的两个基因造成的拟超显性结果（Goff and Zhang，2013）。但在高级群体（背景趋于纯合）里看不到超优亲的表型，也就检测不到超显性。而杂种优势利用恰恰提倡要有一定程度的基因组杂合。因此，利用近等基因系研究杂种优势可能是衡量单片段杂种优势的好材料，但这一结果在杂合背景下是否可重复，需进一步研究。聚合杂种优势效应的基因组片段，评价杂合聚合体的表型，是最直接可信的方法。

第四节　杂种优势形成的显性假说的分子证据

　　杂种优势显性假说认为在杂种中一个亲本的优良等位基因会弥补另外一个亲本的不良等位基因的效应。这个假说容易理解和接受，即杂种兼顾了双亲的优良等位基因，若亲本分别携带数目客观的不同优良等位基因，那么杂种就有更好的表现。Xiao 等（1995）参照 Stuber 等（1992）的方法，利用籼粳亚种间杂交组合 '9024' / 'LH422' 衍生的重组自交系群体，构建与双亲回交的两套导入系，结合全基因组分子标记分析，12 个性状共定位了 37 个 QTL，其中 27 个 QTL 只在一个回交群体中检测到。82% 的杂合基因型表型优于对应的纯合型，但是在两个回交群体中均检测到的 10 个 QTL，杂合基因型的表型无一例外都落在双亲之间，大多数表型高于中亲值，而有些却低于中亲值。

进一步分析表明两位点互作对产量杂种优势贡献并不显著。因此，他们认为显性是水稻杂种优势的主要遗传学基础。You 等（2006）利用'明恢 63'和'B5'组合衍生的 RIL，分别与 4 个保持系测交，比较 RIL 群体和测交群体的 QTL 定位结果，发现 RIL 中检测到的 QTL 大多能在 2 个以上测交群体检测到，并且测交群体的效应小于 RIL 群体的效应，暗示可能大多 QTL 是显性的，同时发现互作效应相对较弱。Shen 等（2014）利用'珍汕 97'为轮回亲本、'明恢 63'为供体亲本，构建了覆盖全基因组的染色体片段代换系。对遗传力高的株高进行了剖析，发现在近等基因系水平，所有单片段杂种株高都在双亲之间波动，所有株高基因都表现为显性效应，大多数位点杂合基因型都是增效显性效应，说明显性是杂种优势的主要遗传基础。尽管单位点的显性效应使得杂合基因型低于优亲，但是由于分散在双亲之间更多的是增效显性等位基因，因此，大量的显性效应共同作用，使得杂种表现超亲优势。近 10 年来克隆的大量主效产量相关基因，如 *Ghd7*（Xue et al.，2008）、*Ghd8*（Yan et al.，2011）、*Ghd7.1*（Yan et al.，2013）和 *Hd1*（Garcia et al.，2008）都表现为显性效应，进一步证实了显性效应在杂种优势中的重要贡献。当把 Stuber 等（1992）获得的两个玉米回交群体数据整合在一起分析时发现，尽管不能排除超显性，但是显性效应能解释产量变异的大部分，因此认为显性是玉米产量杂种优势的重要遗传基础（Garcia et al.，2008）。由于部分位点的显性效应表现为减效，因此，杂种中这些位点的纯合状态更有利于提高杂种表现。

第五节 杂种优势形成的上位性假说的分子证据

杂种优势上位性假说认为杂种在基因组范围的不同基因间相互作用产生优于亲本的表现。从产量性状的复杂性可以揣摩，数以千计的基因参与杂种优势，而这些基因之间不可能是独立工作的。正如一个代谢调控网络是由一群基因共同组建一样，一个性状的形成也是多个基因共同调控的，因此，上位性的重要性是可以预见的。大量的分子标记水平的研究发现，上位性主要发生在两个无主效效应的互补位点之间，其次是一个主效 QTL 和一个互补位点之间。具体有三种形式的互作，即加性和加性互作、加性和显性互作或显性和加性互作、显性和显性互作。当把 Xiao 等（1995）获得的两个回交群体数据整合在一起分析时，发现显性效应并不能很好地解释杂种优势，反而加性效应和加加互作能解释产量变异的大部分，因此互作被认为是水稻杂种优势遗传基础的重要成分（Li et al.，1997）。Dan 等（2015）利用 17 个自交系与同一个测交种测交，获得正反交共 34 个组合，研究发现产量构成因子的杂种优势总体并不突出，但是这些因子的乘积导致了巨大的产量杂种优势。根据杂种优势的分级加性效应（hierarchical additive）模型，把性状分为单位性状、构成因子性状和复杂性状。单位性状由加性效应控制，单位性状可以参与不同构成因子性状，调控构成因子性状的加性效应乘积是复杂性状杂种优势的源泉。与其他异花作物如玉米相比，自交作物水稻中互作对杂种优势可能具有更重要的作用。从分子生物学层面看，上位性互作应该发生在基因之间，如蛋白质间互作、转录因子和调控基因的启动子或者增强子与沉默子等顺式元件的结合。因此，两个无主效效应间的互作很可能是统计学上的假阳性造成的。真正的上位性可能并不是很多，鉴定出关键的互作并加以利用可能是选育强优势组合的重要条件。

第六节　三种遗传效应和谐调控杂种优势的证据

从生物学层面看，任何一个个体携带的众多基因中，应该是部分基因有显性效应，部分基因表现超显性，还有部分基因参与互作。因此，三种遗传效应没有必要相互排斥，可以共存于一个个体中。Yu 等（1997）利用我国历史上的王牌三系组合'汕优 63'的 $F_{2:3}$ 家系对产量性状进行剖析，共发现 32 个 QTL，其中大多数产量 QTL 和少数产量构成因子 QTL 表现超显性，同时发现各种类型的互作也是产量杂种优势的重要遗传学基础。Hua 等（2003）创建了'汕优 63'的"永久 F_2"群体，在"永久 F_2"群体中，每个个体都是成对自交系的杂种。通过调查双亲和杂种表现，计算每个组合的中亲杂种优势值，然后直接对中亲杂种优势值进行分析，检测到 33 个杂种优势位点，发现部分显性、完全显性和超显性等各种单位点效应都对杂种优势有重要贡献，并且三种类型的上位性（加加互作、加显互作和显显互作）都是杂种优势的重要遗传基础的组分。单位点效应和二位点互作可以很好地解释'汕优 63'组合的杂种优势。随后，Zhou 等（2012）利用超高密度基因组图，剖析这个"永久 F_2"群体，发现不同性状的遗传基础有所不同，显性和超显性的累加可以很好地解释产量、每穗粒数和千粒重的杂种优势，而显显互作对单株有效穗数杂种优势具有重要贡献。以上研究表明，在优良杂交组合'汕优 63'中，显性、超显性和上位性在杂种优势遗传基础中并不排斥，而是共同发挥作用。Li 等（2008）利用'汕优 63'的自交系分别与双亲回交自交，获得两套回交群体。利用两套回交群体的和差式数据，剖析显性效应、超显性效应及互作效应，发现大多数性状表现为显性遗传基础，但是株高和产量却表现出超显性。所有性状都存在加加互作，大部分性状表现有加显互作和显显互作。QTL 定位表明，超过 1/4 的 QTL 表现超显性，表现为显性的 QTL 数目相对较少。其中部分 QTL 表现为减效显性效应。Li 等（2008）还利用与 Xiao 等（1995）相同的籼粳交组合'9024'/'LH422'衍生的自交系群体构建双向回交群体，利用相同方法研究发现，显性、超显性和上位性是产量杂种优势遗传基础的重要组成部分。

综上所述，对于在全基因组分子标记水平，无论自交作物还是异交作物，如果使用相同的统计模型，其结果比较相似，即在某种程度上，杂种优势遗传学基础的解析依赖于统计分析方法。但是不同物种间的杂种优势遗传学基础很可能是相似的，分离越来越多的产量相关基因将可以更加明晰这一观点。

第七节　自交衰退的遗传学基础

自交衰退和杂种优势是一个生物学规律两种完全相反的现象。两个具有一定程度差异的亲本杂交，杂种表现出超过优亲，也即杂种优势是杂交一代突然迸发。但是这个杂种的自交后代的个体表现随着基因组纯合程度的提高却逐步下降，直到成为纯系，不再衰退。自交衰退是一个连续的慢镜头动作，研究每个世代的表型变化，可以鉴别出哪些基因区间参与杂种优势形成。Li 等（2001）利用一个粳稻'Lemont'和籼稻'特青'杂交衍生的 RIL 群体，以及利用此 RIL 群体与两个测交系创建的两个测交群体分析生物学及谷物产量的遗传基础，与之前该组合的 F_3 和 F_4 世代的结果比较分析发现，互作和超显性是自交衰退的主要遗传基础。Luo 等（2001）利用同一套材料对产量构成因子的遗传基础进行解析，得到类似的结果。在杂种中，杂合基因区间比例最高，超显性基因充分发挥作用，随着自交世代增加，基因组杂合度减少，大多数超显性基因的效应减少或不存在，因此后代表现劣于杂种。自交衰退的遗传基础研究如果用连续多代如从 F_2 到 F_5 世代逐代分析，将会看到自交衰退的渐进过程。自交使个体基因型趋于纯合，最终后代个体损失了基因的超显性或显性，而代之以加性效应，具有加性效应基因的优良和不良等位基因分散在基因组，最后的净效应小于超显性或净显性效应，表现劣于杂种。但是借助分子标记辅助选择聚合绝大多数的优良等位基因于一个个体中，理论上可以选育优于杂种的新品种。

植物中还存在一种容易与自交衰退混淆的现象——杂种衰退（hybrid breakdown / weakness）。杂种衰退是指杂种表现不育或生长势和适应性等综合表现差的现象。杂种衰退在很多植物中有报道。Li 等（1997）利用粳稻'Lemont'和籼稻'特青'亚种间组合衍生的 F_2 和 F_4 群体，基于 F_2 个体的基因型和 F_4 家系的表型分析发现，由重组导致的后代个体携带双亲等位基因间的不和谐互作是杂种衰退的主要原因。籼稻和粳稻具有相对独立的基因群，而其中有些基因决定开花期等适应性性状，亚种间杂交 F_1 存在结实率问题，后代个体也不同程度地影响结实率。同时，该研究将 F_4 家系的产量等表型数据与 F_2 个体的基因型数据结合，使得基因型和表型数据不能完全匹配，导致显性效应大幅度被低估。亚种间的生殖隔离可能是杂交衰退的主要原因。但除了一些育性相关基因外，还有另外一些影响适应性的基因也决定杂种衰退。利用籼稻'IR24'和粳稻'Asominori'亚种间杂交组合，Kubo 和 Yoshimura（2002）发现双亲的隐性基因互补是杂种衰退的基础，由 1 号和 8 号染色体的 hwe1 和 hwe2 共同调控，携带双隐性等位基因长势弱，其他基因型则长势正常。Yamamoto 等（2007）利用亚种间杂交组合也发现 2 号和 11 号染色体上 2 个隐性基因互补导致杂种衰退。林鸿宣院士课题组发现 1 号和 11 号染色体上的两个基因调控野生稻和栽培稻杂种的衰退，并且成功克隆了这两个基因 Hwi1 和 Hwi2（Chen et al.，2013，2014）。

第八节 基于全基因组关联分析的杂种优势遗传基础

对产量杂种优势有贡献的基因应该是调控产量的基因，从全基因组挖掘产量相关基因，使解析杂种优势遗传基础得到有益补充。过去近 10 年，水稻和玉米产量相关性状的全基因组关联分析发现，大多数连锁分析定位和克隆的主效产量相关基因也能被关联到，而关联分析只能发现有限的新主效基因，说明水稻和玉米中存在自然变异的产量基因并不是很多，暗示杂种优势可能不像之前理解的那样复杂，对单个组合的杂种优势有贡献的基因数目可能有限。生产上大面积推广的杂交种可能享有很多共同的优良等位基因。前期连锁分析大多是利用单个组合进行杂种优势遗传基础解析，这样的结果可能具有特殊性，导致不同研究的结果差异很大。到底是不是不同组合真的具有不同杂种优势的遗传基础呢？也许不一定。因为单个杂交组合的研究就像盲人摸象，每个组合的研究只看到杂种优势的一个方面，并不能给出完整的结论，这一点从不同研究结果的多样性可以反映出来。

增加遗传多样性的亲本，对一系列杂种进行整合分析将可能获得杂种优势的共性结果。Huang 等（2015）利用 38 份不育系和 52 份恢复系构建的 1495 份优良杂交组合中包括 1170 个三系杂交组合、325 个两系杂交组合，对 38 个农艺性状开展全基因组分析，发现 130 个显著关联位点，其中只有几个位点具有超显性，大多数位点具有增效显性效应。聚合数目众多的具有增效显性效应的优良等位基因是产生杂种优势的主要原因。整个基因组的杂合程度与杂种优势之间只存在非常弱的相关，每个组合携带的优良杂合基因型数目与杂种表现的相关性较强，但是每个性状的表型变异和积累的优良等位基因数目呈现更强的相关性。几乎所有的亲本都是只携带不到一半的株高和产量的优良等位基因。因此，聚合更多的优良基因是进一步提高杂种优势的有效途径。Huang 等（2016）根据基因型和表型信息，从这 1495 份杂种中选择 17 个超级杂交稻，包含 9 个籼稻内三系杂交组合、6 个籼稻内两系杂交组合和 2 个籼粳亚种间杂交组合，构建了含有 10 074 株的 F$_2$ 群体。结合全基因组测序数据和田间表型数据分析发现，在籼稻杂交组合中父本携带更多的增效显性等位基因，母本只带有少数对杂种优势有贡献的等位基因。他们没有找到能在 17 个组合中共享的杂种优势相关位点，表明不同组合的亲本间差异大，各组合具有不同的基因组成。在不同类别的组合中，少数来自于母本的优良等位基因，可以很大程度上解释杂种产量优于它们的父本的原因，并且它们中的基因大多表现部分显性。进一步分析发现重要的产量基因的不同类型在杂种优势利用中具有不同的贡献，如三系杂交稻中的 $hd3a$ 和 $tac1$、两系杂交稻中的 $LAX1$ 和 $Ghd8$ 对杂种优势有较大作用。而亚种间杂种优势则主要是大量显性和超显性作用的结果，同时可能存在拟超显性现象。尽管这两个研究只借助 F$_2$ 单株表型或杂种表型，并没有直接分析产量杂种优势值，但通过这两个遗传变异丰富的系列杂种材料的研究结果，可以推测分散在双亲中大量显性位点的互补是杂种优势的遗传基础，也即这两个研究支持杂种优势的显性假说。

另外，Li 等（2016）对两系杂交组合'两优培九'进行遗传学和组学整合分析发现，产量的超亲优势不是因为所有产量组分均具有超优亲优势，而是因为每穗粒数的超优亲优势和单株有效分蘖数的超父本优势。通过比较 13 个有代表性的商用杂交组合发现，产量杂种优势的贡献来源于每穗粒数和单株有效穗数。最后发现 8 号染色体上的 $RH8$ 对杂种优势有较大贡献。$RH8$ 是之前克隆的 $Ghd8$，它具有调控开花期、株高和产量的多效性（Yan et al.，2011）。

总体上来看，双亲间数目有限的重要基因互补可能是杂种优势的遗传学基础，杂种并不是杂合程度越高、杂种优势越强。

第九节　源库平衡关系与作物杂种优势

在生理上和发育过程中，杂种后代在库与源两个方面都能表现极强的优势，远远超过了双亲。在植物进行生殖发育的早期（开花受精前后），需要经历一个非常活跃的"库"、"源"重新分配的过程，这个过程中，母体组织扮演着"源"的角色，而发育的种子则是主要的"库"。杂种如何在营养生长和生殖生长过程中都表现出超越亲本的表现？回答这个问题的根本在于弄清楚在"源"和"库"形成过程中，植物碳、氮元素重新分配的时空规律。母体的"源"与子代的"库"在决定种子器官组分中的相对作用是不清楚的，这种相对作用受花穗发育、基因型及氮素供给的影响。

当在不同营养水平的贫瘠土壤中种植番茄时，杂种优势的表现差别极大甚至消失。同样，在冷胁迫条件下，也无法得到谷物产量的杂种优势（Kaushik and Sharma，1986）。因此，杂种需要在良好的营养条件和适宜的生长环境条件下（如合适的田间土壤及合适的温度等）才能展现更强的生长速率及更好的营养吸收转换效率。Goff（2011）建立了一种有别于单性状杂种优势及能量利用效率的多基因杂种优势模型。Goff认为蛋白质代谢是影响生物体生长速度的关键，杂种个体蛋白代谢速率较慢，细胞分裂周期更快，促使杂种更快地生长，蛋白质的稳定性在杂种优势中发挥着重要的作用。

在高粱中，已经开展了较多的关于重建"库"、"源"关系的研究。在穗部性状发育早期（种子数目的形成、枝梗的多少和长度的决定时期），"库"与"源"之间是竞争关系（Brown et al.，2006）。在种子发育后期，优势杂交种调整了植物资源向种子发育的流向，或者是合理地调节了"库"与"源"的平衡关系，改善了"库"、"源"平衡调节机制。"库"、"源"关系的研究主要是基于整株水平灌浆期收获指数动力学（Hammer and Broad，2003）及氮平衡（van Oosterom et al.，2010）的研究。这些研究通过比较成熟期和开花期生物量的不同、谷物产量的差异，以及叶片和发育的谷粒中氮的水平等一系列指标来评价在灌浆过程中同化产物再分配的速率和数量。结果发现，在开花前同化产物的再活化过程的增强能产生更大的谷粒，在氮元素从叶片到谷粒的转移过程中，其转移的效率相对于转移的起始更为重要。这一结论支持了"库"决定氮积累潜在速率的学术思想。这些方面的研究将有助于我们了解杂种中种子大小和数目形成过程中"库"、"源"矛盾的解除机制。

Milborrow（1998）认为纯合亲本的基因型限制了它可能的生长极限，而基因型的微小差异使得生长发育的调控模式发生了改变。杂合子基因型使得原本限制生长的代谢途径更加顺畅。如果我们将Milborrow的理论扩展至"库"与"源"的关系，那么杂种生长限制的解除则与"库"内部代谢流的重新分配有关，同时这种生长限制的解除也受"库"与"源"之间关系的影响。通过比较玉米自交系和杂交种的谷粒淀粉及蛋白质的积累，Seebauer等（2010）发现"源"的不同使得谷粒的同化产物的积累发生了根本的差异。生物量（源）小的自交系需要较少的氮素供给；而杂种生物量大，自然需要更多的氮素供应。但基因型是决定谷粒同化能力的根本，高氮素的供给不足以克服基因型的缺陷，依然只能得到低蛋白含量的谷粒。这种现象的产生可能是因为不同基因型使得关键氨基酸的浓度或者比例产生了差异，最终导致氮素转换到"库"组织中能力不同。通过在幼嫩谷粒中进行代谢谱的分析，Seebauer等（2004）发现Asn/Gln的转换率与"库"组织之间的持续发育显著相关，并且还有一种尚不明确的氮素感受机制参与了这个过程。Benisrael等（2012）通过群体结构分析选择了8个高梁自交系,构建了 28 个双列杂交种 F_1 作为遗传材料,分析了这些材料的种子中 N/C 的比值。研究结果发现,无论是生物量(不包括种子重量)还是种子干重,种子中 N/C 的比值,或者是穗中的 N 和 N/C 的比值,这些性状之间都呈现出负相关。然而分析这些性状的杂种优势时,它们都表现出正相关。

　　"源"、"库"间碳氮代谢途径中关键酶的相关分析可能揭示杂种优势的生物化学机制,并能解释调控杂种源库平衡关系。杂种与亲本间碳和氮代谢产物分配的改变,杂合体导致的氨基酸代谢的关键步骤活性调控的改变,或关键生化反应酶活的改变都是杂种源库平衡关系的研究内容。尽管一些发育过程和生化过程极其复杂,人们依然在拟南芥、番茄或是水稻中找到了对谷物产量形成的关键步骤有重大影响的单个酶反应。在拟南芥种子中,因为一个反馈抑制环中关键基因的缺失,使得原本低丰度的必需氨基酸——赖氨酸的代谢关键生化步骤发生改变,最终使得赖氨酸的含量增加了 100 倍(Angelovici et al.,2009)。转基因种子中非蛋白类氨基酸 GABA 成百倍的积累导致了氨基酸代谢的增加和碳素物质的减少(Fait et al.,2011)。在番茄中,子房壁细胞特异转换酶 LIN5 的单个氨基酸改变造成了碳水化合物向"库"组织中的重新分配,最终使糖的含量增加 20%(Fridman et al.,2004;2000)。在水稻中也发现 GIF 基因编码的细胞壁转换酶是水稻早期灌浆过程中碳代谢所必需的(Wang et al.,2008)。

　　如何将氮代谢及同化作用与产量杂种优势联系在一起,这是个不容易回答的问题。当前比较认同的结论是谷物产量的增加与"源"组织如叶片的活性有很大的关系,然而这更多的是源于氮利用率的提高而非同化过程的增加。这种利用率的提高更多的是来源于叶片代谢活性的增强及叶片衰老的延迟,当然也与"库"组织的再活化率有关。虽然人们已经将氮素利用率的研究详细到对无机氮同化及循环相关酶(如硝酸还原酶等)活性的研究,但目前仍然没有关于这些酶活与总谷物产量及谷物蛋白含量之间关系的报道。在最近的 QTL 相关研究中,人们已经开始尝试利用高通量酶活分析平台与基因型分析技术相结合的手段,将这些酶反应过程与形态变异相结合进行分析。这类研究目前都局限在对于这些酶活与"库"组织或者"源"组织中的某一个方面的关系的分析,而不是同时针对"库"(Cañas et al.,2012)和"源"(Zhang et al.,2010)一起分析,更不用说将这些生理过程与杂种优势相关联。特别是代谢组测定技术的发展,将可以获得一系列亲本和杂种的初级代谢产物和次级代谢产物,对这些产物开展基因定位,探究发育中的"源"组织中与"库"组织种子中的碳氮比,以及杂种中"库"、"源"平衡矛盾解除的机制,从碳氮代谢的角度探究杂种优势形成中"库"、"源"平衡化矛盾解除的代谢基础。

第十节　杂种优势形成的分子生物学基础

　　杂合性是杂种优势的物质基础,杂种优势的形成取决于亲本之间的遗传差异,即等位基因变异。从基因组组成上看,杂交种的全部基因组来自两个亲本,并没有新的基因出现,但其性状并非亲本的简单叠加,这可能与来自亲本的基因在杂种一代中的基因表达方式改变有关。比较杂种与亲本间的基因表达差异,鉴定差异表达的基因,建立起它们与杂种优势的联系,可能是解析杂种优势形成的生物学机制的有效途径。

一、杂种优势的转录组基础

杂种优势的转录组分析的最核心问题之一是取材问题，即什么时期、哪个组织器官的转录组分析可能与产量杂种优势密切相关？由于苗期、剑叶期和幼穗分化期比较容易界定，因此，大多此类研究都取苗期的地上部分、剑叶叶片和幼穗等样品。Bao 等（2005）利用低通量分析技术如基因表达系列分析（serial analysis of gene expression，SAGE）技术，比较了超级稻'两优培九'与其亲本'培矮 64s'和'93-11'之间幼穗、叶片和根中的转录组差异，发现 595 个基因在杂交种中表达上调、25 个基因在杂交种中下调。在杂交种中表达上调的基因与碳和氮素同化的增强相关。Song 等（2007）重新分析了以上 SAGE 数据，鉴别 469 个在杂交种中表达下调的基因，其中 442 个基因的功能与信号转导及蛋白质加工相关。Ge 等（2008）用表达序列标签（expressed sequence tag，EST）方法测定了'两优培九'及其亲本成熟胚的基因表达谱，发现 191 个在杂交种和亲本间差异表达的基因，分别表现超显性、高亲本显性、低亲本显性及可加性表达，大多数与胚发育相关的基因在杂交种中上调。Huang 等（2006）还比较了'汕优 63'及其亲本'珍汕 97'和'明恢 63'之间三个时期的幼穗基因表达谱，在杂交种中有 141 个 EST 的表达显著偏离中亲表达值，只有 7 个 EST 在三个发育阶段均表现出上调，而有 50 个 EST 在杂交种的三个发育阶段均表现出下调。在 DNA 复制与修复中起作用的基因倾向于上调，而与碳水化合物、能量和脂代谢、翻译、蛋白质降解相关的基因倾向于下调，与氨基酸代谢、转录、信号转导、植物防御及运输相关的基因则表现出上调和下调两个方向的变化。

Zhang 等（2008）对'两优培九'杂交组合，以及亚种间杂交组合"日本晴×91-11"的苗期地上部进行了高通量全基因组水平基因差异表达分析，数以千计基因的表达呈现出非加性模式（与中亲值差异显著）。在两个杂交种中，差异表达基因均富集在碳水化合物、维生素、氨基酸代谢及次级代谢产物的合成路径中。碳代谢中的关键限速步骤卡尔文循环和赤霉素生物合成中相关基因在杂交种中显著上调。Wei 等（2009）比较了'两优培九'与其亲本不同发育时期的叶片和穗的转录组，检测到 3926 个基因在杂交组合中发生了表达差异。He 等（2010）利用 RNA-Seq 技术测定和比较了'日本晴'与'93-11'间正反交杂交种及其亲本苗期地上部的转录组，检测到 2800 个基因在正反交杂交种中均表现出与中亲值相比变化方向一致的非加性表达模式。这些差异表达基因显著富集在能量代谢途径中，其中编码卡尔文循环的 6 个关键组分的基因表达均上调。Zhai 等（2013）比较了超级稻'协优 9308'及其亲本分蘖期和抽穗期根部的转录组数据，他们于分蘖期检测到 829 个基因在杂交种与亲本之间发生了差异表达，而在抽穗期检测到 4186 个差异表达基因，暗示杂交种中基因差异表达具有发育时期特异性。

尽管这些研究采用的方法通量上存在显著差异，所用杂交组合不一样，取材时期和器官组织也存在差异，但是可以得到基本共性的结论，即水稻杂交种中差异表达的基因主要在碳同化、碳水化合物和能量代谢途径中富集，一些对植物生长起关键正调控作用的基因在杂交种中表达上调，可导致杂交种中碳固定和能量利用效率增强，从而表现出生长势和生物量的杂种优势效应。但是，并没有建立起它们与杂种优势的直接联系。因此，今后一方面要加强分子遗传学手段验证差异表达基因是否直接或间接调控其下游基因生物学路径；另一方面，研究这些生物学路径的改变与相关性状的杂种优势的形成到底是什么关系，从而提出对水稻杂种优势形成分子机制的完整解释。

对于导致水稻杂交种转录组活性变化的原因，可以从基于基因启动子区顺式调控元件和与其相结合的反式作用因子的遗传调控机制，以及从基于 DNA 甲基化、组蛋白修饰和小 RNA 的表观遗传调控机制两个方面来进行解释。这方面的研究丰富但与杂种优势关系不紧密，因此不再赘述。

二、亲本等位基因特异表达

杂种优势的显性和超显性假说在基因表达水平表现为双亲等位基因的差异表达，可能存在亲本等位基因在杂交种中特异表达，即亲本等位基因表达水平的比例显著偏离 1∶1。Guo 等（2004）在玉米杂交种中分析 15 个基因的表达，其中 11 个基因表现等位基因差异表达，从不等量的两个等位基因表达到只有一个等位基因特异表达，正反交杂种比较分析发现，这些等位基因特异表达不依赖于父本和母本来源，并且遗传改良较好的现代杂交种常常表现二等位基因表达，而改良不够的较老杂交种显示单个等位基因表达。Springer 和 Stupar（2007）用 316 个定量化的等位基因特异表达的分析系统研究 5 个具有不同优势水平的玉米杂交种，发现不同杂交种的特异等位基因表达频率不存在差异，大约每个组合有 50%基因呈现等位基因特异表达，并且顺式和反式调控的基因比例在不同组合间相似，这种等位基因特异表达主要是顺式作用调控因子所为。Guo 等（2006）利用 16 个杂种优势水平不同的玉米组合分析雌穗基因的表达谱，发现加性表达的基因比率与杂种产量和杂种优势呈正相关，父本等位基因特异表达的基因比率与杂种产量和杂种优势呈负相关，高表达或低表达的基因与杂种产量或杂种优势没有相关性。Guo 等（2008）调查 6 个玉米杂种分生组织影响基因表达的顺式和反式调控效应，60%基因表现等位基因差异表达。Zhang 和 Borevitz（2009）利用两种拟南芥 'Columbia' 和 'Vancouver' 的杂种，从 12 300 多个基因中鉴定出 1665 个亲本特异表达的基因。Korff 等（2009）利用 5 个大麦杂交组合，分析了 30 个参与逆境应答的基因的等位基因特异表达，一半以上的基因表现等位基因特异表达。He 等（2010）比较杂交种中亲本等位基因之间的表达差异，鉴别出了一些亲本等位基因特异性表达的基因，发现杂交种中亲本等位基因表达水平之比与亲本间该基因表达水平之比呈正相关。Song 等（2013）采用 RNA-Seq 的方法对 '广陆矮'、'特青' 和 '93-11' 三个材料之间的 6 个正反交杂交组合及其亲本的叶片进行转录组分析发现，杂交种中有相当数目的基因呈现亲本等位基因特异性表达。在杂交种与亲本间的 10 倍以上显著差异表达的基因约 80%是等位基因特异表达所致，几乎全部（97.3%）在杂交种中表达而在亲本之一中不表达的基因都表现为亲本等位基因特异表达。Zhai 等（2013）在分蘖期或抽穗期的杂交种中鉴别出 480 个基因发生了等位基因特异性表达，其中大部分（355 个基因）仅在一个发育时期发生，暗示杂交种中等位基因特异性表达具有发育时期特异性。研究发现，杂交种与其亲本间的基因差异表达具有发育时期特异性，然而也有在杂交种中发生了等位基因特异性表达的基因在不同发育时期具有稳定的表达模式。

亲本等位基因的表达能在一定程度上解析杂种中等位基因的表达活性，但是 mRNA 的表达量多少并不能反映生物学功能的强弱。因为很多等位基因编码的蛋白质无功能，它的等位基因表达量多少应该与产量形成无关，因此，加强杂种中有功能等位基因的表达量分析，将可能为杂种优势分子机制的研究提供更多有价值的信息。

三、激素代谢与杂种优势

植物激素在植物生长发育和响应环境变化过程中起着重要的调控作用。Rood 等（1988）对植物激素赤霉素（GA）代谢与玉米杂种优势，尤其是幼苗的生长势杂种优势的关系进行了一系列的研究，注意到杂交种在苗期生长势上表现出的杂种优势与其内源激素代谢变化有直接的关系，而自交系生长势较弱则与其内源激素的亏缺有关。Zhang 等（2007）从形态学、激素和基因表达等多个层次对赤霉素代谢调控与小麦株高杂种优势表现的关系进行了系统分析，初步提出了小麦株高杂种优势形成的赤霉素分子调控模式，随后用多个杂交组合进行了进一步验证（Wang et al.，2009）。华中农业大学对赤霉素代谢及其调控与水稻苗期相关性状杂种优势的关系进行了系统分析，发现幼苗干重杂种优势与 GA 相关基因表达存在显著的相关性（Hedden，2011）。最近，关于植物激素与植物形态性状发育关系的研究已经取得了很大进展，包括赤霉素与株高（Ueguchi-tanaka et al.，2007）、细胞分裂素与水稻的穗粒数（Ashikari et al.，2005）、生长素与植物侧根的生长等（Fukaki et al.，2007）。而在主要农作物中，这些性状都表现出很强的杂种优势，并且它们与产量密切相关。植物在抗性方面也具有杂种优势。水杨酸是在应答病原入侵时迅速增加的免疫信号分子，它的增加常常与病原相关基因的表达量增加一致。拟南芥的杂交种中水杨酸生物合成增加，从而增加活体营养型病原抗性，表现抗病杂种优势。

拟南芥的多个杂交种都表现出增加的生物产量和种子产量，它们都表现出细胞数目增加和细胞大小增大（Groszmann et al.，2014）。进一步的转录组数据分析发现，杂种中水杨酸合成途径降低，而生长素合成途径增加。生长素靶向的基因活性增加，导致叶片细胞数目增加。降低的水杨酸浓度和相关靶基因活性的改变，增加细胞大小。同时，外施水杨酸可以消除杂种优势（Groszmann et al.，2015）。

四、生物钟与杂种优势

生物钟通过调控代谢途径和增加适应性对植物生长发育起重要作用（Dodd et al.，2005；Michael et al.，2003）。拟南芥杂种通过对核心生物钟基因的表观修饰，促进下游基因的表达，从而调控叶绿素和淀粉代谢途径基因，增加生物量杂种优势（Ni et al.，2009）。Shen 等（2015）利用籼粳亚种间、籼稻内和粳稻内的 6 个正反交组合发现水稻生物钟调控网络与苗期杂种优势有关，重要基因的表达量与杂种优势呈现正相关。遗憾的是，他们关注的性状是生物量，而不是种子产量。这些生物钟基因的表达量与谷物产量杂种优势有无关系，目前还没有报道，值得进一步研究。

杂种优势的分子机制应该是多层次的，正如 Springer 和 Stupar（2007）指出的，玉米优良自交系之间在全基因组水平上存在广泛的等位变异，表现在基因组、基因表达和表观遗传等多个水平上。在作物的杂交种中，可能正是这些不同等位变异的组合导致产生新的杂种表达模式，而这些模式的改变离不开基因间、基因与蛋白质间或蛋白质间的相互作用。

第十一节　杂种优势预测

当前配制水稻或其他作物的优良杂交组合主要是依靠大规模筛选和育种经验实现。如果能对亲本加以分析，有效预测杂种优势，而不必通过产生大量的组合并田间测试它们的表现，将会大大提高优良杂种选育效率。因此，杂种优势预测一直以来备受关注，从亲本配合力测定，到基于分子标记遗传距离计算，从代谢产物的信息利用再到重要功能基因的模拟，使用方法不断进步，预测效果不断提高（表 7-1）。

表 7-1　作物中基于不同水平杂种优势预测方法的比较

预测方法	预测主要依据	预测效率
配合力法	一般配合力和特殊配合力大小	比较好
遗传距离法之同工酶	亲本间的遗传距离大小	不理想
遗传距离法之分子标记	亲本间遗传距离，杂种优势群	比较好
遗传距离法之基因组成	亲本基因组聚类，杂种优势群	比较好
重要功能基因（产量和代谢产物）	模拟聚合更多的功能基因	好

一、配合力与杂种优势

最早的杂种优势预测是基于配合力分析，对一系列亲本（自交系）分别进行双列杂交或测交，通过计算亲本的一般配合力效应和特殊配合力效应，从而推测哪些亲本参与配组可能更容易获得优良杂交组合。

例如，郑家奎带领的团队利用 5 个不育系（'2832A'、'5206A'、'德香 074A'、'5220A' 和 '泸香 618A'）、4 个恢复系（'R7182'、'HR57'、'R494' 和 'R157'）对照 '冈优 25'，按 5×4 NCⅡ 的方法配制了 20 个杂交组合（倪先林等，2009），并参照刘来福和黄远樟（1980）的方法估算各参试不育系和恢复系的一般配合力及各参试组合的特殊配合力。其数据分析结果显示，各亲本、杂交组合的一般配合力、特殊配合力及其方差均达到了差异显著水平，说明 9 个亲本的一般配合力和组合的特殊配合力对 F_1 产量均有明显的影响。对 SCA 效应与杂种优势进行相关和回归分析，结果表明特殊配合力效应与对照优势、平均优势之间均呈显著正相关。该研究所配的 20 个杂交组合的杂种优势较强，有较大的增产潜力，为筛选较好的杂交组合及在一定范围内用特殊配合力效应预测对照优势和平均优势奠定了基础。

杨伟光团队利用 7 个 Reid、Lancaster 类群自交系为母本，6 个旅大红骨、塘四平头和 PN 类群自交系为父本，按不完全双列杂交组配 42 个杂交组合，设 6 万株/hm²、7.5 万株/hm² 和 9 万株/hm² 共三种不同密度条件，对单株产量的杂种优势和配合力进行研究（梁雨娟等，2012）。结果表明，杂种优势普遍存在且低密度下单株产量杂种优势较高，随密度增加 F_1 代杂种优势降低，耐密自交系 PH6WC 在高密度下 F_1 代杂种优势却较高。一般配合力结果表明，Reid 系统 '7923' 和 PN 系统 '666' 在三种密度条件下均有较高一般配合力效应，稳产性好。'PH6WC' 一般配合力效应随密度增加而提高，说明该自交系更适于密植环境。特殊配合力结果表明，以 '丹黄 34' 作父本与 'PH6WC'、'7923' 所组配的杂交组合比以 '8F349' 作父本与其所组配的杂交组合更耐密植。"杂交玉米之父"李登海早前对玉米株型有过探讨，紧凑型具有更好的优越性，种植密度和株型的配合可以达到更高的产量。

总体上看，一般配合力高，容易配制优良组合；若特殊配合力也高，那么这对组合就会表现突出的杂种优势。配合力测定预测杂种优势的方法效果比较好，长期以来被育种家广泛使用。同时，因为从田间获得的产量等表型数据可以直接完成预测分析，而不需要实验室的遗传鉴定工作，深受育种家欢迎。

二、同工酶多样性与杂种优势

一提到杂种优势，很容易让人想到杂种基因组杂合程度越高，杂种优势可能越强。因此，早期很多研究都想从亲本间遗传距离来预测杂种优势。最开始的研究基于同工酶的比较。早在 20 世纪 60 年代，Schwartz（1960）便已通过对杂种玉米胚乳的酯酶电泳发现除了有双亲类型的电泳条带外，还有介于双亲条带中间的新条带的出现，且新条带的基因型不同于已经观察到的任何 3 种，基于此提出了二聚体假说并推测与杂种优势相关。20 世纪 80 年代，科学家在水稻中开展了同工酶预测杂种优势的研究，利用 6 个同工酶对 75 个籼稻杂种的杂种优势进行相关分析，发现同工酶位点杂合度与杂种优势没有关联（Peng et al.，1988）。同工酶等位基因的多样性和产量优势的关系研究在玉米单交种中也有报道。大多数研究只用到 11 个或更少的同工酶标记位点和 15 个或更少的自交系。同工酶的等位基因多样性与特殊配合力之间没有显著关联。使用 31 个同工酶位点和 37 个自交系配制的 100 个单交种，发现杂种产量和等位基因的多样性相关性也很低（Smith et al.，1990）。随后，国内也开展了同工酶与杂种优势关系的研究。在小麦中，徐乃瑜和王许莲（1982）选取萌动胚为材料研究发现，具有显著杂种优势的家系表现出杂种酶带和互补酶带。在水稻中，易琼华等（1984）通过对 11 套杂交水稻及其对应三系的种子胚的同工酶进行电泳分析得出类似结论，具有互补酶带或有增加酶带的都表现出一定的优势。朱英国和张为国（1987）以 12 个不同类型的杂交水稻组合及亲本三系为材料，在二叶苗期进行同工酶分析，结果表明同工酶差异指数与水稻杂种优势存在着明显的相关性。李继耕等（1979）在玉米的同工酶与杂种优势预测关系的研究中提出，酶谱差异指数较高的双亲杂交，其杂种所具有的同工酶类型丰富，适应性好，能够产生高优势。但同时杨太兴等（1995）在探究酶谱差异指数与杂种产量优势的关系时发现，酶谱差异高的双亲杂交有极大可能出现高优势杂种，差异指数低的双亲杂交也能产生高优势组合。他们认为对于遗传背景复杂的组合，酶谱差异指数与产量之间在统计学上没有显著的必然联系，并推测这可能是其被调控的方式不同所致，同工酶由单个或少数等位基因控制而产量性状由众多微效基因共同作用决定。由于同工酶是一个生化产物，它的表达受环境和发育时期影响，不具备遗传标记的稳定性特征，因此它不是一个可靠的遗传标记，用于杂种优势预测没有前途。

三、基因组杂合度与杂种优势

在一定范围内，亲本间遗传距离与杂种优势呈现正相关。Smith 等（1990）利用 RFLP 分子标记对以上提到过的 100 个玉米杂交种进行分析，发现标记的多样性与杂种的表现高度相关。Melchinger 等（1990）利用 82 个 RFLP 标记对 67 个杂种分析发现，杂种产量、杂种优势和特殊配合力与标记杂合度无显著相关，不能用于杂种优势预测。Zhang 等（1995）利用 8 个水稻亲本的半双列杂交设计，结合 105 个分子标记基因型研究杂合度与杂种优势的关系，发现杂种优势与一般杂合度（杂种中所有标记位点的杂合度）关系不大，但是与特殊杂合度（杂种中单位点有显著效应的标记位点的杂合度）有显著的相关。Zhang 等（1996）扩大亲本容量，利用 9 个籼稻材料的半双列杂交和 11 个粳稻品种间的半双列杂交共 91 个杂种，进行 96 个标记基因型鉴定，发现不同性状的杂种表现和杂种优势与标记杂合度的相关性不同，这些相关性主要取决于亲本间的多样性。Huang 等（2015）基于 1495 个杂交组合的研究发现，全基因组序列的杂合程度与杂种优势相关性小，倒是呈杂合状态的重要基因的数目与杂种优势正相关。可见，利用一般标记杂合度是不能预测杂种优势的，而用一些功能性基因的标记或者是与重要功能基因紧密连锁的分子标记预测杂种优势可能是有效途径。

四、杂种优势群与杂种优势

亲本间遗传差异大小与杂种优势密切相关，根据亲本血缘关系，可以划分作物杂种优势群。美国现代玉米自交系形成了 SS（stiff stalk）和 NS（non-stiff stalk）两个杂种优势群。不同杂种优势群间的自交系配组往往有较强的杂种优势，而同一杂种优势群的自交系间配组往往杂种优势较弱。玉米杂种优势群的创建和培育提高了强优势杂种选配效率。水稻是否有杂种优势群的划分目前还不明确，但是，Zhang 等（1995）认为存在中国南方和东南亚水稻品种两个杂种优势群。二代测序技术使得大规模在基因组层面分析亲本的多样性成为现实。对 1000 多份水稻品种的序列分析发现，水稻可以分成籼稻一、籼稻二、籼稻中间型、热带粳稻、温带粳稻等几大类。Xie 等（2015）进一步分析发现我国推广的三系和两系杂种亲本不育系之间多样性程度低，恢复系多样性程度稍微加大了些，但是不育系和恢复系间遗传距离远。不育系和恢复系分别来自于两个不同的籼稻亚群，似乎水稻也存在杂种优势群；并且发现杂种中受选择单倍型的数目与品种的产量显著正相关，推测亲本间受选择单倍型数目与杂种优势有关。水稻杂种优势利用的几十年来，不育系材料的基因组变化不大，但是恢复系的改良却有显著改观，使不育系和恢复系的遗传距离适度加大，杂种优势进一步加强。

五、产量功能基因与杂种优势

随着产量 QTL 的定位和产量功能基因的克隆，利用产量性状相关 QTL 的遗传信息预测杂种优势可能会提高杂种优势预测的准确性。因此，产量性状遗传基础挖掘得越充分，可用于杂种优势预测的信息就越多。首先，主效 QTL 要尽可能纳入预测信息范围；其次，QTL 遗传作用方式（正显性效应或负显性效应）在杂种优势预测方面需要高度重视，特别是减效显性效应位点，这些位点杂合只能降低杂种优势，因此，要在双亲中固定该位点为有益等位基因，使杂种在这些位点保持纯合状态。Stuber 等（1999）利用前期的研究成果，把玉米自交系'Tx303'和'Oh43'中的 6 个增产染色体片段，借助分子标记，通过连续回交，转移到自交系'B73'和'Mo17'，使得两个自交系的产量显著提高，重新配组的单交种也表现出增产效应，改良的组合比原来的商用'B73'和'Mo17'组合增产 8%～10%，实现了玉米杂种优势的提高。Xu 等（2014）基于 210 个水稻重组自交系间的 278 个杂交后代作为训练集，利用基因组信息（产量 QTL），以及最小无偏估计模型预测所有可能的杂交组合的产量，发现最优 100 个杂交种的平均产量可提高 16%。据不完全统计，已经克隆的水稻功能基因有 2000 个，其中产量相关基因 100 多个（Bai et al.，2012；Jiang et al.，2012）。同时开展多基因的分型工作才能在短时间内鉴定出尽可能多的基因型，因此需要制作覆盖这些基因信息的育种芯片。中国种子集团和华中农业大学合作开发的 RICE6K SNP 育种芯片，芯片上有 5102 个 SNP，经对多个品系的测试检验，发现其中 4500 个 SNP 可以获得高质量、可重复的基因型数据，这些标记较为均匀地分布在 12 条染色体上，平均每 100kb 有一个 SNP。他们基于 28 个功能解析的控制重要性状的功能基因的 SNP，创建了 45 个功能型标记，并且把它们包含在这张芯片上。陈浩东等基于二代测序挖掘出的 100 个高质量的 SNP，从中选择基因组均匀分布的 5 万多 SNP 制作了 RICESNP50 芯片，其中 68% 的 SNP 位于基因内（Chen et al.，2014）。在玉米和小麦上也有高通量的芯片，如小麦的 90K SNP 芯片、玉米的 90K SNP 芯片（Wang et al.，2014）。这些作物特异性芯片可以高效、快速地评价亲本的重要产量基因组成，从而准确评价亲本间产量基因的互补性。根据重要基因的互补性，预测它们配置的杂种优势，选择最优部分通过实践验证，避免选育成千上万的组合来大规模海选，提高强优势杂种选配效率。

六、代谢产物与杂种优势

代谢产物包括初生代谢产物和次生代谢产物，既是植物生长需要，也是人类营养需要。从生物化学层面看，任何一种产物的合成都是几个基因协同作用的结果，那么以代谢产物作物性状进行基因定位就很可能获得准确精细定位结果。Gong 等（2003）利用水稻'汕优 63'组合衍生的 RIL 群体，测定了 900 多种代谢产物，利用高密度标记连锁图进行基因定位，共检测到 2800 多个代谢产物的 QTL，很多代谢产物 QTL 与农艺性状 QTL 共定位，定位精度显著提高，并且遗传效应大。对 529 份水稻种质资源的代谢产物关联分析发现，代谢产物 QTL 可以定位到更小的基因组区间，同时具有更高的显著性和能解释更多的表型方差。由于产量性状 QTL 只有少数效应较大，而大部分产量 QTL 是微效的，通过分子标记选择微效 QTL 并没有效果（Bernardo，2008），它们用于杂种优势预测可能也是不可靠的，而利用代谢产物预测杂种优势则是可以尝试的。Riedelsheimer 等（2012）选择 285 个表型和遗传差异大的优良自交系，它们都来自于 Dent 杂种优势群，利用两个 Flint 单交种测验系，分别与这些自交系杂交，获得 570 个测交组合。在 6 个环境下考察 7 个生物学产量和生物能源相关的性状，并且分析了在一个环境条件下的生长叶片代谢产物。利用 56 000 多个 SNP 和 130 种代谢产物来预测这些自交系不同性状配合力。建立一个复杂的贝叶斯模型预测杂种优势，利用 SNP 预测，不同性状杂种优势预测准确度在 0.72～0.81，而利用代谢产物预测的准确度在 0.60～0.80，平均准确度只比大量 SNP 预测的低 6.7%，显示出代谢产物预测杂种优势的潜力。因为，此处的代谢产物是苗期的，与产量时期可能有较大出入，且只有 130 种代谢产物用于预测，而植物界的代谢产物有 20 余万种。如果测定自交系的生殖生长期的代谢产物，利用更多的代谢产物来预测杂种优势，准确度将会显著提高。Xu 等（2016）在水稻上也开展了利用代谢产物预测杂种优势的研究，还是利用'汕优 63'衍生的 210 个水稻重组自交系。他们基于这 210 个重组自交系的基因组、转录组和代谢组信息预测杂种优势，利用最小无偏估计及最小化绝对收缩和选择算子（least absolute shrinkage and selection operator）等 6 种不同模型，发现最小无偏估计及最小化绝对收缩和选择算子是预测杂种优势最有效的方法，利用组学信息可以提高预测效率。对于高遗传力的性状，利用基因组信息预测是最有效的，但是，当用代谢组信息时，预测效果显著改观，预见性将会加倍。在所有基于代谢产物预测的约 22 000 个杂种里，表现最高的 10 个杂种，其产量可以增加 30%。

综上可以看出，无论是什么水平的杂种优势预测，要提高预测效果，就应该利用与性状高度相关的标记（DNA、RNA 或代谢产物）信息，因此，进一步从数以万计的基因或代谢产物中挖掘与产量相关的基因或代谢产物，势必会提高杂种优势预测的准确性。一个代谢产物可能是一个或多个遗传调控网络作用的结果，因此，利用代谢产物的信息就相当于利用了系列遗传调控网络信息，无疑会产生更好的预测结果。

第十二节 杂种优势基础研究的展望

一、加强杂种广适性遗传学基础研究

回顾杂交水稻和杂交玉米的王牌组合可以发现，它们不仅产量杂种优势强，同时都有很强的广适性。理论上，广适性好的强优势杂交组合，可以有更大的适宜种植区，能更加充分地发挥杂种优势利用的潜力。例如，籼型三系杂交水稻'汕优 63'，是我国历史上推广面积最大的水稻高产组合，不仅具有突出的产量杂种优势，还具有非常好的生态适应性杂种优势，已在全国十多个省区审定。高产、稳产、广适紧凑型玉米单交种'郑单 958'在全国 7 省区审定，成为黄淮海、东北、西北玉米主产区主栽品种，也是过去

10 年来我国播种面积最大的玉米品种之一。过去人们利用'汕优 63'和'郑单 958'杂交组合的产量杂种优势开展了大量的遗传基础分析，却没有对生态适应性加以研究，这其中的主要原因是在量化生态适应性方面存在困难。目前还没有公认的某个指标或性状可以真切地反映生态适应性。品种在多个环境下的变异系数可能是一个评价指标。品种稳定性也是一个量化品种生态适应性的指标（Zhang and Geng, 1986）。加强品种生态适应性准确评价，是开展对广适性强优势组合衍生的群体生态适应性杂种优势遗传剖析的基础，是亟待解决的科学问题，也是育种面临的现实问题。

二、加强杂交种"源-库-流"的协调性研究

杂种后代在"库"与"源"潜力两个方面都表现出极强的优势，但有时"流"不畅，造成杂种结实率不高、充实度不够而大大影响了杂种优势的利用。之前的研究主要集中在产量（"源"和"库"）的杂种优势的研究上，而对"流"的研究非常少。"流"指的是同化产物从"源"组织往"库"组织种子运输的能力。测定"流"的能力当下难度很大，还没有一个很好的指标，相关的生理性状，如在"源"和"库"形成过程中植物碳和氮元素重新分配的时空规律，也许是一个理想性状。另外，鉴定作物中同化物转运蛋白的功能，确定关键转运蛋白，然后比较亲本与杂种中转运蛋白的变化，也是值得尝试的研究途径。加强"源-库-流"的协调性研究，无疑将会推进我们对杂种优势遗传基础的认识，为进一步提高杂种优势的利用效率打下基础。

三、加强作物产量重要基因的分离

当前杂种优势的遗传基础研究大都是在染色体区间水平上开展，用的是分子标记，很少深入到单基因水平。过去 20 年，世界范围内大量的水稻产量遗传基础解析和重要功能基因克隆取得了巨大进展，但是实际上克隆的主效产量基因并不是很多（100 个左右），而通过反向遗传学分离的基因有些是生长发育必需的，相当保守，自然界几乎没有功能变异，在遗传改良中不会有选择效果。产量杂种优势肯定是自然界存在变异的产量基因作用的结果，同时大规模的基因组关联分析发现，在不同组合中对杂种优势有重要贡献的共同产量基因并不多，也就是说有限数目的产量基因组合形成了不同优势程度的杂种（Huang et al., 2015, 2016）。从不同资源里发掘新基因，整合到不同亲本中，适度拉大亲本间的遗传距离，可能会进一步提高杂种优势。因此，未来我们还要进一步分离主效产量基因，加强它们的生物学功能剖析，为杂种优势预测和强优势杂种利用提供新基因。

四、杂种优势形成的基因网络系统解析

杂种优势形成是一系列基因作用的结果，这些基因的作用应该是相互影响的，建立产量性状杂种优势形成的分子调控网络，将是诠释上位性效应分子机制的必经途径。杂种一代是两个不同基因群组合在一起形成一个新的网络系统，在这个新组建的网络

系统中，等位基因成员处在最好的工作状态，使整个遗传体系发挥最佳效率时，即可实现杂种优势。因此，杂种优势形成的基因网络调控将可能是解读杂种优势生物学基础的重要组成部分。只有揭示了基因调控网络，才可能知道什么状况下等位基因都处于和谐状态。而从调控重要产量性状的转录因子类基因入手，如以我们前期分离的 *Ghd7* 为切入点，分离其上、下游的基因，将能逐步建立调控产量和株高杂种优势的基因网络。特别是分离重要基因编码蛋白的互作蛋白，明确这些相互影响的基因关系，才可能在亲本中合理搭配不同基因型，使基因组背景的效应最大化。

五、加强杂种优势预测和高效组配杂种优势的研究

理论上，杂种表现等于亲本群体均值加上杂种优势值，亲本群体均值可以认为是加性效应的结果，而杂种优势值是显性效应的产物。如果考虑互作效应，那么加性×加性、加性×显性和显性×显性互作都对杂种优势值有贡献。因此，选配优良杂种，在提高群体均值的同时，要最大化杂种优势值，即亲本差异达到最大的互补，把优良等位基因合理分配到不同亲本中，即在亲本一般配合力和特殊配合力上下工夫。大量的研究表明，杂种优势的遗传基础应该是显性、超显性和上位性等各种遗传效应的综合。因此，杂种优势也许不像人们猜测的那么复杂，对一些重要产量基因的掌控或许能有效提高杂种优势。应加强分析已知重要功能产量基因的作用方式，包括加性、显性（增效和减效）和互作方式，利用数学模型来预测它们在杂种优势中的贡献大小。另外，要充分挖掘当前海量组学数据，包括基因组和代谢组数据，鉴定出可用于杂种优势预测的基因和代谢产物。越来越多的代谢组分析平台的出现将使代谢产物提供的育种信息越来越多。同时，更应该根据预测理论，制订出强优势组合的理想基因型，开展杂种优势选育的实践，评价杂种优势预测的效果，引导杂种优势预测在杂种优势实践中的应用。

参 考 文 献

李继耕, 杨太兴, 曾孟潜. 1979. 同工酶与玉米杂种优势研究——I.营养生长期杂种与其亲本的比较. 遗传, (3): 8-11, 49.

李明爽, 傅洪拓, 龚永生, 等. 2008. 杂种优势预测研究进展. 中国农学通报, (1): 117-122.

梁雨娟, 刘振库, 李继竹, 等. 2012. 不同密度条件下玉米杂种优势及配合力研究. 玉米科学, 20(6): 25-29.

刘来福, 黄远樟. 1980. 作物数量遗传学基础——五、配合力, 完全双列杂交(下). 遗传, 2(1): 43-48.

倪先林, 张涛, 蒋开锋, 等. 2009. 杂交稻特殊配合力与杂种优势、亲本间遗传距离的相关性. 遗传, 31(8): 849-854.

徐乃瑜, 王许莲. 1982. 小麦杂种优势与同工酶谱分析的初步研究. 湖北农业科学, (12): 4-8.

杨太兴, 段章雄, 郭乐群, 等. 1995. 同工酶与玉米杂种产量优势预测的研究. 植物学报, (6): 432-436.

易琼华, 师素云, 姜靳若, 等. 1984. 水稻三系及其杂种 F_1 的酯酶同工酶比较及杂种优势预测. Journal of Integrative Plant Biology, (5): 506-512.

朱英国, 张为国. 1987. 杂交水稻苗期同工酶与杂种优势关系的研究. 作物学报, (2): 89-96.

Angelovici R, Fait A, Zhu X H, et al. 2009. Deciphering transcriptional and metabolic networks associated with lysine metabolism during Arabidopsis seed development. Plant Physiology, 151(4): 2058-2072.

Ashikari M, Sakakibara H, Lin S, et al. 2005. Cytokinin oxidase regulates rice grain production. Science, 309(5735): 741-745.

Bai X F, Wu B, Xing Y Z. 2012. Yield related QTLs and their applications in rice genetic improvement. Journal of Integrative Plant Biology, 54: 300-311.

Bao J Y, Lee S, Chen C, et al. 2005. Serial analysis of gene expression study of a hybrid rice strain(*LYP9*)and its parental cultivars. Plant Physiol, 138: 1216-1231.

Benisrael I, Kilian B, Nida H, et al. 2012. Heterotic trait locus, HTL, mapping identifies intra-locus interactions that underlie reproductive hybrid vigor in Sorghum bicolor. PLoS One, 7(6): e38993.

Bernardo N O. 2008. Endopyelotomy: the best solution for patients with stones associated with ureteropelvic junction obstruction. Journal of Endourology, 22(9): 1893.

Bian J, Jiang L, Liu L, et al. 2010. Identification of japonica chromosome segments associated with heterosis for yield in *Indica* × *Japonica* rice hybrids. Crop Science, 50: 2328.

Brown P J, Klein P E, Bortiri E, et al. 2006. Inheritance of inflorescence architecture in sorghum. Theoretical and Applied Genetics, 113(5): 931-942.

Cañas R A, Quilleré I, Gallais A, et al. 2012. Can genetic variability for nitrogen metabolism in the developing ear of maize be exploited to improve yield? New Phytologist, 194(2): 440-452.

Chen C, Chen H, Lin Y S, et al. 2014. A two-locus interaction causes interspecific hybrid weakness in rice. Nat Commun, 5: 3357.

Chen C, Chen H, Shan J X, et al. 2013. Genetic and physiological analysis of a novel type of interspecific hybrid weakness in rice. Mol Plant, 6: 716-728.

Chen H, Xie W, He H, et al. 2014. A high-density SNP genotyping array for rice biology and molecular breeding. Molecular Plant, 7(3): 541.

Dan Z, Hu J, Zhou W, et al. 2015. Hierarchical additive effects on heterosis in rice, *Oryza sativa* L. Frontiers in Plant Science, 6: 738.

Davenport C B. 1908. Degeneration, albinism, and inbreeding. Science, 28: 454-455.

Dodd A N, Salathia N, Hall A, et al. 2005. Plant circadian clocks increase photosyn- thesis, growth, survival, and competitive advantage. Science, 309: 630-633.

Fait A, Nesi A N, Angelovici R, et al. 2011. Targeted enhancement of glutamate-to-γ-aminobutyrate conversion in *Arabidopsis* seeds affects carbon-nitrogen balance and storage reserves in a development-dependent manner. Plant Physiology, 157(3): 1026.

Frary A, Nesbitt T C, Frary A, et al. 2008. fw 2.2: A quantitative trait locus key to the evolution of tomato fruit size. Science, 289(5476): 85-88.

Fridman E, Carrari F, Liu Y S, et al. 2004. Zooming in on a quantitative trait for tomato yield using interspecific introgressions.Science, 305(5691): 1786-1789.

Fridman E, Pleban T, Zamir D. 2000. A recombination hotspot delimits a wild-species quantitative trait locus for tomato sugar content to 484 bp within an invertase gene. Proceedings of the National Academy of Sciences, 97(9): 4718.

Fukaki H, Okushima Y, Tasaka M. 2007. Auxin-mediated lateral root formation in higher plants. International Review of Cytology, 256: 111.

Garcia A A F, Wang S, Melchinger A E, et al. 2008. Quantitative trait loci mapping and the genetic basis of heterosis in maize and rice. Genetics, 180(3): 1707-1724.

Ge X, Chen W, Song S, et al. 2008. Transcriptomic profiling of mature embryo from an elite super-hybrid rice LYP9 and its parental lines. BMC Plant Biol, 8: 114.

Goff S A. 2011. A unifying theory for general multigenic heterosis: energy efficiency, protein metabolism, and implications for molecular breeding. New Phytologist, 189: 923-937.

Goff S A, Zhang Q. 2013. Heterosis in elite hybrid rice: speculation on the genetic and biochemical mechanisms. Current Opinion in Plant Biology, 16(2): 221.

Gong D, Yang R, Munir K M, et al. 2003. New progress in adipocytokine research. Current Opinion in Endocrinology & Diabetes, 10(2): 115-121.

Groszmann M, Gonzalez-Bayon R, Lyons R L, et al. 2015. Hormone-regulated defense and stress response networks contribute to heterosis in *Arabidopsis* F1 hybrids. PNAS USA, 112(46): 6397-6406.

Guo M. 2010. The maize cell number regulator gene *ZmCNR1* controls plant and organ size: implications for crop yield enhancement and heterosis. Plant Cell, 22(4): 1057-1073.

Guo M, Rupe M. 2010. Method for optimization of transgenic efficacy using favorable allele variants. US, US20100162440.

Guo M, Rupe M A, Yang X, et al. 2006. Genome-wide transcript analysis of maize hybrids: allelic additive gene expression and yield heterosis. Theor Appl Genet, 113: 831-845.

Guo M, Rupe M A, Zinselmeier C, et al. 2004. Allelic variation of gene expression in maize hybrids. Plant Cell, 16: 1707-1716.

Guo M, Yang S, Rupe M, et al. 2008. Genome-wide allele-specific expression analysis using massively parallel signature sequencing (MPSSTM) reveals cis- and trans-effects on gene expression in maize hybrid meristem tissue. Plant Mol Biol, 66: 551-563.

Hammer G L, Broad I J. 2003. Genotype and environment effects on dynamics of harvest index during grain filling in sorghum. Agronomy Journal, 95(1): 199-206.

He G, Zhu X, Elling A A, et al. 2010. Global epigenetic and transcriptional trends among two rice subspecies and their reciprocal hybrids. Plant Cell, 22: 17-33.

Hedden P. 2011. Heterosis in rice seedlings: its relationship to gibberellin content and expression of gibberellin metabolism and signaling genes. Plant Physiology, 156(4): 1905-1920.

Hua J, Xing Y, Wu W, et al. 2003. Single-locus heterotic effects and dominance by dominance interactions can adequately explain the genetic basis of heterosis in an elite rice hybrid. Proceedings of the National Academy of Sciences of the United States of America, 100(5): 2574-2579.

Huang X, Yang S, Gong J, et al. 2015. Genomic analysis of hybrid rice varieties reveals numerous superior alleles that contribute to heterosis. Nature Communications, 6: 6258.

Huang X, Yang S, Gong J, et al. 2016. Genomic architecture of heterosis for yield traits in rice. Nature, 537(7622): 629-633.

Huang Y, Zhang L, Zhang J, et al. 2006. Heterosis and polymorphisms of gene expression in an elite rice hybrid as revealed by a microarray analysis of 9198 unique ESTs. Plant Mol Biol, 62: 579-591.

Jiang Y, Cai Z, Xie W, et al. 2012. Rice functional genomics research: Progress and implications for crop genetic improvement. Biotechnology Advances, 30: 1059-1070.

Kaushik R P, Sharma K D. 1986. Extent of heterosis in rice(*Oryza sativa* L.)under cold stress conditions-yield and its components. Theoretical & Applied Genetics, 73(1): 136-140.

Korff M, Radovic S, Choumane W, et al. 2009. Asymmetric allele-specific expression in relation to developmental variation and drought stress in barley hybrids. Plant Journal, 59: 14-26.

Krieger U, Lippman Z B, Zamir D. 2010. The flowering gene SINGLE FLOWER TRUSS drives heterosis for yield in tomato. Nature Genetics, 42(5): 459-463.

Kubo T, Yoshimura A. 2002. Genetic basis of hybrid breakdown in a Japonica/Indica cross of rice, *Oryza sativa* L. Theoretical and Applied Genetics, 105: 906-911.

Li D, Huang Z, Song S, et al. 2016. Integrated analysis of phenome, genome, and transcriptome of hybrid rice uncovered multiple heterosis-related loci for yield increase. Proceedings of the National Academy of Sciences of the United States of America, 113(41): E6026.

Li L, Lu K, Chen Z, et al. 2008. Dominance, overdominance and epistasis condition the heterosis in two heterotic rice hybrids. Genetics, 180(3): 1725-1742.

Li Z K, Luo L J, Mei H W, et al. 2001. Overdominant epistatic loci are the primary genetic basis of inbreeding depression and heterosis in rice. I. Biomass and grain yield. Genetics, 158(4): 1737-1753.

Li Z, Pinson S R M, Paterson A H, et al. 1997. Genetics of hybrid sterility and hybrid breakdown in an interspecific rice. (*Oryza sativa* L.) population. Genetics, 145(4): 1139-1148.

Luo L J, Li Z K, Mei H W, et al. 2001. Overdominant epistatic loci are the primary genetic basis of inbreeding depression and heterosis in rice. II. grain yield components. Genetics, 158(4): 1755.

Luo X, Fu Y, Zhang P, et al. 2009. Additive and over-dominant effects resulting from epistatic loci are the primary genetic basis of heterosis in rice. Journal of Integrative Plant Biology, 51(4): 393-408.

Melchinger A E, Lee M, Lamkey K R, et al. 1990. Genetic diversity for restriction fragment length polymorphisms: relation to estimated genetic effects in maize inbreds. Crop Science, 30(5): 1033-1040.

Melchinger A E, Piepho H P, Utz H F, et al. 2007. Genetic basis of heterosis for growth-related traits in Arabidopsis investigated by testcross progenies of near-isogenic lines reveals a significant role of epistasis. Genetics, 177: 1827-1837.

Michael T P, Salome P A, Yu H J, et al. 2003. Enhanced fitness conferred by naturally occurring variation in the circadian clock. Science, 302: 1049-1053.

Milborrow B V. 1998. A biochemical mechanism for hybrid vigour. Journal of Experimental Botany, 49(324): 1063-1071.

Ni Z, Kim E D, Ha M, et al. 2009. Altered circadian rhythms regulate growth vigour in hybrids and allopolyploids. Nature, 457: 327-331.

Peng J Y, Glaszmann J C, Virmani S S. 1988. Heterosis and isozyme divergence in indica rice. Crop Science, 28(3): 561-563.

Powers L. 1944. An Expansion of Jones's theory for the explanation of heterosis. The American Naturalist, 78(776): 275-280.

Riedelsheimer C, Czedikeysenberg A, Grieder C, et al. 2012. Genomic and metabolic prediction of complex heterotic traits in hybrid maize. Nature Genetics, 44(2): 217-220.

Rood S B, Buzzell R I, Mander L N, et al. 1988. Gibberellins: a phytohormonal basis for heterosis in maize. Science, 241(4870): 1216-1218.

Schwartz D. 1960. Genetic studies on mutant enzymes in maize: synthesis of hybrid enzymes by heterozygotes. Proc Natl Acad Sci USA, 46(9): 1210-1215.

Seebauer J R, Moose S P, Fabbri B J, et al. 2004. Amino acid metabolism in maize earshoots. implications for assimilate preconditioning and nitrogen signaling. Plant Physiology, 136(4): 4326.

Seebauer J R, Singletary G W, Krumpelman P M, et al. 2010. Relationship of source and sink in determining kernel composition of maize. Journal of Experimental Botany, 61(2): 511-519.

Semel Y, Nissenbaum J, Menda N, et al. 2006. Overdominant quantitative trait loci for yield and fitness in tomato. Proceedings of the National Academy of Sciences of the United States of America, 103(35): 12981.

Shen G, Hu W, Zhang B, et al. 2015. The regulatory network mediated by circadian clock genes is related to heterosis in rice. Journal of Integrative Plant Biology, 57(3): 300-312.

Shen G, Zhan W, Chen H, et al. 2014. Dominance and epistasis are the main contributors to heterosis for plant height in rice. Plant Science, 215-216(2): 11.

Shull G H. 1908. The Composition of a field of maize. Journal of Heredity, 4(1): 296-301.

Smith O S, Smith J S C, Bowen S L, et al. 1990. Similarities among a group of elite maize inbreds as measured by pedigree, F_1 grain yield, grain yield, heterosis, and RFLPs. Theoretical and Applied Genetics, 80(6): 833-840.

Song G, Guo Z, Liu Z, et al. 2013. Global RNA sequencing reveals that genotype-dependent allele-specific expression contributes to differential expression in rice F1 hybrids. BMC Plant Biol, 13: 221.

Song S, Qu H, Chen C, et al. 2007. Differential gene expression in an elite hybrid rice cultivar(*Oryza sativa*, L)and its parental lines based on SAGE data. BMC Plant Biol, 7: 49.

Springer N M, Stuper R M. 2007. Allele-specific expression patterns reveal biases and embryo-specific parent-of-origin effects in hybrid maize. The Plant Cell, 19: 2391-2402.

Stuber C W, Lincoln S E, Wolff D W, et al. 1992. Identification of genetic factors contributing to heterosis in a hybrid from two elite maize inbred lines using molecular markers. Genetics, 132(3): 823-839.

Stuber C W, Polacco M, Senior M L. 1999. Synergy of empirical breeding, marker-assisted selection, and genomics to increase crop yield potential. Crop Science, 39(6): 1571-1583.

Ueguchitanaka M, Nakajima M, Katoh E, et al. 2007. Molecular interactions of a soluble gibberellin receptor, *GID1*, with a rice DELLA protein, *SLR1*, and gibberellin. Plant Cell, 19(7): 2140-2155.

van Oosterom E J, Chapman S C, Borrell A K, et al. 2010. Functional dynamics of the nitrogen balance of sorghum. II. Grain filling period. Field Crops Research, 115(1): 29-38.

Wang E, Wang J, Zhu X, et al. 2008. Control of rice grain-filling and yield by a gene with a potential signature of domestication. Nature Genetics, 40(11): 1370-1374.

Wang S, Wong D, Forrest K, et al. 2014. Characterization of polyploid wheat genomic diversity using a high-density 90000 single nucleotide polymorphism array. Plant Biotechnology Journal, 12(6): 787.

Wang X L, Yao Y Y, Peng H R, et al. 2009. The relationship of differential expression of genes in GA biosynthesis and response pathways with heterosis of plant height in a wheat diallel cross. Science Bulletin, 54(17): 3029-3034.

Wei G, Tao Y, Liu G, et al. 2009. A transcriptomic analysis of superhybrid rice LYP9 and its parents. Proc Natl Acad Sci USA, 106: 7695-7701.

Xiao J, Li J, Yuan L, et al. 1995. Dominance is the major genetic basis of heterosis in rice as revealed by QTL analysis using molecular markers. Genetics, 140(2): 745.

Xie W, Wang G, Yuan M, et al. 2015. Breeding signatures of rice improvement revealed by a genomic variation map from a large germplasm collection. Proceedings of the National Academy of Sciences, 112(39): E5411.

Xu S, Xu Y, Gong L, et al. 2016. Metabolomic prediction of yield in hybrid rice. Plant Journal for Cell & Molecular Biology, 88(2): 219-227.

Xu S, Zhu D, Zhang Q. 2014. Predicting hybrid performance in rice using genomic best linear unbiased prediction. Proceedings of the National Academy of Science, 111(34): 12456-12461.

Xue W, Xing Y, Weng X, et al. 2008. Natural variation in *Ghd7* is an important regulator of heading date and yield potential in rice. Nature Genetics, 40(6): 761.

Yamamoto E, Takashi T, Morinaka Y, et al. 2007. Interaction of two recessive genes, *hbd2* and *hbd3*, induces hybrid breakdown in rice. Theor Appl Genet, 115: 187-194.

Yan W, Liu H, Zhou X, et al. 2013. Natural variation in *Ghd7.1* plays an important role in grain yield and adaptation in rice. Cell Research, 23(7): 969.

Yan W H, Wang P, Chen H X, et al. 2011. A major QTL, *Ghd8*, plays pleiotropic roles in regulating grain productivity, plant height and heading date in rice. Molecular Plant, 4(2): 319-330.

Yang L, Li B S, Zheng X Y, et al. 2015. Salicylic acid biosynthesis is enhanced and contributes to increased biotrophic pathogen resistance in *Arabidopsis* hybrids. Nature Communication, 6: 7309.

You A, Lu X, Jin H, et al. 2006. Identification of quantitative trait loci across recombinant inbred lines and testcross populations for traits of agronomic importance in rice. Genetics, 172: 1287.

Yu S B, Li J X, Xu C G, et al. 1997. Importance of epistasis as the genetic basis of heterosis in an elite rice hybrid. Proceedings of the National Academy of Sciences, 94(17): 9226-9231.

Zhai R, Feng Y, Wang H, et al. 2013. Transcriptome analysis of rice root heterosis by RNA-Seq. BMC Genomics, 14: 19.

Zhang H Y, He H, Chen L B, et al. 2008. A Genome-wide transcription analysis reveals a close correlation of promoter INDEL polymorphism and heterotic gene expression in rice hybrids. Mol Plant, 1: 720-731.

Zhang N Y, Gibon Y, Gur A, et al. 2010. Fine quantitative trait loci mapping of carbon and nitrogen metabolism enzyme activities and seedling biomass in the maize IBM mapping population. Plant Physiology, 154(4): 1753-1765.

Zhang Q, Gao Y J, Maroof M A S, et al. 1995. Molecular divergence and hybrid performance in rice.

Molecular Breeding, 1(2): 133-142.

Zhang Q, Geng S. 1986. A method of estimating varietal stability for data of long-term trials. Theoretical and Applied Genetics, 71(6): 810-814.

Zhang Q, Zhou Z Q, Yang G P, et al. 1996. Molecular marker heterozygosity and hybrid performance in indica and japonica rice. Theoretical and Applied Genetics, 93(8): 1218-1224.

Zhang X, Borevitz J O. 2009. Global analysis of allele-specific expression in *Arabidopsis thaliana*. Genetics, 182: 943-954.

Zhang Y, Ni Z, Yao Y, et al. 2007. Gibberellins and heterosis of plant height in wheat, *Triticum aestivum* L. BMC Genetics, 8(1): 1-10.

Zhou G, Chen Y, Yao W, et al. 2012. Genetic composition of yield heterosis in an elite rice hybrid. Proceedings of the National Academy of Science, 109(39): 15847.

第八章　油菜种质资源创新与杂种优势利用

邹　珺　孟金陵　华中农业大学

俗话说"巧妇难为无米之炊"，种质资源（germplasm resource，也称遗传资源，genetic resource），是培育农作物新品种的原材料。育种家拥有了遗传变异丰富的、优异的"食材"，才能烹饪出诸如高产、优质、抗逆等一道一道"美食佳肴"来。未来作物育种上的重大突破，将取决于关键性优异种质资源的发现、创造与利用。

20 世纪 50～80 年代，我国开展了大规模作物种质资源的收集、研究和利用工作。在油菜中，研究人员较全面地收集和整理了我国各地长期栽培的白菜型和芥菜型农家品种、中华人民共和国成立前农业试验站遗留下的'日本油菜'（'胜利油菜'）品种，以及各个时期从欧洲、加拿大和澳大利亚等国引进的甘蓝型油菜品种，考察评估了它们的利用价值并应用于我国的油菜遗传育种，极大地促进了中国油菜产业的发展（刘后利，2000）。随着油菜品种资源的充分利用、育种水平的提高和油菜产业的新需求，仅仅利用现有的品种资源培育新品种，已逐渐进入瓶颈期，研发新的油菜种质资源被提上议事日程。

所谓种质资源创新，主要是指在已有的遗传资源的基础上，通过人工杂交、诱变、基因编辑等传统和现代生物技术手段，来获得大量新的可资利用的遗传变异。一方面，新的变异可能促进性状的改良、杂交亲本间性状的互补、遗传差异的增加，从而促进杂种优势的产生；另一方面，拥有了丰富的种质资源，仍需要结合当前的生产实际，辅以现代生物学的技术手段，开展种质资源的挖掘、利用与创新，这样才能有效地将种质资源应用于作物育种的可持续发展中。在作物的起源、驯化与栽培过程中，已存在许多种质资源，如一些野生种、近缘物种、亚种、栽培种、自然突变体等。对这些资源的开发与利用，已对农作物的育种起到了重大作用。但是已有的遗传资源比较有限，在此基础上，进一步进行新的种质资源的创造，就显得尤为重要。因此，创造新的油菜育种资源，将为我们进一步开展油菜的遗传育种工作，尤其是杂种优势利用，奠定坚实的物质基础。

第一节　油菜种质资源创新

一、甘蓝型油菜的育种历程与油菜种质资源的发掘利用

油菜是芸薹科（Brassicaceae，旧称十字花科）芸薹属（*Brassica*）植物内几个油用栽培物种的统称。它包括 1 个二倍体种[即白菜型油菜（*B. rapa*，AA，2*n*=20）]

和 3 个异源四倍体种[即甘蓝型油菜（*B. napus*，AACC，2*n*=38）、芥菜型油菜（*B. juncea*，AABB，2*n*=36）和埃塞俄比亚芥（*B. carinata*，BBCC，2*n*=34）]。白菜起源于亚洲，在中国、印度、巴基斯坦等国已有数百年的种植史；3 个四倍体种分别起源于欧洲、亚洲和非洲，其中甘蓝型油菜被引种到中国、加拿大和澳大利亚而广为种植，成为全球四大油菜中的主要油料作物（傅廷栋，2000；刘后利，1985），也是我们通常所说的油菜类型。

甘蓝型油菜是在大约 7500 年前欧洲地中海沿岸的甘蓝和白菜相互天然杂交、自然加倍后形成的异源多倍体（Chalhoub et al.，2014）。对该物种的驯化及种植可以追溯至 3000 多年前，最初被驯化为叶用的蔬菜类型和饲料类型（*B. napus* var. *rapifera* 或写 *B. napus* ssp. *napobrassica*），至 13 世纪欧洲工业革命时期，被驯化为以榨油为目的的油料作物（*B. napus* var. *oleifera*）。时至今日，甘蓝型油菜已经成为世界范围内广泛种植的油料作物。对甘蓝型油菜进行系统的品种选育和人工改良的历史仅有 100 多年，但这一时期里优异种质资源的发现、创造及利用，对甘蓝型油菜的遗传改良及其产业发展起到了巨大的作用。

1917 年，德国农民育种家发现了抵抗严寒的油菜材料，经系统选育，注册了世界上第一个油菜品种 'Lembke Winterraps'。20 世纪 50 年代，加拿大 Stefánsson 教授等在由德国引入的饲用油菜地方品种 'Liho' 的后代群体中，发现了种子芥酸含量小于 0.3%的植株。经系统选育，育成了世界上第一个低芥酸品种 Oro（Stefánsson et al.，1961），该品种随后成为甘蓝型油菜遗传改良的奠基亲本之一。随后，他们利用波兰科学家发现的低硫苷甘蓝型春油菜品种 'Bronowski' 作亲本，进一步改良油菜饼粕的品质，并于 1975 年育成了世界上第一个双低（低芥酸、低硫苷）春油菜品种 'Tower'（Krzymanski，1978；Stefánsson and Kondra，1975；Stefánsson et al.，1976）。目前，世界范围内作为食用油原料而种植的甘蓝型油菜，绝大部分为双低油菜，而 'Bronowski' 和 'Tower' 也成为双低育种的奠基亲本。

欧洲的甘蓝型油菜及欧洲甘蓝在 100 多年前的明治维新时期被引入日本，引进的甘蓝与当地的亚洲白菜天然杂交后，产生了日本本地的甘蓝型油菜。日本育种家以这两类甘蓝型油菜为基础，培育了许多油用的和菜用的甘蓝型油菜品种。其中一些油用品种在 20 世纪 30～40 年代从日本引入中国，被称为 '日本油菜' 或 '胜利油菜'（刘后利，2000）。随后，中国科学家对 '胜利油菜' 进行了大规模的适应性改良，包括通过与中国传统的白菜型油菜品种杂交，育成了一大批中国的甘蓝型油菜品种。

1972 年，华中农业大学傅廷栋教授从苏联引进的甘蓝型油菜品种 'Polima'（可能来自波兰）中发现了细胞质雄性不育植株，并培育出了 '波里马' 细胞质雄性不育系（*Pol* CMS），在油菜中开启了杂种优势利用时代。陕西李殿荣先生培育的 '陕 2A' 细胞质雄性不育系，以及随后发现和培育的隐性细胞核不育材料，也为油菜杂交种的生产、推广及产量的提升做出了重大的贡献。可以预期，优良新品种的选育和油菜产业稳定持续的发展，会不断得益于优异种质资源的挖掘、创造和利用。

二、甘蓝型油菜现有品种资源的遗传多样性

由于甘蓝型油菜在驯化为油料作物前，曾经主要作为蔬菜或饲料作物而种植，因此在这个物种里，除了我们现在广泛种植的油料类型外，还有一些蔬菜或饲料类型，如叶用的甘蓝型绿叶菜（kale）和根用的甘蓝型芜菁（turnip）。这些类型很少与油用类型杂交，是培育甘蓝型油菜新品种的潜在种质资源。

油用类型的甘蓝型油菜因其对低温春化的需要与否及强弱程度，主要有春性（不需要春化）、半冬性（弱春化）和冬性（严格的春化）三大栽培类型。春油菜大多春天播种、秋天收获，冬油菜大多秋天播种而越冬后在夏天收获。春油菜主要种植于加拿大、澳大利亚及欧洲少数区域，而欧洲大部分区域则种植冬油菜。在我国，西北与东北地区种植春油菜，在长江上游也秋播春油菜；长江中下游地区秋播半冬性油菜；黄淮地区秋播冬油菜（刘后利，2000）。冬油菜和春油菜之间存在着生态地理隔离，它们之间的杂交也可望创造出新的种质资源，我们在随后的章节中将进行介绍。

DNA 测序技术的进步、高通量分子标记的发展及油菜基因组序列的获得，极大地促进和丰富了人们对油菜品种遗传多样性的认识。自 20 世纪 80 年代起，从最早出现的 RFLP 标记，到 AFLP、RAPD、SSR 标记，以及现在方兴未艾的 EST、SNP 等一系列标记，分子标记技术操作从烦琐到简单，而定位精度却不断提高，适用范围不断拓宽。1996 年 Lander 正式提出 SNP 技术开启了第三代分子标记技术时代之后，这项技术在短短十几年里便从遗传学、医学领域扩展到植物科学研究领域，并在主要作物的研究上得到广泛应用（Lander，1996）。甘蓝型油菜研究中的 SNP 技术在短短十年内也得到了迅速的发展，新一代测序（NGS）技术的出现及其与基因芯片技术的整合、甘蓝型油菜基因组测序工作的完成（Chalhoub et al.，2014），极大地提高了甘蓝型油菜基因组 SNP 识别的精度与准确度。甘蓝型油菜首次全基因组的 SNP 研究报道于 2009 年，Trick 等利用 Solexa 测序平台分析了一个欧洲冬油菜品种和一个中国半冬性油菜品种（'Tapidor'与'Ningyou7'）的转录组，得到了 20 多万个 EST（Trick et al.，2009），并开发了相应的计算工具和一套含有 94 000 个独立基因的芸薹属物种参考序列。他们随后利用转录组测序及其对甘蓝型油菜基因组内 hemi-SNP 和 single-SNP 标记区分的分析策略，对包含 7 个类型（欧洲冬油菜、甘蓝型青饲料、甘蓝型西伯利亚绿叶菜、春油菜、中国甘蓝型油菜、甘蓝型日本绿叶菜、甘蓝型瑞典芜菁、人工合成油菜）的 83 个甘蓝型油菜品种进行了遗传聚类分析，利用所产生的 10 万个 SNP 标记，将甘蓝型油菜现有品种分为了欧洲冬油菜、春油菜、亚洲油菜、瑞典饲料油菜四大类。其中，中国的甘蓝型油菜与日本的甘蓝型绿叶菜亲缘关系较近；而中国油菜与欧洲油菜间，一方面具有明显的血缘关系，另一方面仍然具有较远的遗传距离；加拿大春油菜与中国油菜间也有着较远的遗传距离（Harper et al.，2012）。这些技术和研究成果为甘蓝型油菜遗传多样性研究、遗传连锁图谱构建及遗传变异研究提供了丰富的信息。

甘蓝型油菜的 Illumina Infinium 60K-SNP 芯片的开发与应用，进一步为油菜种质资源的分析与利用提供了工具和平台（Clarke et al.，2016）。来自中国、德国、法国、英

国、加拿大等国的油菜研究团队纷纷利用该芯片开展了甘蓝型油菜种质资源多样性的分析。我国科学家利用这套芯片对来自不同国家、不同时期培育的 472 份不同生态类型的油菜品种进行了遗传多样性和选择进化分析，并开展了对多个性状的关联分析（Li et al.，2014；Wang et al.，2014）。他们的结果表明，油菜品种的遗传变异在不同育种地区、不同品种类型和不同育种时期是十分不同的。中国和欧洲品种的遗传多样性水平在 20 世纪 50～80 年代期间均得到提高，这可能得益于欧洲和加拿大为了培育双低品种而开展了大量的油用品种-饲料油菜及冬油菜-春油菜间的杂交；在中国则开展了大量的甘白种间杂交育种，随后又引进国外双低品种进行了品质育种。其结果是极大地增加了甘蓝型油菜品种的遗传多样性和本地适应性。但 1980～2000 年这一时期，油菜品种的遗传多样性水平却维持下来，未得到显著提升。同样利用这套芯片，Qian 等（2014）对 253 份中国半冬性油菜品种、Liu 等（2016）对来自不同国家区域的 523 份品种进行了分析，他们的结果均表明甘蓝型油菜的遗传多样性较为有限，而其中甘蓝型油菜品种在 C 基因组上的遗传多样性更为有限，存在很大的连锁不平衡区域。通过杂交等手段，可打破 C 基因组的连锁不平衡，增加重组机会，进一步扩大甘蓝型油菜的遗传基础。随着测序技术的发展及测序成本的降低，一些研究单位还利用重测序等手段，正在进一步对从全球广泛收集的油菜品种开展遗传多样性、群体结构、选择进化等研究。这些研究将为利用和开拓油菜种质资源提供丰富的参考信息。

由于甘蓝型油菜是一个较为年轻的物种，有限的栽培驯化史和传统的育种方法，导致其遗传基础较窄。近几十年的双低集约育种，几乎耗尽了种内有限的优异种质资源，致使近年来杂种优势利用徘徊不前，突破性新品种难以出现。研究新技术、新途径创造新的种质资源以扩大甘蓝型油菜的遗传基础，采用新的育种理论筛选出优异种质资源用于优良品种的选育，势将为甘蓝型油菜的进一步优质高产奠定坚实的基础。

甘蓝型油菜种质资源的创新，可以分为三大途径：在甘蓝型油菜物种内，通过杂交、轮回选择、遗传重组等，创造新的优良变异；从甘蓝型油菜物种外引入和创造新的优良变异；通过生物技术主要是基因操作技术，创造出甘蓝型油菜新的优良变异。下面将对这三种途径分别进行介绍。

三、甘蓝型油菜种质资源创新途径之一：利用物种内的遗传变异

育种家们常常通过对不同生态类型、不同地理来源或者不同性状特点的甘蓝型油菜品系间进行杂交，从而获得新的种质资源。将冬性油菜、春油菜与半冬性油菜进行相互杂交，是育种家们常用的育种资源创新手段（Becker et al.，1995）。中国的育种家们就常常将引自欧洲的冬油菜，或者从加拿大、澳大利亚的春油菜与本地的油菜进行杂交，经过多代选择，培育出了许多适应本地的新品种。

油菜界的育种家和学者们早就认识到冬油菜类型品种和春油菜类型品种间相互杂交常常具有较大的杂种优势，但因开花习性问题，冬-春 F_1 代的这种杂种优势很难在育种上直接利用。美国的 Cargill 公司创造培育 Sprinter 油菜新资源，将冬-春油菜杂种优势利用变为坦途。在这之前，美国威斯康星大学的 Williams 和 Hill（1986）曾经培育了

一个不需要春化而快速开花的白菜株系（'Fast growing'），其整个生长周期只需要一个月时间，并且在杂种后代中其早花的性状为显性。Cargill 公司用 'Fast growing' 与公司育种谱里的各种冬油菜品系进行杂交，然后从杂种后代中选择早花单株与冬油菜亲本回交并以分子标记辅助选择，培育出了大量的育种新资源。在开花习性上，这些新资源与春油菜（Spring）相同，但整个遗传背景却与其冬油菜（Winter）亲本相似，因而取名为 Sprinter。用 Sprinter 与春油菜测交产生一代杂种直接在春油菜区测产，选出产量高、适应性好的组合后马上进入高一级的试验、示范和推广。至 2010 年，用 Sprinter 配制的杂种在加拿大取得了良好的效果。实践证明，Sprinter 是春油菜杂种优势育种的优异新资源（Dang and Chen，2015）。

四、甘蓝型油菜种质资源创新途径之二：从外缘物种引入和创造新的优良变异

除了利用甘蓝型油菜种内的遗传变异，育种家们还常常利用芸薹属内甚至属间近缘物种开展远缘杂交，进行种质资源的创新。通过远缘杂交可以对受体基因组进行全局改造，这种改造是随机的，主要目的是通过拓宽遗传基础，大规模地引入外缘基因组成分，改变已有基因组成分，增加新的遗传变异，带来新的表型变异；另一方面也可以通过局部改造，有目的地对控制质量性状或者数量性状的基因位点进行遗传改良，创造出优良变异。

（一）利用白菜型油菜拓宽甘蓝型油菜的遗传基础

大约 1500 年前，白菜（B. rapa，A）在中国被驯化为油料作物（刘后利，1984），比甘蓝型油菜的驯化早 1000 多年。因此，当甘蓝型油菜从欧洲传播到亚洲，白菜型油菜即被育种家用来与之杂交，以提高甘蓝型油菜的地域适应性，是亚洲育种成效最为显著的一种育种方式。日本学者在 20 世纪 40～60 年代育成的 44 个甘蓝型油菜新品种中，其中 12 个是与白菜型油菜种间杂交育成的。中国的白菜型油菜种质资源十分丰富，自 20 世纪 50 年代以来，育种家们利用这些资源开展了卓有成效的种间杂交育种。例如，四川省农业科学院育种家覃民权用白菜型油菜的地方品种'成都矮油菜'与甘蓝型油菜品种'胜利油菜'杂交，培育出了甘蓝型油菜新品种'川油 2 号'和'川农长角'。50～70 年代，华中农业大学刘后利教授通过杂交育种培育了 11 个优良品种，其中近一半（5 个）是甘蓝型油菜与白菜型油菜杂交育成的。这些品种一般比引进的甘蓝型油菜早熟、适应性强。它们不仅在生产上发挥了重要的增产作用，同时也扩大了甘蓝型油菜的遗传变异，丰富了甘蓝型油菜的种质资源。

（二）利用人工合成甘蓝型油菜拓宽现有甘蓝型油菜的遗传基础

通过二倍体祖先种间的杂交加倍，重新合成甘蓝型油菜，也是甘蓝型油菜种质资源创新的一种手段。欧洲是甘蓝的起源地，有丰富的甘蓝品种资源。从 20 世纪中叶开始，瑞典的科学家就试图用甘蓝的 C 基因组改良甘蓝型油菜品种或创造新的甘蓝型油菜种质资源。由于甘蓝很难直接与甘蓝型油菜杂交，因此大多是通过甘蓝和白菜杂交后人工加倍，形成人工合成种间杂种，或者将甘蓝和白菜先行四倍化后，

再相互杂交形成人工合成种间杂种。后者的效果远好于二倍体间的直接杂交。由于甘蓝是蔬菜品种而没有油用类型，人工合成甘蓝型油菜的农艺性状较差，不能直接应用，需将其作为种质资源与已有的甘蓝型油菜品种杂交，然后再进行选育。例如，将甘蓝四倍体和芜菁白菜四倍体杂交，再与甘蓝型油菜品种'Matador'杂交，最终育成了抗寒性强的甘蓝型油菜品种'Norde'（Olsson and Ellerstrom，1980）。欧洲已拥有数以百计的这类人工合成的甘蓝型油菜及其衍生材料，但由于甘蓝本身带来的遗传累赘太多，以此形成的品种却不多。但是甘蓝 C 基因组能为甘蓝型油菜提供丰富的遗传变异，因此科学家们仍在继续通过各种方法改良合成种的农艺性状，以期更好地利用这些遗传资源。

德国近年来启动了一个利用基因组学的知识和技术开展油菜"Pre Breed Yield"的大型合作项目（"改良油菜产量的前育种研究计划"），旨在汇集各油菜优良品种间的有利性状和人工合成甘蓝型油菜中的优良成分，并能够摒弃后者基因组中的大量遗传累赘。该计划以一个已测序了基因组的德国优良冬油菜品种'Express617'为核心，与遗传基础不同的 30 个优良油菜育种系和 20 个人工合成甘蓝型油菜品系同时杂交，通过系统选育和小孢子培养，构建出在遗传上相互关联的 2500 个株系组成的巢式关联群体（nested association mapping population，NAM）。通过对 50 个杂交亲本的重测序来帮助重构 NAM 群体各株系的基因组序列，然后对群体进行全基因组的基因型分析和表型考查，以在群体中对目标性状进行基因组选择。该计划将油菜的基因组学研究和育种实践巧妙地结合在一起，很有可能将非油用作物甘蓝基因组中的有利成分大规模地重组到甘蓝型油菜育种系的基因组中（Schmutzer et al.，2015）。

（三）创造新型甘蓝型油菜以利用亚基因组间杂种优势

在芸薹属植物中，存在三个基本种和三个复合种，三个复合种是由三个基本种相互杂交而来的（图 8-1，U's triangle，1935）。例如，甘蓝型油菜（*Brassica napus*，AACC，2n=38）是在 1 万年前由白菜（*B. rapa*，AA，2n=20）和甘蓝（*B. oleracea*，CC，2n=18）杂交加倍后进化而来的（Yang et al.，2005），而白菜和甘蓝的基因组则是在经历了三倍化（相对于芸薹科模式植物拟南芥）的过程后于 150 万～400 万年前形成的（Ziolkowski et al.，2006）。近年来，越来越多的证据表明长期的地理分化、生殖隔离、自然和人工选择导致复合种的基因组与其相应的基本种的基因组之间产生了很大的分化（Chalhoub et al.，2014；Liu et al.，2014；Nishio，2000；Suwabe et al.，2008；Yang et al.，2016）。为了区分这种分化，我国科学工作者提出用"亚基因组"这个概念来定义芸薹属不同物种中的相同基因组，并用各物种拉丁文的首写字母作为上标来区分不同的亚基因组（图 8-2），如 A^r 和 A^n 分别代表 *B. rapa* 和 *B. napus* 中不同的亚基因组 A，C^c 和 C^n 分别代表 *B. carinata*（BBCC，2n=34）和 *B. napus* 中不同的亚基因组 C（Li et al.，2004；Qian et al.，2005；Zou et al.，2010）。"亚基因组"的概念已为国际同行广泛接受（Chalhoub et al.，2014）。

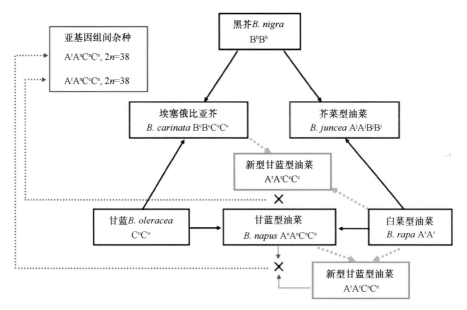

图 8-1　芸薹属物种的基因组构成及新型甘蓝型油菜和亚基因组间杂种的创建示意图

由黑色方框和长箭头组成的"禹氏三角形"展示了芸薹属的三个基本种（AA、BB、CC）两两杂交形成了箭头所指处的三个复合种（U，1935）。不同物种中的相同基因组用该物种种名的首写字母作为上标来区分（Li et al.，2004）。通过种间杂交和分子标记辅助选择使白菜的 A^r 亚基因组与埃塞俄比亚芥的 C^c 亚基因组部分或绝大部分替换甘蓝型油菜中对应的基因组，可培育出新型甘蓝型油菜（绿色箭头和绿色方框所示）。新型甘蓝型油菜与常规甘蓝型油菜杂交后可培育出亚基因组间杂种（蓝色箭头和蓝色方框所示）。由于亚基因组间杂种的杂合度高，较易获得强大的杂种优势

　　芸薹属中除了甘蓝型油菜外，还有三个物种拥有油用类型，它们分别是白菜型油菜、芥菜型油菜和埃塞俄比亚芥。通过远缘杂交，将这些物种油中油用类型的 A、C 基因组重组在一起，创造出一种新型的甘蓝型油菜。新型甘蓝型油菜的遗传基础必然与传统甘蓝型油菜十分不同，用它与传统甘蓝型油菜杂交，可望产生强大的亚基因组间杂种优势。Li 等将少数几个白菜型油菜亲本 A^r 基因组及埃塞俄比亚芥的 C^c 基因组部分地（约 40%）导入甘蓝型油菜中，培育出了第一代新型甘蓝型油菜，用其与常规甘蓝型油菜测交，配制的亚基因组间杂种在种子产量上普遍具有杂种优势（Li et al.，2005；Qian et al.，2005）。研究表明，亚基因组间杂种优势的高低与新型甘蓝型油菜亲本中 A^rC^c 基因组成分的多寡成正相关（Li et al.，2005）。这意味着导入更多的外源成分将包含更多的优异外源片段，将可能有望获得更强的杂种优势。Zou 等（2010）在优良的第一代新型甘蓝型油菜株系间相互杂交，并对后代辅以分子标记选择，培育出了 A^r/C^c 成分得到提高（约 60%～70%）、农艺性状得到改良的第二代新型甘蓝型油菜；第二代新型甘蓝型油菜组配的杂种，其中两个组合的种子产量连续两年超过对照杂种 10%。基于分子标记的聚类分析表明，导入了 A^r、C^c 基因组成分的第一代、第二代新型甘蓝型油菜明显拉大了甘蓝型油菜的遗传距离，拓宽了甘蓝型油菜的遗传基础（图 8-2）（Chen et al.，2010）。

　　通过两轮大规模的种间杂交和分子标记辅助选择，进一步将 A^r/C^c 成分约 80%的第二代新型甘蓝型油菜株系与数以千计的异源六倍体植株（$A^rA^rB^cB^cC^cC^c$）杂交，通过多代自交和大规模的细胞学/分子标记鉴定后，成功地将 135 个白菜型油菜的 A^r 亚基因组

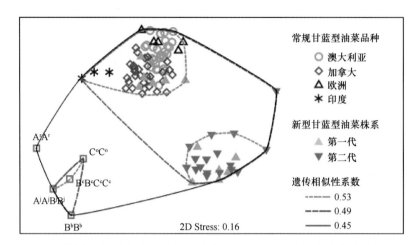

图 8-2　新型甘蓝型油菜与常规甘蓝型油菜品种及芸薹属其他物种的遗传差异展示

该图为基于遗传相似性系数所制作的聚类分析二维图（图片和说明引自 Chen et al.，2010）。左下角的□表示芸薹属其他物种

成分和 78 个埃塞俄比亚芥品种的 C^c 亚基因组成分大规模地导入至甘蓝型油菜中，通过多代自交选育出了数百个系谱各异的第三代新型甘蓝型油菜自交系群体，第三代新型甘蓝型油菜亚群与常规甘蓝型油菜间存在着丰富的遗传差异，导入了更多新的等位基因变异，原有的基因组绝大部分被重新进行了改造，诱发了大量的新变异（Hu et al.，under review；Xiao et al.，2010；Zou et al.，2018）。我们通过引入显性核不育性状使前期构建的亚群体间可进行大规模的异交，培育出了由上千个个体组成的，在 A、C 基因组上均有丰富遗传变异，A^rC^c 基因组成分达 90%的半随机交配群体（Hu et al.，under review），并通过表型选择从库中筛选出了第三代新型甘蓝型油菜氮高效 DH 系（Wang et al.，2014，2015）。

（四）从芸薹属物种内发现和转移抗病性状

　　双低油菜的推出促成了油菜产业的全球大发展，但也不可避免地迎来了病害的大流行，其中油菜黑胫病（Fitt et al.，2006）、菌核病（Bolton et al.，2006）、根肿病（Dixon.，2009）等病害每年都给世界上很多国家和地区的油菜农业生产造成了巨大的损失。根据病原菌生理小种和测试品种抗病能力的不同，油菜的抗病性可以是质量性状，呈现垂直抗性特点，也可能是数量性状，呈现水平抗性特点。黑胫病是广泛分布在国外的世界性主要病害，目前在国内也有发现，它表现为质量性状，抗性基因（垂直抗病基因）主要位于 A 基因组的 A7 和 A10 两个染色体上。Mithen 等（1987）在发掘硫苷资源时，从意大利西西里岛的野生白菜（*B. rapa* subsp. *sylvestris*，通称 BRS）中发现了抗黑胫病的资源。通过人工合成甘蓝型油菜等途径，BRS 中的抗黑胫病基因被转移到了甘蓝型油菜中（Crouch et al.，1994），并随之培育出了不同的抗病品种和品系。通过遗传定位等分析将黑胫病抗病基因定位在不同的染色体上。在法国和澳大利亚培育的一些带有 BRS 转移的品种中，能检测到定位在不同位点的抗病基因，如在澳大利亚培育出的抗病品种 'Surpass400' 和 'Hyola 60' 中能检测到由 BRS 转移的位于 A10 染色体上的 *LepR3* 抗病基因，而在法国抗病品种 'Jet Neuf' 的 A7 染色体上一段 35cM 的区段上聚集了至少

5 个抗病基因（*Rlm1*、*Rlm3*、*Rlm4*、*Rlm7*、*Rlm9*），不过其中几个也有可能是复等位基因。这些抗病品种于 20 世纪末在欧洲和澳大利亚大面积推广，但由于病菌生理小种的快速变异，携带垂直抗病基因品种在 3 年后便丧失抗性，因此寻找和创造新的抗源资源十分重要。

菌核病是中国油菜面临的十分重大的流行性病害，常发生于花期的阴雨天气阶段，以长江流域发病最为严重。菌核病的菌核抗逆性强，目前的防治措施以种植抗病品种为主。Mei 等（2011）发现野生甘蓝（*B.oleracea* subsp. *incana*）的一个株系对菌核病有很强的抗性，将其与芥蓝（*B. oleracea* var. *alboglabra*）杂交构建了分离群体，并对 F$_2$ 群体分别进行了叶片和茎秆的抗菌核病 QTL 鉴定，他们将该野生甘蓝与甘蓝型油菜杂交，希望利用分子标记辅助选择，将抗病性导入到栽培的甘蓝型油菜中。

（五）从芸薹属外引入新的优异变异

芸薹科内遗传资源丰富，通过远缘杂交可融合某些不同属间的遗传资源。在萝卜细胞质不育株被日本学者发现之后，法国学者将欧洲甘蓝型油菜细胞核导入日本萝卜细胞质不育株中，经连续回交，育成了甘蓝型油菜萝卜细胞质雄性不育系（*Ogu* CMS），并转育了来自萝卜的恢复基因，实现了三系配套，被国外广泛应用于油菜杂交育种中（刘后利，2000）。我国学者利用板蓝根与甘蓝型油菜叶肉细胞原生质体融合获得体细胞杂种，并以甘蓝型油菜为轮回亲本进行多代回交选育，培育了一类"菘油"细胞质不育系（*inap* CMS），并选育了恢复系，实现了三系配套，创建了有应用前景的甘蓝型油菜新型细胞质不育系统（Du et al.，2009；Kang et al.，2014，2017）。这种新型药用甘蓝型油菜带有来自板蓝根的抗病毒功能，期望在饲用油菜中推广利用。

我国科学家通过萝卜和甘蓝属间杂交成功获得了萝卜甘蓝（2n=36，RRCC）（Chen and Wu，2008），利用这些萝卜甘蓝和甘蓝型油菜（'华双 5 号'）杂交，通过染色体重组使萝卜基因组中带有抗根肿病基因的 R 染色体导入甘蓝型油菜基因组中，在 F$_1$ 代形成了新型的抗根肿病的甘蓝型油菜（ARCC，2n=37），并且以在'华双 5 号'为轮回亲本的 BC$_1$ 与 BC$_2$ 后代群体中表现出了更强烈的抗性，BC$_2$ 后代经抗病鉴定筛选，选出抗病性甘蓝型油菜新品系（Zhan et al.，2017）。另外，芜菁白菜和甘蓝型芜菁也是抗根肿病的重要基因源（Gustafsson and Fält，1986；Hirai et al.，2004）。

五、甘蓝型油菜种质资源创新途径之三：基于基因操作等现代生物技术进行种质资源创新

油菜的转基因研究始于 1985 年，用根癌农杆菌介导的转基因技术很容易转化油菜。1994 年，美国首次批准了由美国卡尔金公司（Calgene Inc.）研发的转入月桂酸酰基载体蛋白硫脂酶基因的可用于工业用途的高月桂酸和高豆蔻酸转基因油菜'23-18-17'和'23-198'，以及由德国拜耳公司研发的抗除草剂耐草铵膦油菜'MS8 × RF3'的商业化种植。随后，通过转基因技术，各大公司与研究单位纷纷对油菜的品质如脂肪酸、蛋白质、硫苷含量、含油量，油菜的抗性如抗真菌病和病毒病、抗虫、抗除草剂，油菜的杂

种优势利用如不育系、恢复系的创建等均进行了大量的研究和种质资源创新。经过二十多年的发展，油菜的转化技术相对来说已较为成熟，近年来在油菜中所开展的基因编辑工作使油菜的品质、抗性和产量得到了改良，创造了一系列已经广泛应用或具有广泛应用前景的种质资源。例如，拜耳、孟山都、先锋等公司纷纷通过导入不同类型的抗除草剂基因培育抗除草剂品种，现已占领加拿大95%的市场。拜耳公司还报道过抗虫的转基因油菜研究进展。另外也有公司研究转基因抗裂荚油菜和高Omega-3脂肪酸含量油菜。不过这些研究离形成商品化品种还有很长的路要走。

比利时PGS公司的Mariani等（1990）研制成功了油菜基因工程杂种生产体系。通过与抗除草剂基因结合，该体系已广泛应用于加拿大等国的杂交油菜的生产中；拜耳等国际著名公司采用这一体系培育出了一系列抗除草剂的杂交种，在北美地区占有主要的市场份额。

1992年，Mariani等在 *Science* 上报道，通过转基因的方法，能破坏与恢复花粉的绒毡层功能，创造油菜不育系、恢复系及保持系，进行杂交种创制。首先将编码核糖核酸酶的基因 *barnase* 置于TA29启动子（花粉绒毡层特异性表达启动子）控制之下，构成嵌和基因 *TA29-barnase*，并使嵌合基因与基因 *bar*（抗除草剂PPT）连接在一起构成转化油菜，转化植株因花药的绒毡层组织被选择性破坏，不能形成花粉粒，导致雄性不育，并具有抗除草剂功能。同时，将 *TA29* 启动子与核糖核酸酶抑制蛋白 barstar 的基因编码序列相连接，构建成 *TA29-barstar* 嵌合基因，通过农杆菌介导导入含有单拷贝 *TA29-barnase* 嵌合基因的转基因油菜中，表达的 barstar 蛋白与 barnase 高效结合，形成稳定的复合物，抑制了 barnase 的活性，花药绒毡层组织不再被破坏。该植株又可产生出成熟的花粉粒，育性得到恢复，创造出恢复系。转基因雄性不育油菜的保持系为原来未转化的普通油菜植株。用 *TA29-barnase-bar* 转化不育植株（不育系）作母本，与未转化普通植株杂交时，F₁代不育∶可育呈1∶1比例，符合一对等位基因的遗传。为了保持雄性不育植株，将 *TA29-barnase* 嵌和基因再连接一个 *bar* 基因。这样由于转基因不育系具有对PPT除草剂的抗性，而可育植株不具该抗性基因，在苗期通过喷洒除草剂，即可杀死可育植株，达到保持雄性不育的目的。

新的基因编辑技术还在不断发展，这其中以当下方兴未艾的CRISPR/Cas9系统为代表，被 *Science* 评为2015年十大突破技术之首。CRISPR/Cas 系统是广泛存在于细菌与古细菌中的防御系统，能够阻止外源侵染的病毒遗传物质向菌体内的转移。CRISPR/Cas系统可以分为Ⅰ型、Ⅱ型和Ⅲ型，由于Ⅱ型系统组成结构简单，只需 Cas9 蛋白即可，于是便被科学家们改造成了CRISPR/Cas9系统而广泛为人们所利用，拥有广阔的发展前景（Jinek et al.，2012）。2015年由Cibus公司利用基因组编辑（非转基因）创造的抗除草剂油菜新品种 SU Canola™（抗磺脲类除草剂）在美国推广种植，2017年在加拿大得到推广。最近，我国学者利用CRISPR/Cas9系统成功敲除油菜 *CLV3* 同源基因，以及 CLV 信号通路中相关受体基因 *CLV1* 和 *CLV2*，使得油菜多室性状得到稳定遗传，提高了油菜的产量（Yang et al.，2018）。可以预见的是，蓬勃发展的基因编辑技术将为进一步进行基因操作、定向、高效、安全导入单个或者多个目的基因创建新的育种材料提供技术支撑。

除了以上主要介绍的三种油菜种质资源创新的途径外，通过物理辐射诱变和化学诱变 TILLIING 技术，也能为油菜基因组引入新的变异，创造出新的种质资源。TILLING 技术（targeting induced local lesions in genomes）即定向诱导基因组局部突变技术，是近些年出现的一种全新的反向遗传学研究方法（McCallum et al.，2000a；2000b）。它借助于高通量检测手段，可以快速、有效地检测出在化学诱变剂处理下的基因组中的点突变，表型检测范围和检测效率要明显高于其他传统的检测技术。这项由美国 Fred Hutchinson 癌症研究中心发展起来的技术已经扩展到很多领域，其中农业领域中，包括模式作物拟南芥及其他主要农作物的研究在内，都已经有了该项技术的应用（Colbert et al.，2001；Slade et al.，2005；Till et al.，2004，2007）。在甘蓝型油菜研究领域，TILLING 技术较早地应用于创建一个半冬性油菜的突变体库，并研究了甘蓝型油菜芥酸基因的诱导。以中国的半冬性油菜品种 'Ningyou7' 为材料，通过化学诱变剂 EMS（甲基磺酸乙酯）处理形成了一个大的突变群体，进而对一个主要控制芥酸含量的基因 *FAE1* 的突变情况进行检测（Wang et al.，2008）。通过 EMS 诱导的 TILLING 技术在植物激素作用（Zeng et al.，2011）、种油性状改良（Harloff et al.，2012）、产量相关性状改良（Yang et al.，2012）方面都有研究应用的报道，该技术的应用也创建了一部分相应的新的优良种质资源。诱变育种可以有效地改良作物的某些个别性状，并且诱变之后的变异遗传较为稳定。但诱变育种本身还存在着诱变方向与性质难以确定、难以应用于大规模性状改良等诸多问题，因此，诱变育种作为一种辅助育种手段，在更深入的理论研究的基础上，还需要和其他不断革新的突变体筛选、培养等现代生物技术手段相结合应用，才能更有效率、更高质量地在种质资源创新等育种领域中发挥更大的作用。

第二节 油菜的杂种优势利用

杂种优势利用是提高油菜产量的重要途径，自 20 世纪 90 年代以来，它在油菜增产上堪称一次绿色革命。对杂种优势利用的研究，除了主要集中于对各类细胞质、细胞核等不育系统的开发、改良与开拓外，研究者们也对杂交亲本的选配、杂种优势群的划分、杂种优势遗传机制进行了许多探索，积累了丰富的知识。

一、油菜杂种优势利用的主要不育系统

油菜细胞质雄性不育（cytoplasmic male sterility，CMS）类型很多，根据细胞质来源大体可以分为两大类：一类是植物自然繁殖过程中产生的突变或品种间杂交产生的不育；另一类是种属间远缘杂交所产生的不育。细胞质雄性不育系统是甘蓝型油菜杂种优势利用的重要途径。1972 年，华中农业大学傅廷栋院士在国际上首次发现了一个具有实用价值的 '波里马' 细胞质雄性不育类型（*Pol* CMS），对推动世界杂交油菜普及应用发展做出了重要贡献。陕西农垦中心的李殿荣研究员发现并利用 '陕 2A' 细胞质不育系统，于 1985 年育成 '秦油 2 号'，成为我国生产上第一个大面积应用的油菜杂交品种。1968 年，日本学者小仓（Ogura）在萝卜中发现了一个稳定的不育系；Bannerot 等于 1974

年用回交的方法把 *Ogu* CMS 引到甘蓝型油菜中来，得到甘蓝型油菜的萝卜细胞质雄性不育系。Ronsselle 于 1979 年在萝卜芸薹（*Raphano-brassica*）中发现该不育系的恢复基因，随后利用原生质体融合技术，将萝卜中的恢复基因转移到甘蓝型油菜中。法国农业研究中心的 Minte 对萝卜质不育系和恢复系进行改良，培育了可以应用的杂交体系，并申请了专利保护，目前被认为是甘蓝型油菜杂种优势利用最为安全、有效的途径。CMS在油菜杂交生产中起到了重要的作用，新的 CMS 还在不断地被开发和改良。

油菜细胞核雄性不育（genic male sterile，GMS）根据不育基因与对应的可育基因之间的显隐关系，可分为显性不育和隐性不育。我国发现的油菜核不育系主要有三种：①两对隐性核不育基因控制的核不育系；②两对显性互作基因控制的核不育系；③隐性上位基因控制的核不育系。其中，我国主要利用的是前两种类型。甘蓝型油菜隐性细胞核雄性不育系育性稳定、无负效应、易转育且恢复源广，在油菜杂种优势利用中被广泛利用。随着这两类不育系的不育基因相继被克隆，人们对甘蓝型油菜细胞核雄性不育的分子作用机制已经有一定了解（详见第三、第四章）。'S45A' 和 '7365A' 是我国目前在油菜杂种优势利用上应用最广泛的核不育系，但都存在繁殖和制种过程中需要拔除母本行 50% 可育株的问题。人们通过试验提出了一些改进方法，在一定程度上解决了这个问题。我国学者对 '7365A' 核不育系的育性恢复相关基因进行了精细定位、图位克隆及遗传图谱的构建，并且还进行了亚细胞定位和表达模式分析，阐明了一系列不育性恢复的分子机制。其中，Zhu 等（2010）通过热激后低温处理的方法使不育植株的育性得到恢复。因此，不断改良甘蓝型油菜核不育系，有效解决繁殖和制种过程中 50% 母本行可育株的问题将大大提高油菜核不育系在杂种优势利用方面的综合价值。在现代生物技术支持下，与传统育种相结合的新型油菜细胞核雄性不育系的发现和创造也将展现油菜细胞核雄性不育杂种优势利用广阔的前景（易斌等，2014）。

对于转基因的细胞核雄性不育，在本章第一节已经介绍，Mariani 等（1992）将启动子 *TA29*（烟草绒毡层特异表达的启动子）与 Barnase（一种核糖核酸酶）结合，同时连上一个抗除草剂基因（*bar*），构建一个嵌合基因 *TA29-Barnase-bar*，转入该嵌合基因的转基因雄性不育材料还具有抗除草剂的特性，苗期喷施除草剂，就可杀死核不育系繁殖、制种时母本行约 50% 的可育株，解决了用人工拔除可育株的困难和问题。此外，将 Barnase 的抑制基因（*Barstar* 基因）、*TA29* 和 *bar* 构成嵌合基因并导入油菜，就得到了 *TA29-Barstar-bar* 转基因恢复系。*TA29-Barstar-bar* 核不育与 *TA29-Barstar-bar* 恢复系配制的杂交种 F_1，全部恢复雄性可育。

二、现有种质资源（品种）间的杂种优势利用

在国内外的杂种优势利用中，人们最先通过对不同生态和地理来源的亲本材料间进行杂交，以期在亲本间尽可能获得互补，从而获得较强的杂种优势。国内外学者多对春油菜、冬油菜、半冬性油菜间进行相互杂交，对来自欧洲、中国、加拿大、澳大利亚的品种材料开展杂种优势分析。普遍认为，冬油菜和春油菜间杂交，能够获得较强的杂种优势，为了提高加拿大、澳大利亚春油菜的杂种优势，研究者们通过导入欧洲冬油菜或

者中国半冬性油菜而扩大亲本间的遗传差异，增强杂种优势。在中国的育种历史上，也多次通过引进欧洲的冬油菜，扩大育种群体的遗传基础，利用欧洲冬油菜与中国的半冬性、春性油菜间杂交获得较强的杂种优势（Becker et al.，1995）。在本章第一节中已经介绍的 Sprinter 系统，即是充分利用了冬油菜与春油菜的杂交优势，筛选培育出来一系列品种，在北美地区占有重要的市场份额。

青海省农林科学院曾利用中国的春性恢复系与中国半冬性品种（系）杂交，培育出新的恢复系进行杂种优势分析，结果表明导入半冬性品种遗传成分能扩大春性恢复系与不育系间的遗传差异，提高甘蓝型春油菜杂种的产量，增强甘蓝型春油菜杂种优势，同时导入半冬性品种遗传成分还能提高春性甘蓝型油菜杂交种抗菌核病的能力，因此半冬性甘蓝型油菜品种可为春油菜杂交育种提供有价值的遗传资源（Yao et al.，2013）。

美国威斯康星大学的 Tom C. Osbern 教授及其团队曾经对利用欧洲的冬油菜来改良春油菜做了大量的工作（Quijada et al.，2006）。他们将欧洲的冬油菜导入到加拿大春油菜中创建杂交群体，产量试验表明 30%的杂交种的产量都能显著超过当地的商业对照种的平均值。

随后，科学家们认识到通过已有种质资源间的杂交，其杂种优势的提升十分有限，要不断开拓思路，引入新的种质资源及杂种优势利用途径的开拓。我们需要尽可能扩大杂交亲本间的遗传差异，要从种质资源创新入手，扩大亲本间的遗传差异。

三、油菜亚基因组间杂种优势的利用

我国科学家利用水稻中存在的广亲和性这一遗传变异，研制籼稻与粳稻的亚种间杂种，经过几十年的努力，培育出了一系列具有强大杂种优势的籼粳交超级杂交稻品种，率先在二倍体作物的种子生产中实现了远缘亲本间的杂种优势利用（袁隆平，1987）。在油菜中，为了实现远缘亲本间的杂种优势，充分利用亚基因组间遗传差异，我国科学工作者在 21 世纪初提出了通过种间杂交培育新型甘蓝型油菜，再将其与常规甘蓝型油菜杂交获得油菜亚基因组间杂种，进而在油菜种子生产中利用亚基因组间杂种优势的构想（Li et al.，2004；Xiao et al.，2010；Zou et al.，2010）。经过十多年的研究和试验，该构想已获得国内外的广泛关注，并被认为是开拓油菜杂种优势的有效方法之一（熊秋芳等，2009；Michel，2007）。

在前面有关种质资源创新的章节中，我们已经介绍了新型甘蓝型油菜的创建。利用第一代新型甘蓝型油菜与常规甘蓝型油菜进行杂交，在中国、德国、丹麦、加拿大和澳大利亚的田间试验中，亚基因组间杂种均表现了较强的杂种优势，部分组合甚至超过了当地商业杂交种，从而在国际范围内证实了获得油菜亚基因组间杂种优势的可能性（Qian et al.，2007，2009）。利用 13～14 个新型甘蓝型油菜自交系与 4 个来自德国 NPZ公司的冬性不育系和春性不育系进行杂交，分别在冬油菜和春油菜区域开展了多点的产量试验，虽然来自中国的半冬性油菜亲本不能很好地适应当地的种植，但是无论其与春油菜还是冬油菜所配制的杂种均表现出了很强的杂种优势，其中与冬油菜配置的组合中有 20%能超过当地的商业对照种。这表明新型甘蓝型油菜对欧洲的冬油菜、春油菜的遗

传改良和杂种优势利用均具有很大的潜力。

华中农业大学涂金星教授利用第二代新型甘蓝型油菜所转育的新型不育系所配制的两个组合已进入国家区试，并培育出了品种'华油杂72'。随后，研究者们继续通过大规模的轮回选择、农艺性状改良和杂交测配等手段培育亚基因组间杂种，并将其亲本提供给国内不同的育种单位进行测试与开发，期望通过育种家的育种技术与现代基因组选择技术的利用，使新型甘蓝型油菜及亚基因组间杂种优势能在油菜杂交生产上做出一定的贡献。

为了分析新型甘蓝型油菜基因组变异及亚基因组间杂种优势机制，研究者通过种间杂交构建了导入有白菜基因组成分的新型甘蓝型油菜重组自交系 TH RIL 群体，利用数百个分子标记对该群体进行了图谱构建和比较作图分析，通过对 TH RIL 及其衍生的回交群体进行产量及产量相关性状的分析，定位了数百个控制产量和杂种优势的 QTL 位点及互作对，发现新型甘蓝型油菜基因组内的外源成分导入及产生的新变异对新型甘蓝型油菜自身产量和亚基因组间杂种优势有很大的贡献（Fu et al.，2012；Zou et al.，2011）。

新型甘蓝型油菜自交系与轮回选择群体内个体将蕴含丰富的基因组变异和表型变异，这些新的变异将是筛选优良个体及优势杂交组合的遗传基础。A^r/C^c 基因资源库中蕴藏了两大复合种白菜型油菜 A^r 亚基因组和埃塞俄比亚芥 C^c 亚基因组所特有的优良基因（Zou et al.，2018）。甘蓝型油菜作为世界油菜的主要栽培类型，因其特有的基因组结构并经由先进的育种技术改良，蕴藏了众多优良基因，如近年来我国培育的'中双11号'、'浙油50'、'华杂9号'等优良品种内就含有高产、高含油量、抗倒伏、抗病等优良基因。将优良的新型甘蓝型油菜与高配合力的常规甘蓝型油菜进行杂交，将可以在亚基因组间杂种内汇集白菜型油菜、甘蓝型油菜和埃塞俄比亚芥的优良基因，并因两类油菜遗传距离远、优良基因互补等而产生强大的亚基因组间杂种优势（Hu et al.，under review）。

亚基因组间杂种优势的利用，不仅限于新型甘蓝型油菜的利用。通过种间杂交，大规模替换了油菜 A/C 基因组成分所培育出的新类型油菜，有可能开发和利用亚基因组间杂种优势，例如，我国早期通过甘白种间杂交而培育的甘蓝型油菜，通过二倍体物种杂交人工合成的甘蓝型油菜。赵永国等（2011）以4个人工合成甘蓝型油菜与4个普通的栽培油菜为亲本，进行完全双列杂交和产量试验。结果表明，人工合成甘蓝型油菜与普通甘蓝型油菜间杂交能产生很强的杂种优势，具有杂种优势利用可能性。亚基因组间杂种优势利用虽然具有广阔的应用前景，但仍需要基于现代组学的技术与手段，有目的地对来源组成复杂的甘蓝型油菜基因组进行定向改造，不断提高选择和利用效率。

第三节 杂交种亲本选配方法

杂交种的性状是在双亲性状的基础上继承和发展，并且杂种优势的强弱与双亲间性状的互补及其遗传差异具有密切关系。获得强优势组合，高效利用杂种优势的前提是获得具有性状优良、互补，并且遗传背景差异较大的亲本。因而，杂交种亲本的选配是开展杂种优势利用的关键所在。

一、杂交种亲本选配的一般原则

开展杂交亲本的选配，首先要明确育种目标，并围绕着育种目标选用合适的杂交亲本，开展亲本性状的选择和改良，配制合理的杂交组合。

随着人类生活、生产方法、生活质量等的不断发展，人们对农作物品种从原来对高产的迫切需求逐渐转变为高产、优质的同步需求。而面对全球气候变化及资源可持续发展等新的挑战，农作物需要不断适应新的环境和气候、培育环境友好型品种，就需要有较好的抗逆性能，对光、肥、水资源利用高效节约型等，同时要培育理想株型、耐密植、适合机械化和简约化栽培的品种（王汉中，2010）。油菜中的硫苷是十字花科植物进化的产物，在抵御病虫害侵袭方面起着重要作用。"双低"育种大幅度降低了油菜种子中的硫苷含量，根、茎、叶中的硫苷含量也随之锐减，导致植株抗病虫能力的削弱（Mithen，1992）。因此，培育植株营养体高硫苷而不改变种子"双低"品质的油菜品种，在将来也有可能成为育种目标之一。现阶段和将来一定时期内，作为食用油来源的油菜，其抗倒伏、适合机械化种植与收获，高效的肥水利用能力，抗菌核病、抗根肿病等抗病抗虫能力，低芥酸和硫苷、高含油量等品质要求都会继续加强。

一般而言，围绕着育种目标，杂交种的双亲应具有较好的综合性状：较多的优点、较少的缺点，双亲间优缺点要互补；亲本中至少有一个在主要目标性状上表现突出；选用的亲本要考虑它的原产地和生态型，最好有一个亲本能适应当地生态条件；同时选用的亲本应具有较好的一般配合力，杂交种的双亲之间要具有较好的特殊配合力；双亲间要具有较大的遗传差异，增大油菜育种资源的遗传多样性、扩宽亲本间的遗传差异，是进一步改良农艺性状、选配强优势杂种组合的基础。

其中，对亲本开展一般配合力的评估具有重要的指导意义，育种家们常常利用一般配合力作为选择标准来进行亲本选择，并致力于筛选高一般配合力的亲本，组成育种群体的骨干亲本，开展杂种测配。一般配合力（general combining ability，GCA）是指某一亲本品种和其他若干品种杂交后，杂交后代在某个数量性状上表现的平均值。开展亲本的一般配合力测定，所用的测验种要具有较好的一般配合力，并与待测配亲本具有一定的遗传距离。而同时与多个测验种杂交所需的工作量大，因此育种家一般选择细胞质不育系为测验种，方便杂交种的获得。GCA 的高低是由自交系遗传背景中所含有利基因位点的多少来决定的，有利基因位点多，其配合力就高；反之亦然。

二、轮回选择

轮回选择（recurrent selection）是在作物的一定群体内进行混合种植、开放授粉，经多轮的重组和个体选择，增加优良基因的重组，使群体中的有利基因频率和优良基因型比例不断得到提高，从而对群体进行遗传改良的育种方法。轮回选择法最早是由 Hayes 和 Garber（1919）提出的，其目的在于为育种家提供改良的种质，同时还可以改良外来种质的适应性，拓展和创造新的种质来源。异花授粉的玉米最先使用该方法，长达 70

年的轮回选择使玉米育种群体得到十分显著的改良。随着育种工作的发展和育种水平的提高，基于轮回选择等方法所开展的群体改良越来越受到国内外育种工作者的重视。轮回选择育种现已扩大到大豆、高粱、牧草等自花授粉作物中，在油菜中的运用效果也十分显著。

开展轮回选择，首先要构建基础群体。这个基础群体可以是优良的品种，也可以是一些育种中间材料，可以由已有的优良品种构成，还可以由新合成的一些种质所构成，根据轮回选择的目的，育种家可以有目的地选择基础群体的来源。一般来说，这些基础材料的来源要较为广泛，不同的株系之间要有较大的遗传差异，并且基础材料里面蕴藏有优良的基因来源，才能通过不断的重组，源源不断地、快速地创造出更为广泛的、新的、优良的变异。开展轮回选择的具体方法有半同胞相互轮回选择、全同胞相互轮回选择，或者一些复合选择方案。在油菜中，有多家单位开展了育种群体的轮回选择，进行优良亲本的选育和优良品种的培育，在此不一一列举。下面我们以华中农业大学油菜研究团队的几个轮回选择群体为例进行介绍。华中农业大学傅廷栋院士、涂金星教授、沈金雄教授等以双低甘蓝型油菜 Pol CMS 恢复系作父本，与具有 Pol CMS 的显性细胞核雄性不育株不断回交，并将回交后代种子混合种植于网室中，室内放养蜜蜂传粉，构建起甘蓝型油菜 Pol CMS 恢复系的轮回选择群体。甘蓝型油菜是常异花授粉作物，蜜蜂传粉将能很好地保证植株良好的结实性。回交后代中的所有植株的细胞质为‘波里马’不育细胞质，其中不育株具有显性核不育基因，开花时选择优良不育株，随后收取优良不育株上异花传粉的种子传递到下一代，考种后选择优良的不育株的种子放入轮回选择群体开展下一轮的选择；而可育株一定带有 Pol CMS 的恢复基因且恢复基因基本处于纯合状态，继续选择优良的可育株作为轮回选择的授粉来源，同时还可以放置在轮回选择群体外用于优良自交系的培育，进而可培育出新的恢复系。基于‘波里马’细胞质雄性不育系统，杨光圣教授利用油菜研究室从德国哥廷根大学引进的 100 多份甘蓝型油菜人工合成种、300 多份甘蓝型油菜种质资源和 40 多个优质恢复系，创建了三个用于改良‘波里马’细胞质雄性不育恢复系的轮回选择群体。利用这些轮回选择群体，在二十多年的育种工作中选育出了一系列优良恢复系，育成了如‘华油杂 8 号’、‘华油杂 14 号’、‘华油杂 3531’等多个强优势杂交油菜组合。涂金星教授进一步利用从哥廷根大学引进的冬性甘蓝型油菜、100 份人工合成甘蓝型油菜、来自新型甘蓝型油菜基因资源库的十多份自交系、‘波里马’细胞质雄性不育恢复系及黄籽材料等，以萝卜质不育系恢复基因为自由授粉系统，构建了一个萝卜质恢复系轮回选择群体，一方面保持该群体与中国油菜具有一定的遗传距离，另一方面通过轮回选择改良群体的配合力（Zhao et al., 2016）。利用该群体进行了油菜品种的选育，目前已有多个杂交组合具有很强的杂种优势。

为了能够源源不断地培育出能产生更强杂种优势的新型甘蓝型油菜，华中农业大学还通过大规模的远缘杂交和多世代的选育，培育出了一个遗传变异十分丰富的新型甘蓝型油菜轮回选择群体。首先，他们通过两轮复式种间杂交，构建导入了 78 个埃塞俄比亚芥品种的 C^c 亚基因组变异的 P.C 亚群和导入了 135 个白菜型油菜品种的 A^r 亚基因组变异的 P.A 亚群。这些株系具有正常稳定的染色体组成（$2n=38$），与常规甘蓝型油菜及亲本物种间的遗传距离远，不仅有大量来自白菜和埃塞俄比亚芥的导入，还产生了大量新的等位基因和等位基因组合的变异,以及染色体结构变异(Xiao et al.,2010;Zou et al.,2018)。然后,他们将携有显性核不育基因的新型甘蓝型油菜与两个亚群体的植株相间种植,初期将性状优良的自交系作为供粉株按一定比例种植,成熟时选取显性不育株收获种子,并进行考种。室内考察农艺性状和品质性状后,当选者再进入下一轮的选择,每一轮选择增加优良不育株的数目,减少轮回选择初期加入的供粉株数目,逐步将两个亚群中包含的外源优异基因资源转移到一个以显性核不育为介质的新型甘蓝型油菜轮回选择群体,而优良的可育株继续留做花粉供体,并种植于棚外用于优良自交系或者DH 系的培育。对该群体进行随机抽样,并且同时种植和考察经第一轮、第三轮、第五轮选择后的群体性状,研究表明,该群体的遗传变异非常丰富,群体的遗传结构与常规甘蓝型油菜显著不同,同时随着多轮轮回选择的开展,品质性状如芥酸、硫苷、油酸得到了显著的改良,一些复杂的数量性状如含油量、种子千粒重等也得到了一定的改良。值得说明的是,该群体是通过大量的远缘杂交所培育的群体,远缘杂交后代初期一般出现结实率低下、疯狂的分离等,在轮回选择群体建立初期也出现了大量的不利性状,但经过 6 个世代的轮回选择后,群体的农艺性状和品质性状均得到了改善,许多植株的综合性状达到了常规甘蓝型油菜优良品系的水平,性状的变异幅度远远大于品种和自交系,其中不乏优良的变异类型,有希望应用于油菜的可持续遗传改良工作中(Hu et al.,under review)。

三、分子标记辅助选择杂交亲本

分子标记辅助选择(molecular marker assistant selection,MAS)是近二十年来在分子生物学和基因组学研究的基础上发展起来新兴技术。分子标记辅助选择是利用分子标记与决定目标性状基因紧密连锁的特点,通过检测分子标记,即可检测到目的基因的存在,达到选择目标性状的目的,具有快速、准确、不受环境条件干扰的优点。随着基因组学知识的大量积累和技术的快速更新,该技术在油菜等作物的遗传改良上的应用已日趋普遍,主要用于亲本遗传背景的评估、一些主效基因位点的分子标记辅助选择、真假杂种鉴定等。

培育新品种的第一步是选择杂交亲本,这就需要了解育种资源的遗传背景。利用分子标记可以从全基因组的范围内清晰地了解不同品种或品系间的亲缘关系和遗传距离远近,从而帮助育种家科学地选择亲本以配制优良的杂交组合。在第一节中,我们已经介绍利用高通量的分子标记,学者们对油菜种质资源进行了较为系统细致的了解,从而指导我们开展资源评估和利用,也有助于我们进行杂交亲本的选育。20 多年前,欧洲科学家就用分子标记揭示了亲本间遗传距离与油菜杂种种子产量显著相关(Becker and Engqvis,1995;Knaak and Ecke,1995),引起了人们对该研究领域的重视。在国内外的十多篇相关论文中,均指出亲本间的遗传距离与油菜杂种种子产量有着正相关关系,但在多数情况下这种相关性都较弱,而在另一些研究中这种相关性达到了显著或极显著水平。例如,美国的 Riaz 等(2001)利用 118 个 SRAP 标记估算了 13 个油菜杂交组合的遗传距离,结果表明亲本间的遗传距离与杂种种子产量显著相关,相关系数分别达到

0.64（杂种本身产量）、0.63（超双亲优势）和 0.66（超高亲优势）。沈金雄等（2004）分析了 25 个自交系间的遗传距离与这些自交系间所配制的 66 个杂交组合单株产量间的关系，发现遗传距离较大的亲本间杂种的单株产量也较高，呈极显著正相关（r=0.4003）。桑世飞等（2015）利用油菜 60K SNP 芯片，分析了 6 个保持系和 8 个恢复系的基因型，将这些品系配制的 46 个 F_1 杂种及亲本种植于湖北武汉、贵州遵义及安徽巢湖并考察其产量和相关性状，结果表明亲本的遗传距离与杂种的株高、分枝部位高度及种子产量的相关性均达到极显著水平。以上是基于亲本的遗传距离、遗传差异等而展开的分子标记辅助评估来进行杂交亲本的选择。同时，通过分子标记辅助选择进行回交或者轮回选择等，对杂交亲本进行个别性状的改良，也极大地促进了优良杂交亲本的选择和培育。战宗祥等（2015）以芜菁 ECD04 为抗源材料，通过分子标记辅助选择将其中的抗 4 号生理小种位点 PbBa8.1 定向转移到油菜优良常规品种'华双 5 号'中，培育出了'ZHE-226'抗病新品种；通过抗病标记的辅助选择也快速地导入到了油菜杂交品种'华杂 62'的恢复系亲本，培育出了抗根肿病的油菜品种。陈伟等（2011）通过控制油酸、亚麻酸分子标记的开发，以及分子标记辅助选择，也培育出了油酸含量为 70% 的甘蓝型油菜'波里马'细胞质雄性不育恢复系。任梦阳等（2012）利用开发的 Bnms3/Bnrf 连锁共显性标记从 1059 个分离 F_2 单株中直接筛选两型系、临保系和纯合不育株，经测交或交叉验证，准确率均达 95% 以上。这些分子标记辅助选择的应用，极大地提高了杂交亲本优良性状的改良与导入。

四、基因组选择

虽然油菜遗传育种领域已有许多利用 QTL 分析与关联分析技术来辅助对复杂性状解析的报道，许多育种家和育种公司已经或者正在运用这些研究结果对重要的农艺性状来进行改良，但实际的育种效果还是常常不能令育种家满意。主要原因之一是，由于高产始终是最重要的育种目标之一，而杂交育种中产量性状涉及的基因必然是成百上千，但包括油菜在内的各种已被报道可资应用的产量 QTL 数目却太少。由于基因组中遗传效应小但数目众多的基因或位点未被检测到，而其遗传效应也被忽略不计，这就导致被检测到的 QTL 的遗传效应被放大了，其结果是在育种实践中发现这些 QTL 的效应远没有文献中报道的那么大，QTL 的应用因此常常受限于研究 QTL 所用的群体与实际开展育种工作所用的育种群体的异同。另一方面的主要原因是，育种家除了考虑目标性状（包括产量）以外，还要考虑植株的综合性状，如开花期、成熟期、抗倒伏能力、抗病虫害能力、分枝角度、含油量等，而这些性状大多数也是数量性状。利用分子标记对数量性状的选择和改良十分有限，因为数量性状受多基因微效基因控制，存在大量的"一因多效"和"多因一效"现象，仅仅用数目有限的 QTL 标记显然难以解决复杂农艺性状的选择问题，并且数量性状之间也往往有着错综复杂的相关性，如种子产量与开花期、株高、产量构成因子、抗病虫能力、养分利用效率，甚至一些品质性状之间都存在密切相关，对这些复杂性状的遗传解析和基因组预测，要从全基因组水平、整个生育期和多性状的角度去考虑（Luo et al., 2017）。

新一代 DNA 测序技术的发展，使人们可以在全基因组范围内快速地获得并利用与所有 QTL 处于连锁的高通量低成本分子标记，进而利用这些信息化的分子标记去评估育种材料的育种值，使人们对育种材料的选择可以建立在对个体基因组评估的水平上，这种选择被称为基因组选择（genomic selection，GS）或全基因组选择（whole genomic selection，WGS）。基因组选择的策略是通过构建训练群体获得先验数据，通过对训练群体的分析，在整个基因组内建立分子标记与表型的关联，然后用这一套分子标记对新的需要被预测材料的 DNA 样品进行全基因组的基因型鉴定，最后通过一定的统计分析方法，计算出每一检测样品的育种值并从中选出最优株系。一般意义上的分子标记辅助选择是基于对个体的个别基因型的把握，而基因组选择则是基于对个体的整个基因组的把握，基因组选择的提出（Meuwissen et al.，2001）被评价为继"QTL 作图和 MAS 之后的里程碑式发明"（Koning and McIntyre，2012）。该技术已卓有成效地应用于鸡、牛、猪等家养动物育种中（Fulton，2012；Lillehammer et al.，2011；Schaeffer，2006），并迅速在玉米、大麦、小麦、水稻、油菜等农作物甚至在油棕、苹果等多年生栽培植物中开展，被用来选择品系和预测自交系的配合力（Albrecht et al.，2011；Bernardo and Yu，2007；Heffner et al.，2009；Kumar et al.，2012；Wong and Bernardo，2008；Würschum et al.，2014；Zhong et al.，2009；Zou et al.，2016）。最近我国在小麦等农作物中已经启动了大型的基因组选择研究与应用的国家重点研发项目。目前我们所指的全基因组选择主要集中于利用全基因组 DNA 水平的分子标记展开的，随着基因组选择模型及其数学统计方法的不断开发和完善、基因组学研究新的信息的不断补充和更新，基于多维组学的基因组选择可能会应运而生。

德国和中国的科学工作者先后报道了他们在油菜中开展基因组选择的研究。德国科学家采用了 391 个 DH 系（来自 9 个家系）在 4 个环境下 6 个性状（开花期、株高、蛋白质含量、含油量、硫苷含量和种子产量等）的表型数据，采用均匀分布在油菜遗传图谱上的 253 个 SNP 标记，利用 4∶1 的交叉验证，用随机重复抽样法将 391 个 DH 系的 80% 株系用作训练群体，而剩余的 20% 株系用作预测群体或验证群体，进行了这些性状的全基因组预测准确率分析。这些性状平均的基因组预测准确率为 0.41（硫苷）到 0.84（株高）；对种子产量的预测准确率平均为 0.46，最高值为 0.70（Würschum et al.，2014）。最近，研究人员通过利用 220 个父本和 5 个不育系配制的 448 个杂种在 7 个环境下的种子产量、千粒重、田间出苗率、花期、含油量、蛋白质含量、硫苷含量性状的表型数据和 60K SNP 芯片基因型数据进行了交叉验证，开展全基因组选择模型的构建，这些性状的预测准确率为 0.35（种子产量）到 0.82（硫苷含量）（Werner et al.，2018）。以上研究主要集中于对已有的数据开展交叉验证，进行基因组选择模型的构建和基因组选择预测准确率的评估。华中农业大学用 TN DH 群体作为训练群体进行了基因组选择研究。他们采用了 182 个株系在 9~12 个环境中的表型数据，以及 TN 遗传图谱上定位的 2041 个 SNP 标记，用 rrBLUP（ridge regression best linear unbiased prediction）的方法对油菜的 4 个性状进行了预测分析，采用交叉验证所预测的准确率（R^2）分别为 0.96（开花期）、0.72（含油量）、0.66（株高）和 0.57（种子产量）。同时，为了考察这些预测方法或者模型对新的育种材料的利用价值，他们用在 TN 群体中建立的基因组选择模型去预测遗传背景完全不同的新型甘蓝型油菜自交系的种子含油量，准确率（R^2）能达到 0.20，虽然预测率不高，但一般来说通过已有模型去预测遗传背景差异大的新的育种材料的预测率较低，这在玉米、小麦中均有报道，但这些探索性的结果提示我们可以随后不断调整训练群体和实际预测的育种群体的遗传差异，提高性状的预测率（Zou et al, 2016）。他们随后利用 180 个 TN DH 系，以及由其所构建的 318 份杂种，分别使用加性、加性+显性、加性+显性+上位性模型对杂种种子产量的表现进行了全基因组预测，通过交叉验证进行了不同遗传效应对预测率的影响，并且用所构建的模型对新配制的遗传背景来源一致的杂种进行了预测，结果表明当综合考虑这三种效应时油菜杂种产量的预测准确性最好，而对新的杂交种的预测准确率也能达到 0.49，其中加性效应对预测率的提升贡献最为稳定，而要获得较好的预测准确率，我们需要较多的表型环境（Liu et al., 2017）。这些有益的尝试，均为我们在油菜中开展杂交亲本的全基因组选择提供了参考和借鉴。

　　不管是对于杂交育种、杂种优势利用还是前育种，产量及产量构成因子等这些受多基因控制的复杂性状，都是最重要的性状，基因组选择将在改良这些性状中大展宏图。作物育种的模式将从等位基因的挖掘向全基因组选择甚至全基因组设计转变。通过全基因组选择，我们将极大地缩短育种进程，节约时间、人力和物力，为遗传资源的有效利用搭建平台，为优良杂交组合的筛选提供有效的预测方法，如每次在配制杂交组合前，我们都可以基于先验的数据构建基因组选择模型，随后对新测配的杂交亲本进行全基因组扫描，根据先验数据所获得的全基因组各遗传位点的效应值将可以用于评估新测配亲本的育种值，筛选出新的具有高配合力和杂种优势潜力的株系用于杂交组合的测配。通过多轮的基因组选择，将会极大地提高育种群体的遗传增益，在小麦、玉米等农作物中，均已开展了基于轮回选择、分子标记辅助选择和基因组选择相结合的育种策略（Longin and Reif, 2014；Riedelsheimer et al., 2012）。然而，我们也不得不注意，适用于不同育种目标的、有效的基因组选择模型还需要不断地去研究、优化、实践和完善。但可以预期，在油菜的遗传改良中，大量的 QTL 信息将会被利用，分子标记辅助选择主效基因的导入和聚合，基于 DNA 水平甚至多维组学的基因组选择模型将被逐渐开发和利用，这些工具和手段将用于具有优良变异的育种材料的创建、育种值的估算和优良个体的选择。我们将得以从全基因组水平开展复杂性状的基因组设计育种。而现代分子育种理念的融入、分子育种技术手段的运用，将最终为我们迈向基因组设计育种，大幅度提高油菜的产量、抗性、品质、高光效、多功能、绿色生态环保等提供切实可行的方案，为油菜产业的发展带来新的高度。

参 考 文 献

陈伟, 范楚川, 钦洁, 等. 2011 分子标记辅助选择改良甘蓝型油菜种子油酸和亚麻酸含量. 分子植物育种, 9(2): 190-197.

傅廷栋. 2000. 杂交油菜的育种与利用. 武汉: 湖北科学技术出版社.

刘后利. 1984. 几种芸薹属油菜的起源和进化. 作物学报, 10(1): 9-18.

刘后利. 1985. 油菜的遗传和育种. 上海: 上海科技出版社.

刘后利. 2000. 油菜遗传育种学. 北京: 中国农业大学出版社.

覃民权, 李凤扬, 杨淑筠, 等. 1962. 川农长角油菜选育初报. 作物学报, 1(2): 35-42.

任梦阳, 倪西源, 王灏, 等. 2012. 甘蓝型油菜隐性核不育系 20118A 的育性遗传及分子标记辅助选择. 作物学报, 38(11): 2015-2023.

桑世飞, 王会, 梅德圣, 等. 2015. 利用全基因组 SNP 芯片分析油菜遗传距离与杂种优势的关系. 中国农业科学, 48(12): 2469-2478.

沈金雄, 傅廷栋, 杨光圣. 2004. 甘蓝型油菜 SSR、ISSR 标记的遗传多样性及其与杂种表现的关系. 中国农业科学, 37(4): 477-483.

王汉中. 2010. 我国油菜产业发展的历史回顾与展望. 中国油料作物学报, 32(2): 300-302.

熊秋芳, 沈金雄, 涂金星, 等. 2009. 华中农业大学油菜遗传育种研究五十年. 中国农业科技导报, 11(6): 1-6.

易斌, 涂金星, 傅廷栋. 2014. 甘蓝型油菜隐性细胞核雄性不育的研究及利用. 中国科学(生命科学), 44(8): 752-757.

袁隆平. 1987. 杂交水稻的育种战略设想. 杂交水稻, 1: 1-3.

战宗祥, 江莹芬, 朱紫媛, 等. 2015. 与位点 PbBa8.1 紧密连锁分子标记的开发及甘蓝型油菜根肿病抗性育种. 中国油料作物学报, 37(6): 766-771.

赵永国, 肖玲, 卢长明. 2011. 人工合成油菜与栽培油菜 F1 主要性状的杂种优势. 中国油料作物学报, 33(6): 540-544.

Albrecht T, Wimmer V, Auinger H J, et al. 2011. Genome-based prediction of testcross values in maize. Theor Appl Genet, 123: 339-350.

Becker H C, Engqvist G M. 1995. The potential of resynthesized rapeseed for hybrid breeding. *In*: Proceedings of 9th international rapeseed conference, Cambridge, UK 4-7 July: 113-115.

Becker H C, Engqvist G M, Karlsson B. 1995. Comparison of rapeseed cultivars and resynthesized lines based on allozyme and RFLP markers. Theor Appl Genet, 91: 62-67.

Bernardo R, Yu J. 2007. Prospects for genome-wide selection for quantitative traits in maize. Crop Sci, 47: 1082-1090.

Bolton M D, Thomma B P H J, Nelson B D. 2006. *Sclerotinia sclerotiorum*(Lib.)de Bary: biology and molecular traits of a cosmopolitan pathogen. Mol Plant Pathol, 7(1): 1-16.

Butruille D V, Guries R P, Osborn T C. 1999. Increasing yield of spring oilseed rape hybrids through introgression of winter germplasm. Crop Sci, 39(5): 1491-1496.

Chalhoub B, Denoeud F, Liu S, et al. 2014. Early allopolyploid evolution in the post-Neolithic *Brassica napus* oilseed genome. Science, 345: 950-953.

Chen H G, Wu J S. 2008. Characterization of fertile amphidiploid between *Raphanus sativus* and *Brassica alboglabra* and the crossability with *Brassica* species. Genet Resour Crop Ev, 55(1): 143-150.

Chen S, Zou J, Cowling W A, et al. 2010. Allelic diversity in a novel gene pool of canola-quality *Brassica napus* enriched with alleles from *B. rapa* and *B. carinata*. Crop Pasture Sci, 61: 483-492.

Clarke W E, Higgins E E, Plieske J, et al. 2016. A high-density SNP genotyping array for *Brassica napus* and its ancestral diploid species based on optimised selection of single-locus markers in the allotetraploid genome. Theor Appl Genet, 129: 1887-1899.

Colbert T, Till B J R, Reynolds S, et al. 2001. High-throughput screening for induced point mutations. Plant Physiol, 126: 480-484.

Crouch J H, Lewis B G, Mithen R F. 1994. The effect of a genome substitution on the resistance of *Brassica napus* to infection by *Leptosphaeria maculans*. Plant Breed, 112: 265-278.

Dang B, Chen Z. 2015. Genetic diversity increases heterosis–The sprinter *Brassica napus* project. 14th Rapeseed International Congress. July 4-9, Sascatoon, Saskatchewan, Canada.

Dixon G R. 2009. The occurrence and economic impact of Plas-modiophora brassicae and clubroot disease. J Plant Growth Regul, 28: 194-202.

Du X, Ge X, Yao X, et al. 2009. Production and cytogenetic characterization of intertribal somatic hybrids between *Brassica napus* and *Isatis indigotica* and backcross progenies. Plant Cell Rep, 28(7):

1105-1113.

Fitt B D L, Brun H, Barberti M J, et al. 2006. World-wide importance of phoma stem canker(*Leptosphaeria maculans* and *L.biglobosa*)on oil seed rape(*Brassica napus*). Eur J Plant Pathol, 114(1): 3-15.

Fu D, Qian W, Zou J, et al. 2012. Genetic dissection of intersubgenomic heterosis in *Brassica napus* carrying genomic components of *B. rapa*. Euphytica, 184(2): 151-164.

Fulton J E. 2012. Genomic selection for poultry breeding. Animal Frontiers, 12: 30-36.

Gustafsson M, Fält A S. 1986. Genetic studies on resistance to clubroot in *Brassica napus*. Annals of Applied Biology, 108(2): 409-415.

Harloff H J, Lemcke S, Mittasch J, et al. 2012. A mutation screening platform for rapeseed(*Brassica napus* L.)and the detection of sinapine biosynthesis mutants. Theor Appl Genet, 124(5): 957-969.

Harper A L, Trick M, Higgins J, et al. 2012. Associative transcriptomics of traits in the polyploid crop species *Brassica napus*. Nat Biotechnol, 30(8): 798-802.

Hayes H K, Garber R J. 1919. Synthetic production of high protein corn in relation to breeding. J Am Soc Agron, 11(8): 309-318.

Heffner E L, Sorrells M E, Jannink J L. 2009. Genomic selection for crop improvement. Crop Sci, 49: 1-12.

Hirai M, Harada T, Kubo N, et al. 2004. A novel locus for clubroot resistance in *Brassica rapa* and its linkage markers. Theor Appl Genet, 108: 639-643.

Hu D, Zhang W, Zhang Y, et al. Reconstituting the genome of a young allopolyploid crop *Brassica napus* with its related species. Under review.

Jinek M, Chylinski K, Fonfara I, et al. 2012. A programmable dual-RNA-guided DNA endonuclease in adaptive bacterial immunity. Science, 337(6096): 816-821.

Kang L, Du X Z, Zhou Y Y, et al. 2014. Development of a complete set of monosomic alien addition lines between *Brassica napus* and *Isatis indigotica*(Chinese woad). Plant Cell Rep, 33: 1355-1364.

Kang L, Li P F, Wang A F, et al. 2017.A novel cytoplasmic male sterility in *Brassica napus*(inap CMS)with carpelloid stamens via protoplast fusion with Chinese woad. Front Plant Sci, 8: 529, 549-559.

Knaak C, Ecke W. 1995. Genetic diversity and hybrid performance in European winter oilseed rape (*Brassica napus* L.). *In*: Proceedings of the 9th International Rapeseed Congress, Cambridge, England, July 4-7. 110-112.

Koning D, McIntyre L. 2012. Setting the standard: A special focus on genomic selection in GENETICS and G3. Genetics, 190: 1151-1152.

Krzymanski J. 1978. Double low winter rape for Poland [*Brassica napus*]. 1978. 5. International Rapeseed Conference. Malmoe(Sweden). 12-16 Jun.

Kumar S, Chagne D, Bink M C A, et al. 2012. Genomic selection for fruit quality traits in apple(*Malus × domestica* Borkh.). PLoS One, 7(5): e36674.

Lander E S. 1996. The new genomics: global views of biology. Science, 274(5287): 536-539.

Li F, Chen BY, Xu K, et al. 2014. Genome-wide association study dissects the genetic architecture of seed weight and seed quality in rapeseed(*Brassica napus* L.). DNA Res, 21: 355-367.

Li M T, Li Z Y, Zhang C Y, et al. 2005. Reproduction and cytogenetic characterization of interspecific hybrids derived from crosses between *Brassica carinata* and *B. rapa*. Theor Appl Genet, 110: 1284-1289.

Li M T, Qian W, Meng J L, et al. 2004. Construction of novel *Brassica napus* genotypes through chromosomal substitution and elimination using interploid species hybridization. Chromosome Res, 12: 418-426.

Lillehammer M, Meuwissen T H E, Sonesson A K. 2011. Genomic selection for maternal traits in pigs. J Anim Sci, 89: 3908-3916.

Liu P, Zhao Y, Liu G, et al. 2017. Hybrid performance of an immortalized F$_2$ rapeseed population is driven by additive, dominance, and epistatic effects. Front Plant Sci, 8: 815.

Liu S, Fan C, Li J, et al. 2016. A genome-wide association study reveals novel elite allelic variations in seed oil content of *Brassica napus*. Theor Appl Genet, 129: 1203-1215.

Liu S Y, Liu Y M, Yang X H, et al. 2014. The *Brassica oleracea* genome reveals the asymmetrical evolution of polyploid genomes. Nat Commun, 5: 3930.

Longin C F H, Reif J C. 2014. Redesigning the exploitation of wheat genetic resources. Trends in Plant Science, 19(10): 631-636.

Lorenz A J. 2013. Resource allocation for maximizing prediction accuracy and genetic gain of genomic selection in plant breeding: A simulation experiment. G3 Genes Genom Genet, 3: 481-491.

Luo Z, Wang M, Long Y, et al. 2017. Incorporating pleiotropic quantitative trait loci in dissection of complex traits: seed yield in rapeseed as an example. Theor Appl Genet, 130(8): 1569-1585.

Mariani C, Beuckeleer M D, Truettner J, et al. 1990. Induction of male-sterility in plants by a chimeric ribonuclease gene. Nature, 347: 737-741.

Mariani C, Gossele V, De Beuckeleer M, et al. 1992. A chimaeric ribonuclease-inhibitor gene restores fertility to male sterile plants. Nature, 357(6377): 384-387.

McCallum C M, Comai L, Greene E A, et al. 2000a. Targeted screening for induced mutations. Nat Biotechnol, 18: 455-457.

McCallum C M, Comai L, Greene E A, et al. 2000b. Targeting induced local lesions IN genomes (TILLING) for plant functional genomics. Plant Physiol, 123: 439-442.

Mei J, Qian L, Disi J O, et al. 2011. Identification of resistant sources against *Sclerotinia sclerotiorum* in *Brassica* species with emphasis on *B. oleracea*. Euphytica, 177(3): 393-399.

Meuwissen T H E, Hayes B J, Goddard M E. 2001. Prediction of total genetic value using genome-wide dense marker maps. Genetics, 157: 1819-1829.

Mithen R F. 1992. Leaf glucosinolate profiles and their relationship to pest and disease resistance in oilseed rape. Euphytica, 63: 71-83.

Mithen R F, Lewis B G, Fenwick G R. 1987. Resistance of *Brassica* species to *Leptosphaeria maculans*. Trans Brit Mycol Soc, 88: 525-531.

Nagaharu U. 1935. Genome analysis in *Brassica* with special reference to the experimental formation of *B. napus* and peculiar mode of fertilization. Journal of Japanese Botany, 7: 389-452.

Nishio T. 2000. Polyploidy and genome analysis of Brassicaceae. Genes Genet Syst, 75: 360.

Olsson G, Ellerstrom S. 1980. Polyploidy breeding in Europe. *In*: Tsunoda S, Hinata K, Gomez-Campo C (eds). *Brassica* Crops and Wild Allies. Tokyo: Japan Science Society Press: 167-190.

Qian L W, Qian W, Snowdon R J. 2014. Sub-genomic selection patterns as a signature of breeding in the allopolyploid *Brassica napus* genome. BMC Genomics, 15: 1170.

Qian W, Chen X, Fu D, et al. 2005. Intersubgenomic heterosis in seed yield potential observed in a new type of *Brassica napus* introgressed with partial *Brassica rapa* genome. Theor Appl Genet, 110: 1187-1194.

Qian W, Li Q, Noack J, et al. 2009. Heterotic pattern in rapeseed(*Brassica napus* L.): II. Crosses between European winter and Chinese semi-winter lines. Plant Breeding, 128: 466-470.

Qian W, Sass O, Meng J, et al. 2007. Heterotic patterns in rapeseed(*Brassica napus* L.): I. Crosses between spring and Chinese semi-winter lines. Theor Appl Genet, 2007, 115(1): 27-34.

Quijada P A, Udall J A, Lambert B, et al. 2006. Quantitative trait analysis of seed yield and other complex traits in hybrid spring rapeseed(*Brassica napus* L.): 1. Identification of genomic regions from winter germplasm. Theor Appl Genet, 113: 549.

Quijada P A, Udall J A, Polewicz H, et al. 2004. Phenotypic effects of introgressing French winter germplasm into hybrid spring canola. Crop Sci, 44(6): 1982-1989.

Riaz A, Li G, Quresh Z, et al. 2001. Genetic diversity of oilseed *Brassica napus* inbred lines based on sequence-related amplified polymorphism and its relation to hybrid performance. Plant Breed, 120: 411-415.

Riedelsheimer C, Czedikeysenberg A, Grieder C, et al. 2012. Genomic and metabolic prediction of complex heterotic traits in hybrid maize. Nature Genetics, 44(2): 217-220.

Schaeffer L R. 2006. Strategy for applying genome-wide selection in dairy cattle. J Anim Breed Genet, 123: 218-223.

Schmutzer T, Samans B, Dyrszka E, et al. 2015. Species-wide genome sequence and nucleotide polymorphisms from the model allopolyploid plant *Brassica napus*. Sci Data, 2: 150072.

Slade A J, Fuerstenberg S I, Loeffler D, et al. 2005. A reverse genetic, nontransgenic approach to wheat crop improvement by TILLING. Nat Biotechnol, 23: 75-81.

Stefansson B R, Hougen F W, Downey R K. 1961. Note on the isolation of rape plants with seed oil free from erucic acid. Can J Plant Sci, 41: 218-219.

Stefansson B R, Kondra Z P. 1975. Tower summer rape. Can J Plant Sci, 55(1): 343-344.

Stefansson J G, Messina J A, Meyerowitz. 1976. Hysterical neurosis, conversion type: clinical and epidemiological considerations. Acta Psichiat Scand, 53(2): 119-138.

Suwabe K, Morgan C, Bancroft I. 2008. Integration of Brassica A genome genetic linkage map between *Brassica napus* and *B. rapa.* Genome, 51: 169-176.

Till B J, Cooper J, Tai T H, et al. 2007. Discovery of chemically induced mutations in rice by TILLING. BMC Plant Biol, 7: 19.

Till B J, Reynolds S H, Weil C, et al. 2004. Discovery of induced point mutations in maize genes by TILLING. BMC Plant Biol, 4: 12.

Trick M, Long Y, Meng J L, et al. 2009. Single nucleotide polymorphism(SNP)discovery in the polyploid *Brassica napus* using Solexa transcriptome sequencing. Plant Biotechnol J, 7(4): 334-346.

Udall J A, Quijada P A, Polewicz H, et al. 2004. Phenotypic effects of introgressing Chinese winter and resynthesized *Brassica napus* L. germplasm into hybrid spring canola. Crop Sci, 44(6): 1990.

Wang G, Ding G, Cai H, et al. 2015. Genotype differences in photosynthetic characteristics and nitrogen efficiency of new-type oilseed rape responding to low nitrogen stress. J Agr Sci, 153(6): 1030-1043.

Wang G, Ding G, Li L, et al. 2014. Identification and characterization of improved nitrogen efficiency in interspecific hybridized new-type *Brassica napus*. Annals of Botany, 114: 549-559.

Wang N, Wang Y J, Tian F, et al. 2008. A functional genomics resource for *Brassica napus*: development of an EMS mutagenized population and discovery of *FAE1* point mutations by TILLING. New Phytol, 180: 751-765.

Werner, C R, Qian, L, Voss F, et al. 2018. Genome-wide regression models considering general and specific combining ability predict hybrid performance in oilseed rape with similar accuracy regardless of trait architecture. Theor Appl Genet,131(2): 299-317.

Williams P H, Hill C B. 1986. Rapid-cycling populations of *Brassica*. Science, 232(4756): 1385-1389.

Wong C, Bernardo R. 2008. Genomewide selection in oil palm: Increasing selection gain per unit time and cost with small populations. Theor Appl Genet, 116: 815-824.

Wu G Z, Shi Q M, Niu Y, et al. 2008. Shanghai RAPESEED Database: a resource for functional genomics studies of seed development and fatty acid metabolism of *Brassica*. Nucleic Acids Res, 36(Database issue): 1044-1047.

Würschum T, Abel S, Zhao Y. 2014. Potential of genomic selection in rapeseed(*Brassica napus* L.)breeding. Plant Breeding, 133: 45-51.

Xiao Y, Chen L, Zou J, et al. 2010. Development of a population for substantial new type *Brassica napus* diversified at both A/C genomes. Theor Appl Genet, 121: 1141-1150.

Yang J, Liu D, Wang X, et al. 2016. The genome sequence of allopolyploid *Brassica juncea* and analysis of differential homoeolog gene expression influencing selection. Nat Genet, 48: 1225.

Yang P, Shu C, Chen L, et al. 2012. Identification of a major QTL for silique length and seed weight in oilseed rape(*Brassica napus* L.). Theor Appl Genet, 125(2): 285-296.

Yang T J, Kim J S, Lim K B, et al. 2005. The Korea *Brassica* Genome Project: A glimpse of the *Brassica* genome based on comparative genome analysis with *Arabidopsis*. Comp Funct Genomics, 6: 138-146.

Yang Y, Zhou K Y, Li H L, et al. 2018. Precise editing of CLAVATA genes in *Brassica napus* L. regulates multilocular silique development. Plant Biotechnol J, 16(7): 1322-1335.

Yao Y M, Liu H D, Liang X, et al. 2013. Enhancing the heterosis of spring rapeseed varieties(*Brassica napus* L.)by using semi-winter rapeseed varieties as parents. Acta Agronomica Sinica, 2013, 39(1): 118-125.

Zeng X, Zhu L, Chen Y, et al. 2011. Identification, fine mapping and characterisation of a dwarf mutant(bnaC.dwf)in *Brassica napus*. Theor Appl Genet, 122(2): 421.

Zhan Z, Nwafor C C, Hou Z, et al. 2017. Cytological and morphological analysis of hybrids between *Brassicoraphanus*, and *Brassica napus* for introgression of clubroot resistant trait into *Brassica napus* L. PLoS One, 12(5): e0177470.

Zhao X, Li B, Zhang K, et al. 2016. Breeding signature of combining ability improvement revealed by a genomic variation map from recurrent selection population in *Brassica napus*. Sci Rep, 6: 29553.

Zhao Y G, Xiao L, Chang-Ming L U. 2011. Performance of hybrids derived from resynthesized and cultivated rapeseed(*Brassica napus* L.). Chinese Journal of Oil Crop Sciences, 33(6): 540-544.

Zhong S, Dekkers J C M, Fernando R L, et al. 2009. Factors affecting accuracy from genomic selection in populations derived from multiple inbred lines: A barley case study. Genetics, 182: 355-364.

Zhu Y, Dun X, Zhou Z, et al. 2010. A separation defect of tapetum cells and microspore mother cells results in male sterility in *Brassica napus*: the role of abscisic acid in early anther development. Plant Mol Biol, 72(1-2): 111.

Ziokowaki P A, Kaczmarek M, Babula D, et al. 2006. Genome evolution in *Arabidopsis*/*Brasssica*: conservation and divergence of ancient rearranged segments and their breakpoints. Plant J, 47: 63-74.

Zou J, Fu D, Gong H, et al. 2011. De novo genetic variation associated with retrotransposon activation, genomic rearrangements and trait variation in a RIL population of *Brassica napus* derived from interspecific hybridization with *B. rapa*. Plant J, 68: 212-224.

Zou J, H D, Mason A, et al. 2018. Genetic changes in a novel breeding population of *Brassica napus* synthesized from hundreds of crosses between *B. rapa* and *B. carinata*. Plant Biotechnol J, 16: 507-519.

Zou J, Zhao Y, Liu P, et al. 2016. Seed quality traits can be predicted with high accuracy in *Brassica napus* using genomic data. PLoS One, 11(11): e0166624.

Zou J, Zhu J, Huang S, et al. 2010. Broadening the avenue of intersubgenomic heterosis in oilseed *Brassica*. Theor Appl Genet, 120: 283-290.